"十三五"普通高等教育本科规划教材

高等院校土建类专业"互联网＋"创新规划教材

工 程 结 构

金恩平　编　著

北京大学出版社

PEKING UNIVERSITY PRESS

内 容 简 介

本书依据最新颁布的各种工程结构设计规范和《高等学校工程管理／工程造价本科指导性专业规范》（2015 年版）编著而成。

全书共分 9 章，主要内容包括：导论、结构作用与荷载计算、工程结构设计的基本原理、钢筋混凝土结构构件设计、钢筋混凝土结构单元设计、高层钢筋混凝土结构设计、砌体结构设计、钢结构设计、地基与基础设计。

本书可作为高等学校工程管理、工程造价、房地产开发与管理、物业管理、建筑学及土木工程等专业的教材，也可供从事工程结构设计、工程施工、工程管理、工程监理及工程咨询等的工程技术人员参考使用。

图书在版编目(CIP)数据

工程结构/金恩平编著 . —北京：北京大学出版社，2017. 1
(高等院校土建类专业"互联网＋"创新规划教材)
ISBN 978 - 7 - 301 - 27470 - 5

Ⅰ . ①工… Ⅱ . ①金… Ⅲ . ①工程结构—高等学校—教材 Ⅳ . TU3

中国版本图书馆 CIP 数据核字(2016)第 212682 号

书　　　　名	工程结构
	GONGCHENG JIEGOU
著 作 责 任 者	金恩平　编著
策 划 编 辑	杨星璐
责 任 编 辑	伍大维
数 字 编 辑	孟　雅
标 准 书 号	ISBN 978 - 7 - 301 - 27470 - 5
出 版 发 行	北京大学出版社
地　　　　址	北京市海淀区成府路 205 号　100871
网　　　　址	http://www.pup.cn　新浪微博：@北京大学出版社
电 子 信 箱	pup_6@163.com
电　　　　话	邮购部 62752015　发行部 62750672　编辑部 62750667
印 刷 者	北京虎彩文化传播有限公司
经 销 者	新华书店
	787 毫米×1092 毫米　16 开本　21.25 印张　500 千字
	2017 年 1 月第 1 版　2023 年 1 月第 6 次印刷
定　　　　价	49.00 元

前　言

近年来，随着高等学校管理科学与工程专业、建筑学专业与城乡规划专业建设的发展与成熟，依据专业培养目标和高等学校专业指导委员会拟定的专业课程体系要求，构建各门课程的教学内容，编写适宜专业的"适度、够用"的教材，这是当下值得关注且亟待完善的问题。

"工程结构"是一门重要的专业技术课程，其内容多、公式多、构造规定多，具有较强的理论性与实践性。在专业教学过程中，限于课时相对较少，需要解决以下三个基本问题：第一是要处理好本课程与其他课程（如工程力学、工程材料、建筑学、专业软件、工程规范等）的贯通与衔接关系；第二是本课程涉及研究对象的取舍，如结构设计基本原理与工程制图方法和手段，一般结构设计与抗震设计，地上工程与地下工程，房屋建筑与道路桥梁，钢筋混凝土结构、钢结构与砌体结构，等等；第三就是本课程认知与把握的深度，是基于现行规程、规范的技术运用，抑或是理论研究与技术运用并进。良好的教学效果的获得与以上问题的解决，关系很密切。近年来，国内同仁们在这些问题上经过了认真的探讨，也取得了可喜的成绩，但从专业教学的实践层面上来看，提升的空间还很大。

作者基于从事大专、本科、研究生不同层次的"工程结构"课程的二十余年的教学经验，结合工程实践，以现行设计规范为依据，同时参考高质量的相关教材及文献，编写了本教材。希望本教材的出版能对上述基本问题的解决添砖加瓦。

在本教材的编写过程中，致力于强调如下特色。

（1）教学的渐进性与理论知识的系统性相结合，按照从结构设计基本原理，到结构设计方法，再到结构施工图的表达方法与结构设计软件的应用的思路来编写。

（2）专业教学内容与工作岗位需求相结合，强调"适度、够用"。

（3）规范性的理解与运用相结合。这也是当前"工程结构"课程教学中普遍较为缺乏的地方。

本书以"互联网＋"教材的模式，在书中通过二维码的形式链接了拓展学习资料、相关法律法规和习题答案等内容，读者通过扫描书中的二维码，即可进行相应知识点的拓展学习。此外，本书还开发了配套的APP客户端，读者可以通过扫描封二左下角的二维码进行下载。读者打开APP客户端之后，将摄像头对准"切口"带有色块和"互联网＋"logo的页面，即可在手机上多角度、任意大小、交互式查看页面结构图所对应的三维模型。

由于笔者水平有限，教材中的不足之处在所难免，敬请广大读者批评指正（可将建议发至邮箱1063890982@qq.com）。最后，对所有参考教材与文献的作者们表示感谢，对河南财经政法大学工程管理与造价系参与校稿的在校大学生们表示感谢，也对所有给予帮助的人们表示由衷的谢意。

编著者

2016年4月

目 录

第1章
绪　　论

　　本章主要讲述工程结构的基本概念、主要结构类别和特点，以及工程结构设计的原则与基本方法。通过本章的学习，应达到以下目标：

　　(1) 掌握工程结构的定义；

　　(2) 熟悉工程结构的基本类别及其特点；

　　(3) 了解工程结构设计的基本原则和结构设计方法的发展演变。

教学要求

知识要点	能力要求	相关知识
工程结构的基本概念	(1) 掌握工程与工程结构、建筑与建筑结构、结构构件、结构单元和结构体系的概念 (2) 掌握结构设计使用年限、结构设计规范的定义	(1) 工程结构中的力学知识 (2) 工程结构与工程实体的基本关系
工程结构的基本类别、特点	熟悉混凝土结构、钢结构、砌体结构的类别与特点	(1) 工程结构的发展史 (2) 各类工程结构的应用及特点
工程结构设计的基本原则与方法	(1) 了解工程结构设计的基本原则 (2) 了解工程结构设计方法的发展演变	工程结构设计与物理学、天文学、地质学、高等数学等的关系

 引例

魁北克大桥的坍塌之谜——设计？事故？诅咒？

　　19世纪末，加拿大人准备在圣劳伦斯河上建造一座大桥，选定桥址后却发现桥址两岸恰好是印第安人的坟墓，一共86座。为了建桥，加拿大人迁走了这些坟墓。印第安人满怀怨愤，公开诅咒这座桥要断三次。

　　1903年，魁北克铁路桥梁公司请了当时最有名的桥梁建筑师——美国的特奥多罗·库帕（Theodore Cooper）来设计建造。该桥采用了当时比较新颖且非常流行的悬臂构造，库帕也自称他的设计是"最佳、最省的"。库帕自我陶醉于他的设计，把大桥的长度由原来的500m加长到600m，以使之成为世界上最长的桥。桥的建设速度很快，施工也很完善。在接近完工时，有个叫Mclure的工程师发现大桥存在设计问题，即自重过大而桥身无法承担。针对这个问题，Mclure一再提醒在纽约的Cooper，最终Cooper认识到了事情的严重性，约 Mclure 到纽约面谈，同时给魁北克建筑工地发了封电报，禁止往桥上增加任何负荷，等他们谈完后再复工。但是，在工地上收到电报前，正当投资修建这座大桥的人士开始考虑如何为大桥剪彩时，人们忽然听到一阵震耳欲聋的巨响——大桥的整个金属结构垮了，掉进了圣劳伦斯河中，19000t 钢材和 86 名建桥工人落入水中，只有 11 人生还。

大桥第一次倒塌后，加拿大人不信邪，经过事故调查，另外请人设计并继续建造魁北克大桥。这次桥的规模扩大了。1916 年 9 月 11 日，在吊装预制的桥梁中央段时，大桥再次倒塌，这次事故中死了 11 人。由于这次事故属于施工事故，所以原设计没有变更。后来，新的桥梁中央段终于被成功地吊装到了两边的悬臂上。1919 年 8 月，耗时近 20 年的魁北克大桥终于完工通车，这座桥是当时全世界最长的悬臂桥，主跨度为 549m。

至此，魁北克大桥已经先后断了两次，共死了 86 人，正好与迁走的印第安人的坟墓数相等。人们都感叹印第安人的诅咒竟然如此灵验，但印第安人诅咒的三次断桥已经发生了两次，还会有第三次么？

1966—1970 年，加拿大人在魁北克大桥旁边又造了一座新的斜拉桥，用来分担魁北克大桥的交通负荷。初始称该斜拉桥为新魁北克大桥，后改名为 Pierre-Laporte Bridge，这座桥主跨度为 667.5m，超过了魁北克大桥。

鉴于魁北克大桥不寻常的故事，1996 年 1 月 24 日，加拿大政府宣布其为国家历史遗址。

魁北克大桥第一次断桥(1907年)　　　　魁北克大桥第二次断桥(1916年)　　　　魁北克大桥现在的样子

1.1 基本概念

1. 工程与工程结构

在现代社会中，工程可以泛指由若干人为达到某种目的，在一段较长时间内进行协作活动的过程，如南水北调工程、教育工程、扶贫工程等，然而，工程的有些意义多是在其本意上的拓展。工程的本意原是指土木构筑及社会生产、制造部门用比较大而复杂的设备进行的活动，如土木、机械、化工、水利等类的工作，其成果多指实体产品。总体上讲，工程可定义为人们经营的一项活动及其产品。

土木工程，是工程的一部分，是人们为了满足生产、生活、学习等活动的需要，利用工程材料及技术手段而营造的空间场所，即土木类的活动与产品。

土木工程的英文是 Civil Engineering，可直译为民用工程，多指建筑物、构筑物及其建造活动。随着社会的发展，土木工程的活动范围越来越广，经营不同使用功能要求的对象也愈来愈多，如住宅、厂房、道路、堤坝等。在这些营造物中，由某些工程材料筑成并能承受外在影响而起骨架作用的构架，称为土木工程结构，也可简称为工程结构。

2. 建筑与建筑结构

"建筑"两字的含义较广。《工程结构设计基本术语标准》（GB/T 50083—2014）对"建筑"的定义是：建筑是建筑师专业所指的房屋工程（Architecture），也指房屋工程以外的土木工程，如水工建筑、地下建筑、塔桅建筑等。《现代汉语词典》上解释：建筑的名词含义是建筑物，即人工建造的满足生产、生活、学习等活动需要的房屋或场所，如住宅、教学楼、车站等。有些文献认为建筑是建筑物与构筑物的统称，建筑物是人工建造的供人们进行活动的房屋或场所，构筑物是服务于人们活动的土木工程设施，如水塔、烟囱、纪念碑、电视塔等。总体上看，建筑是土木工程的一部分，其名词含义通常是指房屋建筑物与构筑物。建筑可以根据不同标准进行分类，如按照使用的功能可以分为民用建筑、工业建筑、农业建筑等。

【参考图文】

在建筑中起骨架作用的构架也就是建筑物或构筑物的结构，即建筑结构。建筑结构是建筑物赖以存在的物质基础，为建筑的持久作用与美观服务，并为人的生命及财产提供安全保障。

3. 结构构件、结构单元和结构体系

本书以房屋建筑物为例，解释结构构件、结构单元和结构体系的内涵及其关系。

房屋建筑物是由诸多构件组成的有机集合体，包括结构构件与非结构构件。对于结构构件，不同文献上的解释存在差异，或认为是组成建筑物某一结构的单元，或认为是在物理上可以区分出的部件。其所言对象一致，只是言辞表达上有所区别。

本书对结构构件、结构单元和结构体系的界定为：结构构件是组成建筑物某一结构的基本部件，如梁、板、柱、墙、杆、拱、壳、索、膜等；结构单元是由两个及其以上基本部件组成的集合，如板-梁结构单元、梁-柱结构单元等；结构体系可以解释为由诸多结构构件有机组合而成的传力系统，也可以解释为由多个结构构件与结构单元有机组合而成的传力系统。如图1-1所示为钢筋混凝土框架结构，其基本部件有楼板、框架梁、框架柱、柱下独立基础，若楼板与框架梁整体现浇，就构成了板-梁结构单元。

实际工程中，建筑结构的复杂程度不一，结构体系也有繁简之别。一个建筑构件或一个结构单元可以构成一个结构体系，一般情况下，房屋建筑物的结构体系包括多个结构构件或多个结构单元。

根据结构构件或结构单元的主导作用，房屋建筑物的结构体系可划分为三部分，即水平分体系、竖向分体系和基础分体系。

4. 结构设计使用年限

【参考图文】

结构设计使用年限是指，在正常设计、正常施工、正常使用与维护下，结构或结构构件不需要进行大修即可实现预定目标的使用时间。这里所说的"正常"，是指在结构设计预定条件内的外在作用发生，否则均为"非正常"，非正常现象的发生是不受结构设计使用年限限制的。

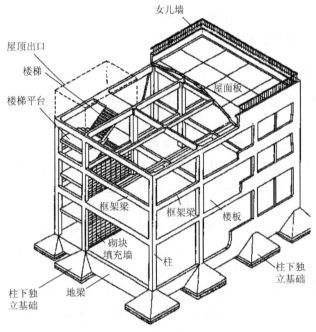

图 1-1　钢筋混凝土框架结构

正常情况下，各类工程结构的设计使用年限是不统一的，如桥梁结构的设计使用年限就比房屋结构的设计使用年限长。《建筑结构可靠度设计统一标准》（GB 50068—2001）中，将建筑结构的设计使用年限分为四个类别，其具体规定见表 1-1。

表 1-1　建筑结构设计使用年限分类

类　　别	示　　例	结构的设计使用年限/年
1	临时性结构	5
2	易于替换的结构构件	25
3	普通房屋与构筑物	50
4	纪念性建筑与特别重要建筑	100

需要注意的是，结构设计使用年限与结构使用年限是不完全相同的。例如，当结构的使用年限超过设计使用年限（如 50 年）时，一般情况下，其失效概率将会逐年增大，但结构尚未报废，经过适当维修后，仍可能正常使用，不过其继续使用的年限必须经鉴定确定。

5. 结构设计规范

工程设计规范是国家、行业部门及地方政府颁布的对工程设计工作要求的基本规则，是具有约束性的法规性条文，其一般包括总体目标的技术描述、功能的技术描述、技术指标的技术描述，以及限制条件的技术描述等。

结构设计规范是工程设计规范的主要组成部分，是关于结构设计技术与构造要求的技术规定与标准。其也为工程结构设计、校核、审批工程设计等工作提供了标准与依据。

目前，现行的结构设计规范很多。本书所涉及的现行结构设计规范主要有：《建筑结构可靠度设计统一标准》（GB 50068—2001）、《混凝土结构设计规范》（GB 50010—2010）、《砌体结构设计规范》（GB 50003—2011）、《钢结构设计规范》（GB 500017—2003）、《建筑结构荷载规范》（GB 50009—2012）、《建筑抗震设计规范》（GB 50011—2010）、《建筑地基基础设计规范》（GB 50010—2010）、《高层建筑混凝土结构技术规程》（JGJ 3—2010）。

1.2 工程结构的类别、特点及应用

工程结构的分类方法很多。按照结构受力与构造特点的不同，工程结构可分为混合结构、排架结构、框架结构、剪力墙结构、其他形式结构；按照结构受力分析与空间构成的不同，工程结构可分为平面结构与空间结构；按照结构所用材料的不同，工程结构可分为混凝土结构、砌体结构、钢结构、木结构等。下面主要介绍常用的混凝土结构、砌体结构和钢结构。

1. 混凝土结构

混凝土结构是以混凝土、钢材为基本材料制成的，是工程结构中使用最为普遍的一种结构形式。混凝土结构具有刚度大，可模性、整体性、耐久性、耐火性好等优点，但也存在自重大、抗裂性能差、施工复杂、隔热与隔声性能较差等缺点。常见的混凝土结构形式有素混凝土结构、钢筋混凝土结构、劲性混凝土结构、预应力混凝土结构与钢管混凝土结构（图 1-2）。

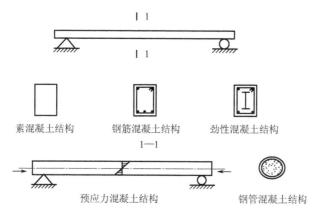

图 1-2　混凝土结构的基本类型

目前，随着工程实践、理论研究、新材料与新工艺的较快发展，混凝土结构在其所用材料与配筋方式上有了许多新进展，也形成了一些新的结构形式，如高性能混凝土结构、纤维增强混凝土结构和钢-钢筋混凝土组合结构等。

2. 砌体结构

砌体结构是一种古老的工程结构形式，其是以砖、石、砌块为块体，用砂浆砌筑而成的墙、柱，并以其作为建筑物主要受力构件的结构，也称为砖石结构。根据块体材料的不同，砌体结构可分为砖砌体结构、砌块砌体结构、石砌体结构。砌体结构取材方便，具有良好的保温、隔热、隔声等性能，造价低且施工简单，但其强度较低，整体性较差。为了提高砌体结构的抗压、抗剪与抗弯能力，可以在砌体中配置一定量的钢筋或钢筋混凝土，因而砌体结构又有无筋砌体结构与配筋砌体结构之分。目前，工程实践中的砌体结构多是指由混凝土构件与砂浆砌筑而成的墙、柱构件组合而成的砖混结构。

当前，砌体结构的发展主要表现在以下几个方面。

（1）开发新材料。研究轻质高强低能耗的砖、砌块，积极开发研究节能环保的新型材料，如蒸压灰砂废渣制品、页岩制多孔砖、废渣轻型混凝土墙板等。

（2）使用机具的研制与定制生产。砌体施工中，合理使用机具（如铺砂浆器、小直径振捣棒、小型灌孔混凝土浇筑泵、小型钢筋焊机、灌孔混凝土检测仪等）对保证配筋砌体结构的质量十分重要。

（3）在砌体结构理论方面，对砌体结构破坏机理与受力性能的进一步研究。通过数学与力学模式，建立与完善精确的砌体结构理论；用适合于砌体结构特点的模型与手段，研究砌体结构的本构关系和基本工作原理，砌体结构的各种力学行为，结构整体工作性能，以及砌体结构的评估、修复和加固。

3. 钢结构

钢结构主要是指用钢板、热轧型钢、冷加工成型的薄壁型钢与钢管等构件经焊接、铆接或螺栓连接组合而成的，以及以钢索为主材建造的结构。从建筑结构的力学模型角度看，钢结构可以分为大跨度屋盖结构、多高层钢结构建筑、单层厂房的横向平面框架结构及门式刚架三种常见结构体系。

钢结构的优点是材质均匀、物理力学性能可靠，塑性与韧性好，强度高，质量轻，密封性好，加工制作方便，工业化程度高，工期短，尤其抗震性能较好。在国内外历次地震的案例比较分析中，发现钢结构的损坏最轻，钢结构已被公认为是抗震设防地区尤其是强震区的最佳结构形式。

但是，钢结构也存在很明显的缺点。钢结构耐火性较差，当钢材表面温度在 150℃ 以内时，其强度变化不大，但当温度达到 600℃ 时，其强度几乎降至为零。裸露的钢结构在火灾高温下，15min 后即完全丧失承载能力。再者，钢结构的耐腐蚀性差，易锈蚀，在潮湿、有腐蚀性气体的环境中，钢材的腐蚀速度会快速升高，从而减少结构的工程寿命。此外，钢结构在低温条件下还可能发生脆性断裂。

由于钢结构具有高强度、高性能、高绿色环保的优异特征及良好的抗震性能，目前，钢结构在建筑方面的应用范围迅速扩展，主要体现在大跨度建筑的屋盖结构、工业厂房的承重骨架与吊车梁、轻型房屋钢结构、塔桅结构、容器与管道等壳体结构和高层与超高层建筑等方面。

1.3 工程结构设计的原则与方法

建筑物的产生与发展大致可分为三个阶段，即决策阶段、实施阶段与使用阶段（或运营阶段）。在统一活动过程中，各阶段所涉及的工作内容各有所侧重，但彼此需要协调配合。

实施阶段的主要任务是建筑物的设计与施工。建筑物的设计主要包括设计前准备与施工图设计两部分。对小型与技术简单的建筑物，施工图设计可细分为方案设计与施工图设计两个阶段；对一些重大工程建设项目，施工图设计可细分为方案设计、初步设计、技术设计与施工图设计四个阶段。总体上讲，实施阶段设计过程的最终结果是施工图及设计文件，其内容主要包括建筑施工图、结构施工图与设备安装施工图（如给排水、采暖通风、建筑电气、燃气等）。

【参考图文】

1. 结构设计的基本功能

可靠性、经济性与美观是建筑物所应体现出的基本功能。确保建筑物存在的可靠性是结构设计的基本任务，也是其他功能赖以存在的前提。

结构的可靠性是指结构在规定的时间内，在规定的条件下，完成预定功能的能力，主要包括安全性、适用性和耐久性三个方面。这里所说的规定时间是指结构的设计使用年限。

1）安全性

安全性是建筑结构应能承受在正常设计、正常施工与正常使用过程中可能出现的各种作用（如荷载、外加变形、温度、收缩等），以及在偶然事件（如地震、爆炸等）发生时或发生后仍能保持必要的整体稳定性，不致发生倒塌。

2）适用性

适用性是指建筑结构在正常使用过程中，结构及其构件所应具有的良好工作性能。由于外在作用的随机性、结构及其构件自身抗力的变化、施工与使用过程中的人为性或非人为性等因素的影响，结构及其构件会产生一定程度内的变形、裂缝或振动，这是正常的也是不可避免的，但这些现象的出现不会影响正常使用。

3）耐久性

耐久性是指建筑结构在正常使用、正常维护的条件下，结构及其构件具有足够的安全性与适用性能力，并保持建筑的各项功能直至达到设计使用年限。例如，工程使用材料的锈蚀、腐蚀、风化，构件保护层过薄及出现过宽裂缝等，这些都是影响结构及其构件耐久性的因素，由于它们大多是很难进行确切的定量计算的，通常需要采用相应的构造与预防措施提供保障。

2. 结构设计的原则

【参考图文】

结构设计任务是结构工程师工作的基本内容。在结构设计时，一般应遵循工程设计的基本原则，依据建筑物的重要性等级，保证结构体系与结构基本构件能在预定的时间内与规定的条件下，完成预定的功能，其主要涉及结构体系设计原则、结构缝设计原则、结构构件的连接与构造原则三个方面。

1）结构体系设计原则

（1）结构的平面、立面布置宜简单、规则、均匀、连续，高宽比、长宽比适当。

（2）根据建筑物的使用功能布置结构体系，合理确定结构构件的形式。

（3）结构传力途径应简捷、明确，关键部位宜有多条传力途径，垂直构件宜竖向对齐。

（4）宜采用超静定结构，并增加重要构件的冗余约束。

（5）结构的刚度与承载力宜均匀、连续。

（6）为避免连续倒塌，必要时可设置结构缝将结构分割为若干独立的单元。

（7）结构设计应有利于减小偶然作用效应的影响范围，避免结构发生与偶然作用不相匹配的大范围破坏或连续倒塌。

（8）减小环境条件对建筑结构耐久性的影响。

（9）符合节省材料、降低能耗与保护环境的要求。

2）结构缝的设计原则

（1）根据结构体系的受力特点、尺度、形状、使用功能，合理确定结构缝的位置与构造形式。

（2）结构缝的构造应满足相应功能（伸缩、沉降、防震等），并宜减少结构缝的数量。

（3）结构可根据需要在施工阶段设置临时性的缝，如收缩缝、沉降缝、施工缝、引导缝等。

（4）采取有效措施减少结构缝对使用功能带来的不利影响。

3）结构构件的连接与构造原则

（1）连接处的承载力应不小于被连接构件的承载力。

（2）当混凝土结构与其他材料构件连接时，应采取适当的连接方式。

（3）考虑构件变形对连接节点及相邻结构或构件造成的影响。

3. 结构设计的基本方法

1）现代结构设计方法的演变

自19世纪初期以来，建筑物的结构设计方法经历了容许应力法、破损阶段设计法与极限状态设计法三个发展阶段。

（1）容许应力法。

容许应力法是于1826年提出的一种传统工程结构设计方法。该方法假设材料为均匀弹性体，通过分析结构上受到的外界作用，计算出危险截面上的应力分布值，确定关键点上的工作应力值不超过材料的容许应力。其容许应力值是将材料强度除以大于1的安全系数得到的。这种方法的主要依据是结构分析理论、材料与构件的试验成果及荷载测试，安全方面则取决于安全系数的取值。

容许应力设计表达形式简单，计算方便，易于掌握，已沿用了100多年。但是由于单一的安全系数是一个笼统的经验系数，因此给定的容许应力不能保证各种结构均具有比较一致的安全水平，也未考虑荷载增大的不同比率或具有异号荷载效应情况对结构安全的影响。例如，在应力分布不均匀的情况下，对受弯构件、受扭构件或静不定结构进行内力分析时，这种方法就较为保守。

（2）破损阶段设计法。

破损阶段设计法是于 20 世纪初提出的。该法是以构件的极限承载力为依据，要求荷载的数值乘以一个大于 1 的安全系数后不超过构件的极限承载力，若结构满足这些条件，则认为是绝对安全的，反之则认为是绝对不安全的。

这种方法考虑了材料的塑性变形性能，可以充分发挥材料的潜力，也比较符合实际情况。但这种方法的缺点是，安全系数是由经验确定的不变的数值，且只考虑了构件的承载力，没有考虑其在正常使用情况下的变形与裂缝。

（3）半经验半概率的极限状态设计法。

在 20 世纪 40 年代美国学者提出了结构失效概率的概念后，20 世纪 50—60 年代，半经验半概率的极限状态设计法逐步走入工程设计领域。该法规定了三种极限状态（承载能力、变形、裂缝），并分别进行计算或验算。对于安全系数，按照荷载、材料、工作条件等不同情况，采用不同的安全系数来表达。这种结构设计法，提出了结构极限状态的概念，既考虑了构件的承载力问题又考虑了其在正常使用情况下的变形与裂缝问题，同时，在确定荷载与材料强度的取值时引入了数理统计的方法，并与工程经验相结合，以确定一些设计用的数值。

但是，该法在保证率的确定、相关系数的取值等方面仍凭工程经验确定，在这方面，其与容许应力法、破损阶段设计法一样，均属于定值法的范畴。

2）基于概率理论的极限状态设计法

20 世纪 80 年代，在半经验半概率的极限状态设计法的基础上，国际上提出了基于概率理论的极限状态设计法。该法以概率论与结构可靠度理论为基础，综合考虑了影响结构安全的各种因素，通过概率统计方法与可靠度指标将各种影响因素转化为多个分项安全系数，并以极限状态为结构的设计状态，用概率论处理结构的可靠性问题。极限状态分为承载力极限状态与正常使用极限状态两种。这种方法更加全面地考虑了影响结构安全的各种因素的客观变化与差异，使得设计参数更加合理，结构的安全性与经济性得以更好地协调统一。

基于概率理论的极限状态设计法较之半经验半概率的极限状态设计法又向前发展了一步，两者在设计表达式的表达方式及运算过程方面存在一定程度上的相似性，但本质上是有所区别的。基于概率理论的极限状态设计法，运用概率的方法给出结构可靠度的计算，已不再属于定值法的范畴，而属于概率法的范畴。

目前，我国现行的建筑结构设计规范中，运用了基于概率理论的极限状态设计法，遵循《建筑结构可靠度设计统一标准》（GB 50068—2001）的基本设计原则，并规定了采用该法进行结构设计时需要解决的几个问题。

（1）确定结构构件的计算简图。选择适宜的结构形式，合理地进行结构平面布置，通过合理的简化，构建结构的计算单元与计算简图，包括构件截面尺寸的选择、计算跨度的确定、荷载的取值，不同荷载有不同的计算简图。

（2）选择结构材料及相应的强度等级。

（3）采用力学方法进行荷载效应的分析计算，利用荷载效应组合公式进行荷载效应组合设计值的计算。

（4）根据荷载效应组合设计值，确定构件抗力，按相应公式进行抗力计算，如确定构件配筋等。

1.4 与《工程结构》相关的几个问题

工程结构设计的内容非常广泛。本书主要介绍了工程结构的设计原理、常见房屋建筑结构荷载的计算方法，以及钢筋混凝土结构、钢结构、砌体结构的设计方法及有关构造要求。这些是进行工程结构设计的基础性内容。

为了更好地认知与把握工程结构设计的基本理论知识与实践技能，整体上提升工程结构设计的理论水平与实践能力，需要注意以下几个问题。

1．熟知与结构设计相关的专业理论知识，强化综合性

工程结构设计是一项综合性较强的工作，其知识的学习与运用与其他的专业知识关联性较大，如工程数学、工程力学、工程图学、工程测量、工程材料、工程施工、建筑学、工程机械与设备等，在正确理解、掌握并能应用相关专业知识的基础上，才能更好地理解与应用工程结构设计的基本原理与方法，出色地完成工程项目的设计任务。

2．正确运用工程结构设计规范与规程

工程结构设计规范与规程是结构设计的基本依据，也是结构设计最低要求的技术标准。随着科学技术的发展与研究的深入，新结构、新材料、新工艺与新技术的出现，结构设计规范与规程也在不断地修订、补充与完善。基于结构方案、材料选择、配筋构造、施工方案等具体要求，正确应用现行结构设计规范是保证结构可靠性与经济合理的基础。

3．理论联系实际，注重工程设计经验的累积

工程结构设计的理论较为枯燥，但实践性又很强。一方面，熟练运用工程结构设计理论知识，需要深入施工现场，不断积累工程经验，达到理论设计与施工可行性的统一；另一方面，要做到工程设计具体问题具体分析。一般情况下，结构设计常常会遇到各种因素的制约，即使同样的构件，承受同样的荷载，设计出的结构形式、构件截面、截面配筋等也不一样，因此，需要综合考虑安全、实用、经济、美观等诸多因素，选择出较优的结构设计方案，也就是说，工程项目结构方案的设计，其答案并不是唯一的，只有更好而没有最好。

4．关注结构设计技术与手段的发展动态，掌握其表达方法与设计软件

随着现代建筑工程规模的扩大，工程结构的复杂程度越来越大。为了达到交流的标准

化、减少设计工程量、提高工作效率，熟练掌握与正确运用结构设计的工程语言与专业计算机技术也越来越重要。

当前，我国与世界其他国家建设项目的交流与合作日益频繁，彼此间的沟通对准确实施结构设计方案的重要性越来越明显，因此，熟练掌握专业外语也是工程结构设计人员应加以高度重视的问题。

习　　题

1. 什么是工程结构？从结构受力分析的角度，工程结构大致可分为哪几类？
2. 工程结构设计的原则与主要任务是什么？
3. 简述混凝土结构、砌体结构、钢结构各自的优缺点。
4. 试述工程结构设计方法的发展与演变。
5. 简述工程结构设计规程、规范和工程结构设计的关系。
6. 概念解释：结构构件与结构体系，结构设计使用年限与结构使用年限。

第**2**章

结构作用与荷载计算

教学目标

　　本章主要讲述工程结构上作用与荷载的概念与分类、主要结构荷载值的计算与规定。通过本章的学习，应达到以下目标：

　　（1）掌握结构作用与荷载的概念与分类；

　　（2）熟悉荷载标准值、代表值及其组合值的计算与规定。

教学要求

知识要点	能力要求	相关知识
结构作用与荷载的概念与分类	（1）掌握结构作用、荷载的概念 （2）掌握结构荷载的类别	熟悉《建筑结构荷载规范》（GB 50009—2012）
荷载标准值、代表值和荷载组合值的计算与规定	（1）熟悉永久荷载与活荷载的计算方法与规定 （2）熟悉结构荷载代表值和组合值的计算方法与规定	熟悉《建筑结构可靠度设计统一标准》（GB 50068—2001）

 引例

菩提树的自然魅力

　　提及菩提树，人们自然会想起佛祖释迦牟尼。传说在 2500 多年前，佛祖释迦牟尼就是在菩提树下修成正果的。

　　在印度，菩提树被视为"神圣之树"，每个佛教寺庙都要求至少种植一棵菩提树，政府也对菩提树实施"国宝级"的保护。印度教徒们相信菩提树凝聚着各种美德，它有能力使人实现愿望、解脱罪责、摆脱各种困境。许多印度教妇女认为，经常向菩提树祈祷，定期给菩提树浇水，围绕着菩提树行走就可以得到保佑生出好孩子，尤其是男孩，因为这样做会使居住在树上的神灵们高兴，恩赐这些愿望得以实现。

　　随着佛教传入中国，菩提树在中国也有深远的影响。唐朝初年，僧人神秀与其师兄慧能对话，写下诗句："身是菩提树，心如明镜台，时时勤拂拭，莫使惹尘埃。"慧能看后回写了一首："菩提本无树，明镜亦非台，本来无一物，何处惹尘埃。"这对师兄弟以物表意，借物论道的对话流传甚广，也使菩提树名声大振。

两千多年过去了，菩提树经受了无数风风雨雨，也有着神话般的经历。在佛教界，可使佛祖成道的那棵菩提树被公认为是"大彻大悟"的象征。

然而，撩开菩提树的神秘文化背景，观看其自然形态。菩提树是榕族榕属的大乔木植物，如其他树种一样，在它们努力向上生长的过程中，树干、树枝以及茂密的枝叶簇成的外形，基本上近似圆形，平衡而对称。这是为什么呢？如果将树根植于小河边、悬崖峭壁上，其外形又会发生怎样的变化？实践证明，是外在的作用修剪着树的外观形状！

2.1 结构作用与荷载的概念

结构作用，是指施加在结构上的集中力或分布力及引起结构外加变形或约束变形的原因。现行《建筑结构可靠度设计统一标准》（GB 50068—2001）中，将施加在结构上的集中力或分布力称为直接作用，如各种土木工程结构的自重、土压力、【标准规范】房屋建筑中的楼面上人群与家具等的重量；将引起结构外加变形或约束变形的原因称为间接作用，如地基变形、混凝土收缩徐变、焊接变形、温度作用、地震作用等。前者均是以外加力的形式直接施加在结构上，与结构本身性能无关；后者不是以外加力的形式直接施加在结构上，它们的大小与结构自身的性质有关。

当然，从产生的效果角度看，直接作用与间接作用都能使结构或构件产生结构效应，如应力、位移、应变等。在结构设计中，为便于使用与交流，通常将结构作用统称为广义上的荷载。

本书所说的荷载是指施加在结构上的直接作用。

2.2 荷载的分类

对于某个特定的工程结构，作用于其上的荷载类型较多。在结构设计时，首先要分析工程结构在使用过程中可能会出现哪些荷载，它们产生的背景与特点，哪些在时间与空间上是独立的，哪些可能是相互关联或不能独立存在的，然后可以将它们按不同标准进行分类，最后进行定量计算。

通常情况下，结构上的荷载可按照时间变异、空间位置变异、结构反应特点、荷载作用方向、荷载的实际分布情况等标准进行划分。

1. 按时间的变异分类

(1) 永久荷载（简称恒载），是指在结构设计使用年限内，其量值不随时间变化，或其变化幅度与平均值相比可以忽略不计的荷载，如结构构件及配件的自重、土压力、预应力等。

(2) 可变荷载（简称活载），是指在结构设计使用年限内，其作用值随时间而变化，且其变化幅度与平均值相比不能忽略的荷载，如楼面活荷载、屋面活荷载、积灰荷载、吊车荷载、风荷载、雪荷载等。

(3) 偶然荷载，是指在结构设计使用年限内不一定出现，而一旦出现其量值很大且持续时间很短的荷载，如爆炸力、撞击力等。

2. 按空间位置的变异分类

(1) 固定荷载，是指在结构空间位置上具有固定分布的荷载，如结构的自重、固定设备重等。

(2) 自由荷载，是指在结构空间位置上一定范围内可以任意分布的荷载，如起重机荷载、人群荷载等。

3. 按结构的反应特点分类

(1) 静态荷载（简称静载），是指使结构、结构构件不产生加速度，或其加速度可以忽略不计的荷载，如住宅与办公楼的楼面活荷载、结构构件的自重等。

(2) 动态荷载（简称动载），是指使结构或结构构件产生不可忽略的加速度的荷载，如吊车荷载、设备振动荷载、起重机荷载、作用在高耸结构上的风荷载等。

4. 按荷载作用的方向分类

(1) 竖向荷载，一般是指由重力作用引起的荷载，如结构构件的自重、屋面活荷载、屋面积灰荷载、屋面雪荷载等。此外，还有由地震产生的竖向地震作用。

(2) 水平荷载（也称为侧向荷载、横向荷载），是指由风作用产生的荷载，以及斜柱等产生的水平方向的荷载。此外，还有地震产生的水平地震作用。

(3) 冲击荷载，一般是指一种侧向荷载，如运行中的电梯对电梯井壁产生的侧向作用，高层建筑中楼梯间的墙体在火灾时受到的侧压力等。

5. 按荷载的实际分布情况分类

(1) 分布荷载，一般情况下，荷载总是与建筑结构有一定的接触面积，当接触面积较大，并按一定几何关系分布时称为面荷载，如均匀分布面荷载、三角形分布面荷载等。其中，对可以将面荷载视为集中在一条线上分布的称为线荷载，如均匀分布线荷载（简称均布线荷载）、三角形分布线荷载等。

(2) 集中荷载，是指当荷载分布面积不大，可以将其近似认为集中于一点的作用。

2.3　荷载标准值的计算及规定

荷载标准值是指结构在设计基准期内可能出现的最大荷载值。所谓设计基准期，是指为确定可变荷载代表值而选用的时间参数，它与结构设计年限不是一个概念，我国建筑结构的荷载设计基准期为 50 年。

在结构设计使用年限内，荷载是个随机变量。若有足够的荷载统计资料，做出其最大值的概率分布，通过在设计基准期与统一规定的概率分布的分位值百分数进行分析，就可以比较准确地获得具有某种保证率的荷载最大值。然而，在结构设计使用期间，仍有可能出现量值大于标准值的荷载，只是出现的概率比较小。为了解决这个问题，通常根据历史记载、现场观测、试验等，并结合工程经验综合分析判断，在不同的历史时期加以调整与确定。

目前，《建筑结构荷载规范》（GB 50009—2012），以下简称《荷载规范》，给出了各种荷载的标准值计算方法及其基本数据。

1. 永久荷载

永久荷载包括结构构件、围护构件、面层及装饰、固定设备、长期储物的自重，土压力、水压力，以及其他需要按永久荷载考虑的荷载。

1）结构自重

结构自重，是指结构构件（梁、板、柱、墙、支撑等）与非结构构件（抹灰、饰面材料、填充墙、吊顶等）由于地球引力所产生的重力。通常情况下，只要知道构件的尺寸及所使用的材料，就可以按构件的设计尺寸与材料单位体积自重计算确定。在建筑工程中，组成结构的各种构件可能采用多种材料，若计算结构总自重，可将其划分为若干基本构件，首先计算基本构件的重量，然后再进行叠加即得结构总自重（G_k），其计算公式为：

$$G_k = \sum_{i=1}^{n} \gamma_i V_i \qquad (2-1)$$

式中：n ——组成结构的基本构件数；

γ_i ——第 i 个基本构件的单位自重（N/m³）（对于一般材料的单位自重可取其平均值，对于自重变异较大的材料，自重的标准值应根据对结构的不利或有利状态，分别取上限值或下限值。常用材料单位体积的自重可按《荷载规范》附录 A 采用）；

V_i ——第 i 个基本构件的体积（m³）。

为了应用方便，有时工程上也可把建筑物看成一个整体，将结构每层的自重转化为平均楼面荷载，作为近似估算。对于钢结构建筑，平均楼面荷载为 2.48～3.96kN/m²；对于钢筋混凝土结构建筑，其值为 4.95～7.43kN/m²；对于预应力混凝土建筑可取为普通钢筋混凝土建筑自重的 70%～80%。

需要指出的是，一般情况下，固定隔墙自重可按永久荷载考虑，但对位置可灵活布置的隔墙自重则应按可变荷载处理。

2）土的自重

土的自重，是指作用在基础上的一部分荷载。根据土力学的基本原理，在计算土中自重应力时，如果地面下土质均匀，土层的天然重度为 γ，在天然地面下任意深度 h 处水平面上的竖直自重应力为 σ，则作用于任一单位面积的土柱体自重可按 γh 计算。通常情况下，地基土由不同重度的土层所组成，若天然地面下深度 h 范围内，各层土的高度自上而下依次为 h_1，h_2，$\cdots$，h_i，$\cdots$，h_n（图 2-1），可得土层深度 h 处的竖直有效自重应力为：

$$\sigma = \gamma_1 h_1 + \gamma_2 h_2 + \cdots + \gamma_i h_i + \cdots + \gamma_n h_n = \sum_{i=1}^{n} \gamma_i h_i \qquad (2-2)$$

式中：n——天然地面到深度 h 处的土层数；

$\quad\quad h_i$——第 i 层土的厚度；

$\quad\quad \gamma_i$——第 i 层土的天然重度。若土层位于地下水位以下，由于受水的浮力作用，则应取土的有效重度 γ_i'，其大小一般取 $\gamma_i' = \gamma_i - 10$。

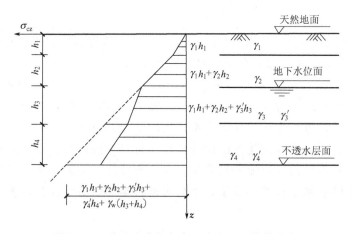

图 2-1　分层土中竖向自重应力沿深度的分布

2．楼面与屋面活荷载

楼面与屋面活荷载，是指在结构设计基准期内其量值随时间而变化、位置可移动的、施加于楼面与屋面的非自然荷载，如人群、家具、用品、设备等。

1）民用建筑楼面活荷载

民用建筑楼面活荷载，是人们在其中生活或工作时所产生的荷载，其大小与位置具有任意性。为了工程设计方便，一般将楼面活荷载简化为楼面均布活荷载。一方面，均布活荷载的量值与建筑物的功能有关，如公共建筑（如商店、展览馆、车站、电影院等）的均布活荷载值一般比住宅、办公楼的均布活荷载值大；另一方面，楼面均布活荷载是取楼面总活荷载在楼面总面积上的平均值，设计时考虑的楼面面积越大，实际平摊后的楼面活荷载越小。

《荷载规范》给出了以下规定。

（1）在计算结构构件的楼面荷载效应时，对于一般的使用构件即在规定的从属面积范围之内，楼面活荷载的标准值可以按照表 2-1 对应的类别取值。所谓从属面积就是考虑梁、柱等构件均布荷载折减所采用的计算构件负荷的楼面面积，它可以根据楼板的剪力零线划分。在实际应用中也可以适当简化，如楼面梁的从属面积可按照梁两侧各延伸 1/2 梁间距范围内的实际面积确定。

表 2-1　民用建筑楼面均布活荷载标准值及组合值系数、频遇值系数与准永久值系数

项次	类　　别			标准值/(kN/m^2)	组合值系数 ψ_c	频遇值系数 ψ_f	准永久值系数 ψ_q
1	（1）住宅、宿舍、旅馆、办公楼、医院病房、托儿所、幼儿园			2.0	0.7	0.5	0.4
	（2）实验室、阅览室、会议室、医院门诊室			2.0	0.7	0.6	0.5
2	教室、食堂、餐厅、一般资料档案室			2.5	0.7	0.6	0.5
3	（1）礼堂、剧场、影院、有固定座位的看台			3.0	0.7	0.5	0.3
	（2）公共洗衣房			3.0	0.7	0.5	0.3
4	（1）商店、展览厅、车站、港口、机场大厅及其旅客等候室			3.5	0.7	0.6	0.5
	（2）无固定座位的看台			3.5	0.7	0.5	0.3
5	（1）健身房、演出舞台			4.0	0.7	0.6	0.5
	（2）运动场、舞厅			4.0	0.7	0.6	0.3
6	（1）书库、档案库、贮藏室			5.0	0.9	0.9	0.8
	（2）密集柜书库			12.0	0.9	0.9	0.8
7	通风机房、电梯机房			7.0	0.9	0.9	0.8
8	汽车通道及客车停车库	（1）单向板楼盖（板跨不小于 2m）和双向板楼盖（板跨不小于 3m×3m）	客车	4.0	0.7	0.7	0.6
			消防车	35.0	0.7	0.5	0.0
		（2）双向板楼盖（板跨不小于 6m×6m）和无梁楼盖（柱网不小于 6m×6m）	客车	2.5	0.7	0.7	0.6
			消防车	20.0	0.7	0.5	0.0
9	厨房	（1）餐厅		4.0	0.7	0.7	0.7
		（2）其他		2.0	0.7	0.6	0.5
10	浴室、卫生间、盥洗室			2.5	0.7	0.6	0.5

（续）

项次	类　别		标准值/（kN/m²）	组合值系数 ψ_c	频遇值系数 ψ_f	准永久值系数 ψ_q
11	走廊、门厅	（1）宿舍、旅馆、医院病房、托儿所、幼儿园、住宅	2.0	0.7	0.5	0.4
		（2）办公楼、餐厅、医院门诊部	2.5	0.7	0.6	0.5
		（3）教学楼及其他可能出现人员密集的情况	3.5	0.7	0.5	0.3
12	楼梯	（1）多层住宅	2.0	0.7	0.5	0.4
		（2）其他	3.5	0.7	0.5	0.3
13	阳台	（1）可能出现人员密集的情况	3.5	0.7	0.6	0.5
		（2）其他	2.5	0.7	0.6	0.5

注：1. 本表所给各项活荷载适用于一般使用条件，当使用荷载较大、情况特殊或有专门要求时，应按实际情况采用。

2. 第 6 项书库活荷载当书架高度大于 2m 时，书库活荷载尚应按每米书架高度不小于 2.5 kN/m² 确定。

3. 第 8 项中的客车活荷载仅适用于停放载人少于 9 人的客车；消防车活荷载适用于满载总重为 300kN 的大型车辆；当不符合本表的要求时，应将车轮的局部荷载按结构效应的等效原则，换算为等效均布荷载。

4. 第 8 项消防车活荷载，当双向板楼盖板跨介于 3m×3m～6m×6m 之间时，应按跨度线性插值确定。

5. 第 12 项楼梯活荷载，对预制楼梯踏步平板，尚应按 1.5kN 集中荷载验算。

6. 本表各项荷载不包括隔墙自重和二次装修荷载；对固定隔墙的自重应按永久荷载考虑，当隔墙位置可灵活自由布置时，非固定隔墙的自重应取不小于 1/3 的每延米长墙重（kN/m）作为楼面活荷载的附加值（kN/m²）计入，且附加值不应小于 1.0kN/m²。

（2）若引起效应的楼面活荷载面积超过一定从属面积值，则应对楼面均布活荷载进行折减。

在设计楼面梁时，表 2-1 中楼面活荷载标准值的折减系数取值不应小于下列规定：

① 第 1（1）项，当楼面梁从属面积超过 25m² 时，应取 0.9；

② 第 1（2）～7 项，当楼面梁从属面积超过 50m² 时，应取 0.9；

③ 第 8 项对单向板楼盖的次梁与槽形板的纵肋应取 0.8，对单向板楼盖的主梁应取 0.6，对双向板楼盖的梁应取 0.8；

④ 对于第 9～13 项，应采用与所属房屋类别相同的折减系数。

在设计墙、基础时，表 2-1 中楼面活荷载标准值的折减系数取值不应小于下列规定：

① 第 1（1）项，应按表 2-2 中的规定采用；

② 第 1（2）～7 项，应采用与其楼面梁相同的折减系数；

③ 第 8 项的客车，对单向板楼盖应取 0.5，对双向板楼盖与无梁楼盖应取 0.8；

④ 第 9～13 项，应采用与所属房屋类别相同的折减系数。

注意：在确定楼面均布活荷载时，应当考虑建筑物长期使用过程中改变用途的可能性，应该取其较大值。

表 2-2 活荷载按楼层的折减系数

墙、柱、基础计算截面以上的层数	1	2～3	4～5	6～8	9～20	>20
计算截面以上各楼层活荷载综合的折减系数	1.00（0.90）	0.85	0.70	0.65	0.60	0.55

注：当楼面梁的从属面积超过 25m² 时，应采用括号中的系数。

2）工业建筑楼面活荷载

工业建筑楼面在生产使用或安装检修时，由设备、管道、运输工具及可能拆移的隔墙产生的局部荷载，均应按实际情况采用等效均布活荷载代替。对设备位置固定的情况，可直接按固定位置进行结构计算，但应考虑因设备安装与维修过程中的位置变化可能出现的最不利效应。工业建筑楼面堆放原料较多或较重的区域，应按实际情况考虑；一般的堆放情况可按均布活荷载或等效均布活荷载考虑。

对于楼面等效均布活荷载，包括计算次梁、主梁与基础的楼面活荷载，可分别按《荷载规范》附录 C 的规定确定；一般金工车间、仪器仪表生产车间、半导体器件车间、棉纺织车间、轮胎准备车间与粮食加工车间，当缺乏资料时，可按《荷载规范》附录 D 采用。

另外，工业建筑楼面（包括工作平台）上无设备区域的操作荷载，包括操作人员、一般工具、零星原料与成品的自重，可按均布活荷载 2.0kN/m² 考虑。在设备所占区域内可不考虑操作荷载与堆料荷载。生产车间的楼梯活荷载，可按实际情况采用，但不宜小于3.5kN/m²。生产车间的参观走廊活荷载，可采用 3.5kN/m²。

3）屋面活荷载

屋面活荷载的大小与位置也具有任意性，在工程设计时，一般也可将其活荷载简化为均布活荷载。各种不同使用状态的屋面活荷载，可按照表 2-3 取值。

表 2-3 屋面均布活荷载标准值及其组合值系数、频遇值系数与准永久值系数

项 次	类 别	标准值/（kN/m²）	组合值系数 ψ_c	频遇值系数 ψ_f	准永久值系数 ψ_q
1	不上人屋面	0.5	0.7	0.5	0.0
2	上人屋面	2.0	0.7	0.5	0.4
3	屋顶花园	3.0	0.7	0.6	0.5
4	屋顶运动场	3.0	0.7	0.6	0.4

注：1. 不上人的屋面，当施工或维修荷载较大时，应按实际情况采用；对不同类型的结构应按有关设计规范的规定采用，但不得低于 0.3kN/m²。
2. 当上人的屋面兼作其他用途时，应按相应楼面活荷载采用。
3. 对于因屋面排水不畅、堵塞等引起的积水荷载，应采取构造措施加以防止；必要时，应按积水的可能深度确定屋面活荷载。
4. 屋顶花园活荷载不应包括花圃土石等材料自重。
5. 不上人的屋面活荷载，可不与雪荷载和风荷载同时组合。

4）施工与检修荷载及栏杆荷载

结构设计中，应考虑到施工与检修时的荷载值，该值应取在构件最不利位置处可能出现的最大值。其荷载标准值大小可以按下列规定取值。

（1）设计屋面板、檩条、钢筋混凝土挑檐、悬挑雨篷与预制小梁时，施工或检修集中荷载标准值不应小于 1.0kN，并应在最不利位置处进行验算。

（2）对于轻型构件或较宽的构件，应按实际情况验算，或应加垫板、支撑等临时设施。

（3）计算挑檐、悬挑雨篷的承载力时，应沿板宽每隔 1.0m 取一个集中荷载；在验算挑檐、悬挑雨篷的倾覆时，应沿板宽每隔 2.5～3.0m 取一个集中荷载。

（4）楼梯、看台、阳台与上人屋面等的栏杆活荷载标准值，不应小于下列要求。

① 住宅、宿舍、办公楼、旅馆、医院、托儿所、幼儿园，栏杆顶部的水平荷载应取 1.0kN/m。

② 学校、食堂、剧场、电影院、车站、礼堂、展览馆或体育场，栏杆顶部的水平荷载应取 1.0kN/m；竖向荷载应取 1.2kN/m，水平荷载与竖向荷载应分别考虑。

（5）施工荷载、检修荷载及栏杆荷载的组合值系数应取 0.7，频遇值系数应取 0.5，准永久值系数应取 0。

3. 雪荷载

雪荷载是房屋屋面所承受的主要荷载之一。在寒冷及其他有雪地区，因雪荷载导致屋面以致整个结构破坏的事故时有发生，尤其是大跨度结构与轻型屋盖结构，对雪荷载更为敏感。因此，在有雪地区的结构设计中必须考虑雪荷载。

1）雪荷载的计算方法

雪荷载的标准值（S_k），是指作用在屋面水平投影的单位面积上的雪荷载，用当地基本雪压与屋面积雪分布系数的乘积表示。

$$S_k = \mu_r S_0 \qquad (2-3)$$

（1）雪压与基本雪压。

雪压，是指单位面积地面上积雪的自重，是积雪深度与积雪重度的乘积。为了便于不同地区雪压的比较，《荷载规范》规定了雪压测试的标准条件，即以当地一般空旷平坦地面上 50 年内统计所得的最大积雪自重来确定，并将在标准条件下测得的雪压称为基本雪压。

基本雪压的计算表达式为：

$$S_0 = \gamma_s d \qquad (2-4)$$

式中：γ_s ——雪的重度（kN/m³）；

d ——积雪深度（m）。

雪的重度随积雪厚度、积雪时间的长短等因素的变化而有较大的差异，对雪压值的影响也较大，如新鲜下落的雪其密度较小，为 50～100kg/m³，当积雪达到一定厚度时，积存在下层的雪由于受到上层雪的压缩而密度增加，越靠近地面，雪的密度越大；雪深越大，其下层的密度也越大。为了工程设计应用方便，一般将雪重度定为常值，即以某地区的气象记录资料统计分析后所得的重度平均值或某分位值作为该地区的雪重度。

（2）屋面基本雪压的确定。

《荷载规范》中的基本雪压是针对地面上的积雪荷载定义的。屋面的雪荷载由于受多种因素的影响，往往与地面雪荷载不同，一般情况下小于地面雪荷载。造成屋面积雪与地面积雪不同的主要原因是风的影响、屋面形式、屋面散热等，具体表现在雪的漂积、滑移、融化及结冰等。针对这些问题，在结构设计过程中往往采用屋面积雪分布系数（μ_r）进行折减，μ_r 的取值可参见《荷载规范》中表 7.2.1 的规定。

2）雪荷载取值的相关规定

（1）一般建筑物的基本雪压是以 50 年重现期的雪压确定的，对雪压敏感的结构，应采取 100 年重现期的雪压确定。

（2）山区的雪荷载应通过实际调查后确定，当无实测资料时，可按照当地邻近空旷地面的雪荷载值乘以系数 1.2 采用。

（3）在设计建筑结构及屋面的承重构件时，屋面板与檩条应按积雪不均匀分布的情况采用，屋架与拱壳应分别按全跨积雪的均匀分布、不均匀分布与半跨积雪的均匀分布按最不利情况采用，框架与柱可按全跨积雪的均匀分布情况采用。

4. 吊车荷载

工业厂房中，因工艺上的要求常设有桥式吊车，其由桥架（大车）与吊钩（小车）组成（图 2-2）。按照吊车的荷载状态一般将其分为轻、中、重与超重 4 级工作制。工作中，大车沿厂房纵向在吊车梁上行驶，小车沿厂房横向在桥架上行驶。吊车行驶到某一位置时，作用在厂房横向排架结构上的荷载有吊车竖向荷载与横向水平荷载，作用在纵向排架结构上的荷载为吊车纵向水平荷载。

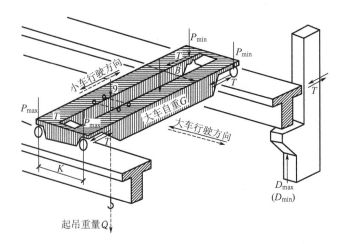

图 2-2 桥式吊车

1）吊车荷载的计算方法

（1）吊车竖向荷载 D_{max}、D_{min}。

吊车竖向荷载是指吊车在满载运行时，可能作用在厂房横向排架柱上的最大压力。吊车荷载的位置是变动的，当吊车沿厂房纵向运行时，吊车梁传给柱的竖向压力随吊车位置的不同而变化。当小车吊有额定最大起重量开到大车一端的极限位置时，该端的每个大车轮压称为吊车的最大轮压 P_{max}，同时另一端的大车轮压称为吊车的最小轮压 P_{min}，如图 2-3 所示。最大轮压与最小轮压的关系如式（2-5）所示。

$$P_{max} = 0.5(G + g + Q) - P_{min} \qquad (2-5)$$

式中：G——吊车桥架（大车）的总重；

　　　g——小车的自重；

　　　Q——吊车的额定最大起重量。

作用在排架柱上的 D_{max} 与 D_{min}，其计算简图如图 2-3（b）所示。吊车竖向荷载 D_{max} 与 D_{min} 的设计值可按下式计算：

$$D_{max} = \gamma_Q D_{k,max} = \gamma_Q [P_{1max}(y_1 + y_2) + P_{2max}(y_1 + y_2)] \qquad (2-6)$$

$$D_{min} = \gamma_Q D_{k,min} = \gamma_Q [P_{1min}(y_1 + y_2) + P_{2min}(y_1 + y_2)] \qquad (2-7)$$

式中：$D_{k,max}$、$D_{k,min}$——吊车竖向荷载的最大标准值与最小标准值；

　　　P_{1max}、P_{2max}——两台吊车最大轮压的标准值，且 $P_{1max} > P_{2max}$；

　　　P_{1min}、P_{2min}——两台吊车最小轮压的标准值，且 $P_{1min} > P_{2min}$；

　　　y_1、y_2、y_3、y_4——分别为与吊车轮子相对应的支座反力影响线上的竖向坐标值；

　　　γ_Q——可变荷载分项系数，其取值可按第 3 章的表 3-1 执行。

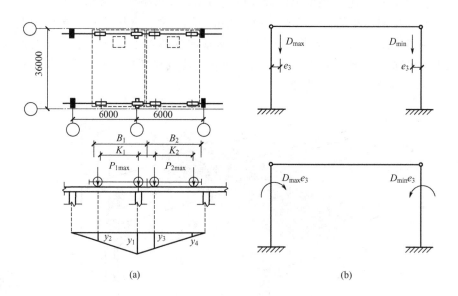

(a)　　　　　　　　　　　　　　　　　(b)

图 2-3　吊车竖向荷载

B_1、B_2—轨道中心至端部距离；K_1、K_2—吊车轮距；e_3—吊车竖向荷载的偏心距

（2）吊车横向水平荷载 T_{max}。

当吊着重物的小车在运行中突然刹车时，由于重物与小车的惯性将产生一个横向水平制动力，该力通过吊车两侧的轮子及轨道传给两侧的吊车梁，并最终传给两侧的柱，如图 2-4 所示。吊车横向水平制动力应按两侧柱的刚度大小分配。为简化计算，《荷载规范》允许吊车横向水平制动力近似地平均分配给两侧柱。当四轮吊车满载运行时，每个轮子产生的横向水平制动力标准值可按式（2-8）计算。

$$T_k = \frac{\alpha}{4}(G+g) \tag{2-8}$$

式中：α——横向制动力系数。

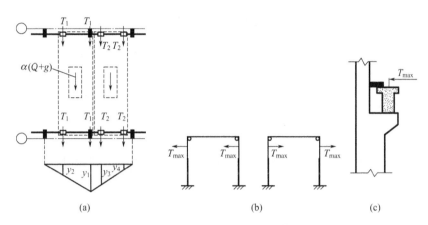

图 2 - 4　吊车横向水平荷载的计算简图

横向水平制动力标准值 T_k 确定后，可用类似于求吊车竖向荷载的方法来确定最终作用于排架柱上的吊车水平荷载设计值 T_{max}，即

$$T_{max} = \gamma_Q T_{k,\,max} = \gamma_Q [T_{1max}(y_1 + y_2) + T_{2max}(y_1 + y_2)] \tag{2-9}$$

考虑到小车沿左右方向均有可能刹车，如图 2 - 4(b) 所示，T_{max} 的方向既可向左又可向右。由于横向水平制动力 T 通过连接件传递给柱子，如图 2 - 4(c) 所示，因而 T_{max} 可近似地认为作用于吊车梁顶面标高处。

（3）吊车纵向水平荷载 T_0。

当大车沿厂房纵向运行中启动或突然刹车时，吊车自重与所吊重物的惯性将产生吊车纵向制动力。并由吊车一侧的制动轮传至轨道，最后通过吊车梁传给纵向柱列间支撑（图 2 - 5）。每台吊车纵向水平荷载 T_0 为

$$T_0 = mT = m \cdot \frac{nP_{max}}{10} \tag{2-10}$$

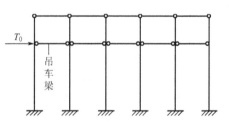

图 2 - 5　吊车纵向水平荷载

式中：n——吊车每侧的制动轮数；

m——起重量相同的吊车台数，当 $m > 2$ 时，取 $m = 2$。

2)《荷载规范》的相关规定

（1）吊车竖向荷载的标准值，应采用吊车最大轮压或最小轮压。

（2）吊车纵向与横向水平荷载，应按下列规定采用。

① 吊车纵向水平荷载标准值，应按作用在一边轨道上所有刹车轮的最大轮压之和的 10% 采用；该项荷载的作用点位于刹车轮与轨道的接触点，其方向与轨道方向一致。

② 吊车横向水平荷载标准值，应取横行小车自重与额定起重量之和的下列百分数，并乘以重力加速度。

a. 软钩吊车：当额定起重量不大于 10t 时，应取 12%；当额定起重量为 16~50t 时，应取 10%；当额定起重量不小于 75t 时，应取 8%。

b. 硬钩吊车：应取 20%。

c. 横向水平荷载应等分于桥架的两端，分别由轨道上的车轮平均传至轨道，其方向与轨道垂直，并考虑正反两个方向的刹车情况。应当注意的是，悬挂吊车的水平荷载应由支撑系统承受，设计该支撑系统时，尚应考虑风荷载与悬挂吊车水平荷载的组合；手动吊车及电动葫芦可不考虑水平荷载。

（3）计算排架时，若考虑多台吊车竖向荷载，对单层吊车的单跨厂房的每个排架，参与组合的吊车台数不宜多于 2 台；对单层吊车的多跨厂房的每个排架，不宜多于 4 台；对双层吊车的单跨厂房宜按上层与下层吊车分别不多于 2 台进行组合；对双层吊车的多跨厂房宜按上层与下层吊车分别不多于 4 台进行组合，且当下层吊车满载时，上层吊车应按空载计算；当上层吊车满载时，下层吊车不应计入。考虑多台吊车水平荷载时，对单跨或多跨厂房的每个排架，参与组合的吊车台数不应多于 2 台。当有情况特殊时，应按实际情况考虑。

（4）计算排架时，多台吊车的竖向荷载与水平荷载的标准值，应乘以表 2-4 中的折减系数。

表 2-4　多台吊车的荷载折减系数

参与组合的吊车台数	吊车工作级别	
	A1~A5	A6~A8
2	0.9	0.95
3	0.85	0.90
4	0.8	0.85

（5）当计算吊车梁及其连接的承载力时，吊车竖向荷载应乘以动力系数。对悬挂吊车（包括电动葫芦）及工作级别为 A1~A5 的软钩吊车，动力系数可取 1.05；对工作级别为 A6~A8 的软钩吊车、硬钩吊车与其他特种吊车，动力系数可取为 1.1。

（6）吊车荷载的组合值系数、频遇值系数及准永久值系数可采用表 2-5 中的数值。在厂房排架设计时，荷载准永久组合中不考虑吊车荷载，但在吊车梁按正常使用极限状态设计时，可采用吊车荷载的准永久值。

表 2-5　吊车荷载的组合值系数、频遇值系数及准永久值系数

吊车工作级别		组合值系数 ψ_c	频遇值系数 ψ_f	准永久值系数 ψ_q
软钩吊车	A1~A3	0.7	0.6	0.5
	A4、A5	0.7	0.7	0.6
	A6、A7	0.7	0.7	0.7
硬钩吊车及工作级别 A8 的软钩吊车		0.95	0.95	0.95

5. 风荷载

风荷载标准值，是指建筑物某一高度处，垂直于其表面的单位面积上的风荷载，是当地基本风压和当地风压高度变化系数、结构的风荷载体型系数以及相应高度处的风振系数的乘积。

当计算主要受力结构的风荷载时，按式（2-11）计算：

$$\omega_k = \beta_z \mu_s \mu_z \omega_0 \tag{2-11}$$

式中：ω_k ——风荷载标准值（kN/m^2）；

β_z ——高度 z 处的风振系数；

μ_s ——风荷载体型系数；

μ_z ——风压高度变化系数；

ω_0 ——基本风压（kN/m^2）。

当计算围护结构的风荷载时，按式（2-12）计算：

$$\omega_k = \beta_{gz} \mu_{st} \mu_z \omega_0 \tag{2-12}$$

式中：β_{gz} ——高度 z 处的阵风系数；

μ_{st} ——风荷载局部体型系数。

1）基本风压 ω_0

空气的流动形成了风。风在流动的过程中，其实际风速是不断变化的。如图 2-6 所示，为了较为准确地描述风的速度，采用平均风速与瞬时风速两个概念。平均风速，是指在地面以上 10m 高度处，10min 内测得的水平风速平均值；瞬时风速，是指在数秒到 10s 内的平均风速。通常所说的风速是平均风速。

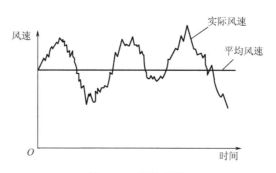

图 2-6 平均风速

为了描述风的大小（也称风力），根据风对地面（海面）的影响程度，将风力划分为 13 个等级。不同的风力等级其风速大小不同，对建筑物影响的差异也很大。在确定风力对建筑物作用的具体大小时，引入了风压的概念。如图 2-7 所示，风遇到建筑物时，被迫从建筑物的侧面或顶部通过，在建筑物表面（立面、山墙、屋顶）产生压力或吸力，也就是风压。当风经过较宽的建筑立面时，风速减慢甚至还会形成涡流（指尺度在几米范围内，时间在几分钟内的空气旋涡）。在工程设计过程中，常用基本风压来表示某地区风压的大小。

《荷载规范》中给出的基本风压值 ω_0，是用各地区空旷地面上离地 10m 高、统计 50

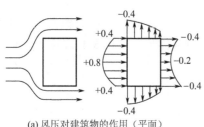 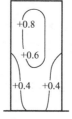 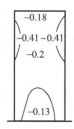

(a) 风压对建筑物的作用（平面）　(b) 迎风面风压分布系数　(c) 背风面风压分布系数

图 2-7　风压分布

年重现期的 10min 平均最大风速 v_0（m/s）计算得到的，计算公式为 $\omega_0 = v_0^2/1600$（kN/m²）。全国各城市基本风压值可按照现行《荷载规范》附录 E 中表 E.5 重现期为 50 年的值采用。

2）风荷载体型系数 μ_s

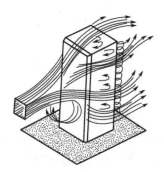

图 2-8　气流在建筑表面的流动

风荷载体型系数是指风作用在建筑物表面所引起的实际压力（或吸力）与基本风压的比值，它反映了建筑物表面在稳定风压作用下的静态压力分布规律。影响该分布规律的主要因素是建筑物的体型与尺寸。试验研究表明：作用在建筑物表面的风力是一个很复杂的问题（图 2-8），一般情况下，当风作用在建筑物墙、屋面上时，迎风面会产生压力，侧风面及背风面会产生吸力，并且各表面上的风力分布是不均匀的。

为了设计计算方便，现行《荷载规范》规定：风为压力，其风载体型系数为正（+）；风为吸力，其风载体型系数为负（-）。在房屋的同一部位的体型系数不同时，可取该部位体型系数的平均值，作为该处的风荷载体型系数。例如图 2-9 中迎风面外墙的风荷载体型系数取 +0.8。各种体型房屋的风荷载体型系数，可按照《荷载规范》中表 8.3.1 的规定采用。

【标准规范】

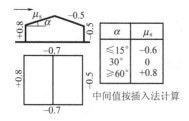 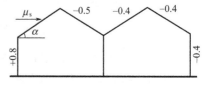

(a) 封闭式双坡屋顶　　　　　　　　(b) 封闭式双跨双坡屋顶

图 2-9　部分建筑物荷载体型系数

《荷载规范》还有以下规定。

（1）对于重要且体型复杂的建筑，应通过风洞试验确定风荷载体型系数。

（2）当多个建筑物特别是群集的高层建筑，相互间距离较近时，宜考虑风力相互干扰的群体效应；一般可将单独建筑物的体型系数乘以相互干扰增大系数。国内试验研究资料表明，当建筑物距离上游建筑物小于 3.5 倍的房屋宽度或 0.7 倍高度时，其影响最大；当距离扩大一倍后，影响将降到最小；当两个建筑物轴心连线与风向交角在 30°～45°时，影响为最大；当相邻建筑物超过两个时，其影响大小与两个建筑物的情况接近，对两侧建筑物的影响比中间的要大。其相互干扰增大系数可按下列规定确定。

① 对矩形平面高层建筑，当单个施扰建筑与受扰建筑高度相近时，根据施扰建筑的位置，对顺风向风荷载可在 1.00～1.10 范围内选取，对横风向风荷载可在 1.00～1.20 范围内选取。

② 其他情况可比照类似条件的风洞试验资料确定，必要时宜通过风洞试验确定。

（3）当计算围护构件及其连接的风荷载时，可采用局部体型系数 μ_{s1}：①封闭式矩形平面房屋的墙面及屋面可按《荷载规范》中表 8.3.3 的规定采用；②檐口、雨篷、遮阳板、边棱处的装饰条等突出构件，取 -2.0；③其他房屋与构筑物可按《荷载规范》中第 8.3.1 条规定的体型系数的 1.25 倍取值。

（4）当计算非直接承受风荷载的围护构件风荷载时，局部体型系数 μ_{s1} 需要按构件的从属面积（A）进行折减：①当从属面积 $\leqslant 1\text{m}^2$ 时，折减系数取 1.0；②当从属面积 $\geqslant$ 25m^2 时，对墙面折减系数取 0.8，对局部体型系数绝对值 >1.0 的屋面区域折减系数取 0.6，对其他屋面区域折减系数取 1.0；③当从属面积 $>1\text{m}^2$ 且 $<25\text{m}^2$ 时，墙面与绝对值 $>$ 1.0 的屋面局部体型系数可采用对数插值，即按式（2-13）计算。

$$\mu_{s1}(A) = \mu_{s1}(1) + [\mu_{s1}(25) - \mu_{s1}(1)]\log A/1.4 \qquad (2-13)$$

（5）计算围护构件风荷载时，建筑物内部压力的局部体型系数 μ_{s1} 取值为：①封闭式建筑物，按其外表面风压的正负情况取 -0.2 或 0.2；②仅一面墙有主导洞口的建筑物，当开洞率 >0.02 且 $\leqslant 0.10$ 时，取 $0.4\mu_{s1}$；当开洞率 >0.1 且 $\leqslant 0.3$ 时，取 $0.6\mu_{s1}$；当开洞率 >0.3 时，取 $0.8\mu_{s1}$；其他情况，应按开放式建筑物 μ_{s1} 取值。

3）风压高度变化系数 μ_z

风压高度变化系数，是指 z 高度处的风压与基本风压 ω_0 的比值，它是反映风压随不同场地、地貌与高度变化规律的系数。如前所述，某地的基本风压 ω_0 可以根据当地的实测风速资料计算得到，也可直接根据《荷载规范》给出的该地基本风压或全国分布图确定。但是该风压是离地面 10m 高度处（标准高度）的风压值，对于非标准高度处风压值的取值，就需要确定风压高度变化系数。

试验研究表明：风压随高度而变化，离地面越近，风压越小。若设离地面 10m 高度处的风压高度变化系数为 1，则离地面 10m 以上高度处的风压高度变化系数大于 1，离地面 10m 以下高度处的风压高度变化系数小于 1。导致这种变化规律的因素主要是地面粗糙程度，即地面的房屋、树木等情况。地面粗糙度大的上空，平均风速小，反之则大。

《荷载规范》把地面粗糙度分为四类，即 A 类（近海海面、海岛、海岸、湖岸及沙漠地区）、B 类（田野、乡村、丛林、丘陵及房屋比较稀疏的乡镇及大城市郊区）、C 类（有密集建筑群的城市市区）、D 类（有密集建筑群且房屋较高的城市市区），并给出了在平坦或稍有起伏地形上的四类风压高度变化系数，详见表 2-6。

表 2-6　风压高度变化系数

离地面或海平面高度/m	地面粗糙度类型			
	A	B	C	D
5	1.09	1.00	0.65	0.51
10	1.28	1.00	0.65	0.51
15	1.42	1.13	0.65	0.51
20	1.52	1.23	0.74	0.51
30	1.67	1.39	0.88	0.51
40	1.79	1.52	1.00	0.61
50	1.89	1.62	1.10	0.69
60	1.97	1.71	1.20	0.77
70	2.05	1.79	1.28	0.84
80	2.12	1.87	1.36	0.91
90	2.18	1.93	1.43	0.98
100	2.23	2.00	1.50	1.04
150	2.46	2.25	1.79	1.33
200	2.64	2.46	2.03	1.58
250	2.78	2.63	2.24	1.81
300	2.91	2.77	2.43	2.02
350	2.91	2.91	2.60	2.22
400	2.91	2.91	2.76	2.40
450	2.91	2.91	2.91	2.58
500	2.91	2.91	2.91	2.74
≥550	2.91	2.91	2.91	2.91

注：1. 对于山区的建筑物，风压高度变化系数除应按平坦地面的粗糙度类别确定外，还应根据地形条件对其修正。

2. 对于远海海面与海岛的建筑物或构筑物，风压高度变化系数除按 A 类粗糙度类别由表 2-6 确定外，还应考虑表 2-7 中给出的修正系数 η。

表 2-7　远离海面与海岛的修正系数 η

距海岸距离/m	η
<40	1.0
40~60	1.0~1.1
60~100	1.1~1.2

一般情况下，作用在建筑物上的风荷载沿高度（H）呈阶梯形分布（q_{k20}），如图 2-10(a) 所示。在结构分析中，通常按基底弯矩相等的原则，把阶梯形分布的风荷载换算成等效均布荷载（P_0），如图 2-10(b) 所示；在结构方案设计时，估算风荷载对结构受力的影响时，可将其近似简化为沿高度呈三角形分布的线荷载（q_k），如图 2-10(c) 所示。

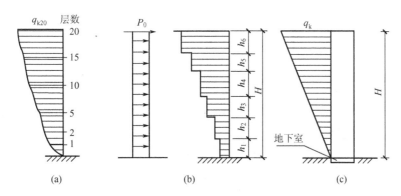

图 2 - 10　沿高度分布的风荷载图

4）高度 z 处的风振系数 β_z

风振系数是反映风速中高频脉动部分对建筑结构不利影响的风压动力系数。基上所述，风对建筑物的作用是不规则的，风压随风速、风向的紊乱而不停地改变。通常将风作用的平均值看成平均风压，实际风压是在平均风压上下波动的（图 2 - 6）。根据风的这一特点，一般把顺风向的风效应分解为平均风（即稳定风）与脉动风来分析。平均风相对稳定，其周期较长，远大于一般结构的自振周期，虽然平均风本质上也是脉动的，但其对结构的动力影响很小，可将其等效为静力侧向荷载，忽略其对结构的动力影响，基本风压表示的就是平均风（也称为稳定风）。但是，脉动风的周期较短，可能与某些工程结构的自振周期较接近，容易引起结构顺风向振动（风振），对结构产生不利影响。

实测资料表明，在脉动风的影响下，结构的刚度越小，即结构基本自振周期越长，波动风压对结构的影响也越大；波动风压产生的动力效应主要与建筑物的高度、高宽比、跨度等有关。对于高度大于 30m 且高宽比大于 1.5 的房屋，与基本自振周期 $T1$ 大于 0.25s的各种高耸结构，以及对风敏感的或跨度大于 36m 的柔性屋盖结构，应该考虑风压的脉动对结构产生顺风向风振的影响。《荷载规范》规定，高耸结构与高层建筑在高度 z 处的风振系数 β_z 可按式（2 - 14）计算。

$$\beta_z = 1 + 5I_{10}B_z\sqrt{1 + R^2} \tag{2 - 14}$$

式中：I_{10}——10m 高度湍流强度，对应 A、B、C 与 D 类地面粗糙度，可分别取 0.12、

0.14、0.23 与 0.39；

　　R ——脉动风荷载的共振分量因子，可按《荷载规范》第 8.4.4 条的规定取值；

　　B_z ——脉动风荷载的背景分量因子，可按《荷载规范》第 8.4.5 条的规定取值。

5）高度 z 处的阵风系数 β_{gz}

振风系数，是指在计算直接承受风压的幕墙构件（包括门窗）风荷载时所采用的基本风压调整系数。实测资料表明：玻璃幕墙等结构或构件的变形能力很差，其自振周期与脉动风周期相差很大，脉动引起的振动影响很小，可不考虑风振，但是由于风压的脉动，瞬时的风压比平均风压高出很多，因而需要考虑乘以风压脉动的阵风系数。

对于计算围护结构 β_{gz} 的值，幕墙与其他构件不再区分，统一按式（2 - 15）计算。

$$\beta_{gz} = 1 + 5I_{10}\left(\frac{z}{10}\right)^{\alpha} \tag{2 - 15}$$

2.4 荷载代表值

如前所述，永久荷载、可变荷载等都是随机变量，其值大小具有不同程度的变异性，不仅随地而异，而且随时而异，其值具有明显的随机性，只是永久荷载的变异性较小，活荷载的变异性较大。在结构设计中，如果直接引用反映荷载变异性的各种统计参数，通过复杂的概率运算进行具体设计，将会给设计带来许多困难。因此，为了方便结构设计，通常对各种荷载规定具体的采用量值，例如，混凝土的自重为 $25kN/m^3$，住宅建筑活荷载为 $2kN/m^2$ 等，这些确定的荷载值称为荷载代表值。

《荷载规范》规定：荷载代表值，是指在工程结构设计中，用以验算结构构件处于极限状态下所采用的荷载量值。这些量值的表达方式有标准值、频遇值、准永久值与组合值四种，而且不同类别的荷载应采用不同的代表值，如永久荷载仅采用标准值作为代表值，可变荷载根据设计要求可分别采用标准值、频遇值、准永久值或组合值作为代表值。对于偶然荷载的代表值，目前国内还没有比较成熟的确定方法，一般是由各专业部门根据历史记载、现场观测、试验等，并结合工程经验综合分析判断确定。

(1) 标准值，是荷载的基本代表值。永久荷载的标准值常用 G_k 或 g_k 表示，下标"k"代表标准值；可变荷载的标准值常用 Q_k 或 q_k 表示，下标"k"代表标准值。它们的具体计算方法见本章 2.3 节。

(2) 组合值，是指对可变荷载组合后的荷载效应在设计基准期内的超越概率，能与该荷载单独出现时的相应概率趋于一致的荷载值，或使组合后的结构具有统一规定的可靠指标的荷载值。当结构承受两种或两种以上的可变荷载时，各可变荷载同时达到其标准值的可能性极小，此时除其中产生最大效应的荷载（主导荷载）仍取其标准值外，其他伴随的可变荷载采用小于其标准值的值作为荷载代表值。这种经调整后的代表值，称为可变荷载组合值，其值可由其组合值系数 ψ_c 与相应的可变荷载标准值的乘积来确定，即 $\psi_c Q_k$ 或 $\psi_c q_k$。

(3) 频遇值，是指在设计基准期内，可变荷载超越的总时间为规定的较小比率或超越频率为规定频率的荷载值。这主要是针对结构上偶尔出现的较大荷载而言的，其值可由频遇值系数 ψ_f 与相应的可变荷载标准值的乘积来确定，即 $\psi_f Q_k$ 或 $\psi_f q_k$。

(4) 准永久值，是指在设计基准期内，可变荷载作用在结构上的时间超越设计基准期一半的荷载值。该可变荷载在规定的期限内，总持续时间较长，对结构的影响类似于永久荷载。可变荷载的准永久值可由准永久值系数 ψ_q 与相应的可变荷载标准值的乘积来确定，即 $\psi_q Q_k$ 或 $\psi_q q_k$。

以上标准值、组合值、频遇值与准永久值及其系数，《荷载规范》中给出如下规定。

(1) 永久荷载的代表值可以取其荷载的标准值。

(2) 房屋建筑楼面、屋面活荷载的代表值系数，可由表 2-1、表 2-3 分别取值；工业建筑楼面活荷载的组合值系数、频遇值系数与准永久值系数除规范附录 D 中给出的以外，应按实际情况采用，但在任何情况下，组合值系数与频遇值系数不应小于 0.7，准永久值系数不应小于 0.6。

（3）吊车荷载的组合值系数、频遇值系数与准永久值系数可按表 2-5 取用。

（4）雪荷载的组合值系数可取 0.7，频遇值系数可取 0.6，准永久值系数应按雪荷载分区Ⅰ、Ⅱ、Ⅲ的不同，分别取 0.5、0.2 与 0；雪荷载的分区可按规范附录 E.5 或附图 E.6.2 的规定采用。

（5）风荷载的组合值系数、频遇值系数与准永久值系数可分别取 0.6、0.4 和 0。

2.5　荷　载　组　合

荷载组合，是指建筑结构采用极限状态设计方法设计时，为保证结构的可靠性而对同时出现的各种荷载设计值的规定。建筑结构设计的基本目的是在工程结构的可靠与经济、适用与美观之间，选择一种最佳的合理的平衡，使建筑结构能满足预定的各项功能要求，即保证结构的可靠性。另外，作用在结构上的荷载具有随机性，如果将所有荷载的代表值同时考虑，势必会造成材料浪费，使工程造价过高，这也与实际情况不相符合；如果仅仅考虑部分荷载代表值，很可能又会导致结构不安全，无法保证结构的可靠性。因此，在结构设计中，必须考虑荷载的取值方式及不同荷载的组合情况。例如不上人屋面均布活荷载可不与雪荷载、风荷载同时组合，积灰荷载应与雪荷载和不上人屋面均布活荷载两者中的较大值同时考虑等。

《荷载规范》中规定了五种基本荷载组合形式，即荷载基本组合、荷载偶然组合、荷载标准组合、荷载频遇组合与准永久组合。

（1）荷载基本组合，是指在承载能力极限状态计算时，永久作用与可变作用的组合。

（2）荷载偶然组合，是指在承载能力极限状态计算时，永久作用、可变作用与一个偶然作用的组合。

（3）荷载标准组合，是指在正常使用极限状态计算时，采用标准值或组合值为荷载代表值的组合。

（4）荷载频遇组合，是指在正常使用极限状态计算时，对可变荷载采用频遇值或准永久值为荷载代表值的组合。

（5）准永久组合，是指在正常使用极限状态计算时，对可变荷载采用准永久值为荷载代表值的组合。

关于承载能力极限状态与正常使用极限状态的含义、各种荷载组合形式的数学表达式及其具体运算方法，将在本书第 3 章中阐述。

习　　题

1. 试述结构上的作用与荷载的联系与区别。
2. 简要说明建筑结构上荷载的主要分类标准及其内容。

3. 计算楼面活荷载时，为什么当荷载影响面积较大时需要进行折减？

4. 计算吊车荷载时，如何考虑多辆吊车并行时吊车对排柱的影响？

5. 影响风压的因素有哪些？什么是风荷载体型系数？如何计算建筑物的风荷载体型系数？

6. 什么是基本雪压？如何确定雪压的标准值？

7. 什么是荷载代表值？活荷载的代表值有哪些？

8. 说明可变荷载的组合值与荷载组合的联系与区别。

9. 如何理解温度作用对建筑结构的影响？

第**3**章
工程结构设计的基本原理

本章主要讲述工程结构的功能函数、极限状态方程及其实用表达式、工程结构的耐久性设计和结构抗震设计。通过本章的学习，应达到以下目标：

(1) 掌握结构作用效应与结构抗力的概念；

(2) 掌握工程结构的功能函数、极限状态方程及其实用表达式；

(3) 熟悉工程结构的耐久性设计方法、混凝土结构与砌体结构耐久性设计的相关规定；

(4) 了解工程结构抗震设计的基本知识及其设计方法与基本规定。

【参考图文】

教学要求

知识要点	能力要求	相关知识
(1) 作用效应与结构抗力的概念 (2) 工程结构的功能函数、极限状态方程及其实用表达式	(1) 掌握作用效应与结构抗力的概念 (2) 掌握工程结构的功能函数 (3) 掌握工程结构的极限状态方程与实用表达式	混凝土结构、钢结构、砌体结构、木结构、空间结构的设计规范与规程
(1) 工程结构的耐久性设计方法 (2) 混凝土结构与砌体结构耐久性设计的相关规定	(1) 熟悉工程结构耐久性设计原理 (2) 熟悉混凝土结构与砌体结构耐久性设计的相关规定	混凝土结构、钢结构、砌体结构、木结构、空间结构的设计规范与规程
(1) 工程结构抗震设计的基本知识 (2) 抗震设计的方法与基本规定	(1) 了解工程结构抗震设计的基本知识 (2) 了解抗震概念设计、地震作用计算方法及结构抗震验算的方法	工程结构的抗震设计规范

引例

牛顿与苹果的故事

传说在 1665 年的一个秋天，牛顿坐在自家院中的苹果树下苦思着行星绕日运动的原因。这时，一只苹果恰巧落下来，正好落在牛顿的脚边。这是一个发现的瞬间，这次苹果下落与以往无数次苹果下落不

同，因为它引起了牛顿的注意。牛顿从苹果落地这一自然现象中找到了苹果下落的原因——引力的作用，这种来自地球的无形的力拉着苹果下落，正像地球拉着月球，使月球围绕地球运动一样。

这个故事据说是由牛顿的外甥女巴尔顿夫人告诉法国哲学家、作家伏尔泰的，伏尔泰将它写入《牛顿哲学原理》一书中，之后才渐渐流传开来。牛顿家乡的这棵苹果树后来被移植到剑桥大学中。牛顿去世后，他被当作发现宇宙规律的英雄人物继而被赋予传奇色彩，牛顿与苹果的故事更是广为流传。

三百多年来，人们在津津乐道这一故事的时候，是否疑惑道：苹果树上的其他苹果当时为什么没有下落？那只下落的苹果为什么之前不会被引力拉下？

3.1 作用效应与结构抗力

1. 作用效应

作用效应，是指在各种作用（如荷载、温度变化、地震等）下使结构或构件内产生内力（如轴力、剪力、弯矩、扭矩等）、变形（挠度、转角等）与裂缝的总称，可用 S 表示。当作用为荷载时，引起的作用效应也称为荷载效应。

一般情况下，荷载与荷载效应近似呈线性关系，如式（3-1）所示。

$$S = CQ \qquad\qquad (3-1)$$

式中：S——荷载效应；

Q——某种荷载；

C——荷载效应系数。

对于某种荷载 Q，根据结构设计目的要求，可以取标准值也可以取设计值。当为标准值时，可以按照本书第 2 章讲述的方法确定；若为设计值，则其值应为荷载标准值乘以荷载分项系数。荷载分项系数有永久荷载分项系数 γ_G 与可变荷载分项系数 γ_Q 之分，不同类型的荷载分项系数取值见表 3-1。

表 3-1　荷载分项系数

荷载类别	荷载特征		荷载分项系数 γ_G、γ_Q
永久荷载	当其效应对结构不利时	对由可变荷载效应控制的组合	1.2
		对由永久荷载效应控制的组合	1.35
	当其效应对结构有利时	一般情况	1.0
		对结构的倾覆、滑移或漂浮验算	0.9
可变荷载	一般情况		1.4
	对标准值>4kN/m² 的工业楼面荷载		1.3

荷载效应系数 C，需要根据力学的基本原理与知识，分别确定。例如，某一承受均布荷载 Q 作用的简支梁，计算跨度为 l_0，则跨中弯矩为 $M=\frac{1}{8}Ql_0^2$，此处 M 是荷载效应，Q 是荷载，$\frac{1}{8}l_0^2$ 就是荷载效应系数 C。

注意：这里所讲的 S 是指在结构设计年限内某一状态的荷载效应值。结构上的荷载是随机变量，荷载效应也是随机变量，除此之外，影响荷载效应的主要不确定因素还有结构内力计算假定与实际受力情况之间的差异等。基于结构的可靠性与经济性功能考虑，让结构设计的荷载效应理论值与实际值基本吻合，《荷载规范》给出了一个设计使用年限的调整系数 γ_L，该系数具体取值见表 3-2。

表 3-2　结构设计使用年限的调整系数 γ_L

类　型	结构设计使用年限/年		
	5	50	100
楼面与屋面活荷载	0.9	1.0	1.1
雪荷载与风荷载	取重现期为结构设计使用年限，按照《荷载规范》有关规定采用		

注：1. 当设计使用年限不为表中数值时，调整系数可按照线性内插法确定。

　　2. 对于荷载标准值可控制的活荷载，设计使用年限调整系数取 1.0。

2. 结构抗力

结构抗力，是指结构或构件承受作用效应的能力，如结构的承载力、刚度、抗裂度等，可用 R 表示。如荷载或荷载效应一样，结构抗力也具有不确定性，是一个随机变量，影响其大小的不确定因素主要是材料强度的变异性、施工制造过程中引起的偏差等。

结构抗力可近似表达为材料性能、截面几何特征及计算模式的函数，如式（3-2）所示。

$$R=R(f,\alpha) \tag{3-2}$$

式中：f——所采用的结构材料的强度指标；

　　　α——结构尺寸的几何参数。

建筑结构中，常用的结构材料主要是钢材、混凝土等。从结构设计角度，合理确定并选取这些材料的性能指标值，对保证结构抗力至关重要。这些材料的性能指标值主要涉及材料的强度标准值、强度设计值、弹性模量、变形模量等。

《建筑结构可靠度设计统一标准》（GB 50068—2001）规定，这些材料的强度标准值通常取具有 95% 保证率的下限分位值，也就是材料的强度代表值；材料的强度设计值可以由强度标准值除以材料分项系数得到。通常情况下，混凝土的材料分项系数 γ_c 取 1.4，HPB300、HRB335、HRB400 级钢筋的材料分项系数 γ_s 取 1.10，HRB500 级钢筋的材料分项系数 γ_s 取 1.15，预应力钢筋的材料分项系数 γ_s 取 1.2。

钢筋、混凝土的有关性能指标取值参见表 3-3、表 3-4 与表 3-5。

表 3 - 3　混凝土强度标准值、设计值及弹性模量　　　　　　　单位：N/mm²

强度及弹性模量		混凝土强度等级													
		C15	C20	C25	C30	C35	C40	C45	C50	C55	C60	C65	C70	C75	C80
强度标准值	轴心抗压 f_{ck}	10.0	13.4	16.7	20.1	23.4	26.8	29.6	32.4	35.5	38.5	41.5	44.5	47.4	50.2
	轴心抗拉 f_{tk}	1.27	1.54	1.78	2.01	2.20	2.39	2.51	2.64	2.74	2.85	2.93	2.99	3.05	3.11
强度设计值	轴心抗压 f_c	7.2	9.6	11.9	14.3	16.7	19.1	21.1	23.1	25.3	27.5	29.7	31.8	33.8	35.9
	轴心抗拉 f_t	0.91	1.10	1.27	1.43	1.57	1.71	1.80	1.89	1.96	2.04	2.09	2.14	2.18	2.22
弹性模量 $E_c / (\times 10^4)$		2.20	2.55	2.80	3.00	3.15	3.25	3.35	3.45	3.55	3.60	3.65	3.70	3.75	3.80

表 3 - 4　普通钢筋强度标准值、设计值及弹性模量　　　　　　　单位：N/mm²

牌号	符号	公称直径 d/mm	屈服强度标准值 f_{yk}	抗拉强度设计值 f_y	抗压强度设计值 f'_y	弹性模量 $E_s / (\times 10^5)$
HPB300	Φ	6～22	300	270	270	2.10
HRB335	Φ	6～50	335	300	300	2.00
HRB400	Φ		400	360	360	
RRB400	Φ^R					
HRB500	Φ		500	435	410	

表 3 - 5　预应力钢筋强度标准值、设计值及弹性模量　　　　　　　单位：N/mm²

种　类	极限强度标准值 f_{ptk}	抗拉强度设计值 f_{py}	抗压强度设计值 f'_{py}	弹性模量 $E_c / (\times 10^5)$
中强度预应力钢丝	800	510	410	2.05
	970	650		
	1270	810		
消除应力钢丝	1470	1040	410	2.05
	1570	1110		
	1860	1320		
钢绞线	1570	1110	390	1.95
	1720	1220		
	1860	1320		
	1960	1390		
预应力螺纹钢筋	980	650	410	2.0
	1080	770		
	1230	900		

3.2 结构的功能函数及其极限状态

结构设计的主要任务是保证结构及其构件满足安全性、适用性与耐久性，即结构的可靠性要求。实现这种要求需要考虑两个方面的问题：一是所设计的结构能否在规定的时间内、规定的条件下完成预定功能；二是如何界定结构完成预定功能的能力大小。

1. 结构的功能函数

结构的可靠性是指结构在规定的前提下，完成预定功能的能力。从数值分析的角度，假定影响这种能力的变量有 X_1，X_2，$\cdots$，X_n，用来描述结构或构件完成该预定功能的状态函数为 Z，则该功能函数可表示为：

$$Z = g(X_1, X_2, \cdots, X_n) \tag{3-3}$$

对于房屋建筑，这种能力主要取决于结构上的作用效应 S 与结构抗力 R，则式(3-3)可以用结构抗力与荷载效应表达出来，即

$$Z = R - S \tag{3-4}$$

根据 Z 值的大小不同，可以描述出结构在某一工作状态下的三种可能性：当 $Z > 0$时，结构可靠；当 $Z < 0$ 时，结构失效；当 $Z = 0$ 时，结构在极限状态。

显然，所设计的结构在规定的时间内、规定的条件下完成预定功能，或者其具备该能力，必须使功能函数 $Z \geqslant 0$。

2. 结构的可靠度

结构的可靠度是对结构可靠性的度量，即结构在规定前提下完成预定功能的概率，一般用可靠指标 β 表示。

结构上的作用效应及结构抗力都是随机变量或随机过程，具有不确定性，但又有一定的内部规律。对于描述与分析处理这种随机变量的基本理论与方法，就是概率论与数理统计，这也是现行规范中采用的方法。

分析研究表明，结构作用效应以及结构抗力的实际分布情况很复杂，基于式(3-4)所绘出的分布曲线类型不一。为了简便起见，假定结构功能函数的概率分布曲线服从正态分布，或经过处理后可以用于运算的正态分布，如图 3-1 所示。图中反弯点为保证率达到 95.44% 的标准差 σ_Z 所对应的值点。

从图 3-1 上可以看出，纵坐标轴以左的分布曲线围成的面积（阴影部分）为结构的失效概率（P_f），纵坐标轴以右分布曲线所围成的面积为结构的可靠概率（P_s）。由概率论可知，失效概率与可靠概率之间存在互补关系，即 $P_f + P_s = 1$，因此，结构的可靠性既可以用 P_s 也可以用 P_f 来衡量。

一般情况下，结构的失效为小概率事件，用 P_f 衡量结构可靠性更为直观，但是计算 P_f 比较烦琐，

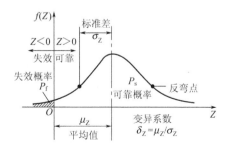

图 3-1 功能函数的正态分布曲线

现行规范中引入一个可靠性指标（β）的概念来代替 P_f。

可靠性指标 β，是结构功能函数 Z 的平均值 μ_Z 与其标准差 σ_Z 的比值，即

$$\beta = \frac{\mu_Z}{\sigma_Z} = \frac{\mu_R - \mu_S}{\sqrt{\sigma_R^2 + \sigma_S^2}} \qquad (3-5)$$

从图 3-1 上也可以看出，β 与 P_f 的对应关系：β 值越大，P_f 值越小；反之，β 值越小，P_f 值越大（表 3-6）。

表 3-6　可靠指标 β 与失效概率 P_f 值的关系

β	2.7	3.2	3.7	4.2
P_f	3.5×10^{-3}	6.9×10^{-4}	1.1×10^{-4}	1.3×10^{-5}

3. 目标可靠指标 $[\beta]$ 与结构的安全等级

结构在工作状态下，失效概率 $P_f = 0$ 或者可靠概率 $P_s = 1$ 是不存在的。为了使所设计的结构既安全可靠，又经济合理，可以尽量采取降低失效概率的方法，使其小到可以认为该结构是安全可靠的程度。这种最低失效概率所对应的可靠指标 β 就是目标可靠指标 $[\beta]$。

现行《建筑结构可靠度设计统一标准》（GB 50068—2001）中给出了不同情况下的目标可靠指标 $[\beta]$ 值，如表 3-7 所示。

表 3-7　不同安全等级的目标可靠指标 $[\beta]$

破坏类型	安 全 等 级		
	一级	二级	三级
延性破坏	3.7	3.2	2.7
脆性破坏	4.2	3.7	3.2

由于建筑物的使用功能及其重要性程度的差异，在结构设计中对不同建筑物的可靠性要求程度也不一。根据建筑结构破坏后的严重程度，《建筑结构可靠度设计统一标准》（GB 50068—2001）将建筑结构划分为三个安全等级。对于不同安全等级的结构，所要求的可靠指标 β 不同，安全等级越高，β 值取得越大，失效概率越小。不同结构的安全等级划分情况见表 3-8。

表 3-8　结构的安全等级

安全等级	破坏后果	建筑物类型	设计使用年限
一级	很严重	重要的房屋	100 年及以上
二级	严重	一般的房屋	50 年
三级	不严重	次要的房屋	5 年及以下

需要说明的是，表 3-8 中所对应的安全等级是指整个结构体系的。通常情况下，对同一结构体系中的各类结构构件，其安全等级宜与整个结构体系相同，也允许对结构中的

部分结构构件的安全等级进行调整，但不得低于结构体系要求的三个级别。

4. 结构的两种极限状态

由式（3-4）所知，当 $Z=0$ 时，结构为极限状态，也就是结构处于可靠与失效的临界状态。根据建筑物使用功能要求，其结构极限状态可分为两大类，即承载能力极限状态与正常使用极限状态。

1）承载能力极限状态

承载能力极限状态是指结构或构件达到最大承载力或不适于继续承载的变形。现行《建筑结构可靠度设计统一标准》（GB 50068—2001）规定，当结构或构件出现下列状态之一时，可认为超过了承载能力极限状态，结构失效，即 $Z<0$。

（1）整个结构或结构的一部分作为刚体失去平衡（如倾覆、滑移等）。

（2）结构构件或连接因超过材料强度而破坏（包括疲劳破坏），或因过度变形而不适于继续承载。

（3）结构或结构构件的一部分丧失稳定（如压屈等）。

（4）结构转变为机动体系。

（5）地基丧失承载能力而破坏（如失稳等）。

2）正常使用极限状态

正常使用极限状态，是指结构或构件达到正常使用或耐久性的某项规定限值时的状态。《建筑结构可靠度设计统一标准》（GB 50068—2001）也规定了，建筑结构如出现下列情况之一，即认为超过了正常使用极限状态。

（1）影响正常使用或外观变形。

（2）影响正常使用或耐久性能的局部损坏（包括裂缝）。

（3）影响正常使用的振动。

（4）影响正常使用的其他特定状态。

一般情况下，工程结构设计时，均将承载能力极限状态放在首位，结构或构件满足承载能极限状态要求后，再按正常使用极限状态进行验算。

3.3 结构的极限状态方程及其实用表达式

1. 极限状态方程

基于概率理论的极限状态设计方法是现代结构设计的基本方法。由式（3-4）所示，可以得到工程结构设计的极限状态方程，即

$$Z = R - S = 0 \tag{3-6}$$

这种极限状态方程，可以用来描述结构或结构构件在可靠与失效之间的临界工作状态。基于数理统计与概率论的基本理论与知识，当荷载的概率分布、统计参数以及材料性

能、尺寸的统计参数确定后，根据规定的目标可靠指标，即可按照结构可靠度的概率分析方法进行结构及其结构构件的设计。

2. 极限状态方程的实用表达式

利用极限状态方程进行结构设计，对于一般性的结构构件工作量很大，计算过程过于烦琐。考虑到实际应用简便和广大工程设计人员的习惯，《建筑结构可靠性设计统一标准》（GB 50068—2001）没有推荐直接根据可靠指标来进行结构设计，而是仍然采用工程设计人员熟悉的结构构件实用表达式。这种实用表达式是以荷载代表值、材料性能标准值、几何参数标准值及各种分项系数来表达的。

1）结构承载能力的极限状态

（1）设计表达式。

任何结构构件均应进行承载力设计，以确保其安全性。结构承载能力极限状态设计表达式为：

$$\gamma_0 S_d \leqslant R_d \tag{3-7}$$

式中：S_d——荷载组合的效应设计值；

R_d——结构构件抗力设计值，应按各有关建筑结构设计规范的规定确定；

γ_0——结构重要性系数，其值应按结构构件的安全等级、设计使用年限并考虑工程经验确定。对安全等级为一级的结构构件，不应小于 1.1；对安全等级为二级的结构构件，不应小于 1.0；对安全等级为三级的结构构件，不应小于 0.9。

（2）荷载效应组合。

在承载力的极限状态下，当计算结构构件上的荷载效应时，应按照荷载效应的基本组合进行设计，必要时尚应考虑荷载效应的偶然组合。

① 荷载效应的基本组合。

一般情况下，对于作用于结构构件上的基本组合，可按照式（3-8a）与式（3-8b）中的最不利值确定，即

由可变荷载控制：

$$S_d = \sum_{j=1}^{n} \gamma_{G_j} S_{G_{jk}} + \gamma_{Q_1} \gamma_{L_1} S_{Q_{1k}} + \sum_{i=2}^{n} \gamma_{Q_i} \gamma_{L_i} \psi_{c_i} S_{Q_{ik}} \tag{3-8a}$$

由永久荷载控制：

$$S_d = \sum_{j=1}^{n} \gamma_{G_j} S_{G_{jk}} + \sum_{i=1}^{n} \gamma_{Q_i} \gamma_{L_i} \psi_{c_i} S_{Q_{ik}} \tag{3-8b}$$

对于一般排架、框架结构，为了简化计算，可以将式（3-8a）简化为式（3-8c），其荷载效应的基本组合应取式（3-8b）与式（3-8c）的最不利值。

$$S_d = \sum_{j=1}^{n} \gamma_{G_j} S_{G_{jk}} + \psi \sum_{i=1}^{n} \gamma_{Q_i} \gamma_{L_i} S_{Q_{ik}} \tag{3-8c}$$

式中：γ_{L_i}——第 i 个可变荷载考虑设计使用年限的调整系数，仅限于楼面与屋面活荷载，按照表 3-2 取值；

ψ_{c_i}——第 i 个可变荷载的组合值系数，按表 2-1～表 2-3 取值；

ψ——简化式(3-8c)中采用的荷载组合系数，一般可取 0.90，当只有一个可变荷载时，取 1.0；

γ_{G_j}、γ_{Q_i}——第 j 个永久荷载分项系数、第 i 个可变荷载分项系数，可按表 3-1 取值；

γ_{G_1}、γ_{Q_1}——第 1 个永久荷载分项系数、第 1 个可变荷载分项系数，可按表 3-1 取值；

$S_{G_{jk}}$——第 j 个永久荷载标准值 Q_{jk} 计算的荷载效应值；

$S_{Q_{ik}}$——第 i 个可变荷载标准值 Q_{ik} 计算的荷载效应值，可按表 2-1～表 2-3 取值。

注意：由式(3-8)计算所得的效应设计值仅适用于荷载与荷载效应为线性的情况；当对 $S_{Q_{1k}}$ 无法明显判断时，依次以各可变荷载效应为 $S_{Q_{1k}}$，选取其中最不利的荷载效应组合。

另外，在应用式(3-8b)组合时，出于简化的目的，对于可变荷载，也可仅考虑与结构自重方向一致的竖向荷载，忽略影响不大的水平荷载。

② 荷载效应的偶然组合。

偶然作用的情况复杂，种类较多。考虑到偶然作用及其产生的效应，《荷载规范》中给出了相应的规定及荷载效应偶然组合的基本公式。

对用于承载力极限状态计算的效应设计值，可按式(3-9a)进行计算：

$$S_d = \sum_{j=1}^{m} S_{G_{jk}} + S_{A_d} + \psi_{f_1} S_{Q_{1k}} + \sum_{i=2}^{n} \psi_{q_i} S_{Q_{ik}} \tag{3-9a}$$

式中：S_{A_d}——按偶然荷载标准值 A_d 计算的荷载效应值；

ψ_{f_1}——第一个可变荷载的频遇值系数，按表 2-1～表 2-3 取值；

ψ_{q_i}——第 i 个可变荷载的准永久值系数，按表 2-1～表 2-3 取值。

对用于偶然事件发生后受损结构整体稳定性验算的效应设计值，可按式(3-9b)计算：

$$S_d = \sum_{j=1}^{m} S_{G_{jk}} + \psi_{f_1} S_{Q_{1k}} + \sum_{i=2}^{n} \psi_{q_i} S_{Q_{ik}} \tag{3-9b}$$

对于式(3-9)，现行《荷载规范》的规定为：

a. 该式的组合设计值 S_d 仅适用于荷载与荷载效应为线性的情况；

b. 偶然荷载不再考虑荷载分项系数，直接采用规定的标准值作为设计值；

c. 不考虑两种或两种以上偶然荷载的组合；

d. 与偶然荷载同时出现的其他荷载应采用适当的代表值；

e. 不同情况下的荷载效应的设计值公式应按有关规范或规程的要求确定，如考虑地震作用时，可以按《建筑结构抗震设计规范》(GB 50011—2010)的规定确定。

2) 正常使用极限状态

(1) 设计表达式。

正常使用极限状态下的设计，主要是验算结构构件的变形、抗裂度或裂缝宽度。其设计表达式为：

$$S_d \leqslant C \tag{3-10}$$

式中：C——结构构件达到正常使用要求所规定的限值，如变形、裂缝和应力等限值。

结构处于正常使用极限状态下，结构构件达到的危害程度不如承载力不足时引起的结构破坏大，对其可靠度的要求可适当降低。因此，按正常使用极限状态设计时，对于荷载组合效应值（如变形、裂缝和应力等），不需要再乘以荷载分项系数，也不再考虑结构的重要性系数。

（2）荷载效应组合。

在正常使用极限状态下，荷载组合的效应设计值 S_d，可以根据不同的设计目的，分别按荷载效应的标准组合、频遇组合和准永久组合进行计算。

① 按照标准组合时，荷载组合的效应设计值 S_d 为：

$$S_d = \sum_{j=1}^{n} S_{G_{jk}} + S_{Q_{1k}} + \sum_{i=2}^{n} \psi_{c_i} S_{Q_{ik}} \qquad (3-11a)$$

② 按照频遇组合时，荷载组合的效应设计值 S_d 为：

$$S_d = \sum_{j=1}^{n} S_{G_{jk}} + \psi_{f_1} S_{Q_{1k}} + \sum_{i=2}^{n} \psi_{q_i} S_{Q_{ik}} \qquad (3-11b)$$

③ 按照准永久组合时，荷载组合的效应设计值 S_d 为：

$$S_d = \sum_{j=1}^{n} S_{G_{jk}} + \sum_{i=1}^{n} \psi_{q_i} S_{Q_{ik}} \qquad (3-11c)$$

式中：ψ_c、ψ_f、ψ_q ——分别为标准组合值系数、频遇组合值系数与准永久组合值系数，按表 2-1～表 2-3 取值。

式（3-11）计算所得的效应设计值仅适用于荷载与荷载效应为线性的情况。

【案例 3-1】 某混合结构教学办公楼，其标准层平面图如图 3-2 所示。整体现浇钢筋混凝土楼盖，板厚为 100mm，梁截面尺寸 $b \times h = 250mm \times 700mm$，板面上铺 20mm 厚的水泥砂浆面层，梁底吊天花板（$0.45kN/m^2$），楼面梁两端简支，计算跨度 $l_0 = 8m$，该建筑安全等级为二级。试求：

（1）按承载力极限状态计算时的梁跨中截面弯矩组合设计值；

（2）按正常使用极限状态验算梁的变形和裂缝宽度时，梁跨中截面荷载效应的标准组合、频遇组合和准永久组合的弯矩值。

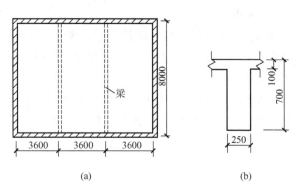

图 3-2 标准层平面图

案例分析：钢筋混凝土自重为 $25kN/m^3$，水泥砂浆自重为 $20kN/m^3$，天花板自重为 $0.45kN/m^2$。

（1）梁构件恒荷载标准值计算。

钢筋混凝土板　　　$G_{1k} = 25 \times 0.1 \times 3.6 = 9(kN/m)$

砂浆面层、天花板　　$G_{2k} = 20 \times 0.02 \times 3.6 + 0.45 \times 3.6 = 3.06 (kN/m)$

梁自重　　　　　　$G_{3k} = 0.25 \times 0.6 \times 25 = 3.75 (kN/m)$

$$\sum_{i=1}^{3} G_{ik} = 9 + 3.06 + 3.75 = 15.81 (kN/m)$$

（2）梁构件活荷载标准值计算。

由表 2-1 可知，办公楼楼面活荷载 $2kN/m^2$，梁的从属面积 $A = 3.6 \times 8 = 28.8 (m^2)$，取楼面活荷载折减系数为 0.9。则

$$Q_k = 2 \times 3.6 \times 0.9 = 6.48 (kN/m)$$

梁的计算简图如图 3-3 所示。

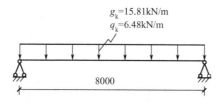

$g_k = 15.81kN/m$
$q_k = 6.48kN/m$

8000

图 3-3　梁计算简图

（3）梁构件于承载力极限状态下的弯矩组合设计值 M。

① 由可变荷载效应控制的组合。

永久荷载分项系数取 1.2，结构重要性系数取 1.0（安全等级二级），梁上只有一种可变荷载，可变荷载分项系数可取 1.4。根据式（3-8a）可得：

$$M_1 = \gamma_0 \left(\sum_{j=1}^{n} \gamma_{G_j} M_{G_{jk}} + \gamma_{Q_1} \gamma_{L_1} M_{Q_{1k}} \right)$$
$$= 1.0 \times \left(1.2 \times \frac{1}{8} \times 15.81 \times 8^2 + 1.4 \times \frac{1}{8} \times 6.48 \times 8^2 \right)$$
$$= 224.35 (kN \cdot m)$$

② 由永久荷载效应控制的组合。

永久荷载分项系数取 1.35，可变荷载分项系数取 1.4，考虑结构使用年限，活荷载调整系数取 1.0，组合值系数从表 2-1 可查取为 0.7，根据式（3-8b）可得：

$$M_2 = \sum_{j=1}^{n} \gamma_{G_j} M_{G_{jk}} + \sum_{i=1}^{n} \gamma_{Q_i} \gamma_{L_i} \psi_{c_i} M_{Q_{ik}} = 221.55 (kN \cdot m)$$

基于最不利组合原则，梁跨中弯矩组合设计值应由可变荷载效应控制的组合①确定，即

$$M = M_1 = 224.35 (kN \cdot m)$$

（4）梁构件于正常使用极限状态的验算。

① 标准组合弯矩值 M，由于只有一种活荷载，由式（3-11a）可得：

$$M = \sum_{j=1}^{n} M_{G_{jk}} + \psi_{c_i} M_{Q_{ik}} = 162.77 (kN \cdot m)$$

② 频遇组合弯矩值 M，从表 2-1 中查取为 $\psi_{f_1} = 0.5$，由式（3-11b）可得：

$$M = \sum_{j=1}^{n} M_{G_{jk}} + \psi_{f_1} M_{Q_{1k}}$$

$$= \frac{1}{8} \times 15.81 \times 8^2 + 0.5 \times \frac{1}{8} \times 6.48 \times 8^2$$

$$= 152.4 (\text{kN} \cdot \text{m})$$

③ 准永久组合弯矩值 M，从表 2-1 中查取为 $\psi_{q_1} = 0.4$，由式（3-11c）可得：

$$M = \sum_{j=1}^{n} M_{G_{jk}} + \sum_{i=1}^{n} \psi_{q_i} M_{Q_{ik}}$$

$$= \frac{1}{8} \times 15.81 \times 8^2 + 0.4 \times \frac{1}{8} \times 6.48 \times 8^2$$

$$= 147.22 (\text{kN} \cdot \text{m})$$

3.4 工程结构的耐久性设计

3.4.1 结构耐久性的设计方法

建筑结构的耐久性设计是结构设计的基本内容之一，是保证结构可靠性的基本要求。现行《建筑结构可靠度设计统一标准》（GB 50068—2001）及相关规范指出：结构耐久性，是指结构在规定的工作环境中，在预定时期内，其材料性能的恶化不会导致结构出现不可接受的失效概率的能力。从结构设计角度来说，耐久性设计合格的标准，是在结构设计使用年限内，在正常维护而不需进行维修加固的条件下，保持结构安全性与适用性正常的使用。

参照并依据结构安全性、适用性的设计原理与方法，结构的耐久性设计也可以从概念设计、数值分析与构造措施三方面进行。从数值分析角度，假定影响结构耐久性能力的变量有 Y_1，Y_2，$\cdots$，Y_n，用来描述结构或构件完成该预定功能的状态函数为 Z'，则该功能函数可表示为：

$$Z' = g(Y_1, Y_2, \cdots, Y_n) \tag{3-12}$$

对于房屋建筑，假定结构构件的耐久性抗力为 R'，影响结构构件耐久性能下降或不足的作用为 S'，则式（3-12）可以改写为：

$$Z' = R' - S' \tag{3-13}$$

显然，根据式（3-13）中 Z' 值的大小不同，可以确定结构的耐久性设计是否能够满足结构可靠性功能的要求，即当 $Z' \geqslant 0$ 时，结构满足；当 $Z' < 0$ 时，结构不满足。

工程实践与试验研究表明，影响结构耐久性能的因素很多，其规律不确定性很大，确定 S' 的数学模型十分困难，而且 S' 与 R' 两参数之间相互耦合，关联性很大。国内外在这方面的研究还不够深入，难以达到进行定量计算的程度。目前，结构的耐久性设计只能采用经验性的定性方法解决，也就是针对不同材料的结构，从材料、结构所处环境和设计使用年限等方面，提出满足耐久性规定的宏观控制对策。

3.4.2　混凝土结构耐久性设计

1. 影响混凝土结构耐久性能的主要因素

影响混凝土结构耐久性能的因素很多，主要有内部与外部两个方面。内部因素主要有混凝土的强度、密实性、水泥用量、水灰比、氯离子及碱含量、外加剂用量、保护层厚度等；外部因素则主要是环境条件，包括温度、湿度、CO 含量、侵蚀性介质等。此外，设计不周、施工质量差或使用中维修不当等也会影响耐久性能。混凝土结构构件耐久性能下降问题的出现，通常是内、外部因素综合作用的结果。

2. 混凝土结构耐久性设计的基本原则

（1）结构构件在规定的设计使用年限内，在正常维护条件下，必须保持适合于安全性、适用性的使用，满足既定功能的要求。

（2）在规定的设计使用年限内，在自然与人为环境的化学及物理作用下，结构构件应不出现无法接受的承载力减小、使用功能降低与不能接受的外观破损问题。对于所出现的问题可以通过正常的维护解决，而不需要付出较高的代价。

（3）根据结构的使用环境类别和设计使用年限进行耐久性设计。对临时性混凝土结构和大体积混凝土的内部可以不考虑耐久性设计。

3. 混凝土结构耐久性设计的基本内容

《混凝土结构设计规范》（GB 50010—2010）规定，混凝土结构应根据设计使用年限与环境类别进行耐久性设计，其主要内容包括五个方面，即确定结构所处的环境类别、提出对混凝土材料的耐久性基本要求、确定构件中钢筋的混凝土保护层厚度、确定不同环境条件下的耐久性技术措施及提出结构使用阶段的检测和维护要求。

1）混凝土结构的使用环境类别

混凝土结构的耐久性与其使用环境密切相关。目前，《混凝土结构设计规范》（GB 50010—2010）中，把混凝土结构的使用环境分为五大类，以此作为耐久性设计的主要依据，其具体内容见表 3 - 9。

表 3 - 9　混凝土结构设计的环境类别

环境类别	条　　件
一	室内正常环境；无侵蚀性静水浸没环境
二 a	室内潮湿环境；非严寒和非寒冷地区的露天环境；非严寒和非寒冷地区的露天环境与无侵蚀性的水或土壤直接接触的环境；严寒和寒冷地区的冰冻线以下与无侵蚀性的水或土壤直接接触的环境
二 b	干湿交替环境；水位频繁变动环境；严寒和寒冷地区冰冻线以下与无侵蚀性的水或土壤直接接触的环境
三 a	受除冰盐影响环境；严寒和寒冷地区冬季水位变动区环境；海风环境

（续）

环境类别	条　件
三 b	盐渍土环境；受除冰盐作用环境；海岸环境
四	海水环境
五	受人为或自然的侵蚀性物质影响的环境

2）确定构件中钢筋的混凝土保护层厚度

混凝土保护层厚度是指构件最外缘钢筋（包括箍筋、构造筋、分布筋等）到构件外表面的一段距离，其是以保证钢筋与混凝土共同工作、满足对受力钢筋的有效锚固及保证耐久性要求为依据的。《混凝土结构设计规范》（GB 50010—2010）对构件中普通钢筋及预应力筋的混凝土保护层，给出了相应的规定。

（1）构件中受力钢筋的混凝土保护层厚度不应小于钢筋的公称直径。

（2）设计使用年限为 50 年的混凝土结构，最外层钢筋的保护层厚度应符合表 3 - 10 的规定；设计使用年限为 100 年的混凝土结构，最外层钢筋的保护层厚度不应小于表 3 - 10 中数值的 1.4 倍。

表 3 - 10　混凝土保护层的最小厚度　　　　　　　单位：mm

环境类别	板、墙、壳	梁、柱、杆
一	15	20
二 a	20	25
二 b	25	35
三 a	30	40
三 b	40	50

注：1. 混凝土强度等级不大于 C25 时，表中保护层厚度数值应增加 5mm。

2. 钢筋混凝土基础宜设置混凝土垫层，基础中钢筋的混凝土保护层厚度应从垫层顶面算起，且不应小于 40mm。

（3）当有充分依据并采取下列措施时，可适当减小混凝土保护层的厚度。

① 构件表面有可靠的防护层；

② 采用工厂化生产的预制构件；

③ 在混凝土中掺加阻锈剂或采用阴极保护处理等防锈措施；

④ 当对地下室墙体采取可靠的建筑防水做法或防护措施时，与土层接触一侧钢筋的保护层厚度可适当减少，但不应小于 25mm。

（4）当梁、柱、墙中纵向受力钢筋的保护层厚度大于 50mm 时，宜对保护层采取有效的构造措施。当在保护层内配置防裂、防剥落的钢筋网片时，网片钢筋的保护层厚度不应小于 25mm。

3）保证耐久性的技术措施及构造要求

为保证混凝土结构的耐久性，根据使用环境类别和设计使用年限，针对影响耐久性的主要因素，从设计、材料和施工方面提出技术措施，并采取有效的构造措施。

（1）结构设计技术措施。

① 未经技术鉴定及设计许可，不能改变结构的使用环境，不得改变结构的用途。

② 对于结构中使用环境较差的构件，宜设计成可更换或易更换的构件。

③ 宜根据环境类别，规定维护措施及检查年限；对重要的结构，宜在与使用环境类别相同的适当位置设置供耐久性检查的专用构件。

④ 对于暴露在侵蚀性环境中的结构构件，其受力钢筋可采用环氧涂层带肋钢筋，预应力筋应有防护措施。在此情况下宜采用高强度等级的混凝土。

（2）对混凝土材料的要求。

用于一类、二类和三类环境中设计使用年限为 50 年的混凝土结构，其混凝土材料宜符合表 3 - 11 的要求。

表 3 - 11　结构混凝土材料的耐久性基本要求

环境等级	最大水灰比	最低强度等级	最大氯离子含量/（%）	最大碱含量/（kg/m²）
一	0.60	C20	0.30	不限制
二 a	0.55	C25	0.20	3.0
二 b	0.50 （0.55）	C30 （C25）	0.15	
三 a	0.45 （0.50）	C35 （C30）	0.15	
三 b	0.40	C40	0.10	

注：1. 氯离子含量是指其占胶凝材料总量的百分比。

2. 预应力构件混凝土中的最大氯离子含量为 0.06%；其最低混凝土强度等级宜按表中的规定提高两个等级。

3. 素混凝土构件的水胶比及最低强度等级的要求可适当放松。

4. 有可靠工程经验时，二类环境中的最低混凝土强度等级可降低一个等级。

5. 处于严寒和寒冷地区二 b、三 a 类环境中的混凝土应使用引气剂，并可采用括号中的有关参数。

6. 当使用非碱活性骨料时，对混凝土中的碱含量可不作限制。

对于设计使用年限为 100 年且处于一类环境中的混凝土结构，应符合下列规定。

① 钢筋混凝土结构的混凝土强度等级不应低于 C30，预应力混凝土结构的混凝土强度等级不应低于 C40。

② 混凝土中最大氯离子含量为 0.06%。

③ 宜使用非碱活性骨料；当使用碱活性骨料时，混凝土中最大碱含量为 3.0kg/m³。

④ 混凝土保护层厚度应符合表 3 - 10 的要求；当采取有效的表面防护措施时，混凝土保护层厚度可适当减小。

对于设计使用年限为 100 年且处于二类、三类环境中的混凝土结构，应采取专门有效的措施。

（3）施工要求。

混凝土的耐久性主要取决于它的密实性，除应满足上述对混凝土材料的要求外，还应重视混凝土的施工质量，控制商品混凝土的各个环节，加强对混凝土的养护，防止受荷过大等。

4）结构使用阶段的检测与维护要求

混凝土在设计使用年限内应遵守下列规定：

（1）建立定期检测、维修制度；

（2）设计中可更换的混凝土构件应按规定更换；

(3) 构件表面的防护层，应按规定维修或更换；

(4) 结构出现可见的耐久性缺陷时，应及时进行处理。

3.4.3 砌体结构耐久性设计

砌体结构的耐久性包括两个方面：一是对配筋砌体结构构件的钢筋的保护；二是对砌体材料的保护。《砌体结构设计规范》（GB 50003—2011）中的耐久性内容，主要是根据工程经验并参照国内外有关规范新增补的，规范中规定砌体结构的耐久性应根据环境类别与设计使用年限进行设计。

1. 砌体结构环境类别的划分

砌体结构环境类别的划分，主要根据国际标准《配筋砌体结构设计规范》（ISO 9652—3）与英国标准 BS 5628。其分类方法与我国《混凝土结构设计规范》（GB 50010—2010）很接近，具体内容见表 3-12。

表 3-12 砌体结构的环境类别

环境类别	条　件
1	正常居住及办公建筑的内部干燥环境
2	潮湿的室内、室外环境，包括与无侵蚀性土和水接触的环境
3	严寒和使用化冰盐的潮湿环境（室内或室外）
4	与海水直接接触的环境；或处于滨海地区的盐饱和的气体环境
5	有化学侵蚀的气体、液体或固体形式的环境，包括有侵蚀性土壤的环境

2. 材料耐久性的设计

(1) 当设计使用年限为 50 年时，砌体中钢筋的耐久性选择应符合表 3-13 的规定。

表 3-13 砌体中钢筋耐久性选择

环境类别	钢筋种类与最低保护要求	
	位于砂浆中的钢筋	位于灌孔混凝土中的钢筋
1	普通钢筋	普通钢筋
2	重镀锌或有等效保护的钢筋	当采用混凝土灌孔时，可为普通钢筋；当采用砂浆灌孔时，应为重镀锌或有等效保护的钢筋
3	不锈钢或有等效保护的钢筋	重镀锌或有等效保护的钢筋
4 或 5	不锈钢或有等效保护的钢筋	不锈钢或有等效保护的钢筋

注：1. 对夹心墙的外叶墙，应采用重镀锌或有等效保护的钢筋。

2. 表中的钢筋即为《混凝土结构设计规范》（GB 50010—2010）和《冷轧带肋钢筋混凝土结构技术规程》（JGJ 95—2011）等标准规定的普通钢筋或非预应力钢筋。

(2) 设计使用年限为 50 年时，砌体材料的耐久性应符合下列规定。

① 地面以下或防潮层以下的砌体、潮湿房间的墙或环境类别为 2 的砌体，所用材料的最低强度等级应符合表 3-14 的规定。

表 3 - 14　地面以下或防潮层以下的砌体、潮湿房间的墙所用材料的最低强度等级

潮湿程度	烧结普通砖	混凝土普通砖、蒸压普通砖	混凝土砌块	石材	水泥砂浆
稍潮湿的	MU15	MU20	MU7.5	MU30	M5
很潮湿的	MU20	MU20	MU10	MU30	M7.5
含水饱和的	MU20	MU25	MU15	MU40	M10

注：1. 在冻胀地区，地面以下或防潮层以下的砌体，不宜采用多孔砖，如采用时，其孔洞应用不低于 M10 的水泥砂浆预先灌实。当采用混凝土空心砌块时，其孔洞应采用强度等级不低于 Cb20 的混凝土预先灌实。

　　2. 对安全等级为一级或设计使用年限大于 50 年的房屋，表中材料强度等级应至少提高一级。

② 处于环境类别为 3～5 的有侵蚀性介质环境中的砌体材料应符合下列规定。

a. 不应采用蒸压灰砂普通砖、蒸压粉煤灰普通砖。

b. 应采用实心砖，砖的强度等级不应低于 MU20，水泥砂浆的强度等级不应低于 M10。

c. 混凝土砌块的强度等级不应低于 MU15，灌孔混凝土的强度等级不应低于 Cb30，砂浆的强度等级不应低于 Mb10。

d. 应根据环境条件对砌体材料的抗冻指标、耐酸碱性能提出要求，或符合有关规范的规定。

3. 砌体中钢筋保护层厚度的确定

当设计使用年限为 50 年时，砌体中钢筋的保护层厚度，应符合下列规定。

(1) 配筋砌体中钢筋的最小混凝土保护层厚度应符合表 3 - 15 的规定。

(2) 灰缝中钢筋外露砂浆保护层的厚度不应小于 15mm。

(3) 所有钢筋端部均应有与对应钢筋的环境类别条件相同的保护层厚度。

表 3 - 15　砌体中钢筋的最小保护层厚度　　　　　单位：mm

环境类别	混凝土强度等级			
	C20	C25	C30	C35
	最低水泥含量/(kg/m³)			
	260	280	300	320
1	20	20	20	20
2	—	25	25	25
3	—	40	40	30
4	—	—	40	40
5	—	—	—	40

注：1. 材料中最大氯离子含量与最大碱含量应符合《混凝土结构设计规范》(GB 50010—2010) 的规定。

　　2. 当采用防渗砌体块体与防渗砂浆时，可以考虑部分砌体（含抹灰层）的厚度作为保护层，但对环境类别 1、2、3，其混凝土保护层的厚度相应不应小于 10mm、15mm 和 20mm。

　　3. 钢筋砂浆面层的组合砌体构件的钢筋保护层厚度宜比表 3 - 15 规定的混凝土保护层厚度数值增加 5～10mm。

　　4. 对安全等级为一级或设计使用年限为 50 年以上的砌体结构，钢筋保护层的厚度应至少增加 10mm。

对填实的夹心墙或特别的墙体构造，钢筋的最小保护层厚度，应符合下列规定。

（1）用于环境 1 类时，应取 20mm 厚砂浆或灌孔混凝土与钢筋直径较大者。

（2）用于环境 2 类时，应取 20mm 厚灌孔混凝土与钢筋直径较大者。

（3）采用重镀锌钢筋时，应取 20mm 厚砂浆或灌孔混凝土与钢筋直径较大者。

（4）采用不锈钢筋时，应取钢筋的直径。

同时，设计使用年限为 50 年时，夹心墙的钢筋连接件或钢筋网片、连接钢板、锚固螺栓或钢筋，应采用重镀锌或等效的防护涂层，镀锌层的厚度不应小于 $290\text{g}/\text{m}^2$；当采用环氧涂层时，灰缝钢筋涂层厚度不应小于 $290\mu\text{m}$，其余部件涂层厚度不应小于 $450\mu\text{m}$。

3.5 工程结构抗震设计

地震是一种自然现象。由于地球内部在运动过程中，始终存在着巨大的能量，岩层在巨大的能量作用下，会不停地连续变动，不断地发生褶皱、断裂和错动，处于复杂的地应力作用之下。地壳运动使地壳某些部位的地应力不断加强，当弹性应力的积聚超过岩石的强度极限时，岩层就会发生突然断裂与猛烈错动，释放出巨大能量，其中大部分以波的形式传到地面，引起地面振动，形成地震。

【参考图文】

由地球构造运动所引起的地震称为构造地震。除此以外，火山爆发、水库蓄水与溶洞塌陷都可能导致地面发生不同程度的振动，但相对而言，构造地震发生次数多、震源较浅，活动频繁，延续时间长，影响范围广，给人类带来的损失最严重，是抗震研究的主要对象。

【参考图文】

处于地表面上的建筑物，在地震发生过程中，会出现不同程度的破坏。一般情况下直接破坏现象较为严重，如结构丧失整体性、结构或构件强度破坏、地基失效、房屋倒塌等。因此，在抗震设防地区，需要对建筑工程进行抗震设计。

当前，抗震设计的内容主要包括三个方面，即抗震概念设计、抗震计算与抗震构造措施，这三方面是相辅相成而不可分割的整体，忽略任何一方面都会造成抗震设计的失败。

3.5.1 地震设计的主要概念

1. 地震震级

地震震级是表明地震本身强度大小以及释放出能量多少的一种度量。其数值是通过地震仪记录到的地震波图确定的。每一次地震只有一个震级，震级越高，释放的能量也越多。一般情况下，2 级以下的地震，人们感觉不到，称为微震；2～5 级的地震，人体有所感觉，称为有感地震；5 级以上的地震，会引起地面工程结构的破坏，称为破坏性地震；7～8 级的地震，称为强烈地震或大地震；8 级以上的地震称为特大地震。世界上已经记录到的最大地震震级为 9.0 级（2011 年 3 月 11 日发生于日本）。目前，各国与各地区的地震分级标准不尽相同，我国使用的震级标准是国际上通用的震级标准，即里氏震级。

2. 地震烈度

地震烈度是指地震对地表及其上建筑物影响的平均强弱程度。其大小是根据人的感觉、家具与器物的振动情况，以及房屋与构筑物遭受破坏的程度等各方面综合起来，从宏观上对地震影响做出的定量描述。目前，我国与世界上绝大多数国家一样都采用了 12 等级的烈度划分表。

监测资料与理论研究表明，同一个地震，不同地区的地震烈度大小是不一样的。距离震源越近，破坏就越大，烈度就越高；距离震源越远，破坏就越小，烈度就越低；就是在同一地区，有时也会因局部场地的地形与地质条件等影响，出现局部烈度较低或较高的地震异常区。

地震震级与震中烈度的对应关系见表 3-16。

表 3-16 地震震级与震中烈度的关系

地震震级	2	3	4	5	6	7	8	>8
震中烈度	1~2	3	4~5	6~7	7~8	9~10	11	12

3. 抗震设防烈度

抗震设防烈度是指按国家批准权限审定的作为一个地区抗震设防依据的地震烈度。一般情况下，抗震设防烈度可采用《中国地震动参数区划图》（GB 18306—2015）上所标示的地震基本烈度。对于进行过抗震设防区划工作并经主管部门批准的城市，可按批准的抗震设防区划确定抗震设防烈度（或设计地震参数）。

【标准规范】

抗震设防烈度与设计基本地震加速度值对应关系见表 3-17。

表 3-17 抗震设防烈度和设计基本地震加速度值对应关系

抗震设防烈度	6	7	8	9
设计基本地震加速度	0.05g	0.10（0.15）g	0.20（0.30）g	0.40g

注：1. g 为重力加速度。

2. 于设计地震加速度为 0.15g 与 0.30g 地区内的建筑，还应分别按照设防烈度为 7 度与 8 度的要求进行抗震设计。

4. 设计地震分组

理论分析与震害表明，不同的地震对某一地区不同动力特性的结构破坏作用是不同的。为了区分同烈度下不同震级与震中距的地震对不同动力特性的建筑物的破坏作用，《建筑抗震设计规范》（GB 50011—2010）以设计地震分组来体现震级与震中距的影响，将建筑工程的设计地震分为三组。该规范附录 A 中，列出了我国抗震设防区各县级及县级以上城镇抗震设防烈度、设计基本地震加速度与设计地震分组，可供设计时取用。

【标准规范】

5. 建筑场地

场地是指工程群体所在地，具有相似的反应谱特征，其范围相当于厂区、居民小区、自然村的区域。震害表明，不同场地上的建筑物的震害差异较大，土质越软，覆盖层越厚，建筑物的震害越严重，反之则较轻。

在工程结构抗震设计中，为了反映场地的影响，《建筑抗震设计规范》（GB 50011—2010）主要依据场地土的刚性（即坚硬或密实程度）及其覆盖层厚度，把场地分为Ⅰ、Ⅱ、Ⅲ、Ⅳ类。其中，Ⅰ类场地对抗震最为有利，Ⅳ类场地对抗震最不利。建筑场地类别的划分以土层等效剪切波速与场地覆盖层厚度来划分，由工程地质勘查部门提供。

3.5.2 地震设计的基本要求

1. 抗震设防标准

抗震设防标准是衡量抗震设防要求的尺度，由抗震设防烈度与建筑使用功能的重要性确定。

【标准规范】

按照建筑物使用功能的重要性、地震灾害后果等条件，我国《建筑工程抗震设防分类标准》（GB 50223—2008）将其分为四类，即特殊设防类（简称甲类）、重点设防类（简称乙类）、标准设防类（简称丙类）与适度设防类（简称丁类）。

甲类建筑，是指使用上有特殊设施，涉及国家公共安全的重大建筑工程与地震时可能发生严重次生灾害等特别重大灾害后果，需要进行特殊设防的建筑，如三级医院中承担特别重要医疗任务的门诊、住院用房。

乙类建筑，是指地震时使用功能不能中断或需尽快恢复的建筑，以及地震时可能导致大量人员伤亡等重大灾害后果，需要提高设防标准的建筑，如特大型的体育场、电影院、剧场、图书馆、博物馆、展览馆等，幼儿园、小学、中学的教学用房应不低于乙类。

丁类建筑属于抗震次要建筑，如一般储存物品的单层仓库。

丙类建筑属于除甲、乙、丁类以外的一般建筑，如居住建筑。

对于各类抗震设防标准要符合以下规定。

（1）甲类建筑，地震作用应高于本地区抗震设防烈度的要求，其值应按批准的地震安全性评价结果确定。抗震措施：当抗震设防烈度为6～8度时，应符合本地区抗震设防烈度提高一度的要求；当抗震设防烈度为9度时，应符合比9度抗震设防烈度更高的要求。

（2）乙类建筑，地震作用应符合本地区抗震设防烈度的要求。抗震措施：一般情况下，当抗震设防烈度为6～8度时，应符合本地区抗震设防烈度提高一度的要求；当抗震设防烈度为9度时，应符合比9度抗震设防地更高的要求。地基基础的抗震措施，应符合有关规定。对较小的乙类建筑，当其结构改用抗震性能较好的结构类型时，应允许仍按本地区抗震设防烈度的要求采取抗震措施。

（3）丙类建筑，地震作用与抗震措施均应符合本地区抗震设防烈度的要求。

（4）丁类建筑，一般情况下，地震作用仍应符合本地区抗震设防烈度的要求。抗震措施应允许比本地区抗震设防烈度的要求适当降低，但抗震设防烈度为6度时不应降低。

总体来讲，6度及6～9度抗震设防地区的各类建筑，必须进行抗震设计以及隔震、消能减震设计；超过9度地区的建筑与行业有特殊要求的工业建筑，其抗震设计应依据有关专门规定执行。

2. 抗震设防目标——三水准抗震目标

建筑结构的抗震设防目标，是对建筑结构应具有的抗震安全性要求，即结构物遭遇不同水准的地震影响时，结构构件、使用功能、设备的损坏程度及人身安全的总要求。

目前，《建筑抗震设计规范》(GB 50011—2010)将抗震设防目标划分为三水准，即小震不坏、中震可修、大震不倒。

(1) 第一水准要求——小震不坏。当遭受低于本地区抗震设防烈度的多遇地震影响时，一般应不受损坏或不需修理仍可继续使用。

(2) 第二水准要求——中震可修。当遭受相当于本地区抗震设防烈度的地震影响时，可能有一定的损坏，经一般修理仍可继续使用。

(3) 第三水准要求——大震不倒。当遭受高于本地区抗震设防烈度预估的罕遇地震影响时，不致倒塌或发生危及生命的严重破坏。

我国对小震、中震、大震也规定了具体的概率水准。当分析年限取50年时，小震烈度（也称多遇地震烈度）所对应的被超越概率为63.2%；中震烈度（也称基本烈度或抗震设防烈度）所对应的被超越概率一般为10%；大震烈度（也称罕遇地震烈度）所对应的被超越概率为2%～3%。通过统计分析得到，基本烈度比多遇地震烈度约高1.55度，而比罕遇地震烈度约低1度。

尽管如此，建筑物在实际使用期间，当一般小震发生时，要求做到结构不受损坏，这在技术与经济层面上是可以做到的，但当要求结构遭受大震时不受损坏，这在经济上是不合理的。

3. 抗震设计的两阶段法

为了实现三水准的设防目标，目前在具体做法上可以采用简化的两阶段设计方法。

第一阶段为结构设计阶段，包括承载力与使用状态下的变形验算。此时，结构为弹性体系，取第一水准的地震动参数，计算结构的作用效应与其他荷载效应的基本组合，验算结构构件的承载能力，以及在小震作用下验算结构的弹性变形。

第二阶段为弹塑性变形验算。在大震作用下，对特殊要求的建筑、地震时易倒塌的结构以及有明显薄弱层的不规则结构，除进行第一阶段设计外，还要进行薄弱部位的弹塑性层间变形验算，并采取相应的抗震构造措施。

第一阶段的设计重在保证第一水准抗震设防目标的要求，第二阶段的设计重在保证第三水准的抗震设防要求，至于如何保证第二水准的损坏可修的目标，目前普遍的共识是通过概念设计与抗震构造措施来实现。

3.5.3　结构抗震概念设计

结构抗震概念设计是结构概念设计的一部分，其主要包括三部分内容，即建筑结构的规则性设计、建筑结构体系的合理选择及抗侧力结构和构件的延性设计。

1. 场地选择与地基基础设计要求

大量的震害表明，建筑场地的地质条件与地形地貌特点对建筑物震害的影响程度有很大的关联性。因此，在建筑抗震概念设计时，要注意建筑场地的选择，根据工程需要、区域场地特征及区域地震活动情况，合理选择对建筑物抗震有利的地段，对不利的地段应尽量避开，当无法避开时要采取有效措施。各类地段的特点可以参照《建筑抗震设计规范》（GB 50011—2010）的规定（表 3-18）。

表 3-18 有利、不利和危险地段的划分

地段类别	地质、地形、地貌
有利地段	稳定基岩，坚硬土，开阔、平坦、密实、均匀的中硬土等
不利地段	软弱土，液化土，条状突出的山嘴，高耸孤立的山丘，非岩质的陡坡，河岸与边坡的边缘，平面分布上成因、岩性、状态明显不均匀的土层（如故河道、疏松的断破裂带、暗埋的塘浜沟谷与半填半挖地基）等
危险地段	地震时可能发生滑坡、崩塌、地陷、地裂、泥石流等，以及发震断裂带上可能发生地表错位的部位

地基与基础设计应符合下列要求。

（1）同一结构单元不宜设置在性质截然不同的地基土层上。

（2）同一结构单元不宜部分采用天然地基而另外部分采用桩基。

（3）地基有软弱土、可液化土、新近填土或严重不均匀土层时，应加强基础的整体性与刚性。

（4）根据具体情况，选择对抗震有利的基础类型，在抗震验算时应尽量考虑结构、基础与地基的相互作用影响，使之能反映地基基础在不同阶段上的工作状态。

2. 选择有利于抗震的平面与立面布置

震害分析表明，简单、对称的建筑在地震时表现出较好的抗震性能。建筑的立面与竖向剖面宜规则，结构的侧向刚度宜均匀变化，竖向抗侧力构件的截面尺寸与材料强度宜自下而上逐渐减小，避免抗震侧力结构的侧向刚度与承载力突变。

为此，在建筑设计时应符合抗震概念设计的要求，不要采用严重不规则的设计方案。表 3-19、表 3-20 和图 3-4 给出了几种常见的不规则类型与不规则结构。图 3-4(d) 中，K_i 为第 i 层的侧向刚度，$Q_{y,i}$ 为第 i 层的屈服抗剪强度。

表 3-19 平面不规则类型

不规则类型	定义
扭转不规则	楼层的最大弹性水平位移（或层间位移），大于该楼层两端弹性水平位移（或层间位移）平均值的 1.2 倍
凹凸不规则	结构平面凹进的一侧尺寸，大于相应投影方向总尺寸的 30%
楼板局部不连续	楼板的尺寸和平面刚度急剧变化，例如，有效楼板宽度小于该层楼板典型宽度的 50%，或开洞面积大于该层楼面面积的 30%，或较大的楼层错层

表 3-20　竖向不规则类型

不规则类型	定 义
竖向刚度不规则	该层的侧向刚度小于相邻上一层的 70%，或小于其上相邻三个楼层侧向刚度平均值的 80%；除顶层外，局部收进的水平向尺寸大于相邻下一层的 25%
竖向抗侧力构件不连续	竖向抗侧力构件（柱、抗震墙、抗震支撑）的内力由水平转换构件（梁、桁架等）向下传递
楼层承载力突变	抗侧力结构的层间受剪承载力小于相邻上一楼层的 80%

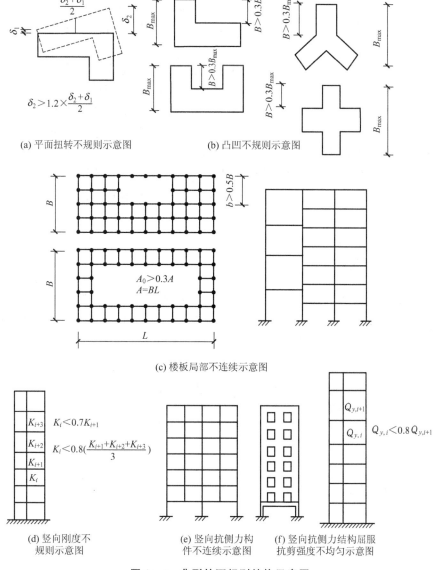

(a) 平面扭转不规则示意图　　　(b) 凸凹不规则示意图

(c) 楼板局部不连续示意图

(d) 竖向刚度不　　　(e) 竖向抗侧力构　　(f) 竖向抗侧力结构屈服
规则示意图　　　　件不连续示意图　　　抗剪强度不均匀示意图

图 3-4　典型的不规则结构示意图

对于体型复杂、平立面特别不规则的建筑结构，可按实际需要在适当部位设置防震缝，形成多个较规则的抗侧力结构单元。防震缝应根据抗震设防烈度、结构材料种类、结构类型、结构单元的高度与高差情况，留有足够的宽度，其两侧上部结构应完全分开。

3. 选择合理的抗震结构体系

抗震结构体系，应根据建筑抗震设防类别、设防烈度、建筑高度、场地条件、地基与基础、结构材料与施工等因素，经过技术、经济与使用条件综合比较确定。

因此，在选择结构体系时，应考虑以下主要要求。

（1）结构体系应具有明确的计算简图与合理的地震作用传递途径。受力明确、传力合理、传力路线不间断、抗震分析与实际表现相符合。

（2）应避免因部分结构或构件破坏而导致整个结构丧失抗震能力或对重力荷载的承载能力。例如，若柱子的数量较少或承载能力较弱，部分柱子退出工作后，整个结构系统丧失了对竖向荷载的承载能力，因此，在抗震设计时，让结构具有必要的赘余度和内力重分配的功能是十分重要的。

（3）应具备必要的抗震承载力、良好的变形能力与消耗地震能量的能力。足够的承载力与变形能力是需要同时满足的。若仅有较大的变形能力而缺少较高的抗侧向力的能力，在不大的地震作用下会产生较大的变形，导致非结构构件的破坏或结构本身的失稳；若仅有较高的承载能力而缺少较大的变形能力，结构很容易引起脆性破坏而倒塌。只有必要的承载能力与良好的变形能力相结合，结构在地震作用下才具有较好的耗能能力。

（4）宜具有合理的刚度与承载力分布，避免因局部削弱或突变形成薄弱部位，产生应力集中或塑性变形集中。对可能出现的薄弱部位，应采取措施提高抗震能力。

（5）宜有多道抗震防线。

（6）结构在两个主轴方向的动力特性宜相近。

4. 抗侧力结构与构件的延性设计

结构的变形能力取决于组成结构的构件及其连接的延性水平。保证主体结构构件之间的可靠连接，充分发挥各个构件的承载能力、变形能力，这是保证整个结构良好抗震能力的重要措施。

通常情况下，抗震结构构件之间的连接应符合以下要求。

（1）构件节点的破坏，不应先于其连接的构件。

（2）预埋件的锚固破坏，不应先于连接件。

（3）装配式结构构件的连接，应能保证结构的整体性。如屋面板与屋架、梁、墙之间；梁与柱之间等。

（4）预应力混凝土构件的预应力钢筋宜在节点核心区以外锚固。

支撑系统的不完善，往往导致屋盖系统倒塌，致使厂房发生灾难性震害，因此，厂房的各种抗震支撑系统，应保证地震时结构的稳定性。

5. 重视非结构构件设计

非结构构件，包括建筑非结构构件（如女儿墙、围护墙、内隔墙、雨篷、高门脸、吊顶、装饰贴面等）与建筑附属机电设备，自身及其与结构主体的连接，应进行抗震设计。

（1）附着于楼、屋面结构上的非结构构件，应与主体结构有可靠的连接或锚固，避免地震时倒塌伤人或砸坏重要设备。

（2）围护墙与隔墙应考虑对结构抗震的不利影响，避免不合理设置而导致主体结构的破坏。

（3）幕墙、装饰贴面与主体结构应有可靠连接，避免地震时脱落伤人。

（4）安装在建筑上的附属机械、电气设备系统的支座与连接，应符合地震时使用功能的要求，且不应导致相关部件的损坏。

3.5.4　地震作用计算

【标准规范】

地震作用，是指由地震动引起的结构动态作用，包括地震加速度、速度与动位移的作用。按照《建筑结构设计术语和符号标准》（GB/T 50083—2014）规定，地震作用属于间接作用，通常也称之为地震等效荷载。

地震作用主要是从水平地震作用与竖向地震作用两方面考虑。对一般建筑结构而言，竖向地震作用的影响不明显，主要是水平地震作用；只有抗震设防烈度为 8 度、9 度时的大跨度、长悬臂结构以及抗震设防烈度为 9 度时的高层建筑，才需要计算竖向地震作用。

1. 地震作用的计算简图

地震作用的大小与结构质量有关，在计算地震作用时经常采用集中质量法的结构计算简图，就是把结构简化为一个有限数目质点的悬臂杆，假定各楼层的质量集中在楼盖标高处，墙体质量按上下层各半集中在该层楼盖处，各楼层质量抽象为若干个参与振动的质点，这样，简化后的结构计算简图便是一个单质点或多质点的弹性体系，如图 3-5 所示。

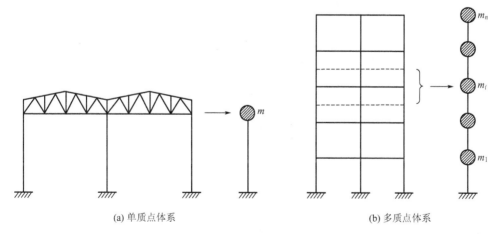

(a) 单质点体系　　　　　　　　　　　　(b) 多质点体系

图 3-5　抗震结构计算简图

2. 地震作用的主要计算方法

由于地震作用的复杂性与地震作用发生强度的不确定性，以及结构与体型的差异等，地震作用的计算方法是不同的。目前，常用的计算方法主要有振型分解反应谱法、底部剪力法与时程分析法，前两种方法是结构计算的基本方法，而时程分析法一般作为结构抗震设计的补充计算方法。

1）振型分解反应谱法

振型分解反应谱法，是根据地震反应谱理论，以结构的各阶振型为广义坐标，分别求出对应的结构地震反应，然后将结构的各阶振型反应相结合，以确定结构地震内力与变形的方法。此方法在计算过程中较好地考虑了结构的动力特性，并根据结构的振型曲线确定地震作用的分布，计算精度较高，可用于计算机结构设计中。

2）底部剪力法

底部剪力法，是根据地震反应谱理论，按照地震引起的工程结构底部总剪力与等效单质点体系的水平地震作用相等，以及地震作用沿结构高度分布接近于倒三角形来确定地震作用分布，并求出相应地震内力与变形的方法。此法比较简单，便于手算分析，但计算精度较低。

3）时程分析法

时程分析法是将地震加速度记录或人工地震波输入结构体系运动微分方程并积分求解，得到整个历程时间内结构地震内力与变形的方法。

《建筑抗震设计规范》（GB 50011—2010）中给出了上述三种方法的基本适用范围。

（1）高度不超过 40m、以剪切变形为主且质量与刚度沿高度分布比较均匀的结构，以及近似于单质点体系的结构，可采用底部剪力法等简化方法。

（2）除第（1）条外的建筑结构，宜采用振型分解反应谱法。

（3）特别不规则的建筑、甲类建筑和表 3-21 所列高度范围内的高层建筑，应采用时程分析法进行多遇地震下的补充计算；当取三组加速度时程曲线输入时，计算结果宜取时程法的包络值与振型分解反应谱法的较大值；当取七组及七组以上的时程曲线时，计算结果可取时程法的平均值与振型分解反应谱法的较大值。

表 3-21 采用时程分析法的房屋高度范围

烈度、场地类型	房屋高度范围/m
8 度 I、II 类场地和 7 度	>100
8 度 III、IV 类场地	>80
9 度	>60

（4）其他情况应根据规范要求进行综合分析。

3．重力荷载代表值计算

基于抗震结构计算简图，在计算各个质点的质量时，应将结构与构件自重标准值以及地震发生时可能作用于结构上的竖向可变荷载组合值（如楼面活荷载等）进行组合，所得结果称为重力荷载代表值 G，其具体计算公式如下。

$$G = G_k + \sum_{i=1}^{n} \psi_{Q_i} Q_{ik} \tag{3-14}$$

式中：G_k——结构与构件的自重标准值；

　　　Q_{ik}——第 i 个可变荷载的标准值；

　　　ψ_{Q_i}——第 i 个可变荷载的组合值系数，其大小可按表 3 - 22 中的值采用；

　　　n——可变荷载的类别。

表 3 - 22　可变荷载的组合值系数 ψ_{Q_i}

可变荷载种类		组合值系数
雪荷载		0.5
屋面积灰荷载		0.5
屋面活荷载		不计入
按实际情况计算的楼面活荷载		1.0
按等效均布荷载计算的楼面活荷载	藏书库、档案库	0.8
	其他民用建筑	0.5
起重机悬吊物重力	硬钩吊车	0.3
	软钩吊车	不计入

注：硬钩吊车的吊重较大时，组合值系数应按实际情况采用。

4. 单质点弹性体系水平地震作用计算

对于单质点结构体系，若不考虑地基产生扭转以及忽略质点的竖向位移，则结构在地震持续过程中，质点的运动在空间可以分解为一个竖直方向与两个水平方向的分量，在竖向平面内只有一个水平位移分量，即一个自由度。

如图 3 - 6 所示，基于结构动力学原理及其基本知识，建立单质点弹性体系在水平方向上地震作用的运动方程。由于结构体系的阻尼作用，体系的自由振动很快衰减，最终起决定作用的是强迫振动，因此，在计算单质点地震位移反应时，可以将自由振动位移忽略不计而仅考虑强迫振动，这样可以得到在水平地震作用的计算公式为：

$$F_{Ek} = G\beta k = \alpha G \qquad (3 - 15)$$

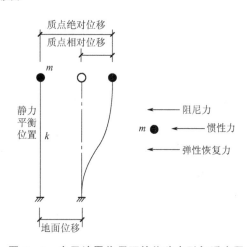

图 3 - 6　水平地震作用下的位移变形与受力图

式中：F_{Ek}——水平地震作用标准值；

　　　G——重力荷载代表值；

　　　g——重力加速度；

　　　β——动力系数，是表示质点加速度的最大值与地面运动最大加速度的比值，一般情况下大于 1；

　　　k——地震系数，是表示地面运动加速度的最大值与重力加速度的比值；

　　　α——地震影响系数，该系数与地震烈度、场地类别、设计地震分组、结构自振周期及阻尼比等多种因素有关，其值可根据《建筑抗震设计规范》（GB 50011—2010）给出的地震影响系数曲线采用（图 3 - 6）。

地震影响系数 α 曲线也称为抗震设计反应谱。在图 3-7 中，$\alpha_{\max}$ 为水平地震影响系数最大值，可按照表 3-23 选用；T_g 为结构特征周期，可按表 3-24 取用；T 为结构自振周期；γ 为曲线下降段衰减系数；η_1 为直线下降段下降斜率调整系数；η_2 为阻尼调整系数。

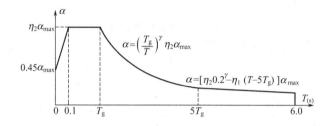

图 3-7 地震影响系数 α 曲线

表 3-23 水平地震影响系数最大值 $\alpha_{\max}$

地震影响	6 度	7 度	8 度	9 度
多遇地震	0.04	0.08（0.12）	0.16（0.24）	0.32
罕遇地震	0.28	0.50（0.72）	0.90（1.20）	1.40

注：表中括号内数值分别用于设计基本地震加速度为 $0.15g$ 与 $0.30g$ 的地区。

表 3-24 结构特征周期 T_g　　　　　　　　　　　　　　单位：s

设计地震分组	场地类别				
	I_0	I_1	II	III	IV
第一组	0.20	0.25	0.35	0.45	0.65
第二组	0.25	0.30	0.40	0.55	0.75
第三组	0.30	0.35	0.45	0.65	0.90

注：计算罕遇地震作用时，特征周期应增加 0.05s。

对于阻尼调整系数与形状参数的取值，可以按照以下规定执行。

（1）除有专门规定外，建筑结构的阻尼比应取 0.05，地震影响系数曲线的阻尼系数应按 1.0 采用，形状参数应符合下列规定。

① 直线上升段，周期小于 0.1s 的区段。

② 水平段，自 0.1s 至特征周期区段，应取最大值 $\alpha_{\max}$。

③ 曲线下降段，自特征周期至 5 倍特征周期区段，衰减指数应取 0.9。

④ 直线下降段，自 5 倍特征周期至 6s 区段，下降斜率调整系数应取 0.02。

需要注意的是，对于钢筋混凝土结构、砌体结构，其阻尼比取 0.05，但对于钢结构，在多遇地震下，若不超过 12 层，其阻尼比采用 0.035；若超过 12 层，则阻尼比应采用 0.02。

（2）当建筑结构的阻尼比按有关规定不等于 0.05 时，地震影响系数曲线的阻尼调整系数和形状参数应符合下列规定。

① 曲线下降段的衰减指数应按下式确定：

$$\gamma = 0.9 + \frac{0.05 - \zeta}{0.3 + 6\zeta} \qquad (3-16)$$

式中：ζ——阻尼比。

② 直线下降段的下降斜率调整系数应按下式确定：

$$\eta_1 = 0.02 + \frac{0.05 - \zeta}{4 + 32\zeta} \qquad (3-17)$$

式中：η_1——直线下降段的下降斜率调整系数，当小于 0 时，应取 0。

③ 阻尼调整系数应按下式确定：

$$\eta_2 = 1 + \frac{0.05 - \zeta}{0.08 + 1.6\zeta} \qquad (3-18)$$

式中：η_2——阻尼调整系数，当小于 0.55 时，应取 0.55。

【案例 3-2】 已知某单层钢筋混凝土框架结构，结构阻尼比为 0.05，集中在屋盖处的重力荷载代表值为 1600kN。其中，框架水平刚度 $k=1.5 \times 10^7$N/m，框架结构位于 Ⅲ 类场地、设计地震分组为第二组，抗震设防烈度为 8 度。试计算多遇地震影响下水平地震作用标准值。

案例分析： 基于题意所给的条件，首先求出结构自振周期 T(s)，即

$$T = 2\pi \sqrt{\frac{m_k}{k}} = 2\pi \sqrt{\frac{G}{kg}} = 2\pi \times \sqrt{\frac{1600 \times 10^3}{1.5 \times 10^7 \times 9.80}} = 0.655(\text{s})$$

其次，确定地震影响系数 α。

该结构为 8 度设防，基本地震加速度取 0.2g 时，查表 3-23 得多遇地震下的 $\alpha_{\max} = 0.16$；Ⅲ 类场地、地震分组二组，查表 3-24 得 $T_g = 0.55$s。由于 $T_g < T < 5T_g$，根据图 3-7 地震影响曲线，可得

$$\alpha = \left(\frac{T_g}{T}\right)^{\gamma} \eta_2 \alpha_{\max} = \left(\frac{0.55}{0.655}\right)^{0.9} \times 1.0 \times 0.16 = 0.137$$

最后，可以计算出多遇地震影响下水平地震作用标准值 F_{Ek}，即

$$F_{\text{Ek}} = \alpha G = 0.137 \times 1600 = 219.2(\text{kN})$$

5. 多质点弹性体系水平地震作用计算

在实际的建筑结构抗震设计中，除了少数结构可以简化为单质点体系外，大量的多层与高层建筑物都应简化为多质点体系来分析。对于多质点体系的水平地震作用计算方法，可以采用振型分解反应谱法、底部剪力法等。

这里仅介绍手算常常采用的底部剪力法。

如图 3-8 所示，对于多质点的建筑物，在采用底部剪力法进行水平地震作用计算时，其基本计算公式如下：

$$F_{\text{Ek}} = \alpha_1 G_{\text{eq}} \qquad (3-19\text{a})$$

$$F_i = \frac{G_i H_i}{\displaystyle\sum_{j=1}^{n} G_j H_j} F_{\text{Ek}}(1 - \delta_n) \quad (i = 1, 2, \cdots, n) \qquad (3-19\text{b})$$

$$\Delta F_n = \delta_n F_{\text{Ek}} \qquad (3-19\text{c})$$

式中：F_{Ek}——结构总水平地震作用标准值；

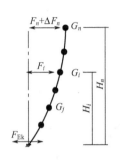

**图 3-8 多质点体系结构水平
地震作用受力图**

G_{eq} ——结构等效的重力荷载，对于单质点应取重
力荷载代表值，对于多质点可取总重力荷
载代表值的 85%；

G_i、G_j ——分别集中于质点 i、j 的重力荷载代表值，
可按照式(3-14)确定；

H_i、H_j ——分别为质点 i、j 的计算高度；

α_1 ——相应于结构自振周期的水平地震影响系
数，可按照确定地震影响系数 α 的方法
计取，但对于多层砌体房屋、底部框架
砌体房屋，其宜取地震影响系数的最大
值 α_{max}；

δ_n ——结构顶部附加地震作用系数，多层钢筋混凝土与钢结构房屋可按表 3-25 采
用，其他房屋可不考虑；

ΔF_n ——结构顶部附加水平地震作用（底部剪力法是对振型分解反应谱法的简化，
其一般只考虑基本振型或前两个振型，而忽略高振型对结构上部的影响，
但当结构的基本自振周期大于 1.4T_g 时，用底部剪力法计算所得结果比用
振型分解反应谱法的计算值偏小，为此，在结构顶部附加一水平地震作用
来修正）；

F_i ——质点 i 的水平地震作用代表值。

表 3-25 顶部附加地震作用系数

T_g/s	$T_1 > 1.4T_g$	$T_1 \leqslant 1.4T_g$
$T_g \leqslant 0.35$	$0.08T_1 + 0.07$	
$0.35 < T_g \leqslant 0.55$	$0.08T_1 + 0.01$	0
$T_g > 0.55$	$0.08T_1 - 0.02$	

注：T_1 为结构基本自振周期。

需要注意的是，采用底部剪力法计算水平地震作用时，突出屋面的屋顶间、女儿墙、
烟囱等，由于该部分结构的质量与刚度突然变小，将产生鞭梢效应，其地震作用效应宜乘
以增大系数 3。此增大部分不应往下传递，但与该突出部分相连的构件应予计入。

3.5.5 结构抗震验算

建筑结构的抗震极限状态设计，包括多遇地震下结构构件抗震承载力计算、多遇地震
下结构抗震变形验算，以及在罕遇地震下结构的抗震变形验算。

1. 一般原则

各类建筑结构的地震作用，应符合下列规定。

（1）一般情况下，可在建筑结构的两个主轴方向分别计算水平地震作用并进行抗震验

算，各方向的水平地震作用由该方向抗侧力构件承担。

（2）有斜交抗侧力构件的结构，当相交角度大于 15°时，应分别计算各抗侧力构件方向的水平地震作用。

（3）质量和刚度分布明显不对称、不均匀的结构，应考虑双向水平地震作用下的扭转影响；其他情况，可以采用调整地震作用效应的方法考虑扭转影响。

（4）不同方向的抗侧力结构的共同构件（如框架结构角柱），应考虑双向水平地震作用的影响。

（5）抗震设防烈度为 8 度和 9 度时的大跨度结构、长悬臂结构、烟囱和类似高耸结构，以及抗震设防烈度为 9 度时的高层建筑，应考虑竖向地震作用。

2. 多遇地震下构件截面抗震承载力计算

根据抗震可靠度理论，在多遇地震下，建筑构件截面抗震承载力极限状态计算，应采用基本组合设计值 S_E，其作用效应的基本组合及抗震承载力设计表达式为

$$S_E \leqslant R/\gamma_{RE} \tag{3-20a}$$

$$S_E = \gamma_G S_{GE} + \gamma_{Eh} S_{Ehk} + \gamma_{Ev} S_{Evk} + \gamma_w \Psi_w S_{wk} \tag{3-20b}$$

式中：　S_E——结构构件内力组合的设计值，包括组合的弯矩、轴向力与剪力设计值等；

　　　　R——结构构件截面的承载力设计值；

　　　γ_{RE}——构件截面的承载力抗震调整系数，除另有规定者外，应按表 3-26 采用；

γ_{Eh}、γ_{Ev}——分别为水平、竖向地震作用的分项系数，应按表 3-27 采用；

　　　　γ_G——重力荷载分项系数，一般情况下取 1.2，当重力荷载对抗震承载力有利时，不应大于 1.0；

　　　　γ_w——风荷载分项系数，应采用 1.4；

　　　S_{GE}——重力荷载代表值的效应，可按式(3-14)计算，但有吊车时，还应包括悬吊物重力标准值的效应；

S_{Ehk}、S_{Evk}——分别为水平地震作用和竖向地震作用标准值效应，尚应乘以相应的增大系数或调整系数；

　　　S_{wk}——风荷载标准值的效应；

　　　Ψ_w——风荷载组合值系数，一般结构取 0，对于风荷载起控制作用的建筑应采用 0.2。

表 3-26　承载力抗震调整系数

材　　料	结构构件	受力状态	γ_{RE}
钢	柱、梁、支撑、节点板件、螺栓、焊缝	强度	0.75
	柱、支撑	稳定	0.80
砌体	两端均有构造柱、芯柱的抗震墙	受剪	0.9
	其他抗震墙	受剪	1.0

（续）

材　料	结构构件	受力状态	γ_{RE}
混凝土	梁	受弯	0.75
	轴压比小于 0.15 的柱	偏压	0.75
	轴压比不小于 0.15 的柱	偏压	0.80
	抗震墙	偏压	0.85
	各类构件	受剪、偏拉	0.85

表 3-27　地震作用分项系数

地震作用	γ_{Eh}	γ_{Ev}
仅计算水平地震作用	1.3	0.0
仅计算竖向地震作用	0.0	1.3
同时计算水平与竖向地震作用（水平地震为主）	1.3	0.5
同时计算水平与竖向地震作用（竖向地震为主）	0.5	1.3

3. 多遇地震下结构的弹性变形极限状态验算

在多遇地震作用下，为了避免非结构构件（包括围护墙、隔墙、内外装修、附属机电设备等）出现破坏，应对表 3-28 中的结构进行抗震变形验算，使其楼层内最大的弹性层间位移小于规定的限值。其验算公式的表达式如下：

$$\Delta u_e \leqslant [\theta_e] h \tag{3-21}$$

式中：Δu_e ——多遇地震作用标准值产生的楼层最大的弹性层间位移，计算时，除以弯曲变形为主的高层建筑外，可不扣除结构整体弯曲变形；应计入扭转变形，各作用的分项系数均取 1.0；

$[\theta_e]$ ——弹性层间位移角限值，宜按表 3-28 采用；

h ——计算楼层的层高。

表 3-28　弹性层间位移角限值

结　构　类　型	$[\theta_e]$
钢筋混凝土框架	1/550
钢筋混凝土框架-抗震墙、板柱-抗震墙、框架-核心筒	1/800
钢筋混凝土抗震墙、筒中筒	1/1000
钢筋混凝土框支层	1/1000
多、高层钢结构	1/250

4. 罕遇地震作用下结构的弹塑性变形极限状态验算

1）验算范围

在罕遇地震作用下，主体结构已经允许进入弹塑性状态。为了防止其由于弹塑性变形过多而造成严重破坏或倒塌。《建筑抗震设计规范》（GB 50011—2010）规定，除砌体结构外，钢筋混凝土结构、钢结构及隔震消能设计结构，均应进行罕遇地震下的变形验算。基于建筑物的重要程度，罕遇地震下变形验算可分为严格要求的、稍有选择的与不进行验算的三种情况。

（1）严格要求验算的结构。

① 钢筋混凝土结构：包括抗震设防烈度为 7～9 度时任一楼层屈服强度系数小于 0.5 的框架结构、抗震设防烈度为 8 度 Ⅲ 类和 Ⅳ 类场地及抗震设防烈度为 9 度时的单层排架厂房的横向排架柱、甲类建筑和乙类抗震设防烈度为 9 度时的建筑。

② 高度大于 150m 的各类高层钢结构、甲类与乙类 9 度时的钢结构建筑。

③ 所有采用隔震、消能减震设计的结构。

（2）可根据情况验算的结构。

① 钢筋混凝土结构：包括底部框架-抗震墙砖房、板柱-抗震墙结构、竖向不规则且较高的高层建筑、乙类抗震设防烈度为 8 度和乙类抗震设防烈度为 7 度 Ⅲ、Ⅳ 类场地的建筑。

② 高度不大于 150m 的各类钢结构、乙类抗震设防烈度为 8 度和乙类抗震设防烈度为 7 度 Ⅲ、Ⅳ 类场地的钢结构建筑。

（3）可不进行弹塑性变形验算的结构。

① 丙类规则或高度较低的抗震墙结构和框架抗震墙钢筋混凝土结构。

② 丙类多层框架钢结构、多层框架-支撑钢结构。

2）验算公式

罕遇地震下的变形计算，属于偶然作用下的承载能力极限状态验算。为此，荷载效应的组合值应采用罕遇地震与其他荷载效应的偶然组合，且各作用代表值的效应不乘分项系数。其极限状态设计表达式为：

$$\Delta u_p \leqslant [\theta_p]h \tag{3-22}$$

式中：Δu_p——罕遇地震作用组合下的弹塑性层间位移。

$[\theta_p]$——弹塑性层间位移角限值，按表 3-29 采用。其中对钢筋混凝土框架结构，当轴压比小于 0.4 时可提高 10%，当框架柱全高的箍筋构造比最小配箍特征值大 30% 时可提高 20%，但两者累计不超过 25%。

h——薄弱层楼层的层高，或单层钢筋混凝土厂房的上柱高度。

表 3-29 弹塑性层间位移角限值

结构类型	$[\theta_p]$
单层钢筋混凝土柱排架	1/30
钢筋混凝土框架	1/50
底部框架砌体房屋中的框架-抗震墙	1/100
钢筋混凝土框架-抗震墙、板柱-抗震墙、框架-核心筒	1/100
钢筋混凝土抗震墙、筒中筒	1/120
多、高层钢结构	1/50

习　题

1. 什么是结构上的作用？荷载属于哪种作用？作用效应与荷载效应有什么区别？

2. 什么是结构抗力？影响结构抗力的主要因素有哪些？

3. 荷载按随时间的变异分为几类？荷载有哪些代表值？在结构设计中，如何应用荷载代表值？

4. 什么是材料强度标准值和材料强度设计值？从概率意义来看，它们是如何取值的？

5. 什么是结构的预定功能？什么是结构的可靠度？可靠度如何度量和表达？

6. 什么是结构的极限状态？极限状态分为几类？各有什么标志和限值？

7. 什么是失效概率？什么是可靠指标？二者有何联系？

8. 什么是概率极限状态设计法？其主要特点是什么？

9. 说明承载能力极限状态设计表达式中各符号的意义，并分析该表达式是如何保证结构可靠度的。

10. 对正常使用极限状态，如何根据不同的设计要求确定荷载效应组合值？

11. 什么是地震震级？什么是地震设防烈度？二者有何联系？

12. 什么是结构抗震概念设计？其与结构设计有什么关系？

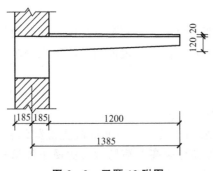

图 3-9　习题 13 附图

13. 如图 3-9 所示为钢筋混凝土雨篷板，板厚 $h=120$mm，板面抹灰为 20mm 厚水泥砂浆，板底抹灰为 10mm 厚石灰砂浆。板上活荷载标准值按 500N/m² 考虑。设计使用年限为 50 年，环境类别为一类。试求：

（1）按承载力极限状态计算时的截面弯矩与剪力组合设计值；

（2）按正常使用极限状态验算时截面的荷载效应标准组合、频遇组合和准永久组合的弯矩值。

14. 某钢筋混凝土简支梁如图 3-10 所示，计算跨度 $l_0=4.0$m，承受集中活载标准值 $Q_k=6.0$kN，均布活载（标准值）$q_k=4.0$kN/m，均布恒载（标准值）$g_k=8.0$kN/m，结构的安全等级为二级，试求：

（1）承载能力极限状态设计时的跨中最大弯矩设计值；

（2）荷载效应的标准组合值与准永久组合值。

【参考答案】

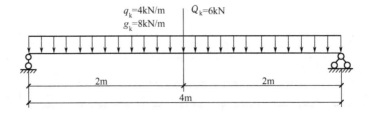

图 3-10　习题 14 附图

第4章
钢筋混凝土结构构件设计

教学目标

本章主要讲述钢筋混凝土结构的用材，拉、压、弯、扭构件的截面承载力设计，混凝土构件正常使用状态下的变形验算，预应力混凝土构件设计。通过本章的学习，应达到以下目标：

(1) 掌握钢筋与混凝土的基本性能指标与构造要求；

(2) 掌握拉、压、弯、扭混凝土构件承载力设计方法与构造要求；

(3) 熟悉混凝土构件正常使用状态下变形验算的原理与方法；

(4) 了解预应力混凝土构件的设计方法与基本规定。

教学要求

知识要点	能力要求	相关知识
(1) 钢筋与混凝土的基本性能指标与构造要求 (2) 拉、压、弯、扭混凝土构件承载力设计方法与构造要求	(1) 掌握钢筋与混凝土的基本性能指标与构造要求 (2) 掌握拉、压、弯、扭混凝土构件承载力设计方法与构造要求	混凝土结构施工图平面整体表示方法制图规则和构造详图 【标准规范】
混凝土构件正常使用状态下变形验算的原理与方法	熟悉混凝土构件正常使用状态下变形验算的原理与方法	结构工程事故的检测与评定
预应力混凝土构件的设计方法与基本规定	了解预应力混凝土构件的设计方法与基本规定	预应力结构工程施工与管理

 引例

悉尼歌剧院的设计与建造

悉尼歌剧院（Sydney Opera House）位于悉尼市区北部，是悉尼市的地标建筑物，也是20世纪最具特色的建筑之一，2007年被联合国教科文组织评为世界文化遗产。1959年3月开始动工，于1973年10月20日正式竣工交付使用，共耗时14年。

悉尼歌剧院由丹麦建筑师约恩·乌松设计，该建筑的外观为三组巨大的壳片，耸立在南北 【参考图文】

长186m、东西最宽处为97m的现浇钢筋混凝土结构的基座上。第一组壳片在地段西侧，四对壳片成串排列，三对朝北，一对朝南，内部是大音乐厅。第二组在地段东侧，与第一组大致平行，形式相同而规模略小于歌剧厅。第三组在它们的西南方，规模最小，由两对壳片组成，里面是餐厅。其他房间都巧妙地布置在基座内。整个建筑群的入口在南端，有宽97m的大台阶。它的外形像三个三角形翘首于河边，屋顶是白色的，形状犹如贝壳，有"翘首遐观的恬静修女"之美称。

当我们赞叹悉尼歌剧院的独特造型设计与周边的美景时，可知其结构体系是如何设计与处理的呢？

4.1 结构用材

钢筋混凝土结构主要是由钢筋与混凝土两种材料所组成的。进行钢筋混凝土结构设计，需要掌握钢筋与混凝土的基本性能及结构对其的基本要求。

4.1.1 混凝土的基本性能指标及结构要求

混凝土是一种主要的工程结构材料，按照所用胶凝材料、材质密度等不同标准，可以分为不同类型。例如，以所用胶凝材料分类，可以分为水泥混凝土、沥青混凝土等；以材质密度分类，可以分为轻混凝土、重混凝土与普通混凝土。

普通混凝土（以下简称为混凝土），是以水泥、砂、石子与水按一定配合比拌和，需要时掺入外加剂与矿物混合材料，经过均匀拌制、密实成型及养护硬化而制成的人工石料。混凝土的性能指标包括混凝土的强度、变形、碳化、耐腐蚀、耐热、防渗等。

这里主要阐述混凝土的强度和变形指标。

1. 混凝土的强度

混凝土的强度是指其抵抗外力的某种应力，即混凝土材料达到破坏或破裂极限状态时所能承受的应力。

【标准规范】

根据结构构件外在作用效应的特点，混凝土强度可分为抗拉强度与抗压强度。目前《混凝土结构设计规范》（GB 50010—2010）中给出了五种强度指标理论值，即立方体抗压强度标准值（用 $f_{cu,k}$ 表示）、轴心抗压强度标准值（用 f_{ck} 表示）、轴心抗压强度设计值（用 f_c 表示）、轴心抗拉强度标准值（用 f_{tk} 表示）与轴心抗拉强度设计值（用 f_t 表示）。

试验研究与工程实践表明，混凝土的强度大小与其材料组成、受力状态、截面几何特征等因素有关。因此，在结构设计中，正确理解与运用各个强度指标值，应该熟悉以下问题。

1）混凝土强度标准值确定的方法

混凝土强度标准值的确定主要涉及两个方面：一是基于混凝土在结构中主要承受压力，以抗压强度作为衡量其大小的基本指标；二是便于不同材质的标准化，制订统一的试验试件及其测试条件。当前，国际标准组织颁布了《混凝土按抗压强度的分级标准》（ISO 3839—1997），并规定了直径 150mm、高度 300mm 的圆柱体与边长 150mm 的立方体两种标准试件。

《混凝土结构设计规范》（GB 50010—2010）采用以边长 150mm 的立方体试件，在标准条件下测得的立方体抗压强度标准值作为基本指标。对于非标准的试件，其所测试的强度数据可以通过换算系数转化为标准试件值。不同试件的换算系数见表 4-1。

表 4-1　不同试件测试强度值之间的换算系数

试件类型	试件规格	换算系数
立方体	200mm×200mm×200mm	1.05
	150mm×150mm×150mm	1.00
	100mm×100mm×100mm	0.95
圆柱体	6″×12″（1″=2.54cm）	1.20
棱柱体	6″×12″（1″=2.54cm）	1.32

2）混凝土强度等级的划分

根据作用效应大小与安全等级等条件的不同要求，《混凝土结构设计规范》（GB 50010—2010）中以立方体抗压强度标准值为标准，给出了 14 个等级的混凝土强度值，即 C15、C20、C25、C30、C35、C40、C45、C50、C55、C60、C65、C70、C75、C80。其中，各级数值代表一个阈值，如 C30 混凝土，表示为 30（N/mm²）≤ $f_{cu,k}$ < 35（N/mm²）。通常情况下，将 C50 级以下的混凝土称为一般混凝土，C50 级以上的混凝土称为高强混凝土。

f_{ck}、f_c、f_{tk} 和 f_t 均可通过它们与基本指标值 $f_{cu,k}$ 的经验关系式（4-1）得到。为了设计方便，《混凝土结构设计规范》（GB 50010—2010）中已给出各强度的具体数值，详见表 3-3。

$$f_{ck} = 0.88\alpha_{c1}\alpha_{c2}f_{cu,k} \tag{4-1a}$$

$$f_{tk} = 0.88\alpha_2 0.395 f_{cu,k}^{0.55}(1-1.645\delta)^{0.45} \tag{4-1b}$$

$$f_c = \frac{f_{ck}}{\gamma_c} \tag{4-1c}$$

$$f_t = \frac{f_{tk}}{\gamma_c} \tag{4-1d}$$

式中：α_{c1}——棱柱体抗压强度与立方体抗压强度之比（对于 C50 及以下强度等级的混凝土，取 0.76；对于 C80 级的混凝土，取 0.82；中间按线性内插法取值）；

α_{c2}——混凝土脆性的折减系数（对 C40 及以下等级的混凝土，取 1.0；对于 C80 级的混凝土，取 0.87；中间按线性内插法取值）；

0.88——考虑实际结构中混凝土强度与试件混凝土强度之间的差异等因素而确定的修正系数；

δ——混凝土强度的变异系数，具体值见表 4-2。

表 4-2　混凝土强度的变异系数

$f_{cu,k}$	C15	C20	C25	C30	C35	C40	C45	C50	C55	C60～C80
δ	0.21	0.18	0.16	0.14	0.13	0.12	0.12	0.11	0.11	0.1

3）复合应力状态下的混凝土强度特点

上述所讲的混凝土抗压与抗拉强度，都是指混凝土在单向受力条件下所得到的理论强度。实际上，混凝土结构构件很少处于单向受拉或受压状态，而往往是承受弯矩、剪力、轴向力及扭矩的多种组合作用，大多处于双向或三向的复合应力状态。

复合应力状态下的混凝土，表现出与单向受力条件下的不同特点。例如，在两个相互垂直的平面上分别受法向应力 σ_1 与 σ_2 的作用而第 3 个平面上应力为零的双向应力状态下（图 4-1），当双向同时受拉时，混凝土的强度基本上与单向状态下近似；当双向同时受压时，混凝土的强度较单向状态下提高 1.27 倍；但当一向受压一向受拉时，混凝土的强度则较单向状态下低。试验研究还表明，混凝土试件在三向压应力状态作用下（图 4-2），其强度较单向状态下有很大提高，可提高 3～5 倍，同时混凝土的极限应变值也大大提高了。

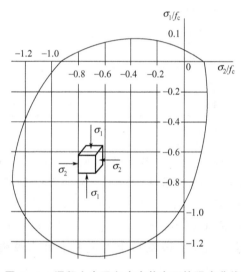

图 4-1　混凝土在双向应力状态下的强度曲线

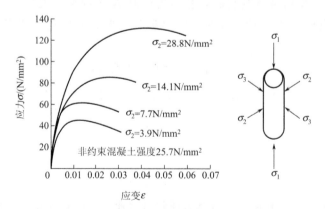

图 4-2　混凝土在三向受压状态下的应力-应变曲线

总体来说，在复合应力状态下，对混凝土强度的研究多为近似方法，至今尚未建立统一的相关理论。在结构设计中，目前尚处于采用混凝土在单向受力下的强度和变形的水平。

4）结构构件设计对混凝土强度的要求

混凝土是一种复合性材料，由固体、液体、气体组成，其本身具有水化过程长、性能稳定时间长、凝结硬化过程中易收缩而形成微裂缝等特点，还受制作、养护与使用条件等因素的影响。考虑到理论与实践的差异性，为了能够更好地保证混凝土结构构件的可靠性，《混凝土结构设计规范》（GB 50010—2010）对混凝土强度给出了基本要求。

（1）素混凝土结构的混凝土强度等级不应低于 C15，钢筋混凝土结构的混凝土强度等级不应低于 C20。

（2）当采用等级 400MPa 及以上的钢筋时，混凝土强度等级不应低于 C25。

（3）预应力混凝土结构的混凝土强度等级不宜低于 C40，且不应低于 C30。

（4）承受重复荷载的钢筋混凝土构件，混凝土的强度等级不应低于 C30。

（5）同时，应根据建筑物所处的环境条件确定混凝土的最低强度等级，以保证建筑物的耐久性。

2. 混凝土的变形

在实际工作状态中，混凝土结构构件通常受到荷载作用与非荷载作用的综合影响，强度与变形的效应也会统一显现出来。当变形达到或超过某一限值时，也会影响结构的可靠性。目前，混凝土变形性能的研究内容主要涉及两个方面：一个是在荷载（包括一次短期荷载、重复荷载与长期荷载）作用下的变形；另一个是体积变形（主要包括混凝土的收缩与温度变化产生的变形等）。

1）混凝土的应力-应变曲线

如图 4-3(a) 与 4-3(b) 所示，该图为标准棱柱体混凝土试件在一次短期作用下受压时的应力-应变曲线图。

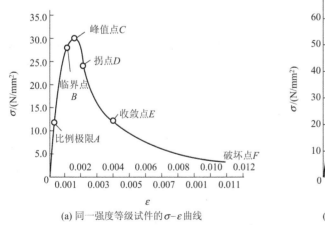

(a) 同一强度等级试件的 $\sigma-\varepsilon$ 曲线

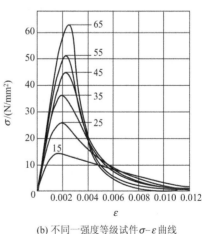

(b) 不同一强度等级试件 $\sigma-\varepsilon$ 曲线

图 4-3　受压混凝土棱柱体的 $\sigma-\varepsilon$ 曲线

图 4-3(a) 所示的应力、应变曲线大致可分为上升段与下降段两部分。

在上升段上，OA 段很短，应力较低（$\sigma \leqslant 0.3f_{ck}$），应力与应变关系接近直线，$A$ 点为比例极限，此时可将混凝土视为理想的弹性体；AB 段时，混凝土的非弹性性质逐渐显现，曲线弯曲，应变增长比应力增长速度快，试件内部微裂缝开始发展，但仍处于稳定状态，

应力值在 $0.3f_{ck} \sim 0.8f_{ck}$ 之间，B 点为临界点；当荷载进一步增加，应变迅速增加，而塑性变形也显著增大，裂缝发展进入不稳定阶段，当到达峰点 C 时，混凝土应力也达到 f_{ck}，此值对应的应变称为应变峰值 ε_0，一般在 $0.0015 \sim 0.0025$ 范围波动。

在下降段，当曲线超过峰点 C 以后，试件的承载力随应变的增加而降低，曲线呈下降趋势，试件表面也出现纵向裂缝，经过收敛点 E，即应变达到 $0.004 \sim 0.006$ 时，应力下降减缓，之后残余应力趋于稳定，试件主裂缝已经很宽了。

图 4-3(b) 所示的应力、应变曲线特点为：不同强度等级的混凝土，其应力-应变关系与同一强度等级的形状基本相似。各曲线的应力峰值 f_{ck} 所对应的应变 ε_0 的变化范围大致相同，而且最大应力对应的应变不是最大，而应力达到最大并不意味着立即破坏。不同的是，随着混凝土强度的提高，混凝土的应变峰值 ε_0 有所提高，而极限压应变 ε_{cu} 却明显减小。

由此可知，混凝土应力-应变关系是一种非线性关系，随着混凝土强度的提高，其脆性越明显，延性也就越差。

基于结构的可靠性要求，目前，《混凝土结构设计规范》（GB 50010—2010）规定，峰值应变常取 $\varepsilon_0 = 0.002$，对于混凝土的极限压应变值 ε_{cu} 按照 $\varepsilon_{cu} = 0.0033 - (f_{cu,k} - 50) \times 10^{-5}$ 计算，当计算所得的 $\varepsilon_{cu} > 0.0033$ 时，则取 $\varepsilon_{cu} = 0.0033$。

试验研究表明，混凝土受拉时的应力-应变曲线的形状与受压时相似，只是混凝土的极限拉应变 ε_{0t} 较小，约为极限压应变的 $1/20$。由于混凝土的极限拉应变太小，所以，处于受拉区的混凝土极易开裂。

2）混凝土的弹性模量

由力学知识可知，弹性模量是应力与应变的比值。但混凝土的 σ-ε 关系表明，混凝土的弹性模量不是常数，不能用已知的混凝土应变值乘以规范中所给的弹性模量值去求得混凝土的应力。试验研究也表明，利用一次加载的 σ-ε 曲线也不易准确测得混凝土的弹性模量。

《混凝土结构设计规范》（GB 50010—2010）中规定的模量取值方法，是利用混凝土在应力重复加载与卸载，以 5 次后的 σ-ε 曲线的斜率作为混凝土的弹性模量；对于不同强度等级的混凝土弹性模量值，可以按照式(4-2) 计算。

$$E_c = \frac{10^5}{2.2 + \dfrac{34.7}{f_{cu,k}}} \qquad (4-2)$$

混凝土受拉时的 σ-ε 曲线与受压时相似，在计算中，受拉弹性模量与受压弹性模量可取相同值。

3）混凝土的徐变

混凝土在不变荷载作用下，应变值随时间增长而继续增长，这种现象称为混凝土的徐变。混凝土的这种性质对结构构件的变形、强度及预应力钢筋中的应力都将产生重要的影响。

如图 4-4 所示，该图为混凝土棱柱体试件加载至 $\sigma = 0.5f_c$ 后维持荷载不变测得的 ε-t 关系曲线。通过该图曲线变化特点可知，徐变的发展规律是先快后慢，在最初 6 个月内徐变增长很快，可达总徐变量的 $70\% \sim 80\%$，在第 1 年内约完成 90%，$2 \sim 3$ 年后基本趋于稳定。如经长期荷载作用后于某时卸载，在卸载瞬间，混凝土将发生瞬时的弹性恢复的变形，其数值小于加载时的瞬时应变，经过一段时间之后，还有一段恢复的变形，称为徐变应变恢复的弹性后效，但会余下一段不可恢复的残余应变。

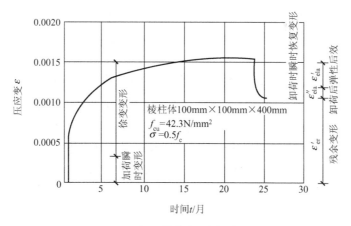

图 4 - 4　混凝土的徐变-时间关系曲线

这种现象产生的原因，目前尚无定论。一般解释是，在应力 $\sigma < 0.5 f_c$ 不太大时，其主要是由混凝土中一部分尚未形成结晶体的水泥凝胶体的黏性流动而产生的塑性变形；在应力 $\sigma \geqslant 0.5 f_c$ 较大时，其主要是由混凝土内部微裂缝在荷载作用下不断发展与增加而导致的附加应变。

试验研究与工程实践表明：混凝土的徐变对钢筋混凝土结构的影响，在大多数情况下是不利的。例如，徐变会使构件的变形大大增加，对于长细比较大的偏心受压构件，徐变会使偏心距增大而降低构件的承载力，在预应力混凝土构件中，徐变会造成预应力损失，等等。

导致混凝土产生徐变的主要因素有以下几点：

（1）应力越大，徐变也越大；

（2）加载时混凝土的龄期越短，则徐变也越大；

（3）水泥用量多，则累积徐变大；

（4）养护温度高，时间长，则徐变小；

（5）混凝土骨料的级配好，弹性模量大，则徐变小；

（6）与水泥的品种有关，普通硅酸盐水泥较矿渣水泥、火山灰水泥对混凝土徐变的影响相对要大。

4）混凝土的收缩与膨胀

混凝土在空气中硬结时体积减小的现象称为混凝土的收缩。混凝土在水中或处于饱和湿度情况下硬结时体积增大的现象称为膨胀。一般情况下，混凝土的收缩值比膨胀值大很多。

现采用 100mm×100mm×400mm 的混凝土试件，强度 $f_{cu,k} = 42.3 \text{N/mm}^2$，水灰比为 0.45，52.5 级硅酸盐水泥，分别在常温养护［恒温（20±1）℃］与蒸汽养护［恒温（65±5）℃］情况下，对混凝土的收缩性能进行测试，其试验结果如图 4-5 所示。

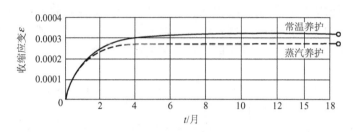

图 4 - 5　混凝土的收缩曲线

该图曲线表明：蒸汽养护的收缩值要小于常温养护的收缩值；混凝土的收缩是随时间而增长的，结硬初期收缩较快，1个月大约可完成1/2的收缩，3个月后增长缓慢，一般2年后趋于稳定，最终收缩应变值大约为 $(2\sim5)\times10^{-4}$，通常取收缩应变值为 3×10^{-4}。

试验研究还表明，混凝土收缩的原因主要来自两个方面，即化学收缩与干湿收缩，其中，干燥失水是引起收缩的重要因素，所以构件的养护条件、使用环境的温湿度及影响混凝土水分保持的因素，都对收缩有影响。

5）混凝土的温度变形

混凝土具有热胀冷缩的性质，在温度变化时，结构构件上会产生温度变形。当温度变形受到外界的约束而不能自由发生时，将在构件内产生温度应力，若该值过大，将会导致混凝土表面开裂。例如，在大体积混凝土中，由于混凝土表面较内部的收缩量大，再加上水泥水化热使混凝土的内部温度比表面温度高，如果把内部混凝土视为相对不变形体，它将对试图缩小体积的表面混凝土形成约束，在表面混凝土形成拉应力，由于内外变形差较大，就会造成表层混凝土的开裂。这也是在大体积混凝土施工过程中，需要从材料、施工、养护等方面采取诸多措施，减少温度变形不利作用的原因。

4.1.2　钢筋的基本性能指标及结构要求

1. 钢筋的种类与级别

钢筋是混凝土结构的主要用材之一，其种类较多，可以根据不同的标准进行划分。

1）按化学成分划分

按化学成分划分，钢筋可分为碳素结构钢与普通低合金钢两大类。

（1）碳素结构钢。根据含碳量的多少，碳素结构钢又可分为低碳钢（含碳量小于0.25%）、中碳钢（含碳量为0.25%~0.6%）和高碳钢（含碳量为0.6%~1.4%）。随着含碳量的增加，钢材的强度会提高，但塑性和可焊性将降低。

（2）普通低合金钢。普通低合金钢是在钢材冶炼过程中加入了少量的合金元素（如锰、硅、钒、钛等），其可以有效地提高钢材的强度，并使钢材保持一定的塑性和可焊性。

2）按生产加工工艺划分

按生产加工工艺划分，钢筋可分为热轧钢、钢丝、钢绞线与热处理钢筋等。热轧钢筋是由低碳钢、普通合金钢在高温状态下轧制而成，按强度不同可分为 HPB300、HRB335、HRB400、RRB400、HRB500 几种级别。

3）按钢筋的外形划分

按钢筋的外形划分，钢筋可分为光面钢筋与变形钢筋两类。

（1）光面钢筋。光面钢筋又称为光圆钢筋，其截面呈圆形，表面光滑无凸起的花纹，如图 4-6(a) 所示。通常，光面钢筋的直径不小于 6mm。

（2）变形钢筋。变形钢筋又称为带肋钢筋，其是在钢筋表面轧成肋纹，如月牙纹、螺纹、人字纹等，如图 4-6(b)、(c) 和（e）所示。通常，变形钢筋的直径不小于 10mm。

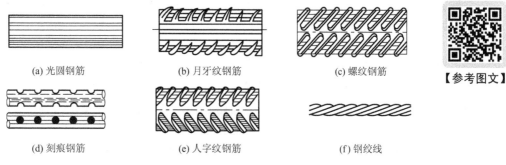

【参考图文】

(a) 光圆钢筋　　　(b) 月牙纹钢筋　　　(c) 螺纹钢筋

(d) 刻痕钢筋　　　(e) 人字纹钢筋　　　(f) 钢绞线

图 4-6　钢筋的外表形式

4）按钢筋的受力特点划分

按钢筋的受力特点划分，钢筋可分为受力钢筋与构造筋。受力钢筋有受压钢筋、受拉钢筋、受扭钢筋、箍筋等，构造筋有分布筋、腰筋、放射筋、吊筋、架立筋、爬筋等。

【参考图文】

2. 钢筋的力学性能

1）钢筋的应力-应变曲线

钢筋按其力学性能的不同，可分为有明显流幅的钢筋与没有明显流幅的钢筋两大类。通常情况下，有明显流幅的钢筋称为软钢，如热轧钢筋；没有明显流幅的钢筋则称为硬钢，如消除应力钢丝、刻痕钢丝、钢绞线等。硬钢与软钢的应力-应变关系曲线是不同的，通过拉伸试验可以得到，如图 4-7 与图 4-8 所示。

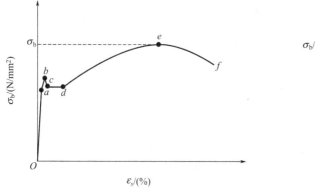

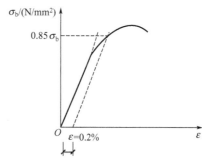

图 4-7　有明显流幅钢筋的应力-应变曲线　　图 4-8　无明显流幅钢筋的应力-应变曲线

（1）软钢的应力-应变曲线（图 4-7）。由图 4-7 可知，软钢的应力-应变关系曲线大致可以分为四个阶段，即弹性阶段（Oa 段）、屈服阶段（ad 段）、强化阶段（de 段）与颈缩阶段（ef 段）。为了研究与设计使用方便，称 a 点对应的应力值为比例极限，b 点为屈服上限，c 点为屈服下限，并取 c 点所对应的应力值为屈服强度 σ_s，取最高点 e 对应的应力值为极限抗拉强度 σ_b。

（2）硬钢的应力-应变曲线（图 4-8）。与图 4-7 相比较可知，硬钢的应力-应变没有明显的屈服阶段。虽然钢筋的强度很高、变形很小，但脆性较大，这就给设计带来一定的困难与风险。为了结构安全起见，《混凝土结构设计规范》（GB 50010—2010）规定，取条件屈服强度作为这类钢筋的强度设计指标。条件屈服强度是指无明显屈服点的钢筋经过加载与卸载后残余应变为 0.2% 时所对应的应力值，以 $\sigma_{0.2}$ 表示，其值相当于极限抗拉强度 σ_b 的 0.85 倍。

2）钢筋的强度

钢筋的强度有两个指标，即屈服强度与极限抗拉强度。依据图 4-7 与图 4-8 所示，对于有明显屈服点的钢筋，由于钢筋达到屈服时，将产生很大的塑性变形，结构构件会出现很大的变形及过宽的裂缝，以至于不能满足正常使用的要求。所以，在钢筋混凝土结构件设计时，对于有明显屈服点的钢筋，取其屈服强度作为结构设计的强度指标；对于无明显屈服点的钢筋，取 $\sigma_{0.2}$ 作为结构设计的强度指标。各种级别钢筋的强度标准值、强度设计值见表 3-4 与表 3-5。

3）钢筋的塑性性能

试验研究与工程实践表明，钢筋除了具有较大的强度外，还有一定的塑性变形能力。用于反映该种能力的基本指标是伸长率与冷弯性能。

通常情况下，可以取规定标距（$l_1 = 5d$ 或 $l_1 = 10d$，d 为钢筋直径）的钢筋试件做拉伸试验。试件拉断后的伸长值与拉伸前的原长之比，即为钢筋的伸长率，用符号 δ_5、δ_{10} 表示。试验表明，伸长率越大，钢筋的塑性性能越好，拉断前有明显的预兆；软钢的伸长率较大，硬钢的伸长率较小。

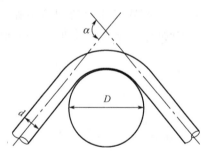

图 4-9　钢筋的冷弯试验

冷弯是将钢筋试件围绕规定直径（$D=d$ 或 $D=3d$，d 为钢筋直径）的辊轴进行弯曲（图 4-9），并要求弯到规定的冷弯角度 α（180° 或 90°），测试其表面是否出现裂缝、起皮或断裂现象的过程。通过冷弯试验可以间接反映钢筋的塑性性能与内在质量。

《混凝土结构设计规范》（GB 50010—2010）将屈服强度、极限强度、伸长率与冷弯性能作为衡量钢筋合格性的四个主要指标。

4）钢筋的弹性模量

钢筋的弹性模量是反映钢筋在弹性阶段的应力与应变关系的物理量，可以由拉伸试验来测定，如图 4-7 与图 4-8 所示。试验表明，同一类钢筋的受拉与受压的弹性模量相同，不同钢筋的弹性模量见表 3-4 与表 3-5。

5）混凝土结构对钢筋性能的要求

（1）适当的强度。

钢筋的强度是指钢筋的屈服强度与极限强度，屈服强度是构件承载力计算的依据。在结构设计中，若采用屈服强度高的钢筋则结构用钢量相对较少，这样既可以节约钢材又能够取得较好的经济效益。然而，工程实践表明，实际结构中钢筋的强度并非越高越好。钢筋的弹性模量并不因其强度提高而增大，采用高强钢筋在高应力下的大变形会引起混凝土结构产生过大的变形与裂缝宽度，从而影响结构的适用性，同时若屈强比大，则结构的强度储备小，钢筋强度的有效利用率低，结构的安全系数就相对较小。

为此，《混凝土结构设计规范》（GB 50010—2010）规定如下。

① 在结构构件中，纵向受力普通钢筋宜采用 HRB400、HRB500、HRBF400、HRBF500 钢筋，也可采用 HPB300、HRB335、HRBF335、RRB400 钢筋；箍筋宜采用 HPB300、HRBF400、HRB500、HRBF500 钢筋，也可采用 HRB335、HRBF335 钢筋。

② 预应力筋宜采用预应力钢丝、钢绞线与预应力螺纹钢筋。

③ 当结构构件中配有不同种类的钢筋时，每种钢筋应采用各自的强度设计值；横向钢筋的抗拉强度设计值 f_{yv} 应按表 3 - 4 中 f_y 数值采用；当用作受剪、受扭、受冲切承载力计算时，钢筋强度设计值若大于 360N/mm^2，应取 360N/mm^2。

④ 构件中的钢筋可采用并筋的配置形式，直径 28mm 及以下的钢筋并筋数量不应超过三根，直径 32mm 的钢筋并筋数量宜为 2 根，直径 36mm 及以上的钢筋不应采用并筋。并筋应按照单根等效钢筋进行计算。

各种钢筋的公称直径、公称截面面积及理论重量可按表 4 - 3 采用。

表 4 - 3　钢筋的公称直径、公称截面面积及理论重量

公称直径/mm	不同根数钢筋的公称截面面积/mm²									单根钢筋理论质量/（kg/m）
	1	2	3	4	5	6	7	8	9	
6	28.3	57	85	113	142	170	198	226	255	0.222
8	50.3	101	151	201	252	302	352	402	453	0.395
10	78.5	157	236	314	393	471	550	628	707	0.617
12	113.1	226	339	452	565	678	791	904	1017	0.888
14	153.9	308	461	615	769	923	1077	1231	1385	1.21
16	201.1	402	603	804	1005	1206	1407	1608	1809	1.58
18	254.5	509	763	1017	1272	1527	1781	2036	2290	2.00 (2.11)
20	314.2	628	942	1256	1570	1884	2199	2513	2827	2.47
22	380.1	760	1140	1520	1900	2281	2661	3041	3421	2.98
25	490.9	982	1473	1964	2454	2954	3436	3927	4418	3.85 (4.10)
28	615.8	1232	1947	2463	3079	3695	4310	4926	5542	4.83
32	804.2	1609	2413	3217	4021	4826	5630	6434	7238	6.31 (6.65)
36	1017.9	2036	3054	4072	5089	6107	7125	8143	9161	7.99
40	1256.6	2513	3770	5027	6283	7540	8796	10053	11310	9.87 (10.34)
50	1963.5	3928	5892	7856	9820	11784	13748	15712	17676	15.42 (16.28)

注：括号内为预应力螺纹钢筋的数值。

每米板宽各种钢筋间距的截面面积可按表 4-4 采用。

表 4-4 每米板宽各种钢筋间距的截面面积 单位：mm²

钢筋间距 /mm	钢筋直径/mm											
	3	4	5	6	6/8	8	8/10	10	10/12	12	12/14	14
70	101	179	281	404	561	719	920	1121	1369	1616	1907	2199
75	94.2	167	262	377	524	671	899	1047	1277	1508	1780	2052
80	88.4	157	245	354	491	629	805	981	1198	1414	1669	1924
85	83.2	148	231	333	462	592	758	924	1127	1331	1571	1811
90	78.5	140	218	314	437	559	716	872	1064	1257	1438	1710
95	74.5	132	207	298	414	529	678	826	1008	1190	1405	1620
100	70.6	126	198	283	393	503	644	785	958	1131	1335	1539
110	64.2	114	178	257	357	457	585	714	871	1028	1214	1399
120	58.9	105	163	236	327	419	537	645	798	942	1113	1283
125	56.6	100	157	226	314	402	515	628	766	905	1068	1231
130	54.4	96.6	151	218	302	387	495	604	737	870	1027	1184
140	50.5	89.7	140	202	281	359	460	561	684	808	954	1099
150	47.1	83.8	131	189	262	335	429	523	639	754	890	1026
160	44.1	78.5	123	177	246	314	403	491	599	707	834	962
170	41.5	73.9	115	166	231	296	379	462	564	665	785	905
180	39.2	69.8	109	157	218	279	358	436	532	628	742	855
190	37.2	66.1	103	149	207	265	339	413	504	595	703	810
200	35.3	62.8	98.2	141	196	251	322	393	479	565	668	770
220	32.1	57.1	89.2	129	176	229	293	357	436	514	607	700
240	29.4	52.4	81.8	118	164	210	268	327	399	471	556	641
250	28.3	50.3	78.5	113	157	201	258	314	383	452	534	616
260	27.2	48.3	75.5	109	151	193	248	302	268	435	514	592
280	25.2	44.9	70.1	101	140	180	230	281	342	404	477	555
300	23.6	41.9	66.5	94	131	168	215	262	320	377	445	513
320	22.1	39.2	61.4	88	121	157	201	245	299	353	417	481

（2）塑性好。

钢筋具有了一定的塑性，可以保证钢筋在断裂前能有足够的变形，保证钢筋混凝土构件表现出良好的延性。同时，钢筋的加工成型也比较容易。普通钢筋与预应力筋在最大力作用下的总伸长率 δ_{gt} 不应小于表 4-5 中的数值。

表 4-5　普通钢筋与预应力筋在最大力作用下的总伸长率

钢筋品种	普通钢筋			预应力筋
	HPB300	HRB335、HRBF335、HRB400、HRBF400、HRB500、HRBF500	RRB400	
$\delta_{gt}/(\%)$	10.0	7.5	5.0	3.5

（3）可焊性好。

基于钢筋运输与现场加工的要求，对出厂的直条状与盘状的钢筋，一般都需要进行现场截断与接长。钢筋接长的方法主要有绑扎搭接、机械连接（锥螺纹套筒、钢套筒挤压连接等）与焊接，其中焊接是最常用的。保证钢筋的可焊性质量，这是结构设计与施工都必须关注与重视的问题。

【参考视频】

从结构受力角度，保证或检验钢筋可焊性质量合格的措施主要涉及两个方面，一是钢筋焊接接头的可焊性质量，二是钢筋焊接接头的布置。衡量钢筋焊接接头可焊性质量的合格性标准是：①同一母材焊接接头的强度值不应低于母材的强度值；②不同母材焊接接头的强度值不应低于高强度母材的强度值；③在焊接接头的试件进行拉伸时，产生裂纹或颈缩的位置首先出现在距离焊接接点 20mm 以外的任何部位。

对于钢筋焊接接头的布置，《混凝土结构设计规范》（GB 50010—2010）规定：当受力钢筋采用焊接接头时，纵向受力钢筋的焊接接头应相互错开；当钢筋的焊接接头位于不大于 $35d$，且不小于 500mm 的长度范围内时，应视为位于同一连接区段内；位于同一连接区段内纵向受拉钢筋的焊接接头面积百分率不应大于 50%，受压钢筋的焊接接头面积百分率可不做限制。

（4）与混凝土具有良好的黏结。

钢筋与混凝土能够在一起共同工作，除了二者具有相近的温度线膨胀系数及混凝土对钢筋具有保护作用外，还在于钢筋与混凝土之间的接触面上存在良好的黏结力。通常把钢筋与混凝土接触面单位截面面积上的剪应力称为黏结应力。

试验研究表明，钢筋与混凝土之间产生黏结作用主要有来自三个方面的原因：一是钢筋与混凝土之间接触面上产生的化学吸附作用力，也称化学胶结力；二是因为混凝土收缩将钢筋紧紧握裹而产生的摩擦力；三是由于钢筋的表面凸凹不平与混凝土之间产生的机械咬合力。其中化学胶结力一般很小，光面钢筋的黏结力以摩擦力为主，变形钢筋则以机械咬合力为主。

为了保证钢筋与混凝土之间具有良好的黏结能力，通常在混凝土的强度、钢筋的表面形状、混凝土的保护层厚度、钢筋的净距、锚固长度与钢筋的搭接长度等方面采取相应的构造措施。这里主要介绍钢筋的锚固长度及其搭接长度。

① 钢筋的锚固长度。

钢筋的锚固长度，是指为避免纵向钢筋在受力过程中产生滑移，甚至从混凝土中拔出而造成锚固破坏，将纵向受力钢筋伸过其受力截面一定长度。其中，受拉钢筋的锚固长度又称为基本锚固长度，以 l_a 表示，钢筋的基本锚固长度按式（4-3）进行计算。

$$l_a = \alpha \frac{f_y}{f_t} d \qquad (4-3)$$

式中：f_y——普通钢筋的抗拉强度设计值；

f_t——混凝土轴心抗拉强度设计值，当混凝土强度等级高于 C60 时，按 C60 取用；

d——锚固钢筋的公称直径；

α——锚固钢筋的外形系数，按表 4-6 取用。

表 4-6 钢筋的外形系数 α

钢筋类型	光面钢筋	带肋钢筋	刻痕钢筋	螺旋肋钢筋	3 股钢绞线	7 股钢绞线
α	0.16	0.14	0.19	0.13	0.16	0.17

对于各种受力构件，各类纵向受压钢筋、受拉钢筋的最小锚固长度见表 4-7。

表 4-7 钢筋的最小锚固长度　　　　　　　　单位：mm

序号	混凝土等级强度		C15		C20		C25		C30		C35		C40	
	钢筋直径 d/mm		$\leqslant 25$	>25	$\leqslant 25$	>25	$\leqslant 25$	>25	$\leqslant 25$	>25	$\leqslant 25$	>25	$\leqslant 25$	>25
1	钢筋种类	HPB300	$\dfrac{37d}{26d}$		$\dfrac{31d}{22d}$		$\dfrac{24d}{19d}$		$\dfrac{27d}{17d}$		$\dfrac{22d}{15d}$		$\dfrac{20d}{14d}$	
2		HRB335	—		$\dfrac{38d}{27d}$	$\dfrac{42d}{30d}$	$\dfrac{33d}{23d}$	$\dfrac{27d}{26d}$	$\dfrac{30d}{21d}$	$\dfrac{32d}{23d}$	$\dfrac{27d}{19d}$	$\dfrac{30d}{21d}$	$\dfrac{25d}{21d}$	$\dfrac{27d}{19d}$
3		HRB400 RRB400	—		$\dfrac{46d}{32d}$	$\dfrac{51d}{36d}$	$\dfrac{40d}{28d}$	$\dfrac{44d}{31d}$	$\dfrac{36d}{25d}$	$\dfrac{39d}{27d}$	$\dfrac{32d}{23d}$	$\dfrac{36d}{25d}$	$\dfrac{30d}{21d}$	$\dfrac{33d}{23d}$

注：1. 表中横线以下数据为当计算中充分利用钢筋的抗压强度时，受压钢筋的锚固长度。

2. 纵向受拉钢筋的锚固长度不应小于 250mm。

② 钢筋的搭接长度。

《混凝土结构设计规范》（GB 50010—2010）规定，轴心受拉及小偏心受拉构件的纵向受力钢筋不得采用绑扎搭接接头；其他构件中的钢筋采用绑扎搭接时，受拉钢筋的直径宜大于 25mm，受压钢筋的直径不宜大于 28mm。

当钢筋接长采用绑扎搭接方式时，需要注意钢筋搭接的长度及其搭接点的分布问题。纵向受拉钢筋绑扎搭接接头的搭接长度可按照式（4-4）计算，且在任何情况下均不应小于 300mm。

$$l_1 = \zeta l_a \tag{4-4}$$

式中：l_1——纵向受拉钢筋的搭接长度；

l_a——纵向受拉钢筋的锚固长度，由式（4-3）计算；

ζ——纵向受拉钢筋搭接长度修正系数，按表 4-8 取用。

表 4 - 8　纵向受拉钢筋搭接长度修正系数

纵向钢筋搭接接头面积百分率	≤25	50	100
ζ	1.2	1.4	1.6

对于钢筋搭接点的分布要求,《混凝土结构设计规范》(GB 50010—2010) 规定如下。

a. 同一构件中相邻纵向受力钢筋的绑扎搭接接头宜相互错开,钢筋绑扎搭接接头的区段长度为搭接长度 l_1 的 1.3 倍,凡搭接接头中点位于该连接区段长度内的搭接接头均属于同一连接区段,如图 4 - 10 所示。

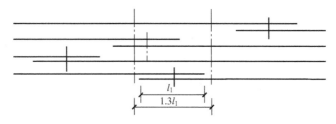

图 4 - 10　同一区段内的纵向受拉钢筋绑扎搭接接头

b. 位于同一连接区段内的受拉钢筋搭接接头面积百分率 (即该区段内有搭接接头的纵向受力钢筋截面面积与全部纵向受力钢筋截面面积之比),对梁类、板类及墙类构件,不宜大于 25%;对于柱类构件,不宜大于 50%;当工程中确有必要增大受拉钢筋搭接接头面积百分率时,梁类构件不应大于 50%,板类、墙类及柱类构件可根据实际情况放宽。

c. 构件中的纵向受压钢筋当采用搭接连接时,其受压搭接长度不应小于按式(4 - 4)计算长度的 0.7 倍,且不应小于 200mm。纵向受力钢筋的机械连接接头宜相互错开。钢筋机械连接区段的长度为 35d (d 为连接钢筋的较小直径)。凡接头中点位于该连接区段长度内的机械连接接头均属于同一连接区段。位于同一连接区段内的纵向受拉钢筋接头面积百分率不宜大于 50%。纵向受压钢筋的接头面积百分率可不受限制。

4.2　受弯构件

受弯构件是指以承受弯矩 M 与剪力 V 作用效应为主、轴力很小甚至可以忽略的构件。在钢筋混凝土结构体系中,各种类型的梁、板及非抗震设计的梁式楼梯与板式楼梯,均是典型的受弯构件。

4.2.1　受弯构件试验研究

现采用矩形截面钢筋混凝土梁构件 (图 4 - 11),在受荷作用下,对其截面上的应力、应变规律进行试验测试与结果分析。

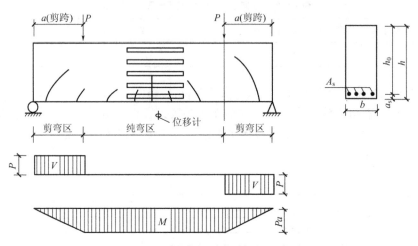

图 4-11   对称加载的钢筋混凝土矩形截面简支梁

1. 试验条件

钢筋混凝土梁的截面宽度为 b，高度为 h，计算跨度为 l_0，截面内配置适量的钢筋，受拉区配置的钢筋面积为 A_s，纵向受拉钢筋合力点至截面近边的距离为 a_s，箍筋面积为 A_{sv}，并沿梁通长布置，间距为 s，支座为铰支座，混凝土强度等级及钢筋强度级别不定。试验梁采用两点对称加载，加载点距离梁端近边为 a。在两加载点之间沿截面高度布置一系列的应变计，量测混凝土的纵向应变分布，在受拉钢筋上布置应变计，量测钢筋的受拉应变；在梁的跨中布置位移计，量测梁的挠度变形。

2. 作用效应计算

该梁的截面有效高度 $h_0 = h - a_s$。若忽略梁自重，可以计算出该梁承受的 M 与 V 效应值，如图 4-11 所示。由于两加载点之间仅承受弯矩，故该区段称为纯弯区段，其他两端称为剪弯区段。

3. 试验现象记录及分析

点荷载由零开始逐级施加，在构件承受的作用效应由 $0 \sim M_u$ 或 V_u 的过程中，可以看到两种现象十分明显（图 4-12）：一是在梁的纯弯曲段出现垂直的裂纹，裂纹从受拉区开始，渐渐地向受压区延伸，直到受拉区混凝土被压碎；二是在梁的剪弯区段出现斜裂纹，裂纹由梁支座处开始，渐渐地向加荷点斜向延伸，直到加荷点处混凝土被压碎。

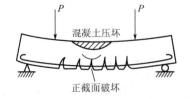

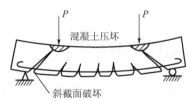

图 4-12   受弯构件的破坏形态

通常情况下，第一种破坏形态称为正截面破坏，第二种称为斜截面破坏。也就是说，在受弯构件设计时，为了保证构件的安全性能，需要从构件的正截面与斜截面两个方面进行承载力计算。

同时，各测点相应记录了该梁的应力、应变、跨中挠度的数值，以及其变形与裂缝发生、发展直到梁破坏时的变化过程。为了理论分析与设计方便，现将梁的受力过程大致分为三个阶段，如图 4-13 所示。

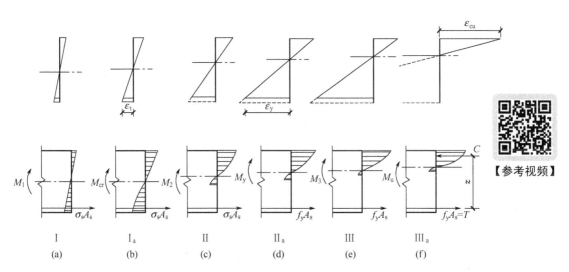

图 4-13　试验梁的受力过程

第 I 阶段，应力与应变近乎直线关系，截面处于将裂未裂的极限状态，此时对应的弯矩称为抗裂弯矩，用 M_{cr} 表示；第 II 阶段，受拉区出现裂缝，中性轴逐渐上移，拉力几乎全部由受拉钢筋承担，受压区混凝土应力图形呈曲线形，该阶段的弯矩为屈服弯矩，用 M_y 表示；第 III 阶段，受拉钢筋的应力保持屈服强度不变，钢筋的应变迅速增大，受拉区混凝土的裂缝迅速向上扩展；最后，受压边缘混凝土压应变达到极限压应变，混凝土被压碎，此时截面所承受的弯矩即为破坏弯矩 M_u。

大量试验研究与工程实践表明：受弯构件的正截面破坏主要与外在作用效应 M 直接关联，抵抗该种形态破坏能力的大小主要与混凝土强度等级、截面形式、配筋率 ρ 等因素有关，其中 ρ 影响最大；而受弯构件的斜截面破坏主要与外在作用效应 V 直接关联，抵抗该种形态破坏能力的大小主要与混凝土强度等级、截面形式、配箍率 ρ_{sv}、剪跨比 λ 等因素有关，其中 λ 与 ρ_{sv} 是最主要的影响因素。

所谓配筋率，就是构件内纵向受力钢筋面积 A_s 与混凝土构件有效面积 bh_0 的比值，即 $\rho = \dfrac{A_s}{bh_0}$。根据配筋率的不同，正截面破坏形态大致可以分为适筋破坏、超筋破坏与少筋破坏三种破坏形式(图 4-14)。该试验梁是适筋破坏，其特点是受拉钢筋首先屈服，最后是受压区边缘混凝土达到极限压应变，构件破坏。对于少筋破坏与超筋破坏，前者受拉钢筋配置过少，受拉区裂缝一旦出现，钢筋的应力就会迅速增大并超过屈服强度而进入强化阶段，甚至被拉断；后者受拉钢筋配置过多，在钢筋屈服前，受压区混凝土就达到极限压应变被压碎而破坏。

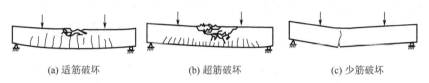

(a) 适筋破坏   (b) 超筋破坏   (c) 少筋破坏

图 4 - 14　正截面破坏形式

剪跨比是指加载点至梁端近边距离 a 与有效高度的比值，即 $\lambda = \dfrac{a}{h_0}$，配箍率是指沿纵向单位水平截面内含有的箍筋截面面积，即 $\rho_{sv} = \dfrac{A_{sv}}{bs} = \dfrac{nA_{sv1}}{bs}$（$n$ 为箍筋的肢数，A_{sv1} 为单肢箍筋的截面面积），如图 4 - 15 所示。

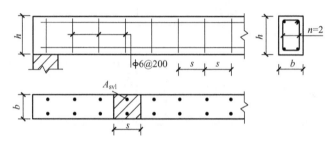

图 4 - 15　梁的纵、横、水平剖面图

根据箍筋数量与剪跨比，斜截面的受剪破坏形态也可以分为三种破坏形式，即斜拉破坏、剪压破坏与斜压破坏（图 4 - 16）。

斜拉破坏是箍筋配置过少且剪跨比 $\lambda > 3$ 时常常发生的破坏形式，其特点是一旦出现斜裂缝，与斜裂缝相交的箍筋应力立即达到屈服强度，随后斜裂缝迅速延伸到梁的受压区边缘，构件裂为两部分而被破坏。

剪压破坏是箍筋适量且剪跨比 $1 \leqslant \lambda \leqslant 3$ 时发生的破坏形式，其特点是与临界斜裂缝相交的箍筋应力达到屈服强度后，剪压区混凝土在正应力与剪应力共同作用下达到极限状态而被压碎。

斜压破坏是箍筋配置过多过密或剪跨比 $\lambda < 1$ 时发生的破坏形态，其特点是箍筋应力尚未达到屈服强度，而在正应力与剪应力共同作用下混凝土被压碎而导致破坏。

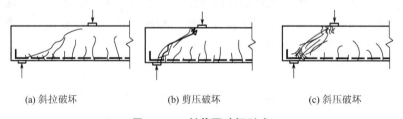

(a) 斜拉破坏   (b) 剪压破坏   (c) 斜压破坏

图 4 - 16　斜截面破坏形式

在以上破坏形式中，超筋破坏、少筋破坏与斜拉破坏、斜压破坏都属于脆性破坏，破坏时没有明显的预兆，实际工程中不应采用。适筋破坏属于塑性破坏，破坏时钢筋与混凝土的强度都得到充分发挥。剪压破坏虽然属于脆性破坏，但相对于斜拉破坏与斜压破坏而言，破坏时尚有一定的预兆，并且可以通过计算避免。所以，《混凝土结构设计规范》

（GB 50010—2010）中的受弯构件的正截面承载力计算公式是以适筋破坏形式为基础建立的，斜截面受剪承载力计算公式是以剪压破坏形式为基础建立的。

4.2.2 受弯构件的一般构造要求

1. 截面形式与尺寸

1）截面形式

建筑工程中，受弯构件常用的截面形式如图 4-17 所示。梁的截面形式主要有矩形、T 形、倒 T 形、L 形、工字形、十字形、花篮形等，其中常用的截面形式是矩形与 T 形。板的截面形式一般有矩形、空心板、槽形板等。

2）几何尺寸

受弯构件截面尺寸的确定，需要满足承载力、正常使用与施工方便的要求，也要满足相关构造规定。

板的宽度一般比较大，设计时可取单位宽度 $b=1000\,\text{mm}$ 进行计算；板的厚度应满足以下要求。

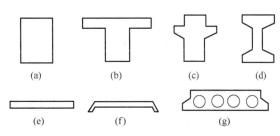

图 4-17 受弯构件的截面形式

（1）单向简支板的最小厚度不小于 $l_0/35$（l_0 为计算跨度，可按本书第 5 章表 5-2 中规定的方法计算），双向简支板的最小厚度不小于 $l_0/45$。

（2）多跨连续单向板的最小厚度不小于 $l_0/40$，多跨连续双向板的最小厚度不小于 $l_0/50$。

（3）悬臂板的最小厚度（指其根部的厚度）不小于 $l_0/12$。

现浇钢筋混凝土板的厚度也不应小于表 4-9 规定的数值。

表 4-9 现浇钢筋混凝土板的最小厚度   单位：mm

板 的 类 别		最 小 厚 度
单向板	屋面板	60
	民用建筑楼板	60
	工业建筑楼板	70
	行车道下的楼板	80
双向板		80
密肋楼板	面板	50
	肋高	250
悬臂板（根部）	悬臂长度不大于 500mm	60
	悬臂长度 1200mm	100
无梁楼板		150

梁的截面尺寸，对于一般荷载作用下的梁，从刚度条件考虑，其截面高度可按照高跨比来估算（表4-10）。按模数要求，梁的截面高度 h 一般可取250mm、300mm、…、800mm。$h \leqslant 800$mm 时，以50mm为模数；$h > 800$mm 时，以100mm为模数。

梁的截面宽度可由高宽比来确定，一般矩形截面 $h/b = 2 \sim 2.5$，T形截面 $h/b = 2.5 \sim 4$。矩形梁的截面宽度与T形截面的肋宽 b 宜采用100mm、120mm、150mm、180mm、200mm、220mm、250mm；当 b 大于250mm时，以50mm为模数。

表4-10　不需要变形验算的梁的截面最小高度

构件种类		简支	两端连续	悬臂
整体肋形梁	次梁	$l_0/15$	$l_0/20$	$l_0/8$
	主梁	$l_0/12$	$l_0/15$	$l_0/6$
独立梁		$l_0/12$	$l_0/15$	$l_0/6$

注：l_0 为梁的计算跨度，当 $l_0 > 9$m时，表中的数值应乘以1.2的系数。悬臂梁的高度指其根部高度。

2. 钢筋的要求

（1）板的配筋如图4-18所示。

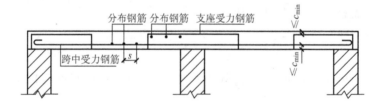

图4-18　板的钢筋布置

板中的钢筋通常有纵向受力钢筋与分布钢筋。

① 受力钢筋。受力钢筋常采用HPB300级与HRB335级钢筋，常用直径为6~12mm，现浇板的受力钢筋直径不宜小于8mm，当板厚较大时，钢筋直径可用14~18mm。钢筋间距一般为70~200mm，当板厚 $h \leqslant 150$ 时，钢筋间距不宜大于200mm；当板厚 $h > 150$mm时，钢筋间距不宜大于250mm且不大于1.5h。

② 分布钢筋。分布钢筋可按构造要求配置，常采用HPB300级与HRB335级钢筋，直径为6mm或8mm。一般情况下，板中单位长度上分布钢筋的配筋面积不小于受力钢筋截面面积的15%且不小于该方向板截面面积的0.15%，其直径不宜小于6mm，间距不宜大于250，当有较大的集中荷载作用于板面时，间距不宜大于200mm。

（2）梁的配筋。梁中的钢筋通常有纵向受力钢筋、箍筋和架立筋等（图4-19）。

① 纵向受力钢筋。梁的纵向受力钢筋可采用HPB300级、HRB335级、HRB400级、HRB500级等，常用直径为12~25mm，根数不得少于2根。同一种受力钢筋最好为同一种直径，设计时需要两种不同直径的钢筋，钢筋的直径相差不超过2mm为宜。同一受力钢筋应尽量布置成一层，当一层排不下时可布置成两层，但应避免两层以上的情况出现。纵向受力钢筋的直径应当适中，不宜太粗或太细，并且保证受力钢筋间必须留有足够的净

间距（图 4 - 20）。钢筋的保护层厚度详见表 3 - 10。

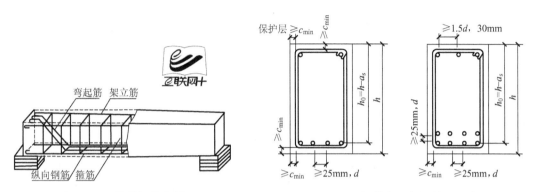

图 4 - 19　梁的钢筋布置　　　　图 4 - 20　钢筋净距与保护层厚度

② 架立筋。架立筋设置在受压区外缘两侧并平行于纵向受力钢筋，其主要作用是固定箍筋位置以形成梁的钢筋骨架、承受因温度变化与混凝土收缩而产生的拉应力。受压区配置的纵向受压钢筋可兼作架立钢筋。架立钢筋常采用 HPB300 级与 HRB335 级钢筋，常用直径为 6～14mm，且最小直径不宜小于表 4 - 11 所列数值。

表 4 - 11　架立筋的最小直径

梁跨/m	<4	4～6	>6
架立钢筋最小直径/mm	8	10	12

③ 箍筋。箍筋主要用来承受由剪力与弯矩在梁内引起的主拉应力，并通过绑扎或焊接把其他钢筋联系在一起而形成空间骨架。箍筋可采用 HPB300 级、HRB335 级、HRB400 级、HRBF400 级等，常用直径为 6～14mm，一般情况下，当梁高 $h \geq$ 800mm 时箍筋直径不宜小于 8mm，当梁高 $h <$ 800mm 时箍筋直径不宜小于 6mm，同时，当梁中配有计算需要的纵向受压钢筋时，箍筋直径不应小于纵向受压钢筋最大直径的 1/4。

箍筋可做成开口式与封闭式，通常采用封闭式；有单肢箍筋、双肢箍筋、多肢箍筋之分（图 4 - 21），一般采用双肢箍筋。

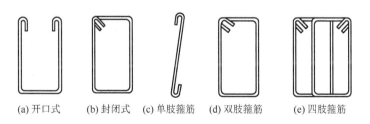

(a) 开口式　　(b) 封闭式　(c) 单肢箍筋　(d) 双肢箍筋　(e) 四肢箍筋

图 4 - 21　箍筋的形式与肢数

受扭所需封闭箍筋的端头应做成 135°弯钩，弯钩端部平直段的长度不应小于 10d（d 为箍筋直径）。箍筋的间距除满足计算要求外，还应符合最大间距的要求（表 4 - 12），加密区的箍筋间距应不大于上述确定值的 1/2。

表 4-12　梁中箍筋与弯起钢筋的最大间距 s_{max}　　　　单位：mm

梁高 h	$V>0.7f_tbh_0+0.05N_{p0}$	$V\leqslant0.7f_tbh_0+0.05N_{p0}$
$150<h\leqslant300$	150	200
$300<h\leqslant500$	200	300
$500<h\leqslant800$	250	350
$h>800$	300	400

注：N_{p0} 为预应力构件混凝土法向预应力等于零时的预加力。

按承载力计算不需要箍筋的梁，当截面高度 $h>300$mm 时，应按构造要求沿梁全长设置构造箍筋；当截面高度 $h=150\sim300$mm 时，可仅在构件端部 $l_0/4$ 范围内设置构造箍筋（l_0 为其计算跨度）。但当在构件中部 $l_0/2$ 范围内有集中荷载作用时，则应沿梁全长设置箍筋。当截面高度 $h<150$mm 时，可不设置箍筋。

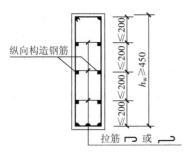

图 4-22　纵向构造钢筋及拉筋

④ 纵向构造钢筋及拉筋。当梁的截面高度较大时，为了防止在梁的侧面产生垂直于梁轴线的收缩裂缝，同时也为了增强钢筋骨架的刚度与增强梁的抗扭作用，当梁的腹板高度 $h_w\geqslant450$mm 时，应在梁的两个侧面沿高度配置纵向构造钢筋（也叫腰筋），并用拉筋固定（图 4-22）。每侧纵向构造钢筋（不包括梁的受力钢筋与架立钢筋）的截面面积不应小于腹板截面面积 bh_w 的 0.1%，且其间距不宜大于 200mm。这里腹板高度 h_w 的取值为：矩形截面取截面有效高度 h_0 [图 4-23(a)]，T 形截面取有效高度 h_0 减去翼缘高度 h_f' [图 4-23(b)]，I 形截面取腹板净高 [图 4-23(c)]。纵向构造钢筋一般不必做弯钩。拉筋直径一般与箍筋相同，间距常取为箍筋间距的两倍。

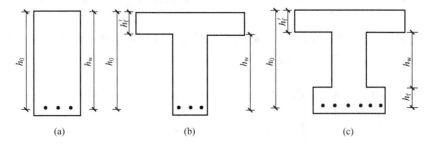

(a)　　　　　　　　　　(b)　　　　　　　　　　(c)

图 4-23　截面腹板高度 h_w 的取值

4.2.3　受弯构件的承载力计算

受弯构件承载力计算包括截面设计和截面复核两部分。截面设计是在假定外在作用 S 的大小的基础上，由结构功能函数的实用表达式计算出需要具有多大抗力 R 的结构构件；截面复核是基于既定的结构构件的抗力 R，验算其能否承受给定的外在作用 S。这两者的计算过程基本上是互逆的。

1. 正截面承载力的计算

1）基本假定

如前试验研究所述，受弯构件的正截面承载力计算以图 4 - 24 Ⅲa 阶段的应力状态为依据。《混凝土结构设计规范》（GB 50010—2010）规定，包括受弯构件在内的各种混凝土构件的正截面承载力应按下列基本假定计算。

（1）截面应变保持平面。构件正截面弯曲变形后，在截面上的应变沿截面高度为线性分布。实测结果可知，混凝土受压区的应变基本呈线性分布，受拉区的平均应变大体也符合平截面假定。

（2）不考虑混凝土的抗拉强度。

（3）混凝土钢筋的应力-应变关系（图 4 - 24）按照以下规定取用。

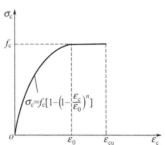

图 4 - 24　混凝土的应力-应变
关系曲线

【参考图文】

当 $\varepsilon_c \leqslant \varepsilon_0$ 时

$$\sigma_c = f_c \left[1 - \left(1 - \frac{\varepsilon_c}{\varepsilon_0} \right)^n \right] \tag{4-5}$$

当 $\varepsilon_0 < \varepsilon_c \leqslant \varepsilon_{cu}$ 时

$$\sigma_c = f_c \tag{4-6}$$

$$\varepsilon_0 = 0.002 + 0.5(f_{cu,k} - 50) \times 10^{-5} \tag{4-7}$$

$$\varepsilon_{cu} = 0.0033 - 0.5(f_{cu,k} - 50) \times 10^{-5} \tag{4-8}$$

$$n = 2 - \frac{1}{60}(f_{cu,k} - 50) \tag{4-9}$$

式中：σ_c ——混凝土压应变为 ε_c 时的混凝土压应力；

$\quad\quad f_c$ ——混凝土轴心抗压强度设计值，按表 3 - 3 取值；

$\quad\quad \varepsilon_0$ ——混凝土压应力达到 f_c 时的混凝土压应变，当计算值小于 0.002 时，取 0.002；

$\quad\quad \varepsilon_{cu}$ ——正截面混凝土的极限压应变［当处于非均匀受压且按式(4-8)计算的值大于 0.0033 时，取 0.0033；当处于轴心受压时，取为 ε_0］；

$\quad f_{cu,k}$ ——混凝土立方体抗压强度标准值，按表 3 - 3 取值；

$\quad\quad n$ ——系数，当计算的值大于 2.0 时，取为 2.0。

（4）纵向受拉钢筋的极限拉应变取为 0.01。

（5）纵向钢筋的应力取钢筋应变 ε_s 与其弹性模量 E_s 的乘积，但其值不得大于其强度设计值 f_y。

2）等效矩形应力图

依据基本假定，图 4 - 13 适筋梁Ⅲa 阶段的应力图形可以简化为图 4 - 25(b) 所示的曲线应力图。再按照受压区混凝土的合力大小不变、受压区混凝土的合力作用点不变的原则，可以将其进一步简化为图 4 - 25(c) 所示的等效矩形应力图形，其中，x_0

【参考图文】

为实际混凝土受压区高度，等效受压高度 $x = \beta_1 x_0$，等效矩形应力值为 $\alpha_1 f_c$。

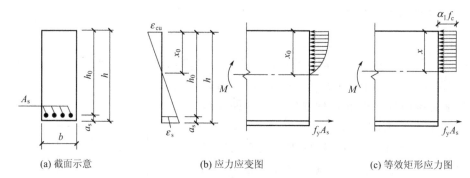

(a) 截面示意　　　　　　(b) 应力应变图　　　　　　(c) 等效矩形应力图

图 4-25　适筋梁等效应力应变图

根据几何关系，可以求出 α_1、β_1 图形系数值。为了简化取值，《混凝土结构设计规范》（GB 50010—2010）将所求的数值取整，见表 4-13。

表 4-13　等效应力应变图形系数

混凝土强度等级	≤C50	C55	C60	C65	C70	C75	C80
β_1	0.80	0.79	0.78	0.77	0.76	0.75	0.74
α_1	1.0	0.99	0.98	0.97	0.96	0.95	0.94

3）适筋破坏与超筋破坏、少筋破坏的界定

《混凝土结构设计规范》（GB 50010—2010）规定：适筋破坏与超筋破坏的界限特征值是相对受压区高度 ξ_b，与少筋破坏之间的特征值是截面最小配筋率 ρ_{min}。

（1）相对受压区高度。

相对受压区高度是等效矩形应力图形中混凝土受压区高度 x 与截面有效高度 h_0 的比值，即 $\xi = \dfrac{x}{h_0}$。当受弯构件处于适筋破坏与超筋破坏的界限状态时，受拉钢筋达到屈服强度 f_y，受拉钢筋的应变为 $\varepsilon_y = f_y/E_s$，受压区混凝土边缘达到极限压应变 ε_{cu}，这时等效矩形应力图形中混凝土受压区高度 $x = x_{0b}$，相对受压区高度等于界限相对受压区高度即 $\xi = \xi_b$，如图 4-26(a) 所示，则

$$\xi_b = \frac{x_b}{h_0} = \frac{\beta_1 x_{0b}}{h_0} = \frac{\beta_1}{1 + \dfrac{f_y}{E_s \varepsilon_{cu}}} \tag{4-10}$$

式（4-10）是对于有明显屈服阶段的软钢而言的。对于无明显屈服阶段的硬钢，如图 4-26(b) 所示，可以把受拉钢筋的应变变为 $\varepsilon_y = 0.002 + f_y/E_s$，即可得到硬钢的相对受压区高度特征值计算式（4-11）。

$$\xi_b = \frac{x_b}{h_0} = \frac{\beta_1 x_{0b}}{h_0} = \frac{\beta_1}{1 + \dfrac{0.002}{\varepsilon_{cu}} + \dfrac{f_y}{E_s \varepsilon_{cu}}} \tag{4-11}$$

式中：α_1、β_1——图形系数，按表 4-13 取值；其他符号意义同前。

试验研究与工程实践表明：当 $\xi \leqslant \xi_b$ 时，受弯构件发生适筋破坏；当 $\xi > \xi_b$ 时，受弯构件发生超筋破坏。根据式（4-10）和式（4-11），可以计算出不同级别钢筋与混凝土强

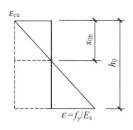
(a) 配有明显屈服点的钢筋

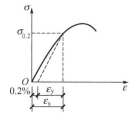
(b) 配有无明显屈服点的钢筋

图 4-26 界限状态下的应力应变简图

度下的界限特征值 ξ_b（表 4-14）。

表 4-14 部分相对受压区高度界限特征值 ξ_b

混凝土强度	≤C50			C55			C60		
钢筋级别	HPB300	HRB335	HRB400	HPB300	HRB335	HRB400	HPB300	HRB335	HRB400
ξ_b	0.576	0.550	0.518	0.565	0.541	0.508	0.556	0.531	0.499
$\alpha_{c\,max}$	0.410	0.399	0.384	0.405	0.395	0.379	0.401	0.390	0.374

（2）截面最小配筋率。

如前试验分析可知，少筋破坏的特点是一裂即坏。为了避免出现少筋情况，必须控制截面配筋率，使之不小于某一界限值，即最小配筋率 ρ_{min}，见表 4-15。

表 4-15 钢筋混凝土结构构件中纵向受力钢筋的最小配筋率 单位：%

受力类型			最小配筋百分率
受压构件	全部纵向钢筋	强度等级 500MPa	0.50
		强度等级 400MPa	0.55
		强度等级 300MPa、335MPa	0.6
	一侧纵向钢筋		0.2
受弯构件、偏心受拉、轴心受拉一侧的受拉钢筋			0.2 与 $\dfrac{45f_t}{f_y}$ 中较大值

注：1. 受压构件全部纵向钢筋最小配筋百分率，当采用 C60 以上强度等级的混凝土时，应按表中规定增加 0.10。

2. 板类受弯构件（不包括悬臂板）的受拉钢筋，当采用强度等级 400MPa、500MPa 的钢筋时，其最小配筋率应允许采用 0.15 与 $\dfrac{45f_t}{f_y}$ 中的较大值。

3. 偏心受拉构件中的受压钢筋，应按受压构件一侧纵向钢筋考虑。

4. 受压构件的全部纵向钢筋与一侧纵向钢筋的配筋率以及轴心受拉构件与小偏心受拉构件一侧受拉钢筋的配筋率，均应按构件的全截面面积计算。

5. 受弯构件、大偏心受拉构件一侧受拉钢筋的配筋率应按全截面面积扣除受压翼缘面积（b_f' — b）h_f' 后的截面面积计算。

6. 当钢筋沿构件截面周边布置时，"一侧纵向钢筋"是指沿受力方向两个对边中一边布置的纵向钢筋。

目前，确定最小配筋率的原则是，按图 4-14 所示的第Ⅲa阶段计算的正截面受弯承载力应等于同截面素混凝土构件所能承受的弯矩（即开裂弯矩 M_{cr}）。当构件按适筋梁计算所得的配筋率小于 ρ_{min} 时，理论上讲，构件可以不配受力钢筋，作用在构件上的弯矩仅素混凝土就足以承受。但考虑到混凝土强度的离散性、温度应力、混凝土收缩等因素的不利影响，应按受弯构件截面最小配筋率的近似公式进行计算，即

$$A_s = \rho_{min}bh \tag{4-12}$$

式中：A_s ——构件中纵向钢筋的截面面积；

bh ——构件截面宽高之积，即构件的截面面积。

4）正截面设计的计算公式

在受弯构件正截面设计中，根据构件受压区是否配置受力钢筋，分为单筋正截面设计与双筋正截面设计。这里仅介绍矩形与 T 形正截面设计，至于 I 形、圆形、环形以及任意截面设计可看《混凝土设结构计规范》（GB 50010—2010）。

（1）单筋矩形正截面设计。

由图 4-25(c) 所示的等效矩形应力图形，根据静力平衡条件，可得出单筋矩形截面梁正截面承载力计算的基本公式。

$$\sum X = 0 \qquad f_y A_{s1} = \alpha_1 f_c bx \tag{4-13a}$$

$$\sum M_s = 0 \qquad M \leqslant \alpha_1 f_c bx \left(h_0 - \frac{x}{2} \right) \tag{4-13b}$$

或

$$\sum M_c = 0 \qquad M \leqslant f_y A_s \left(h_0 - \frac{x}{2} \right) \tag{4-13c}$$

式中：h_0 ——截面的有效高度，即 $h_0 = h - a_s$。在结构设计中，当纵向钢筋为一排时，取 $a_s = 35 \sim 40mm$；当纵向钢筋为两排时，取 $a_s = 60 \sim 65mm$。但当进行截面承载力校核时，a_s 应根据 $a_s = c + \dfrac{d}{2}$ 进行计算。c 为钢筋保护层的厚度，按表 3-10 取值。

式(4-13) 的适用条件如下。

① 为防止发生少筋破坏，应满足 $\rho \geqslant \rho_{min}$ 或 $A_s \geqslant A_{s,min} = \rho_{min}bh$ 的要求；当不满足要求时，构件的实际配筋率应取 $(\rho, \rho_{min})_{max}$ 或 $(A_s, A_{s,min})_{max}$。

② 为防止发生超筋破坏，应需满足 $\xi \leqslant \xi_b$ 或 $x \leqslant \xi_b h_0$。当不满足要求时，需要对式(4-13) 中所涉及的参数进行调整，也可以直接取 $\xi = \xi_b$ 或 $x = \xi_b h_0$，按照下面所讲的双筋矩形截面进行设计。

（2）双筋矩形正截面设计。

实际结构设计中，若出现以下情况，需要提高构件的承载力，可以考虑采用双筋矩形截面设计方案：①构件所承受的弯矩较大，截面尺寸受到限制，采用单筋梁无法满足要求；②在不同的荷载组合下，构件同一截面内可能承受变号弯矩的作用；③基于抗震性能的要求，在截面受压区配置一定数量的受力钢筋，有利于提高截面的延性。

如图 4-27 所示，根据静力平衡条件，可得出双筋矩形截面梁正截面承载力计算的基本公式。

$$\sum X = 0 \qquad \alpha_1 f_c bx + f'_y A'_s = f_y A_s \tag{4-14a}$$

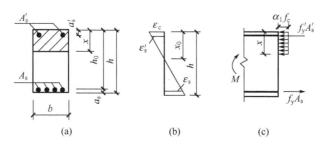

图 4-27　双筋矩形截面的等效应力图

$$\sum M_s = 0 \qquad M \leqslant \alpha_1 f_c bx\left(h_0 - \frac{x}{2}\right) + f_y' A_s'(h_0 - a_s') \qquad (4-14\mathrm{b})$$

以上式中：A_s'——受压区配置的受压钢筋面积（mm^2）；

$\quad\quad f_y'$——钢筋的抗压强度，取 $f_y' = f_y$；

$\quad\quad a_s'$——纵向受压钢筋合力点至截面近边的距离，其取值与 a_s 为一排时的相同。

式(4-14)的适用条件如下。

① 为防止发生超筋破坏，应满足 $\xi \leqslant \xi_b$ 或 $x \leqslant \xi_b h_0$。

② 为了保证受压钢筋在破坏时达到规定的应力值，应满足 $x \geqslant 2a_s'$；在设计中，当 $x < 2a_s'$ 时，可近似取 $x = 2a_s'$，则依据图 4-27（c）得到

$$M \leqslant f_y A_s(h_0 - a_s') \qquad (4-14\mathrm{c})$$

双筋截面一般不会出现少筋破坏情况，故可不必进行最小配筋率的验算。

【案例 4-1】　某钢筋混凝土矩形截面简支梁，跨中弯矩设计值 $M = 80\mathrm{kN \cdot m}$，梁的截面尺寸 $b \times h = 200\mathrm{mm} \times 450\mathrm{mm}$，采用 C25 级混凝土，HRB400 级钢筋，试确定跨中截面纵向受力钢筋的数量。

案例分析：基于已知条件与相关构造要求，合理地选定相关参数，一般包括两个方面：一是构件的几何尺寸；二是构件所用材料的基本类型与强度等级。

构件尺寸 $b \times h = 200\mathrm{mm} \times 450\mathrm{mm}$。所用材料：C25 混凝土（$f_c = 11.9\mathrm{N/mm^2}$, $f_t = 1.27\mathrm{N/mm^2}$）；HRB400 级钢筋（$f_y = 360\mathrm{N/mm^2}$, $f_y' = 360\mathrm{N/mm^2}$），同时得到 $\alpha_1 = 1.0$，$\xi_b = 0.518$。

（1）荷载效应的计算。

根据建筑力学知识与本书第 3.3 节所讲内容，确定弯矩设计值 $M = 80\mathrm{kN \cdot m}$。由于 M 较小且 $b = 200\mathrm{mm}$，可初步拟定受拉钢筋为一排布置，即 $a_s = a_s' = 35\mathrm{mm}$，则 $h_0 = h - a_s = 415\mathrm{mm}$。

（2）截面配筋形式的判断，即是否需要采用双筋截面设计。

由式(4-13b)，可以得到下式

$$M \leqslant \alpha_1 f_c bx\left(h_0 - \frac{x}{2}\right) = \alpha_1 f_c b h_0^2 \xi(1 - 0.5\xi) \qquad (4-15\mathrm{a})$$

若令 $\alpha_c = \xi(1 - 0.5\xi)$，则式(4-15a)可转变为

$$\frac{M}{\alpha_1 f_c b h_0^2} \leqslant \alpha_c \qquad (4-15\mathrm{b})$$

假定构件截面处于适筋破坏的临界状态，即 $x = x_{0b} = \xi_b h_0$，就可以得到

$$\alpha_{c\,max} = \xi_b(1 - 0.5\xi_b) \tag{4-16}$$

若 $\alpha_c \leqslant \alpha_{c\,max}$，可以按单筋截面设计，反之需要按双筋截面设计。

本题 $\alpha_c = \dfrac{M}{\alpha_1 f_c b h_0^2} = \dfrac{80 \times 10^6}{1.0 \times 11.9 \times 200 \times 415^2} = 0.195 < \alpha_{c\,max} = 0.384$

可以按照单筋截面进行设计。

（3）计算等效应力图中的 x，验算超筋破坏的发生。

由式（4-13b）可得

$$x = h_0 - \sqrt{h_0^2 - \frac{2M}{\alpha_1 f_c b}} = 91.0(\text{mm}) < \xi_b h_0 = 0.518 \times 415 = 215(\text{mm})$$

满足要求，不会发生超筋破坏。

若该步按照双筋截面设计，则可直接取 $x = \xi_b h_0 = 215$mm

（4）计算纵向钢筋截面面积 A_s、A'_s，并验算少筋破坏的发生。

由于该设计方案为单筋截面，可以按照式（4-13a）计算，则

$$A_s = \frac{\alpha_1 f_c b x}{f_y} = 601.6\text{mm}^2 > \rho_{min} b h = 180\text{mm}^2$$

$$A'_s = 0$$

满足要求，也不会发生少筋破坏。

（5）选择配筋方案。

根据表4-3（若是板配筋可按照表4-4）选择多种配筋方案，最后确定受力安全、经济合理、施工可行的设计方案。本题选择 4⾦14（$A_s = 615\text{mm}^2$）。构件配筋如图4-28所示。

案例4-1采用的是公式计算法，也可以运用表格法计算，两种方法大同小异，计算结果几乎相同，这里就不再介绍。

（3）单筋T形截面设计。

在单筋矩形截面设计中，受拉区混凝土的作用是不考虑的，若将受拉区两侧的混凝土挖掉一部分，把受拉钢筋配置在肋部（图4-29），就形成了T形截面梁。这样，既不会降低截面承载力，又节省材料，还减轻了自重。在工程实际中，除独立T形梁外，槽形板、空心板、现浇肋形楼盖中主梁与次梁的跨中截面等，均按照T形截面计算。这里主要介绍现浇肋形楼盖中主梁与次梁跨中截面的计算方法。

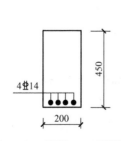

图4-28　案例4-1配筋图

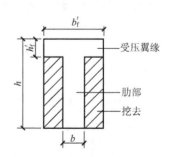

图4-29　T形截面梁

① T 形截面尺寸的确定。

如图 4 - 29 所示，截面尺寸 $b \times h$ 的确定方法与单筋矩形截面一样，主要是确定翼缘的尺寸 $b'_f \times h'_f$。对于现浇肋形楼盖（图 4 - 30），梁与板是整体现浇在一起的，形成了 T 形或倒 L 形截面。试验研究也表明，梁截面两侧的板作为翼缘，在一定范围内承受了梁受压区应该承受的压应力，而且翼缘上混凝土的压应力也是不均匀的，越接近肋部（梁）应力越大，超过一定距离时，压应力几乎为零。也就是说，矩形截面 $b \times h$ 梁实际上是作为 T 形截面在工作，翼缘的尺寸为 $b'_f \times h'_f$。为了简化计算，翼缘的计算高度 h'_f 取现浇板厚，翼缘的计算宽度 b'_f 按表 4 - 16 中各项计算的最小值取用，并假定在此宽度围内压应力均匀分布，该范围以外的部分不起作用。

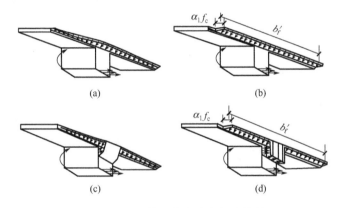

图 4 - 30 T 形截面应力分布与计算简图

表 4 - 16 T 形、I 形及 L 形截面受弯构件翼缘的计算宽度 b'_f

情　　况		T 形、I 形截面		倒 L 形截面
		肋形梁、肋形板	独立梁	肋形梁、肋形板
按计算跨度 l_0 考虑		$l_0/3$	$l_0/3$	$l_0/6$
按梁（纵肋）净距 s_n 考虑		$b+s_n$	—	$b+s_n/2$
按翼缘高度 h'_f 考虑	$h'_f/h_0 \geqslant 0.1$	—	$b+12h'_f$	—
	$0.1 > h'_f/h_0 \geqslant 0.05$	$b+12h'_f$	$b+6h'_f$	$b+5h'_f$
	$h'_f/h_0 < 0.05$	$b+12h'_f$	b	$b+5h'_f$

② T 形截面的类型及其计算公式。

T 形截面正截面受力分析方法与单筋矩形截面的基本相同，不同点在于由于外在作用的大小，截面上的中性轴可能在翼缘内，也可能在肋部。为便于有针对性的受力分析与计算，根据中性轴是否在翼缘中，可将 T 形截面分为第一类 T 形截面与第二类 T 形截面。

对于第一类 T 形截面（图 4 - 31），中性轴在翼缘内 $(x \leqslant h'_f)$，受压区面积为矩形，由平衡条件可得计算式(4 - 17a) 和式(4 - 17b)。

$$\alpha_1 f_c b'_f x = f_y A_s \tag{4-17a}$$

$$M \leqslant \alpha_1 f_c b'_f x \left(h_0 - \frac{x}{2}\right) \tag{4-17b}$$

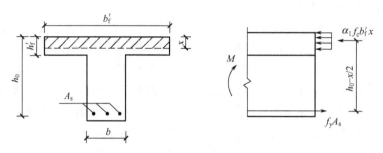

图 4-31　第一类 T 形截面计算简图

对于第二类 T 形截面（图 4-32），中性轴在梁肋内（$x > h'_f$），受压区面积为 T 形，由平衡条件可得计算式（4-18a）和式（4-18b）。

$$\alpha_1 f_c h'_f (b'_f - b) + \alpha_1 f_c b x = f_y A_s \qquad (4-18a)$$

$$M \leqslant \alpha_1 f_c h'_f (b'_f - b)\left(h_0 - \frac{h'_f}{2}\right) + \alpha_1 f_c b x \left(h_0 - \frac{x}{2}\right) \qquad (4-18b)$$

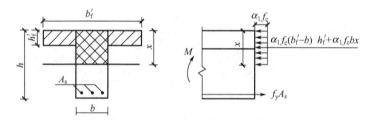

图 4-32　第二类 T 形截面计算简图

两类 T 形截面公式的适用条件同式（4-13）的适用条件。值得注意的是，第一类 T 形截面的最小配筋按 $A_s = \rho_{\min} b h$ 计算，而不是按 $A_s = \rho_{\min} b'_f h$ 计算；第二类 T 形截面梁受压区高度 x 较大，相应的受拉钢筋配筋面积 A_s 较多，通常都能满足 $\rho_{\min}$ 的要求，可不必验算。

③ T 形截面类型的确定。

若假定 $x = h'_f$，如图 4-33 所示，由平衡条件可得式（4-19a）和式（4-19b）。

$$\alpha_1 f_c b'_f h'_f = f_y A_s \qquad (4-19a)$$

$$M_u = \alpha_1 f_c b'_f h'_f \left(h_0 - \frac{h'_f}{2}\right) \qquad (4-19b)$$

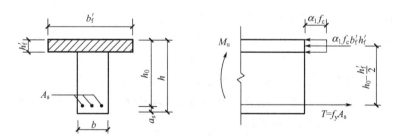

图 4-33　两类 T 形截面的判断界限图

由式(4-19b)可知，M_u 为一常数，表示构件在一定条件下的最大抗力。当 $M_u \geqslant M$ 时，$x \leqslant h'_f$，属于第一类 T 形截面；当 $M_u < M$ 时，$x > h'_f$，属于第二类 T 形截面。这里的 M 为外在作用效应。同理，在截面校核时，可以通过式(4-19a)确定，当 $\alpha_1 f_c b'_f h'_f \geqslant f_y A_s$ 时，为第一类 T 形截面；反之为第二类 T 形截面。

【案例 4-2】　某现浇肋形楼盖次梁，截面尺寸如图 4-34 所示，梁的计算跨度为 4.8m，跨中弯矩设计值为 95kN·m，采用 C25 级混凝土与 HRB400 级钢筋。试确定纵向钢筋数量。

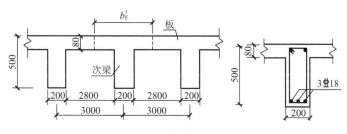

图 4-34　案例 4-2 图

案例分析：基于已知条件与相关构造要求，合理地选定相关参数。

构件尺寸 $b \times h = 200\text{mm} \times 500\text{mm}$。取 $h'_f = 80\text{mm}$，按照表 4-16 计算 $b'_f = 1600\text{mm}$。

所用材料：C25 混凝土($f_c = 11.9\text{N/mm}^2$，$f_t = 1.27\text{N/mm}^2$)；HRB400 级钢筋($f_y = 360\text{N/mm}^2$，$f'_y = 360\text{N/mm}^2$)，同时得到 $\alpha_1 = 1.0$，$\xi_b = 0.518$。

(1) 计算荷载效应。

跨中弯矩设计值为 95kN·m，同样可以假定受拉区纵向钢筋为一排布置，$a_s = 35\text{mm}$，则 $h_0 = h - 35 = 500 - 35 = 465$ (mm)。

(2) 判别 T 形截面的类型。

按照式(4-19b)，可以得到

$$M_u = \alpha_1 f_c b'_f h'_f \left(h_0 - \frac{h'_f}{2} \right) = 1.0 \times 11.9 \times 1600 \times 80 \times \left(465 - \frac{80}{2} \right)$$

$$= 647.4(\text{kN·m}) > 95\text{kN·m}$$

属于第一类 T 形截面。

(3) 计算等效应力图中的受压高度 x，防止产生超筋破坏。

$$x = h_0 - \sqrt{h_0^2 - \frac{2M}{\alpha_1 f_c b'_f}} = 465 - \sqrt{465^2 - \frac{2 \times 95 \times 10^6}{1.0 \times 11.9 \times 1600}}$$

$$= 10.86(\text{mm}) < \xi_b h_0 = 0.518 \times 465 = 240.87(\text{mm})$$

满足要求，不会发生超筋破坏。

(4) 计算纵向钢筋截面面积 A_s、A'_s，并验算少筋破坏的发生。

由式(4-17a)可以得到

$$A_s = \frac{\alpha_1 f_c b'_f x}{f_y} = \frac{1.0 \times 11.9 \times 1600 \times 10.86}{360}$$

$$= 574.4(\text{mm}^2) > \rho_{\min} bh = 200(\text{mm}^2)$$

$$A'_s = 0$$

满足要求，也不会发生少筋破坏。

（5）选择配筋方案。

根据表 4-3 选择多种配筋方案，最后确定受力安全、经济合理、施工可行的设计方案。本题可选择 3 Φ 18（$A_s = 763\text{mm}^2$）。

5）正截面复核计算

截面复核是截面设计的逆过程，已知构件承受的设计弯矩值为 M，截面尺寸为 b、h、b_f'、h_f'，钢筋与混凝土材料的强度等级与数量为 f_y、f_y'、f_c、f_t、A_s、A_s'，求得截面可以承受的最大弯矩设计值 M_u。若 $M_u \geqslant M$，则截面是安全的；反之，则不安全。这个计算过程对于不同形状的截面复核大致相同，只是所用的计算公式不同。

【案例 4-3】 某 T 形截面梁，其截面尺寸 $b \times h = 300\text{mm} \times 800\text{mm}$，取 $h_f' = 100$，$b_f' = 600\text{mm}$；采用 C25 混凝土，梁截面受拉区配有 10 Φ 22 的钢筋，钢筋按两排布置，每排各 5 根。若该梁承受的最大弯矩设计值 $M = 600\text{kN} \cdot \text{m}$，环境类别为一类，试复核该梁截面是否安全。

案例分析：基于既有设计条件，确定相关参数的计算数据。

构件尺寸：$b \times h = 300\text{mm} \times 800\text{mm}$，$h_f' = 100\text{mm}$，$b_f' = 600\text{mm}$。

所用材料：C25 混凝土，$f_c = 11.9\text{N/mm}^2$，$f_t = 1.27\text{N/mm}^2$，$\alpha_1 = 1.0$。

HRB335 级钢筋，$f_y = 300\text{N/mm}^2$，$f_y' = 300\text{N/mm}^2$，$A_s = 3801.1\text{mm}^2$，$A_s' = 0$。

外在作用效应：$M = 600\text{kN} \cdot \text{m}$。

同时得到，$\xi_b = 0.550$，$c = 25\text{mm}$。由于构件内钢筋按两排布置，在计算 a_s 时不宜直接假定，应根据加权平均法求取，即

第一排钢筋的 $a_{s1} = c + d_1/2 = 25 + 22/2 = 36(\text{mm})$

第二排钢筋的 $a_{s2} = c + d_1 + 25 + d_2/2 = 25 + 22 + 25 + 22/2 = 83(\text{mm})$

$$a_s = \frac{n_1 a_1 + n_2 a_2}{n_1 + n_2} = \frac{5 \times 36 + 5 \times 83}{5 + 5} = 60(\text{mm})$$

则 $h_0 = h - a_s = 800 - 60 = 740(\text{mm})$

（1）判别 T 形截面的类型（若为矩形截面，需要判断是按单筋截面配置还是双筋截面配置方案计算）。

由式（4-19a）可得到：
$$\alpha_1 f_c b_f' h_f' = 1.0 \times 11.9 \times 600 \times 100 = 714(\text{kN}) < f_y A_s$$
$$= 300 \times 3801.1 = 1140.33(\text{kN})$$

属于第二类 T 形截面。

（2）最小配筋率的验算。

第二类 T 形截面，由于受拉区纵向钢筋较大量，通常都能满足 ρ_{min} 的要求，可不必验算。但对于矩形截面还需要验算。

（3）求等效应力图中的受压高度 x，并验算是否产生超筋破坏。

按照式（4-18a）可得：
$$x = \frac{f_y A_s - \alpha_1 f_c h_f' (b_f' - b)}{\alpha_1 f_c b} = 219.4\text{mm} < \xi_b h_0 = 0.550 \times 740 = 407(\text{mm})$$

满足要求，不会产生超筋破坏。

（4）安全性验算。

根据式(4-18b)，可以求得构件的最大承重能力 M_u。

$$M_u = \alpha_1 f_c h_f'(b_f' - b)\left(h_0 - \frac{h_f'}{2}\right) + \alpha_1 f_c bx \left(h_0 - \frac{x}{2}\right) = 740(\text{kN} \cdot \text{m}) > M = 600\text{kN} \cdot \text{m}$$

所以，该 T 形梁正截面是安全的。

2. 斜截面承载力的计算

在受弯构件的剪弯区段，斜截面承载能力计算包括斜截面受剪承载力与斜截面受弯承载力两部分。在实际工程设计中，斜截面受剪承载力是通过计算配置腹筋来保证的，而斜截面受弯承载力则是通过构造措施来保证的。

1) 斜截面受剪承载力的计算公式

试验研究与工程实践表明，影响斜截面受剪承载力的因素众多，破坏形态复杂，精确计算比较困难。目前，对混凝土构件受剪机理的认识尚不很充分，至今未能像正截面承载力计算一样建立一套完整的理论体系，国内外各主要规范及国内各行业标准中的计算方法各异，计算模式也不尽相同，所有现行计算公式多带有经验性质。

这里介绍的是《混凝土结构设计规范》(GB 50010—2010)所给出的基本计算方法与计算公式。

(1) 斜截面的受力分析。

根据前面试验分析，构件在荷载作用下，剪弯区段同时存在剪力与弯矩，而抵抗剪力的构件抗力主要来自三个方面(图4-35)：剪压区段混凝土受剪承载力设计值 V_c、与斜裂缝相交的箍筋受剪承载力设计值 V_{sv} 及与斜裂缝相交的弯起钢筋受剪承载力设计值 V_{sb}。

现将上述三项叠加，即构成受弯构件斜截面的抗力 V_R；再根据力的平衡条件与极限状态设计方法的函数表达式，可得到受弯构件斜截面受剪承载力设计的数学模型。

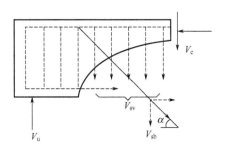

图 4-35　斜截面的受力分析

$$V \leqslant V_R = V_c + V_{sv} + V_{sb} \qquad (4-20a)$$

式中：V ——构件斜截面上的最大剪力设计值。

试验表明，剪压区段混凝土受剪承载力设计值 V_c 和与斜裂缝相交的箍筋受剪承载力设计值 V_{sv} 之间相互影响，很难单独确定它们的数值，所以通常将它们合并在一起，采用理论与试验相结合的方法确定，即 $V_{cs} = V_c + V_{sv}$。

由此，式(4-20a)可以改写为

$$V \leqslant V_R = V_{cs} + V_{sb} \qquad (4-20b)$$

(2) 斜截面的计算公式。

① 不配置腹筋的一般受弯构件。

$$V \leqslant 0.7\beta_h f_t bh_0 \qquad (4-21a)$$

式中：f_t ——混凝土轴心抗拉强度设计值；

β_h ——截面高度影响系数，由 $\beta_h = \left(\frac{800}{h_0}\right)^{1/4}$ 计算。当 $h_0 < 800\text{mm}$ 时，取 $h_0 = 800\text{mm}$；当 $h_0 \geqslant 2000\text{mm}$ 时，取 $h_0 = 2000\text{mm}$。

需要说明的是：腹筋是箍筋与弯起筋的统称，通常把配有腹筋的梁称为有腹筋梁，不配腹筋的梁称为无腹筋梁。实际工程中，无腹筋梁多指一般板类受弯构件，即受均布荷载作用下的单向板与双向板。对于在均布荷载作用下的无腹筋简支浅梁、无腹筋简支短梁、无腹筋简支深梁及无腹筋连续浅梁等，考虑到剪切破坏有明显的脆性，特别是斜拉破坏，设计计算时，即使满足 $V \leqslant V_c$，仍需按照构造要求配置箍筋。

② 当仅配箍筋时，矩形、T 形及工字形截面的一般受弯构件。

$$V \leqslant V_{cs} = \alpha_{cv} f_t b h_0 + f_{yv} \frac{A_{sv}}{s} h_0 \qquad (4-21b)$$

式中：α_{cv} ——斜截面混凝土受剪承载力系数。对于一般受弯构件取 0.7；对于集中荷载作用下（包括有多种荷载作用，其中集中荷载对支座截面或节点边缘所产生的剪力值占总剪力的 75% 以上的情况）的独立梁，其 $\alpha_{cv} = \dfrac{1.75}{\lambda+1}$，$\lambda$ 为计算截面的剪跨比，可取 $\lambda = \dfrac{a}{h_0}$。当 $\lambda < 1.5$ 时，取 1.5；当 $\lambda > 3$ 时，取 3。a 取集中荷载作用点至支座截面或节点边缘的距离。

$\quad\quad A_{sv}$ ——配置在同一截面内箍筋各肢的全部截面面积，即 nA_{sv1}，其中 n 为在同一个截面内箍筋的肢数，A_{sv1} 为单肢箍筋的截面面积。

$\quad\quad s$ ——沿构件长度方向的箍筋间距。

$\quad\quad f_{yv}$ ——箍筋的抗拉强度设计值，按表 3-4 采用。

③ 当配置弯起筋与箍筋时，矩形、T 形及工字形截面的一般受弯构件。

$$V \leqslant V_{cs} + V_{sb} = \alpha_{cv} f_t b h_0 + f_{yv} \frac{A_{sv}}{s} h_0 + 0.8 f_y A_{sb} \sin\varphi \qquad (4-21c)$$

式中：φ ——斜截面上弯起钢筋的切线与构件纵轴线的夹角，一般取 45°，当梁高大于 800mm 时，可取 60°；

$\quad\quad A_{sb}$ ——同一平面内弯起钢筋的截面面积；

$\quad\quad 0.8$ ——应力不均匀系数。

（3）公式适用条件。

上述公式仅适合于剪压破坏情况，为防止斜截面产生斜压与斜拉破坏，《混凝土结构设计规范》（GB 50010—2010）对其规定了上、下限值。

① 上限值——最小截面尺寸。

为确保斜压破坏不会发生，受弯构件的最小截面尺寸应满足以下要求。

当 $\dfrac{h_w}{b} \leqslant 4$ 时， $\qquad\qquad V \leqslant 0.25 \beta_c f_c b h_0 \qquad (4-22a)$

当 $\dfrac{h_w}{b} \geqslant 6$ 时， $\qquad\qquad V \leqslant 0.2 \beta_c f_c b h_0 \qquad (4-22b)$

当 $4 < \dfrac{h_w}{b} < 6$ 时，按线性内插法计算。

式中：β_c ——混凝土强度影响系数（当混凝土强度等级小于或等于 C50 时，取 1.0；当混凝土强度等级为 C80 时，取 0.8；两者之间按线性内插取用）；

$\quad\quad b$ ——矩形截面宽度，T 形与工字形截面的腹板宽度；

h_w ——截面的腹板高度，如图 4 - 23 所示。

结构设计中，如果不满足上述公式要求，应加大截面尺寸，或提高混凝土强度标号，直到满足为止。

② 下限值——最小配箍率与箍筋最大间距。

为了防止斜拉破坏的产生，构件配箍率应满足式（4 - 22c）的要求，同时箍筋的间距不宜大于表 4 - 12 的要求，箍筋的直径不宜小于 6mm（$h_0 \leqslant 800$mm 时）或 8mm（$h_0 >$ 800mm 时）。

$$\rho_{sv} \leqslant \frac{A_{sv}}{bs} = \frac{nA_{sv1}}{bs} \geqslant \rho_{sv,min} = 0.24 \frac{f_t}{f_{yv}} \tag{4 - 22c}$$

如不能满足上述要求，则应按照 $\rho_{sv,min}$ 配箍筋，并满足构造要求。

（4）斜截面计算位置的确定。

如正截面的适筋破坏在拉区、压区出现一样，斜截面的剪压破坏也可能在多处发生，因而在进行斜截面受剪承载力计算时，应该确定计算截面的位置。一般情况下，该位置应选取剪力设计值最大的危险截面或受剪承载力较为薄弱的截面。

在设计中，计算截面的位置，通常按下列规定采用。

① 支座边缘处的截面，如图 4 - 36(a)、(b) 截面 1—1 所示。

② 受拉区弯起钢筋弯起点处的截面，如图 4 - 36(a) 截面 2—2、3—3 所示。

③ 箍筋截面面积或间距改变处的截面，如图 4 - 36(b) 截面 4—4 所示。

④ 截面尺寸改变处的截面。

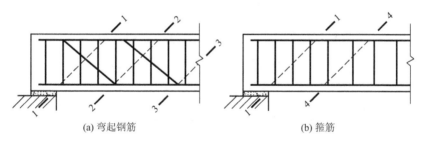

(a) 弯起钢筋　　　　　　　　　　　(b) 箍筋

图 4 - 36　斜截面受剪承载力剪力设计值的计算截面

2）斜截面受弯承载力的保证措施

（1）荷载弯矩图与抵抗弯矩图。

抵抗弯矩图，是指按构件实际配置的纵向受拉钢筋所绘出的梁上各正截面所能承受的弯矩图形，也称为材料抵抗弯矩图 M_R。

设简支梁在均布荷载 q 作用下，可知荷载弯矩图为 $M_{max} = \frac{1}{8}ql_0^2$，按照正截面设计原则与方法，配置纵向受拉钢筋总截面面积为 A_s，每根钢筋截面面积为 A_{si}，若纵向受拉钢筋在梁的全跨内既不弯起也不截断，可得截面抵抗弯矩 $M_R = f_y A_s h_0 \left(1 - \frac{\rho f_y}{2\alpha_1 f_c}\right)$，每一根纵向受拉钢筋的抵抗弯矩值 $M_{Ri} = \frac{A_{si}}{A_s} M_R$。按照相同比例绘制，得到荷载弯矩图与抵抗弯矩图（图 4 - 37）。

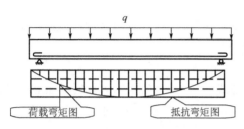

图 4-37 荷载弯矩图与抵抗弯矩图

如此，构件的任何截面都不会发生弯曲破坏，也能满足斜截面的受弯承载力要求。这说明保证斜截面抗弯承载力的条件是，抵抗弯矩各截面不小于荷载弯矩或抵抗弯矩图要包住荷载弯矩图。

在实际工程中，为了要求设计方案的结构安全与经济利益组合的最优化，可以将一部分纵向受拉钢筋在某一位置弯起或截断，这就需要基于构件的材料抵抗弯矩图，来确定纵向受拉钢筋恰当的弯起或截断位置，以及纵向钢筋的锚固等构造要求。

（2）纵向受力钢筋的理论断点、实际断点的确定。

如图 4-38 所示为某承受均布荷载的简支梁的抵抗弯矩图。从理论上讲，b 点以外，①号钢筋就不再需要，b 点就是①号钢筋的不需要点或理论断点，同理，c 点以外，②号钢筋就不再需要，c 点就是②号钢筋的不需要点或理论断点。

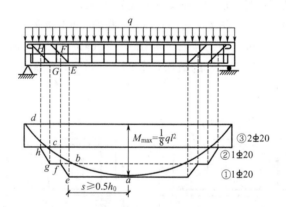

图 4-38 纵向钢筋理论断点与弯起点

在混凝土梁中，根据内力分析所得的弯矩图沿梁纵长方向是变化的。为了让任何一根纵向钢筋发挥其承载力的作用，应从理论断点外伸一定的长度 l_{d1}，依靠该长度与混凝土的黏结锚固作用维持钢筋有足够的抗力，同时，从按正截面承载力计算要求，钢筋也需要外伸一定的长度 l_{d2}，作为受力钢筋应有的构造措施。为此，从上述两个条件确定的较长外伸长度作为实际伸长长度 l_d，并作为钢筋的实际断点（图 4-39）。

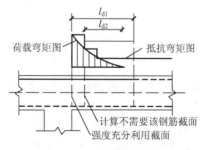

图 4-39 纵向钢筋实际断点位置

《混凝土结构设计规范》(GB 50010—2010) 规定：钢筋混凝土连续梁、框架梁支座截面的负弯矩钢筋不宜在受拉区截断，当必须截断时，应满足表 4 - 17 的要求。

表 4 - 17 负弯矩钢筋的延伸长度

截 面 条 件	充分利用截面伸出 l_{d1}	计算不需要截面伸出 l_{d2}
$V \leqslant 0.7 f_t b h_0$	$1.2 l_a$	$20d$
$V > 0.7 f_t b h_0$	$1.2 l_a + h_0$	$20d$ 且 $\geqslant h_0$
$V > 0.7 f_t b h_0$，且截断点仍位于负弯矩受拉区	$1.2 l_a + 1.7 h_0$	$20d$ 且 $\geqslant 1.3 h_0$

（3）纵向钢筋弯起点的确定。

根据正截面受弯承载力与纵向受力钢筋弯起后斜截面受弯承载力的实际要求，弯起钢筋与梁轴线的交点必须位于该钢筋的理论截断点之外，同时，弯起钢筋的实际弯起点必须伸过该点一段距离。由于 s 的精确计算很复杂，为简便起见，《混凝土结构设计规范》(GB 50010—2010) 规定，不论钢筋的弯起角度为多少，均统一取 $s \geqslant 0.5 h_0$（图 4 - 40）。

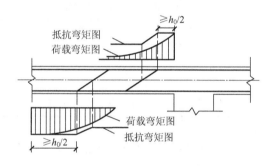

图 4 - 40 纵向钢筋弯起点的位置

同时，弯起钢筋在弯终点外应有一直线段的锚固长度，以保证在斜截面处发挥其强度。《混凝土结构设计规范》(GB 50010—2010) 规定：当直线段位于受拉区时，其长度不小于 $20d$；位于受压区时，其长度不小于 $10d$（d 为弯起钢筋的直径），光面钢筋的末端还应设弯钩。为了防止弯折处混凝土挤压力过于集中，弯折半径应不小于 $10d$（图 4 - 41）。

当纵向受力钢筋不能在需要的地方弯起，或弯起钢筋不足以承受剪力时，可单独设置抗剪弯起钢筋，此时，弯起钢筋应采用鸭筋形式，严禁采用浮筋（图 4 - 42）。

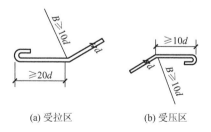

图 4 - 41 弯起钢筋的端部构造

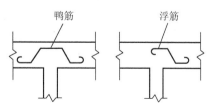

图 4 - 42 鸭筋与浮筋

（4）纵向钢筋在支座处的锚固。

为了防止纵向受力钢筋在支座处被拔出而导致构件发生沿斜截面的弯曲破坏，钢筋混凝土梁与板中的纵向受力钢筋伸入支座内的锚固长度应满足《混凝土结构设计规范》（GB 50010—2010）的规定。

① 板。

简支板或连续板简支端下部纵向受力钢筋伸入支座的锚固长度 $l_{as} \geqslant 5d$（d 为受力钢筋直径），伸入支座的下部钢筋数量，当采用弯起式配筋时，其间距不应大于 400mm，截面面积不应小于跨中受力钢筋截面面积的 1/3；当采用分离式配筋时，跨中受力钢筋应全部伸入支座。

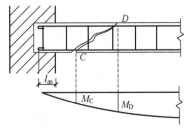

图 4-43　支座处锚固长度

② 梁。

在钢筋混凝土简支梁与连续梁简支端支座处，下部纵向受力钢筋伸入支座内的锚固长度 l_{as} 可比基本锚固长度 l_a 略小（图 4-43）。l_{as} 的数值不应小于表 4-18 的规定，伸入梁支座范围内锚固的纵向受力钢筋的数量不宜少于 2 根，梁宽 $b<100$mm 时，可为 1 根。

表 4-18　梁支座处锚固长度值

锚 固 条 件		$V \leqslant 0.7 f_t b h_0$	$V > 0.7 f_t b h_0$
钢筋类型	光面钢筋（带弯钩）	5d	15d
	带肋钢筋		12d
	C25 及以下混凝土，跨边有集中力作用		15d

注：1. d 为纵向受力钢筋直径；

2. 跨边有集中力作用，是指混凝土梁的简支支座跨边 1.5h 范围内有集中力作用，且其对支座截面所产生的剪力占总剪力值的 75% 以上。

因条件限制不能满足上述规定锚固长度时，可将纵向受力钢筋的端部弯起或采取附加锚固措施，如在钢筋上加焊锚固钢板或将钢筋端部焊接在梁端的预埋件上等（图 4-44）。

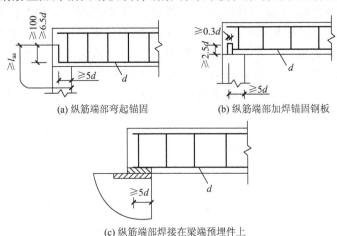

(a) 纵筋端部弯起锚固　　　　　(b) 纵筋端部加焊锚固钢板

(c) 纵筋端部焊接在梁端预埋件上

图 4-44　锚固长度不足时的措施

（5）悬臂梁纵向钢筋的弯起与截断。

在剪力作用较大的悬臂梁内，梁全长受负弯矩作用，虽然临界斜裂缝的倾角较小，但延伸较长，不应在梁的上部截断负弯矩钢筋。负弯矩钢筋可以分批向下弯折并锚固在梁的下边，但至少必须有 2 根上部钢筋伸至悬臂梁端部，并向下弯折，弯折长度不小于 12d（图 4-45）。

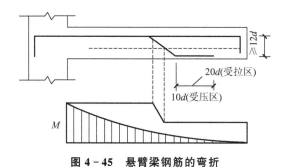

图 4-45　悬臂梁钢筋的弯折

【案例 4-4】 某办公楼矩形截面简支梁，截面尺寸 $b \times h = 250\text{mm} \times 500\text{mm}$，$h_0 = 465\text{mm}$。承受均布荷载作用，支座边缘剪力设计值 $V = 185.85\text{kN}$，混凝土等级为 C25，箍筋采用 HPB300 级钢筋。试确定箍筋数量。

案例分析： 实际设计中，斜截面设计是在正截面设计的基础上进行的，当然也可以对既有条件提出合理修改。理论上，斜截面设计方案有 3 种，即配置箍筋与弯起筋、仅配置箍筋、仅配置弯起筋。通常仅配置弯起筋适合于板类，对于梁类可以采用其他两种方案，一般情况下，以仅配置箍筋方案为优。

（1）基本条件。

$b \times h = 250\text{mm} \times 500\text{mm}$，$f_c = 11.9\text{N/mm}^2$，$f_t = 1.27\text{N/mm}^2$，$\beta_c = 1.0$，$f_{yv} = 270\text{N/mm}^2$，$h_0 = 465\text{mm}$，$V = 185.85\text{kN}$ 等。

（2）截面尺寸复核，防止斜压破坏的发生。

因 $\dfrac{h_w}{b} = \dfrac{465}{250} = 1.86 \leqslant 4$，按照式（4-22a）得：

$0.25\beta_c f_c b h_0 = 0.25 \times 1.0 \times 11.9 \times 250 \times 465 = 345.84(\text{kN}) > V = 185.85\text{kN}$

截面尺寸满足要求。

（3）确定配筋方案。

首先按照式（4-21a）验算是否需要配置箍筋，即

$0.7\beta_h f_t b h_0 = 0.7 \times 1.0 \times 1.27 \times 250 \times 465 = 103.35(\text{kN}) < V = 185.85\text{kN}$

计算结果显示，需要配置箍筋。现选择仅配置箍筋方案。依据式（4-21b），求得箍筋数量：

$$\frac{A_{sv}}{s} \geqslant \frac{V - \alpha_{cv} f_t b h_0}{f_{yv} h_0} = \frac{185.85 \times 10^3 - 103.35 \times 10^3}{270 \times 465} = 0.657$$

按照构造要求，箍筋直径可以选择 6～14mm，箍筋肢数 $n = 2$。这里选取 φ8 箍筋（$A_{sv1} = 50.3\text{mm}^2$），则箍筋的间距为：

$$s \leqslant \frac{A_{sv}}{0.657} = \frac{n A_{sv1}}{0.657} = 153.1\text{mm}$$

查表 4-12，可以取 $s = 150\text{mm} < s_{max} = 200\text{mm}$。

（4）最小配筋率验算，防止斜拉破坏的发生。

按照式（4-22c），可知

$$\rho_{sv} = \frac{A_{sv}}{bs} = \frac{nA_{sv1}}{bs} = \frac{2 \times 50.3}{250 \times 150} = 0.268\%$$

$$\rho_{sv, min} = 0.24 \frac{f_t}{f_{yv}} = 0.24 \times \frac{1.27}{270} = 0.113\% < \rho_{sv}$$

箍筋配置满足要求。箍筋可以选用 φ8@150，并沿梁长均匀布置。若在梁的剪弯区段需要加密，则加密区的箍筋为 φ8@70。

本题也可以采用同时配置箍筋与弯起筋方案，但应注意以下两个问题。

（1）箍筋的数量确定。首先要根据构造要求初步假定箍筋的直径、间距，依据式（4-21c）求得弯起钢筋的面积 A_{sb}，再基于正截面设计的纵向钢筋，选择可以弯起的钢筋根数，如果需要单独增加弯起钢筋，弯起钢筋的形式应符合构造要求。

（2）合理确定弯起钢筋的位置与排数。弯起钢筋的位置可按照图 4-36 确定。在计算每一排弯起钢筋时，其计算截面的剪力设计值应取相应截面上的最大剪力 V，通常按以下方法采用。

如图 4-46 所示，计算第一排（对支座而言）弯起钢筋时，取支座边缘处的剪力值 V；计算以后的每一排弯起钢筋时，取前一排（对支座而言）弯起钢筋弯起点处的剪力值；同时，箍筋间距及前一排弯起钢筋的弯起点至后一排弯起钢筋弯终点的距离均应符合箍筋的最大间距 s_{max} 要求，靠近支座的第一排弯起钢筋的弯起点距支座边缘的距离不大于 s_{max}，且不小于 50mm，一般可取 50mm。

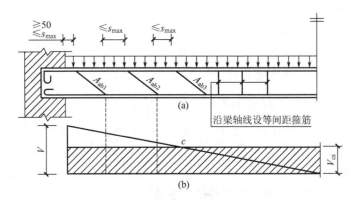

图 4-46 弯起钢筋承担剪力的位置要求

【**案例 4-5**】 某钢筋混凝土简支梁，截面尺寸及配筋如图 4-47 所示。混凝土采用 C20，箍筋采用双肢 φ8@200 的 HPB300 级钢筋，纵向受拉钢筋为 HRB335 级 3φ22 的钢筋。试验算该梁所能承担的最大剪力设计值。

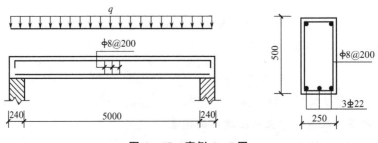

图 4-47 案例 4-5 图

案例分析： 关于构件复核验算的理论与方法在正截面计算中已经详细说明，斜截面的复核验算与正截面的基本一致。这里以例证简要说明斜截面复核问题的基本过程。

（1）基于既有构件条件，确定相关参数的计算数据。

截面尺寸：$b \times h = 250\text{mm} \times 500\text{mm}$，$c = 25\text{mm}$，$a_s = 37\text{mm}$，$h_0 = 463\text{mm}$。

混凝土：$f_c = 9.6\text{N/mm}^2$，$f_t = 1.10\text{N/mm}^2$，$\beta_c = 1.0$。

钢筋：$f_y = 300\text{N/mm}^2$，$f_{yv} = 270\text{N/mm}^2$，$A_s = 1140\text{mm}^2$，$A_{sv1} = 50.3\text{mm}^2$，$n = 2$，$s = 200\text{mm}$。

（2）验算最小配筋率。

按照式（4-22c），得

$$\rho_{sv} = \frac{nA_{sv1}}{bs} = \frac{2 \times 50.3}{250 \times 200} = 0.20\%$$

$$\rho_{sv,min} = 0.24\frac{f_t}{f_{yv}} = 0.24 \times \frac{1.10}{270} = 0.10\% < \rho_{sv}（满足要求）。$$

（3）计算梁的受剪承载力。

按照依据式（4-21b），求得梁的受剪承载力。

$$V_u = \alpha_{cv}f_tbh_0 + f_{yv}\frac{A_{sv}}{s}h_0 = 0.7 \times 1.1 \times 250 \times 463 + 270 \times \frac{2 \times 50.3}{200} \times 463$$
$$= 152.1(\text{kN})$$

（4）截面复核。

依据式（4-22a），得

$$\frac{h_w}{b} = \frac{463}{250} = 1.852 \leqslant 4，则$$

$$0.25\beta_c f_c bh_0 = 0.25 \times 1.0 \times 9.6 \times 250 \times 463 = 277.8(\text{kN}) > V = 152.1\text{kN}（满足要求）。$$

所以，该梁斜截面的最大受剪承载力为 $V_u = 152.1\text{kN}$。

4.3 受扭构件

受扭构件，是指在构件截面中主要承受扭矩作用的构件。根据形成扭矩的成因，受扭构件可分为平衡扭转与协调扭转（或附加扭矩）两类。平衡扭转与构件本身的抗扭刚度无关，可以直接由荷载静力平衡求出［图 4-48(a)］，协调扭矩是由相邻构件的变形引起的，与构件本身抗扭刚度有关［图 4-48(b)］。目前，《混凝土结构设计规范》（GB 50010—2010）建议的受扭构件承载力公式，是针对平衡扭转的情况，而协调扭转一般通过增加适量的构造钢筋来处理。

平衡扭转类的受扭构件主要涉及四种形式，即纯扭构件（扭矩作用）、弯扭构件（弯矩与扭矩作用）、剪扭构件（剪力与扭矩作用）、弯剪扭构件（弯矩、剪力与扭矩作用）。在钢筋混凝土结构中，纯扭构件、剪扭构件与弯扭构件比较少见，弯剪扭构件则较为普遍。

本章以受弯构件承载力理论与纯扭计算理论为基础，主要讨论矩形截面的纯扭构件与弯剪扭构件承载力的计算理论与设计方法。

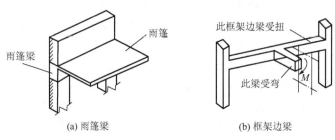

(a) 雨篷梁　　　　　　　　(b) 框架边梁

图 4 – 48　工程中的钢筋混凝土受扭构件

4.3.1　构造要求

1. 钢筋

受扭纵向钢筋应沿构件截面周边均匀对称布置。矩形截面的四角以及 T 形与工字形截

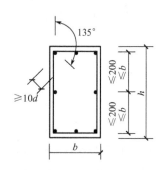

图 4 – 49　受扭钢筋的布置

面各分块矩形的四角，均必须设置受扭纵向钢筋。受扭纵向钢筋的间距不应大于 200mm，也不应大于梁截面短边长度（图 4 – 49）。受扭纵向钢筋的接头与锚固要求均应按受拉钢筋的相应要求考虑。架立筋与梁侧构造纵向钢筋也可利用作为受扭纵向钢筋。

受扭箍筋必须做成封闭式，且应沿截面周边布置。为了能将箍筋的端部锚固在截面的核心部分，当钢筋骨架采用绑扎骨架时，应将箍筋末端弯折，弯钩端头平直段长度不应小于 10d（d 为箍筋直径），受扭箍筋的间距 s 及直径 d 均应满足受弯构件的最大箍筋间距 s_{max} 及最小箍筋直径 d_{min} 的要求。

2. 混凝土

受扭构件的混凝土应符合钢筋混凝土结构对混凝土的要求。

4.3.2　受扭构件试验研究

如图 4 – 50 所示，以纯扭矩作用下的钢筋混凝土矩形截面构件为例，研究纯扭构件的受力状态及破坏特征。

1. 纯扭构件受力分析

当构件扭矩较小时，截面内的应力也很小，其应力与应变关系处于弹性阶段。由材料力学知识可知，在纯扭构件的正截面上仅有剪应力 τ 作用，截面上剪应力流的分布如图 4 – 50(b) 所示，截面形心处剪应力值等于零，截面边缘处剪应力值较大，其中截面长边中点处剪应力值最大。截面在剪应力 τ 作用下，相应产生主拉应力 $\sigma_{\tau p}$、主压应力 σ_{cp} 与最大剪应力 τ_{max}，其关系为 $\sigma_{\tau p} = -\sigma_{cp} = \tau_{max} = \tau$（其中，$\sigma_{\tau p}$ 与构件纵轴线成45°，与 σ_{cp} 互

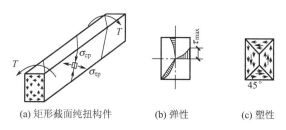

(a) 矩形截面纯扭构件　　　　(b) 弹性　　　　(c) 塑性

图 4 – 50　矩形截面纯扭构件横截面上的剪应力分布

成 90°)。因混凝土的抗拉强度 f_t 低于受剪强度，一般 $f_\tau = (1 \sim 2)f_t$，混凝土的受剪强度又低于抗压强度 f_c，则 $\dfrac{\tau}{f_t} > \dfrac{\tau}{f_\tau} > \dfrac{\tau}{f_c}$（该式为应力与材料强度比，其比值可定义为单位强度中的应力）。这说明混凝土的开裂是拉应力达到混凝土抗拉强度引起的。当截面主拉应力达到混凝土抗拉强度后 [图 4 – 50(c)]，混凝土进入塑性状态，构件在垂直于 σ_{tp} 作用的平面内产生与纵轴呈 45°的斜裂缝 [图 4 – 50(a)]。

试验表明，无筋矩形截面混凝土构件在扭矩作用下，首先截面长边中点附近最薄弱处产生一条呈 45°角方向的斜裂缝，然后迅速地以螺旋形向相邻两个面延伸，最后形成一个三面开裂一面受压的空间扭曲破坏面，使结构立即破坏，破坏带有突然性，具有典型的脆性破坏性质。

在混凝土受扭构件中可沿 45°角主拉应力方向配置螺旋钢筋，并将螺旋钢筋配置在构件截面的边缘处，由于 45°角方向螺旋钢筋不便于施工，通常在构件中配置纵向钢筋与箍筋来承担主拉应力，承受扭矩作用效应。

钢筋混凝土受扭构件在扭矩作用下，混凝土开裂以前钢筋应力是很小的，当裂缝出现后开裂混凝土退出工作，斜截面上拉应力主要由钢筋来承受。

2. 纯扭构件破坏特征

上述试验表明，钢筋混凝土纯扭构件的破坏特征主要与配筋数量有关，根据受扭配筋率的不同，其破坏形态大致可以归纳为四种类型。

(1) 少筋破坏。构件在扭矩荷载作用下，若结构配置纵向钢筋及箍筋数量均很少，钢筋应力达到或并超过屈服点，结构立即破坏，破坏形态与性质同无筋混凝土受扭构件。这种情况下的破坏类似于受弯构件的少筋破坏，属于脆性破坏。

(2) 适筋破坏。当混凝土受扭构件按正常数量配置纵向钢筋与箍筋时，构件在扭矩作用下，即使混凝土开裂退出工作，钢筋应力增加也没有达到屈服点。随着扭矩荷载不断增加，构件纵向钢筋及箍筋相继达到屈服点，进而混凝土裂缝不断开展，最后由于受压区混凝土达到抗压强度而破坏，构件破坏时其变形及混凝土裂缝宽度均较大。这种情况下的破坏类似于受弯构件的适筋破坏，属于延性破坏。

(3) 超筋破坏，也称完全超筋破坏。当混凝土受扭构件配置的纵向钢筋与箍筋数量过大或混凝土强度等级过低时，构件破坏时纵向钢筋与箍筋均未达到屈服点，受压区混凝土首先达到抗压强度而破坏，构件破坏时其变形及混凝土裂缝宽度均较小。这种情况下的破坏类似于受弯构件的超筋破坏，属于脆性破坏。

(4) 部分超筋破坏。这种情况主要发生在受扭构件的纵向钢筋与箍筋比例失调，即一种钢筋配置数量较多，另一种钢筋配置数量较少。随着扭矩的不断增加，配置数量较少的钢筋达到屈服点，最后受压区混凝土达到抗压强度而破坏。但是结构破坏时配置数量较多的钢筋并没有达到屈服点。这种破坏的构件具有一定的延性性质。

工程实践表明，对于少筋类、超筋类、部分超筋类的受扭构件，在工程结构设计中要予以避免，应采用适筋破坏的受扭构件。

4.3.3 受扭构件扭曲面的承载力计算

1. 纯扭构件

钢筋混凝土受扭构件扭曲面的承载力计算是以适筋破坏为依据的。上述试验研究表明，矩形扭曲面的抗扭能力是由混凝土与受扭钢筋两部分承担的，即

$$T_R = T_c + T_s \tag{4-23}$$

式中：T_R ——钢筋混凝土纯扭构件的受扭承载力；

T_c ——钢筋混凝土纯扭构件中混凝土的受扭承载力；

T_s ——钢筋混凝土纯扭构件中受扭箍筋与受扭纵向钢筋的受扭承载力。

1) 混凝土的受扭承载力

试验研究表明，决定混凝土抗扭能力 T_c 的因素，主要是混凝土的开裂扭矩。对于 T_c 的取值大小，在理论上，通常采用弹性分析法与塑性分析法进行计算。但按照弹性分析法确定构件的开裂扭矩，比实测值小很多，按照塑性分析法确定构件的开裂扭矩又比实测值略大。

假定矩形受扭构件的混凝土是理想的塑性材料，当界面上各点的剪应力全部达到材料的强度极限时，构件才丧失承载力而破坏。这种状态下的截面上剪应力分布如图 4-51(a) 所示。将该截面分为 8 块 [图 4-51(b)]，分块计算各部分剪应力的合力与相应力偶，并对截面扭转中心取矩，则可以求出该截面的塑形受扭承载力为：

$$T_c = \tau_{max}\left[\frac{b^2}{6}(3h - b)\right] = f_t W_t \tag{4-24}$$

式中：T_c ——构件的开裂扭矩；

τ_{max} ——截面上的最大剪应力；

b、h ——分别为矩形截面的短边、长边；

W_t ——截面受扭塑性抵抗矩，对于矩形 $W_t = \dfrac{b^2}{6}(3h - b)$。

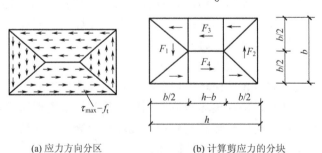

(a) 应力方向分区　　　　　　　　　(b) 计算剪应力的分块

图 4-51　矩形截面纯扭构件在塑性阶段的剪应力

混凝土并非是理想的塑性材料，考虑混凝土材料的非均匀性及较大的脆性，开裂扭矩值要适当降低。比较接近实际的办法就是塑性分析的结果乘一个小于 1 的降低系数，试验结果表明，偏安全的可取该系数为 0.7，则式（4 - 24）变为：

$$T_c = 0.7 f_t W_t \tag{4-25}$$

2）受扭箍筋与受扭纵向钢筋的受扭承载力

通过试验分析，受扭钢筋所承受的扭矩 T_s 值，与受扭构件纵向钢筋与箍筋的配筋强度比值 ζ 及截面核心面积 A_{cor} 有关，T_s 可写为：

$$T_s = \alpha_2 \sqrt{\zeta} \frac{f_{yv} A_{st1} A_{cor}}{s} \tag{4-26a}$$

$$\zeta = \frac{f_y A_{stl} s}{f_{yv} A_{st1} u_{cor}} \tag{4-26b}$$

式中：α_2——待定系数；

s——抗扭箍筋的间距；

f_{yv}——抗扭箍筋的抗拉强度设计值；

A_{st1}——抗扭箍筋的单肢截面面积；

A_{cor}——截面核心部分面积，对于矩形，$A_{cor} = b_{cor} \times h_{cor}$（$b_{cor}$、$h_{cor}$ 分别为箍筋内表面计算的截面核心部分的短边与长边尺寸）；

ζ——抗扭纵向钢筋与抗扭箍筋的配筋强度比值；

A_{stl}——受扭计算中对称布置在截面周边的全部抗扭纵向钢筋的截面面积；

f_y——受扭纵向钢筋的抗拉强度设计值；

u_{cor}——截面核心周长，对于矩形，$u_{cor} = 2(b_{cor} + h_{cor})$。

由此，式（4 - 23）可以写为：

$$T_R = \alpha_1 f_t W_t + \alpha_2 \sqrt{\zeta} \frac{f_{yv} A_{st1} A_{cor}}{s} \tag{4-26c}$$

通过大量试验研究数据分析，得到修正系数 $\alpha_1 = 0.35$、$\alpha_2 = 1.2$，于是，可以得到钢筋混凝土纯扭构件的受扭承载力公式为：

$$T \leqslant T_R = 0.35 f_t W_t + 1.2 \sqrt{\zeta} \frac{f_{yv} A_{st1} A_{cor}}{s} \tag{4-26d}$$

式中：T——构件截面上的扭矩。

《混凝土结构设计规范》（GB 50010—2010）规定：$0.6 \leqslant \zeta \leqslant 1.7$。当 $\zeta > 1.7$ 时，取 $\zeta = 1.7$；在设计时，ζ 的最佳取值为 $1 \leqslant \zeta \leqslant 1.2$。

2. 弯剪扭构件

在弯矩、剪力与扭矩共同作用下，钢筋混凝土结构构件的受力状态及破坏形态十分复杂，其破坏形态及其承载力大小，不但与构件的截面形状、尺寸、配筋形式、数量与材料强度等因素有关，还与结构弯矩、剪力与扭矩的比值，即与扭弯比与扭剪比有关。

为了考虑扭矩对混凝土受剪承载力与剪力对混凝土受扭承载力的相互影响，在剪扭公式计算中，采用一个降低系数 β_t 来处理。该系数 β_t 的计算公式如下。

对于一般剪扭构件：

$$\beta_t = \frac{1.5}{1 + 0.5 \dfrac{VW_t}{Tbh_0}} \qquad (4-27a)$$

对矩形截面独立梁，当集中荷载在支座截面中产生的剪力占该截面总剪力的75%以上时，式(4-27a)可以改写为：

$$\beta_t = \frac{1.5}{1 + 0.2(\lambda+1)\dfrac{VW_t}{Tbh_0}} \qquad (4-27b)$$

式中：β_t——剪扭构件混凝土受扭承载力降低系数，其取值范围为 $0.5 \leqslant \beta_t \leqslant 1.0$（当 $\beta_t < 0.5$ 时，取0.5；当 $\beta_t > 1.0$ 时，取1.0）；

λ——剪跨比，其计算方法与取值规定同受弯构件斜截面的要求；

其他符号意义同前面相关内容的规定。

下面依据受弯构件承载力理论与纯扭计算理论，介绍《混凝土结构设计规范》（GB 50010—2010）给出的弯剪扭构件承载力的实用计算法，即叠加法。

1）受扭构件中的箍筋计算——剪扭构件设计

（1）根据斜截面的计算方法求出受剪箍筋 $\left[\dfrac{A_{sv1}}{s}\right]_v$，即

$$\frac{V - \alpha_{cv} f_t bh_0 (1.5 - \beta_t)}{nf_{yv}h_0} = \left[\frac{A_{sv1}}{s}\right]_v \qquad (4-28a)$$

（2）根据纯扭构件的计算方法求出 $\left[\dfrac{A_{st1}}{s}\right]_t$，即

$$\left[\frac{A_{st1}}{s}\right]_t = \frac{T - 0.35\beta_t f_t W_t}{1.2\sqrt{\zeta} f_{yv} A_{cor}} \qquad (4-28b)$$

（3）将按受剪计算与受扭计算的箍筋截面面积叠加，即可得到受扭构件的全部箍筋截面面积，即

$$\frac{A_{sv1}}{s} = \left[\frac{A_{sv1}}{s}\right]_v + \left[\frac{A_{st1}}{s}\right]_t \qquad (4-28c)$$

2）受扭构件中的纵向钢筋计算——弯扭构件设计

（1）按照纯扭构件的计算方法，可由式(4-26b)求出构件所需要的抗扭纵向钢筋 A_{stl}，即

$$\frac{\zeta f_{yv} A_{st1} u_{cor}}{f_y s} = A_{stl} \qquad (4-28d)$$

值得注意的是，式(4-28d)中 $\dfrac{A_{st1}}{s}$ 是式(4-28c)中 $\left[\dfrac{A_{st1}}{s}\right]_t$，而不是 $\dfrac{A_{sv1}}{s}$。

（2）按照受弯构件矩形正截面计算方法，求得受扭构件在拉区与压区的纵向钢筋面积 A_s、A_s'。

（3）将受弯与受扭计算的纵向钢筋截面面积相叠加，可得到受扭构件的全部纵向钢筋，并依据构造要求进行合理的纵向钢筋布置。

按照弯扭构件与剪扭构件的公式计算后，然后再进行叠加而成，如图4-52所示。

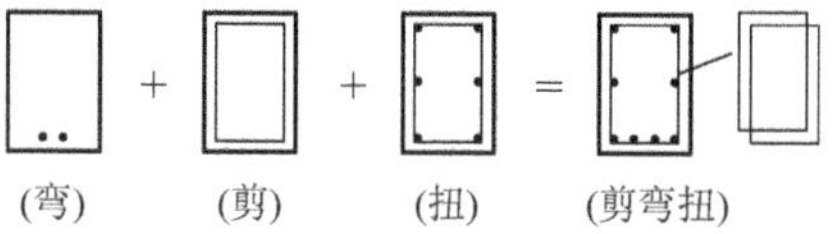

$$（弯）\quad+\quad（剪）\quad+\quad（扭）\quad=\quad（剪弯扭）$$

图 4-52 弯剪扭钢筋叠加示意图

4.3.4 受扭构件计算公式的适用条件

1. 受扭配筋的上限值——最小截面尺寸

为确保超筋破坏不会发生，受弯构件的最小截面尺寸应满足以下要求。

当 $\dfrac{h_w}{b} \leqslant 4$ 时，$\dfrac{V}{bh_0} + \dfrac{T}{0.8W_t} \leqslant 0.25\beta_c f_c$ （4-29a）

当 $\dfrac{h_w}{b} \geqslant 6$ 时，$\dfrac{V}{bh_0} + \dfrac{T}{0.8W_t} \leqslant 0.20\beta_c f_c$ （4-29b）

当 $4 < \dfrac{h_w}{b} < 6$ 时，按线性内插法计算。

在设计中，如果不满足上述公式要求，应加大截面尺寸，或提高混凝土强度等级，直到满足为止。

2. 下限值——受扭钢筋的最小配箍率

为了防止少筋破坏的发生，受扭构件的钢筋配置应满以下要求。

（1）纵向钢筋的配筋率。

弯剪扭构件的纵向配筋率，不应小于受弯构件纵向受力钢筋最小配筋率与受扭构件纵向受力钢筋最小配筋率之和。受扭构件纵向受力钢筋最小配筋率按照下式计算：

$$\rho_{tl} = \frac{A_{stl}}{bh} \geqslant \rho_{tl,\min} = 0.6\sqrt{\frac{T}{Vb}}\frac{f_t}{f_y} \tag{4-29c}$$

式中：当 $\dfrac{T}{Vb} > 2.0$ 时，取 $\dfrac{T}{Vb} = 2.0$。

（2）箍筋的配筋率。

$$\rho_{sv} = \frac{A_{sv}}{bs} = \frac{nA_{sv1}}{bs} \geqslant \rho_{sv,\min} = 0.28\frac{f_t}{f_{yv}} \tag{4-29d}$$

在工程设计中，如不能满足上述要求，则应按照 $\rho_{sv,\min}$ 配箍筋，并满足构造要求。

【案例 4-6】 某矩形截面纯扭构件，$b \times h = 250\text{mm} \times 500\text{mm}$，扭矩设计值 $T = 15\text{kN·m}$，采用 C20 级混凝土（$f_c = 9.6\text{N/mm}^2$，$f_t = 1.1\text{N/mm}^2$），纵向钢筋采用 HRB335 级钢筋（$f_y = 300\text{N/mm}^2$），箍筋采用 HPB300 级钢筋（$f_{yv} = 270\text{N/mm}^2$），求所需纵向钢筋与箍筋。

案例分析： 该矩形截面构件为纯扭构件，不考虑弯矩与剪力；$T = 15\text{kN·m}$。

（1）验算截面尺寸。

$$W_t = \frac{b^2}{6}(3h - b) = \frac{250^2}{6}(3 \times 500 - 250) = 13 \times 10^6 (\text{mm}^3)$$

由式(4-29a)可知

$$\frac{T}{0.8W_t} = \frac{15 \times 10^6}{0.8 \times 13 \times 10^6} = 1.443(\text{N/mm}^2) < 0.25f_c = 2.4\text{N/mm}^2$$

构件截面尺寸满足要求。

(2)构件配筋计算。

根据式(4-25),由于素混凝土的抗扭能力

$T_c = 0.7f_tW_t = 10.01\text{kN} \cdot \text{m} < T = 15\text{kN} \cdot \text{m}$,需要配置抗扭钢筋。

(3)抗扭箍筋的计算。

$A_{cor} = 450 \times 200 = 9 \times 10^4(\text{mm}^2)$,取 $\zeta = 1.0$,则

由式(4-26d)可得

$$\frac{A_{st1}}{s} = \frac{T - 0.35f_tW_t}{1.2\sqrt{\zeta}f_{yv}A_{cor}} = \frac{15 \times 10^6 - 0.35 \times 1.1 \times 13 \times 10^6}{1.2 \times \sqrt{1.0} \times 270 \times 9 \times 10^4} = 0.343(\text{mm}^2/\text{mm})$$

若选用 φ8 的箍筋($A_{sv1} = 50.3\text{mm}^2$),则

$$s = \frac{50.3}{0.343} = 146.6(\text{mm}),可取 s = 140\text{mm}。$$

验算抗扭箍筋的配筋率:

$$\rho_{sv} = \frac{2A_{sv1}}{bs} = \frac{2 \times 50.3}{250 \times 140} = 0.287\%$$

$$\rho_{sv,min} = 0.28f_t/f_{yv} = 0.28 \times 1.1/270 = 0.114\% < \rho_{sv}(满足要求)$$

(4)抗扭纵向钢筋计算。

$u_{cor} = 2 \times (450 + 200) = 1300(\text{mm})$,由式(4-26b)得

$$A_{stl} = \frac{\zeta f_{yv}A_{st1}u_{cor}}{f_ys} = \frac{1 \times 270 \times 50.3 \times 1300}{300 \times 140} = 420.4(\text{mm}^2)$$

根据抗扭纵向钢筋的构造要求,选用 6⌀12($A_s = 678\text{mm}^2$)即可。

验算抗扭纵向钢筋的最小配筋率:

$$\rho_{tl} = \frac{A_{stl}}{bh} = \frac{678}{250 \times 500} = 0.542\% \geqslant \rho_{tl,min} = 0.346\%(满足要求)$$

该构件的配筋如图4-53所示。

【案例4-7】 某矩形截面纯扭构件,截面尺寸 $b \times h = 200\text{mm} \times 500\text{mm}$,采用 C20 混凝土($f_c = 9.6\text{N/mm}^2$,$f_t = 1.1\text{N/mm}^2$),纵向钢筋采用 HRB335 级 6⌀12 钢筋($f_y = 300\text{N/mm}^2$,$A_s = 678\text{mm}^2$),箍筋采用 HPB300 级钢筋($f_{yv} = 270\text{N/mm}^2$),φ8@100($A_{sv1} = 50.3\text{mm}^2$),求此构件所能承受的极限扭矩 T_s 值。

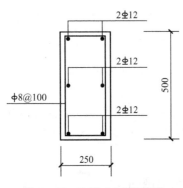

案例分析:本题属于截面复核类型。

(1)验算配筋率。

箍筋配筋率:$\rho_{sv} = \frac{2A_{sv1}}{bs} = \frac{2 \times 50.3}{200 \times 100} = 0.5\% >$

$\rho_{sv,min} = 0.28f_t/f_{yv} = 0.114\%$

纵向钢筋配筋率:$\rho_{tl} = \frac{A_{stl}}{bh} = \frac{678}{200 \times 500} = 0.678\% \geqslant$

图4-53 案例4-6配筋图

$\rho_{tl,\min} = 0.346\%$

均符合要求。

（2）计算配筋强度值 ζ。

$$b_{cor} = 150mm, \ h_{cor} = 450mm, \ u_{cor} = 1200mm$$

$$\zeta = \frac{f_y A_{stl} s}{f_{yv} A_{st1} u_{cor}} = \frac{300 \times 678 \times 100}{270 \times 50.3 \times 1200} = 1.248 < 1.7$$

（3）计算极限扭矩 T_s。

$$W_t = \frac{b^2}{6}(3h - b) = \frac{200^2}{6}(3 \times 500 - 200) = 8.67 \times 10^6 \ (mm^3)$$

由式（4-26）得

$$T_s = 0.35 f_t W_t + 1.2 \sqrt{\zeta} \ \frac{f_{yv} A_{st1} A_{cor}}{s}$$

$$= 0.35 \times 1.1 \times 8.67 \times 10^6 + 1.2 \times \sqrt{1.248} \times \frac{270 \times 50.3 \times 150 \times 450}{100}$$

$$= 15.63 \ (kN \cdot m)$$

（4）验算截面尺寸。

由式（4-29a），得

$$\frac{T}{0.8 W_t} = \frac{15.63 \times 10^6}{0.8 \times 8.67 \times 10^6} = 2.253(N/mm^2) < 0.25 \beta_c f_c = 2.4 N/mm^2$$

构件截面尺寸满足要求，则该构件的极限扭矩为 15.63kN·m。

4.4　轴向受力构件

钢筋混凝土轴向受力构件是工程结构中最基本和最常见的构件之一，可分为受压构件与受拉构件两大类。在工程结构中，受压构件使用较为普遍，如框架结构房屋的柱、单层厂房柱及屋架的受压腹杆等。

4.4.1　受压构件

受压构件主要传递轴向压力（图 4-54）。按照构件的截面形状，受压构件可分为矩形、圆形、工字形与不规则形受压构件；按照轴向压力在构件截面上的作用位置，受压构件可以分为轴心受压构件与偏心受压构件，偏心受压构件包括单向偏心受压构件与双向偏心受压构件。

实际上，由于混凝土材料的非匀质性、荷载作用位置的不准确及施工时不可避免的尺寸误差等原因，受压构件多为偏心受压构件，真正的轴心受压构件几乎不存在，但在设计以承受恒荷载为主的多层房屋的内柱及桁架的受压腹杆等构件时，可近似地按轴心受压构件计算。另外，为了施工的方便性，偏心受压构件的配筋多采用对称布置的形式。

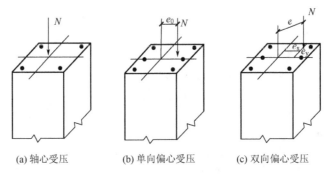

(a) 轴心受压   (b) 单向偏心受压   (c) 双向偏心受压

图 4 - 54 受压构件类型

《混凝土结构设计规范》（GB 50010—2010）给出了矩形、圆形、工字形截面受压构件承载力的计算公式与方法。本文主要介绍矩形受压构件与圆形受压构件承载力的计算公式与方法。

1. 受压构件的一般构造要求

1）截面形式与尺寸

为了保证构件的承载力和稳定性，受压构件的截面形状宜对称，尺寸不宜过小。通常情况下，钢筋混凝土受压构件大多采用矩形或方形截面。如图 4 - 55 所示，一般轴心受压构件以方形为主，也可采用圆形、环形、正多边形等；偏心受压构件以矩形为主，还可用工字形、T 形等；在装配式结构体系中，尺寸较大的柱常常采用工字形截面；拱结构的肋则多做成 T 形截面；采用离心法制造的柱、桩、电杆及烟囱与水塔支筒等常用环形截面；桥墩、桩与公共建筑中的柱主要用圆形截面等。

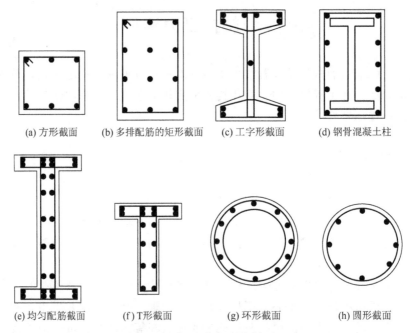

(a) 方形截面   (b) 多排配筋的矩形截面   (c) 工字形截面   (d) 钢骨混凝土柱

(e) 均匀配筋截面   (f) T 形截面   (g) 环形截面   (h) 圆形截面

图 4 - 55 受压构件的截面形式

一般情况下，方形或矩形截面，其尺寸不宜小于 250mm×250mm，长细比应控制在 $l_0/h \leqslant 25$ 及 $l_0/b \leqslant 30$（l_0 为柱的计算长度，b 与 h 分别为截面的长边边长与短边边长）范围之内；工字形截面，翼缘厚度不宜小于 120mm，腹板厚度不宜小于 100mm，在抗震区使用的工字形截面柱，其腹板宜再加厚些。为了便于模板尺寸模数化，柱截面边长在 800mm 及其以下者，宜取 50mm 的倍数；在 800 以上者，取 100mm 的倍数。

2）混凝土

受压构件的承载能力主要取决于混凝土强度，采用较高强度的混凝土是经济的，但应采取合理措施保证对延性的要求，在结构设计中宜采用 C25～C40 或强度等级更高的混凝土。混凝土保护层的厚度按照表 3-10 执行。

3）纵向受力钢筋

纵向受力钢筋的作用是协助混凝土承受压力与弯矩，以及混凝土收缩与温度变形引起的拉应力，减小构件尺寸，防止构件发生脆性破坏。结构设计中，通常采用强度设计值不超过 400MPa 级别的钢筋作为纵向受力钢筋。

另外，柱中纵向受力钢筋的配置尚应符合下列规定。

（1）纵向受力钢筋宜采用根数较少、直径较粗的纵向钢筋，以保证骨架的刚度。一般要求纵向受力钢筋的直径不宜小于 12mm，全部纵向钢筋的配筋率不宜大于 5%，纵向受力钢筋的配筋率需满足最小配筋率的要求（表 4-15）。为了施工方便与经济，受压钢筋的配筋率通常在 0.5%～2% 之间。

（2）矩形或方形截面受压构件中，纵向受力钢筋根数不少于 4 根，以便与箍筋形成钢筋骨架。轴心受压构件中，纵向受力钢筋应沿构件截面四周均匀对称布置，如图 4-56(a) 所示。偏心受压构件中的纵向受力钢筋应布置在弯矩作用方向的两对边，圆截面柱中纵向受力钢筋宜沿圆周边均匀布置，根数不宜少于 8 根且不应少于 6 根。

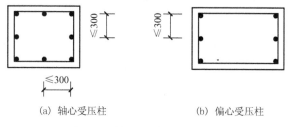

(a) 轴心受压柱　　　　　　　　　　(b) 偏心受压柱

图 4-56　柱纵向受力钢筋的布置

（3）柱内纵向钢筋的净距不应小于 50mm 且不宜大于 300mm，在偏心受压柱中垂直于弯矩作用平面的侧面上的纵向受力钢筋及轴心受压柱中各边的纵向受力钢筋，其间距不宜大于 300mm（图 4-56）。对于水平浇筑的预制柱，其纵向钢筋的最小净距可按梁的有关规定采用，纵向钢筋最小净距可减小，但不应小于 30mm 与 1.5d（d 为纵向钢筋的最大直径）。

（4）当偏心受压柱截面高度 $h \geqslant 600$mm 时，为防止构件因混凝土收缩与温度变化产生裂缝，应沿长边设置直径 $d \geqslant 10$mm 的纵向构造钢筋，且间距不应超过 500mm，并相应地配置复合箍筋或拉筋。

4）箍筋

受压构件中箍筋能够保证纵向钢筋的位置正确，防止纵向钢筋压屈，约束核心混凝土，改善柱的受力性能与增强抗力。通常采用 HPB300、HRB335 级钢筋。箍筋的形式较多，一般有连续螺旋式或焊接环式、方形或矩形，如图 4-57 所示。图中 m、n 分别为平行于 h、b 边的箍筋肢数，Y 为圆环形箍筋。

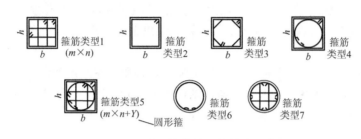

图 4-57　受压构件截面的箍筋形式

柱中的箍筋还应符合下列规定。

（1）受压构件中的周边箍筋应做成封闭式，箍筋直径不应小于 $d/4$（d 为纵向钢筋的最大直径）且不应小于 6mm，箍筋间距不应大于 400mm 及构件截面的短边尺寸，且不应大于 $15d$（d 为纵向受力钢筋的最小直径）。

（2）柱中全部纵向受力钢筋的配筋率大于 3% 时，箍筋直径不应小于 8mm，间距不应大于 $10d$（d 为纵向受力钢筋的最小直径）且不应大于 200mm，箍筋末端应做成 135°弯钩，且弯钩末端平直段长度不应小于 $10d$（d 为纵向受力钢筋的最小直径）。

（3）当柱截面短边尺寸大于 400mm 且各边纵向钢筋多于 3 根时，或当柱截面短边尺寸不大于 400mm 但各边纵向钢筋多于 4 根时，应设置复合箍筋（图 4-58），复合箍筋的直径间距与前述箍筋相同。

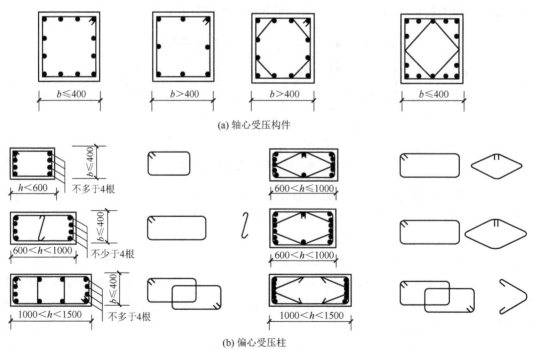

图 4-58　箍筋的构造

（4）在纵向钢筋搭接长度范围内，箍筋的直径不宜小于搭接钢筋直径的 0.25 倍，箍筋间距应加密。当搭接钢筋为受拉时，其箍筋间距不应大于 $5d$ 且不应大于 100mm；当搭接钢筋为受压时，其箍筋间距不应大于 $10d$ 且不应大于 200mm（d 为受力钢筋中的最小直径）。当搭接的受压钢筋直径大于 25mm 时，应在搭接接头两个端面外 50mm 范围内各设置 2 根箍筋。

（5）截面形状复杂的构件，不可采用具有内折角的箍筋，避免产生向外的拉力，致使折角处的混凝土保护层崩裂（图 4-59）。

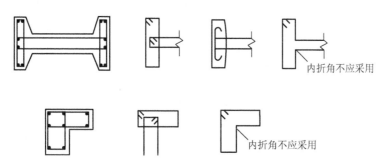

图 4-59　工字形与 L 形截面柱的箍筋形式

（6）在配有螺旋式或焊接环式箍筋的柱中，如在正截面受压承载力计算中考虑间接钢筋的作用时，箍筋间距不应大于 80mm 及 $d_{cor}/5$（d_{cor} 为按箍筋内表面确定的核心截面直径），且不宜小于 40mm。间接钢筋的直径应符合柱中箍筋直径的规定。

2. 轴心受压构件的承载力计算

如图 4-60 所示，轴心受压构件的截面形状有方形与圆形之别。方形截面配置普通的箍筋；圆形截面配置的箍筋是连续螺旋式箍筋或焊接环式箍筋，因其可以间接提高受压构件的承载力与变形能力，又称之为间接钢筋。不同的箍筋形式会影响轴心受压构件的受力性能及计算方法。

1）配置普通箍筋的轴心受压构件

按照长细比的大小，轴心受压柱分为短柱与长柱：对于方形或矩形柱，当 $l_0/b \leqslant 8$ 时属于短柱，否则属于长柱；对于圆形柱，$l_0/d \leqslant 7$ 时为短柱，否则属于长柱。其中，l_0 为柱的计算长度，b 为矩形截面的短边尺寸，d 为圆形截面的直径。

（1）轴心受压柱的受力分析与破坏特征。

试验研究表明，钢筋混凝土轴心受压构件的破坏形态可归纳为两大类，一是材料破坏，一是失稳破坏。短柱的破坏形态属于材料破坏，长柱的破坏形态则有材料破坏与失稳破坏之分。

对于配有普通箍筋的矩形截面短柱，当轴向压力 N 较小时，构件的压缩变形主要为弹性变形，N 在截面上产生的压应力由混凝土与钢筋共同承担，截面应变基本上是均匀分布的，由于钢筋与混凝土之间黏结力的存在，二者的应变基本相同。随着荷载的增大，构件变形迅速增大，混凝土塑性变形增加，弹性模量降低，混凝土应力增长逐渐减慢，而钢筋应力的增长则越来越快，对配置 HPB300、HRB335、HRB400 等中等强度级别钢筋的构件，钢筋应力先达到其屈服强度。此后增加的荷载全部由混凝土承受，然后混凝土达到

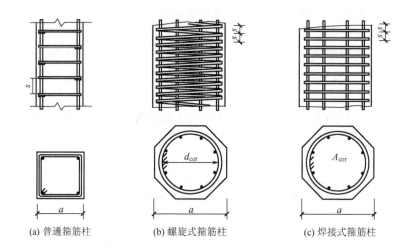

(a) 普通箍筋柱　　　　(b) 螺旋式箍筋柱　　　　(c) 焊接式箍筋柱

图 4-60　轴心受压构件的箍筋形式

a—件外缘尺寸；d_{cor}—构件的核心直径，按间接钢筋内表面确定；
A_{cor}—构件的核心截面面积

极限压应变，柱子表面出现明显的纵向裂缝，混凝土保护层开始剥落，最后箍筋之间的纵向钢筋压屈而向外凸出，混凝土被压碎崩裂而破坏 [图 4-61(a)]。当短柱破坏时，混凝土达到极限压应变 $\varepsilon_0 = 0.002$，相应的纵向钢筋的应力 $\sigma_s = E_s \varepsilon_c = 400\mathrm{MPa}$。若纵向钢筋采用高强度钢筋时，构件破坏时纵向钢筋就可能达不到屈服强度。显然，在受压构件内配置高强度的钢筋不能充分发挥其作用，这是不经济的。

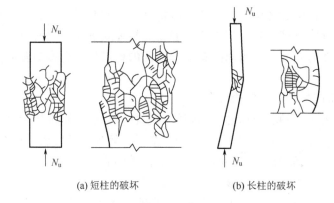

(a) 短柱的破坏　　　　　(b) 长柱的破坏

图 4-61　轴心受压柱的破坏形态

对于配有普通箍筋的矩形截面长柱，若长细比较大时，在轴向压力 N 作用下，初始偏心距将产生附加弯矩，附加弯矩产生的水平挠度又加大了原来的初始偏心距，这样互相影响的结果使构件同时发生压缩变形与弯曲变形。随着 N 的增大，在构件凹边出现纵向裂缝，接着混凝土被压碎，纵向钢筋被压弯向外凸出，侧向挠度急速发展，最终柱子失去平衡并将凸边混凝土拉裂，导致材料强度不足而破坏 [图 4-61(b)]。若长柱的长细比很大时，在轴向压力 N 作用下，其突出的特点是，构件纵向弯曲过大，导致材料未到设计强度即发生失稳破坏。

　　试验还表明，由于纵向弯曲的影响，在截面、配筋与材料相同的条件下，长柱的承载力低于短柱的承载力。

　　（2）轴心受压构件正截面承载力计算公式。

　　基于上述试验分析，影响构件正截面承载力的因素主要是荷载大小及作用位置、材料的强度、截面尺寸与长细比等。根据力的平衡条件（图 4-62），可以得到轴心受压构件正截面承载力计算公式。

$$N \leqslant N_R = \alpha\varphi(N_s + N_c) \tag{4-30}$$

式中：N —— 轴心压力设计值；

$\quad\ N_R$ —— 轴心受压构件的承压设计值；

$\quad\ N_s$ —— 轴心受压构件中纵向钢筋的承压设计值，$N_s = f'_y A'_s$（f'_y 为纵向钢筋的抗压强度设计值，A'_s 为全部纵向钢筋的截面面积）；

$\quad\ N_c$ —— 轴心受压构件中混凝土的承受能力，$N_c = f_c A$（f_c 为混凝土轴心抗压强度设计值，当现浇钢筋混凝土轴压构件截面长边或直径小于 300mm 时，其混凝土强度设计值应乘以系数 0.8；A 为构件截面面积，当截面的纵向钢筋配筋率大于 3% 时，A 应改为 $A - A_s$）；

$\quad\ \alpha$ —— 可靠度调整系数，取 0.9；

$\quad\ \varphi$ —— 稳定系数，主要与构件的长细比有关，可按表 4-19 取值。

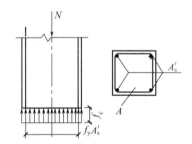

图 4-62　轴心受压柱的计算简图

表 4-19　钢筋混凝土轴心受压构件的稳定系数 φ

l_0/b	$\leqslant 8$	10	12	14	16	18	20	22	24	26	28
l_0/d	$\leqslant 7$	8.5	10.5	12	14	15.5	17	19	21	22.5	24
l_0/i	$\leqslant 28$	35	42	48	55	62	69	76	83	90	97
φ	1.00	0.98	0.95	0.92	0.87	0.81	0.75	0.70	0.65	0.60	0.56
l_0/b	30	32	34	36	38	40	42	44	46	48	50
l_0/d	26	28	29.5	31	33	34.5	36.5	38	40	41.5	43
l_0/i	104	111	118	125	132	139	146	153	160	167	174
φ	0.52	0.48	0.44	0.40	0.36	0.32	0.29	0.26	0.23	0.21	0.19

　　注：l_0 为受压构件的计算长度，可按表 4-20 与表 4-21 取值；b 为矩形截面的短边尺寸；d 为圆形截面直径；i 为截面最小回转半径。

表 4-20　刚性屋盖单层厂房排架柱、露天吊车柱与栈桥柱的计算长度

柱的类型		l_0		
		排架方向	垂直排架方向	
			有柱间支撑	无柱间支撑
无吊车房屋柱	单跨	1.5H	1.0H	1.2H
	两跨及多跨	1.25H	1.0H	1.2H
有吊车房屋柱	上柱	$2.0H_u$	$1.25H_u$	$1.5H_u$
	下柱	$1.0H_1$	$0.8H_1$	$1.0H_1$
露天吊车柱与栈桥柱		$2.0H_1$	$1.0H_1$	—

注：1. 表中 H 为从基础顶面算起的柱子全高；H_1 为从基础顶面至装配式吊车梁底面或现浇式吊车梁顶面的柱子下部高度；H_u 为从装配式吊车梁底面或现浇式吊车梁顶面算起的柱子上部高度；

　　2. 表中有吊车房屋排架柱的计算长度，当计算中不考虑吊车荷载时，可按无吊车房屋柱的计算长度采用，但上柱的计算长度仍可按有吊车房屋采用；

　　3. 表中有吊车房屋排架柱的上柱在排架方向的计算长度，仅适用于 $H_u/H_1 \geqslant 0.3$ 的情况，当 $H_u/H_1 < 0.3$ 时，计算长度宜采用 $2.5H_u$。

表 4-21　框架结构各层柱的计算长度

楼盖类性	柱的类别	l_0
现浇楼盖	底屋柱	1.0H
	其余各层柱	1.25H
装配式楼盖	底层柱	1.25H
	其余各层柱	1.5H

注：H 为底层柱从基础顶面到一层楼盖顶面的高度，对其余各层柱为上下两层楼盖顶面之间的高度。

（3）轴心受压柱的截面设计与复核。

轴心受压构件的设计问题可分为截面设计与截面复核两类。对于截面设计，是已知构件截面尺寸为 $b \times h$，轴向力设计值为 N，构件的计算长度为 l_0，材料强度等级为 f_c，求纵向钢筋的截面面积 A_s'。对于截面承载力复核，是已知柱截面尺寸 $b \times h$，构件的计算长度 l_0，纵向钢筋的数量及级别，混凝土强度等级，求柱的受压承载力 N_R，或已知轴向力设计值 N，判断截面是否安全。有关其设计步骤通过案例加以说明。

【案例 4-8】　某多层现浇钢筋混凝土框架结构，其首层中柱按轴心受压构件计算，该柱安全等级为二级，计算长度 $l_0 = 4.5$m，承受轴向压力设计值 $N = 1400$kN，采用 C30 级混凝土，HRB400 级钢筋。求该柱截面尺寸 $b \times h$ 及纵向钢筋截面面积 A_s'。

案例分析：基于已知条件，可以得到相关参数，$f_c = 14.3$N/mm^2，$f_y' = 360$N/mm^2。

（1）确定柱截面尺寸。

通常情况下，若构件截面尺寸 $b \times h$ 为未知，可先根据构造要求并参照同类工程假定柱截面尺寸，然后进行下一步计算，纵向钢筋配筋率宜在 0.5%～2.0% 之间，若计算结果验证，配筋率过大或过小，则可调整 $b \times h$，重新计算；也可以先假定构件为短柱，即 $\varphi =$

1.0，柱的配筋率 $\rho = 1.0\%$，再根据式（4-30）计算出截面面积 A，进而求得 $b \times h$，这样，就可以按照式（4-30）求得实际的纵向钢筋截面面积。当然，最后还应检查是否满足最小配筋率要求。

这里假定 $\rho = 1.0\%$，$\varphi = 1.0$，则

$$A = \frac{N}{0.9(f_c + f'_y \rho')} = 86902.55\text{mm}^2$$

轴心受压柱一般选取方形，则 $b = h = \sqrt{A} = 294.80mm$，可取 $b = h = 300\text{mm}$。

（2）计算稳压系数 φ。

由柱的长细比可知，$l_0/b = 4500/300 = 15$，查表 4-19 得 $\varphi = 0.895$。

（3）计算纵向钢筋截面面积 A'_s。

由式（4-30）可以得到：

$$A'_s = \frac{\dfrac{N}{0.9\varphi} - f_c A}{f'_y} = \frac{\dfrac{1400 \times 10^3}{0.9 \times 0.895} - 14.3 \times 86902.55}{360} = 1376(\text{mm}^2)$$

（4）验算截面配筋率 ρ。

$$\rho' = \frac{A'_s}{A} = \frac{1376}{300 \times 300} = 1.53\%，其 \rho_{\min} = 0.55\% < \rho < 3\%$$

满足截面配筋率要求，证明上述假定合理。

（5）配筋方案的选择。

同受弯构件等设计一样，配筋方案可以选择多种，根据构造、施工、经济等要求，从多种方案中选取一种较为合理的方案。

选取纵向受力钢筋为 4Φ22 钢筋（$A'_s = 1520\text{mm}^2$），箍筋为 Φ8@300。

2）配置螺旋筋的轴压构件

螺旋箍筋的轴压构件的截面形状一般为圆形或正八边形，如图 4-60(b)、（c）所示。试验表明，螺旋箍筋既是箍筋又是受力筋，其能够约束构件核心的混凝土，使混凝土处于三向受压状态，从而间接提高混凝土的纵向抗压强度。对于螺旋箍筋柱，一般仅用于轴力很大，截面尺寸又受限制，采用普通箍筋柱会使纵向钢筋配筋率过高，而混凝土强度等级又不宜再提高的情况。

（1）承载力公式。

假设有径向压应力 σ_2 从周围作用于混凝土上，核心混凝土的抗压强度从单向受压的 f_c 提高到 f_{c1}，基于混凝土三轴受压试验的结果可得

$$f_{c1} = f_c + 4\sigma_2 \tag{4-31a}$$

取一螺距（间距）为 s 的柱体为隔离体，该螺旋箍筋的受力状态如图 4-63 所示，可以得到平衡方程，$2f_y A_{ss1} = \sigma_2 \cdot s \cdot d_{cor}$，从而可以得出

$$\sigma_2 = \frac{2f_y A_{ss1}}{s \cdot d_{cor}} \tag{4-31b}$$

再根据轴心受力平衡条件，同样可得到该受压柱正截面承载力

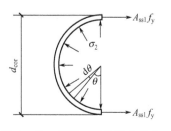

图 4-63　螺旋箍筋的受力状态

$$N \leqslant N_R = f_{c1}A_{cor} + f_y'A_s' \qquad (4-31c)$$

考虑到可靠度的调整系数 0.9，由式(4-31a、b、c)可得

$$N \leqslant N_R = 0.9(f_cA_{cor} + f_y'A_s' + 2\alpha f_{yv}A_{sso}) \qquad (4-31d)$$

以上式中：f_{yv}——间接钢筋的抗拉强度设计值；

A_{cor}——构件的核心截面面积，取间接钢筋内表面范围内的混凝土截面面积，$A_{cor} = \dfrac{\pi d_{cor}^2}{4}$（其中，$d_{cor}$ 为构件的核心截面直径，取间接钢筋内表面之间的距离）；

A_{sso}——间接钢筋的换算面积，按 $A_{sso} = \dfrac{\pi d_{cor}A_{ss1}}{s}$ 计算；

A_{ss1}——单根间接钢筋的截面面积；

s——间接钢筋的间距；

α——间接钢筋对混凝土约束的折减系数（当混凝土强度≤C50 时，取 $\alpha=1.0$；当混凝土强度为 C80 时，取 $\alpha=0.85$；其间按线性内插法确定）。

（2）承载力公式适用条件。

除了满足轴心受压构件的基本要求外，式(4-31d)还应同时符合以下条件：

① $l_0/d \leqslant 12$。

② 按式(4-31d)算得的承载力应不小于按式(4-30)算得的承载力，但也不应超过其 1.5 倍。

③ 间接钢筋的换算截面面积 A_{sso} 应不小于纵向钢筋全部截面面积的 25%。

【案例 4-9】某办公楼门厅钢筋混凝土柱，截面为圆形，直径 $d=450$mm。拟配置连续螺旋箍筋，柱的计算长度 $l_0=4600$mm，承受轴向力设计值 $N=3000$kN，混凝强度等级为 C25（$f_c=11.9$N/mm^2），采用 HRB400 级纵向受力钢筋（$f_y=360$N/mm^2），箍筋采用 HPB300 级钢筋（$f_{yv}=270$N/mm^2）。试计算柱的配筋。

案例分析：基于已知条件，相关参数为：$f_c=11.9$N/mm^2，$f_y'=360$N/mm^2，$f_{yv}=270$N/mm^2，$d=450$mm，$l_0=4600$mm，$N=3000$kN。

（1）长细比验算。

$l_0/d=4600/450=10.2<12$，符合要求。由表 4-19 查得 $\varphi=0.955$。

（2）选用纵向钢筋。

若选取纵向钢筋配筋率为 1.5%，则纵向受力筋截面积 $A_s' = \rho\pi d^2/4 = 2384.4$mm^2，则可选取纵向受力钢筋为 8⏀20，$A_s'=2513$mm^2。

（3）计算换算钢筋截面面积 A_{sso}。

依据式(4-31d)，取 $\alpha=1.0$，混凝土保护层厚度取 25mm，截面核心直径 $d_{cor}=400$mm，则

$A_{cor} = \dfrac{\pi d_{cor}^2}{4} = 125600$mm^2，则

$$A_{sso} = \frac{\dfrac{N}{0.9} - f_cA_{cor} - f_y'A_s'}{2\alpha f_{yv}}$$

$$= \frac{\dfrac{3000 \times 10^3}{0.9} - 11.9 \times 125600 - 360 \times 2513}{2 \times 1.0 \times 270}$$

$$= 1729.7(\text{mm}^2) > 0.25A_\text{s} = 628\text{mm}^2$$

（4）计算间接钢筋间距。

取间接钢筋直径 $d = 10\text{mm}$，$A_\text{ss1} = 78.5\text{mm}^2$，则

$$s = \frac{\pi d_\text{cor} A_\text{ss1}}{A_\text{sso}} = 57\text{mm}$$

取 $s = 55\text{mm}$，且 $40\text{mm} < s < d_\text{cor}/5 = 400/5 = 80$（mm），满足构造要求。

（5）承载力验算。

按式（4-30）计算配置普通箍筋柱的承载力 N_1，得

$$N_1 = 0.9\varphi(f'_\text{y}A'_\text{s} + f_\text{c}A) = 0.90 \times 0.955 \times (360 \times 2513 + 11.9 \times 125600)$$
$$= 2062.22(\text{kN}) < 3000\text{kN}$$

按式（4-31d）计算配置普通箍筋柱的承载力 N_2，得

$$A_\text{sso} = \frac{\pi d_\text{cor} A_\text{ss1}}{s} = \frac{3.14 \times 400 \times 78.5}{55} = 1792.65(\text{mm}^2)，则$$

$$N_2 = 0.9(f_\text{c}A_\text{cor} + f'_\text{y}A'_\text{s} + 2\alpha f_\text{yv}A_\text{sso}) = 3030.62(\text{kN})$$

可知 $N_1 < N_2 < 1.5N_1$，且 $N_2 > N$，满足构造要求。

3. 偏心受压构件正截面承载力计算

1）偏心受压构件的受力分析及破坏特征

偏心受压构件截面在承受轴向压力 N 与弯矩 M 同时作用时，等效于承受一个偏心距为 $e_0 = \dfrac{M}{N}$ 的偏心力 N 的作用。当弯矩 M 相对较小时，e_0 就很小，构件接近于轴心受压；相反，当 M 相对较大时，e_0 就很大，构件接近于受弯。因此，随着 e_0 的改变，偏心受压构件的受力性能与破坏形态介于轴心受压与受弯之间。

试验表明，可以按照轴向压力的偏心距与配筋情况的不同，将钢筋混凝土偏心受压构件正截面的破坏类型大致可分为两类，即受拉破坏（也称大偏心受压破坏）与受压破坏（也称小偏心受压破坏），如图 4-64 所示。

对于发生大偏心破坏的受压构件，由于偏心距 e_0 较大，而且配置了适量的受拉钢筋，弯矩 M 的影响较为显著。在偏心距较大的轴向压力 N 作用下，远离纵向偏心力一侧截面受拉，另一侧受压。随着轴向压力 N 的增加，构件受拉区相继出现垂直于构件轴线的裂缝，裂缝截面中的拉力将全部转由受拉钢筋承担。当 N 增大到一定程度时，受拉钢筋首先达到屈服强度，然后受压钢筋也能达到屈服强度，最后由于受压区混凝土达到极限压应变而被压碎，导致构件破坏。这种破坏形态在破坏前有明显的预兆，与受弯构件的适筋破坏类似，属于塑性破坏［图 4-64(a) 与图 4-65(a)］。

对于发生小偏心破坏的受压构件，情形较为复杂一些。

（1）若构件截面中轴向压力 N 的偏心距 e_0 较小或虽然偏心距较大但配置过多的受拉钢筋时，会发生小偏心破坏。在轴向压力 N 作用下，构件截面处于大部分受压而少部分受拉状态［图 4-64(b)］。当荷载增加到一定程度时，受拉区边缘混凝土率先达到其极限拉应变，

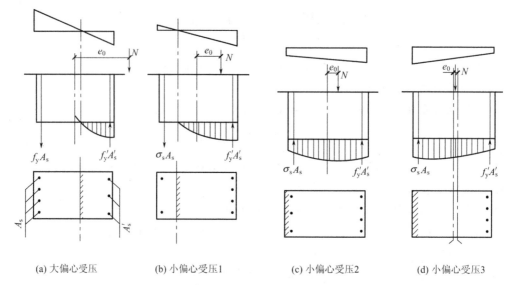

| (a) 大偏心受压 | (b) 小偏心受压1 | (c) 小偏心受压2 | (d) 小偏心受压3 |

图 4 - 64 偏心受压构件破坏时的受力分析

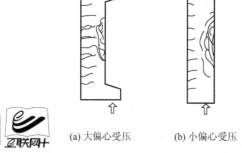

| (a) 大偏心受压 | (b) 小偏心受压 |

图 4 - 65 偏心受压构件的破坏特征

在受拉区出现一些垂直于构件轴线的裂缝。在构件破坏时,受压区混凝土被压碎,受拉钢筋中的拉应力较小而达不到屈服强度,受压一侧的纵向钢筋的压应力一般能达到屈服强度。这种情况相似于受弯构件的超筋破坏。这种情况下,受拉钢筋中的应力没有达到屈服强度,在截面应力分布图形中其拉应力用 σ_s 来表示。

（2）若轴向压力 N 的偏心距 e_0 很小而配筋适量时,会发生小偏心受压破坏 [图 4 - 64(c)]。由于偏心距 e_0 很小,构件截面将全部受压,只是一侧压应变较大而另一侧压应变相对较小。此类构件的压应变较小一侧,在整个受力过程中没有出现与构件轴线垂直的裂缝,压应变较大一侧的混凝土将渐渐地被压碎,同时,接近纵向偏心力一侧的纵向钢筋压应力一般均能达到屈服强度,受压较小一侧的钢筋压应力没有达到屈服强度。

（3）若轴向压力 N 的偏心距 e_0 很小,远离纵向偏心压力一侧的钢筋配置得过少,靠近纵向偏心压力一侧的钢筋配置较多时,也会发生小偏心破坏 [图 4 - 64(d)]。截面的实际重心与构件的几何形心不重合,重心轴向纵向偏心压力方向偏移,且越过纵向压力作用线。在 N 作用下且随着 N 增大的过程中,远离纵向偏心压力一侧的混凝土的压应力反而大,该侧边缘混凝土的应变先达到极限压应变,混凝土被压碎,导致构件破坏。这种破坏现象也称反向破坏。

综上所述,小偏心受压破坏的破坏特征为,构件的破坏是由受压区混凝土达到极限压应变而被压碎所引起的,构件在破坏前变形不会急剧增长,但受压区垂直裂缝不断发展,破坏时没有明显预兆,属于脆性破坏 [图 4 - 65(b)]。

2）界限破坏

综上可知,受拉破坏与受压破坏都属于材料破坏。其相同之处是,截面的最终破坏都是受压区边缘混凝土达到极限压应变而被压碎；不同之处在于，截面破坏的起因不同，即截面受拉部分与受压部分谁先发生破坏。前者是受拉钢筋先屈服而后受压混凝土被压碎，后者是受压部分先发生破坏。在两种破坏之间存在一种界限破坏，即在受拉钢筋达到屈服强度 f_y 的同时，受压区混凝土应变也达到极限压应变 ε_{cu} 而被压碎，构件破坏。根据界限破坏的特征与截面假定，可知大小偏心受压破坏的界限与受弯构件正截面适筋与超筋的界限是相同的。因此，可用相对受压区高度 ξ 作为大偏心与小偏心受压破坏的判断标准，即：

（1）$\xi \leqslant \xi_b$ 时，属于大偏心受压破坏；

（2）$\xi > \xi_b$ 时，属于小偏心受压破坏。

3）附加偏心距与初始偏心距

如图 4-66 所示，已知偏心受压构件截面上的弯矩 M 与轴向力 N，便可求出轴向力对截面重心的荷载偏心距 e_0（也称理论偏心距），即

$$e_0 = \frac{M}{N} \tag{4-32}$$

附加偏心距，是指在实际工程中，考虑荷载实际作用位置与大小的不确定性、施工的误差及混凝土质量的不均匀性等原因，需要轴向压力在偏心方向附加的一个偏心距 e_a。其大小取 20mm 与在偏心方向截面最大尺寸的 1/20 两者中的较大值，即 $e_a = \max(20\text{mm}, h/30)$。

基于上述考虑，将前两个偏心距进行叠加，即可得到在计算偏心受压构件正截面承载力时的初始偏心距 e_i，即 $e_i = e_0 + e_a$。

4）偏心受压构件的 $P \cdot \delta$ 效应

在偏心压力 N 作用下，钢筋混凝土受压构件将产生纵向弯曲变形，从而导致截面的初始偏心距增大（图 4-67）。在 1/2 柱高处的初始偏心距将由 e_i 增大为 $(e_i + f)$，同时，该截面的最大弯矩也将由 Ne_i 增大为 $N(e_i + f)$。理论上，将这种偏心受压构件截面内的弯矩受轴向压力与侧向挠度变化影响的现象称为压弯效应，截面弯矩中的 Ne_i 称为一阶弯矩，Nf 称为二阶弯矩或附加弯矩，并将由结构挠曲（或结构侧移）引起的二阶弯矩（附加内力与附加变形）称为 $P \cdot \delta$ 效应，也称二阶效应。

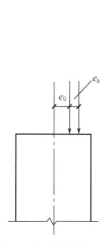

图 4-66　初始偏心距

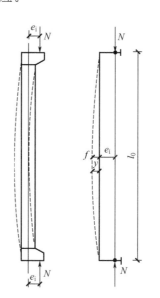

图 4-67　偏心受压柱的侧向挠曲

工程实践与试验证明，由于二阶效应的影响，偏心受压长柱的承载力明显降低。为此，计算内力时对于已考虑侧移影响与无侧移结构的偏心受压构件，若杆件的长细比较大时，在轴向压力作用下，还应考虑由于杆件自身挠曲对截面弯矩产生的不利影响。

如何较为客观合理地解决该问题，根据大量试验分析结果并参考国外相关规范，《混凝土结构设计规范》（GB 50010—2010）给出了规定：弯矩作用平面内截面对称的偏心受压构件，当同一主轴方向的杆端弯矩比 $\dfrac{M_1}{M_2} \leqslant 0.9$，且轴压比不大于 0.9 时，若构件的长细比满足式（4-33）的要求，可不考虑轴向压力在该方向挠曲杆件中产生的附加弯矩影响，否则应按截面的两个主轴方向分别考虑轴向压力在挠曲杆件中产生的附加弯矩影响。

$$\frac{l_0}{i} \leqslant 34 - 12\left(\frac{M_1}{M_2}\right) \tag{4-33}$$

式中：M_1、M_2 ——分别为已考虑侧移影响的偏心受压构件两端截面按结构弹性分析确定的对同一主轴的组合弯矩设计值，绝对值较大端为 M_2，绝对值较小端为 M_1，当构件按单曲率弯曲时 $\dfrac{M_1}{M_2}$ 取正值，否则取负值；

l_0 ——构件的计算长度，可近似取偏心受压构件相应主轴方向上下支撑点之间的距离；

i ——偏心方向的截面回转半径。

5）控制截面弯矩设计值 M 的确定

控制截面是指偏心受压构件中弯矩最大的截面。在 N 作用下，偏心受压构件两端的弯矩存在着相等与不等的情况。当构件两端弯矩 $M_1 = M_2$ 时，由力学分析可知，杆件的控制截面在杆件中点，其大小 $M = \eta M_1 = \eta M_2$（其中，η 为偏心距增大系数）；当 $M_1 \neq M_2$ 时，杆件的控制截面就偏离开杆件中点。针对这个问题，《混凝土结构设计规范》（GB 50010—2010）中运用了 $C_m - \eta_{ns}$ 计算方法进行解决。该方法采用了等代柱法原理，利用一个杆件端部截面偏心距调节系数 C_m，然后计算出弯矩增大系数 η_{ns}，最后求出控制截面上的弯矩设计值 M。除排架结构柱外，其他偏心受压构件考虑轴向压力在挠曲杆件中产生的二阶效应后，控制截面弯矩设计值可按式（4-34）计算。

$$M = \eta_{ns} C_m M_2 \tag{4-34}$$

$$\eta_{ns} = 1 + \frac{1}{\dfrac{1300}{h_0}\left(\dfrac{M_2}{N} + e_a\right)}\left(\frac{l_0}{h}\right)^2 \zeta_c \tag{4-35}$$

式中：C_m ——构件端截面偏心距调节系数，可按 $C_m = 0.7 + 0.3\dfrac{M_1}{M_2}$ 计算，当小于 0.7 时，取 0.7；

η_{ns} ——弯矩增大系数；

N ——与弯矩设计值 M_2 相应的轴向压力设计值；

e_a ——附加偏心距；

ζ_c ——截面曲率修正系数，$\zeta_c = \dfrac{0.5 f_c A}{N}$，当计算值大于 1.0 时，取 1.0；

h ——截面高度（对环形截面，取外直径；对圆形截面，取直径）；

h_0——截面有效高度［对环形截面，取 $h_0 = r_2 + r_s$；对圆形截面，取 $h_0 = r + r_s$（r 为圆形截面的半径，r_2 为环形截面的外半径，r_s 为纵向钢筋重心所在圆周的半径）］；

A——构件截面面积。

当 $C_m \eta_{ns}$ 计算值小于 1.0 时，取 1.0；对剪力墙及核心筒墙，可取 $C_m \eta_{ns} = 1.0$。

6）计算公式

偏心受压构件正截面承载力计算与轴压构件正截面承载力计算采用相同的假定，用等效矩形应力图代替混凝土受压区的实际应力图形。

（1）大偏心受压（$\xi \leqslant \xi_b$）。

如图 4-68 所示，由静力平衡条件可得大偏心受压的基本公式。

$$\sum X = 0 \quad N \leqslant \alpha_1 f_c bx + f'_y A'_s - f_y A_s \tag{4-36a}$$

$$\sum M = 0 \quad Ne \leqslant \alpha_1 f_c bx \left(h_0 - \frac{x}{2}\right) + f'_y A'_s (h_0 - a'_s) \tag{4-36b}$$

式中：N——轴向压力设计值；

e_i——初始偏心距；

e——轴向压力作用点至纵向受拉钢筋合力点之间的距离，其值 $e = e_i + 0.5h - a_s$。

式（4-36）的适用条件如下。

① 为防止截面破坏时受拉钢筋应力达到抗拉强度设计值 f_y，应满足 $\xi \leqslant \xi_b$ 或 $x \leqslant \xi_b h_0$。

② 为了保证构件破坏时，受压钢筋应力能达到抗压强度设计值 f'_y，必须满足 $x \geqslant 2a'_s$；在设计中，如 $x < 2a'_s$，可近似取 $x = 2a'_s$，则依据图 4-68 得

$$Ne' \leqslant f_y A_s (h_0 - a'_s) \tag{4-36c}$$

式中：e'——轴向压力作用点至纵向受压钢筋合力点之间的距离，其值为 $e' = e_i - 0.5h + a'_s$。

（2）小偏心受压（$\xi > \xi_b$）。

矩形截面小偏心受压的基本公式可按大偏心受

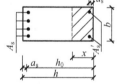

图 4-68　大偏心受压构件的计算简图

压的方法建立。由于小偏心受压构件在破坏时，远离轴向力一侧的钢筋应力无论受压还是受拉均未达到强度设计值，其应力用 σ_s 来表示。根据图 4-69 所示，由静力平衡条件可得出小偏心受压构件承载力计算的基本公式。

$$\sum X = 0 \quad N \leqslant \alpha_1 f_c bx + f'_y A'_s - \sigma_s A_s \tag{4-37a}$$

$$\sum M = 0 \quad Ne \leqslant \alpha_1 f_c bx \left(h_0 - \frac{x}{2}\right) + f'_y A'_s (h_0 - a'_s) \tag{4-37b}$$

式中：σ_s——距轴向力较远一侧钢筋的应力，其简化计算式为式（4-37c），计算值为正号时，表示拉应力，为负号时，表示压应力，其取值范围为 $-f'_y \leqslant \sigma_s \leqslant f_y$。

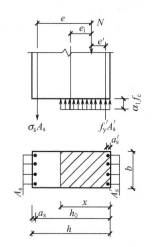

图 4 - 69 小偏心受压构件的计算简图

$$\sigma_s = \frac{\xi - \beta_1}{\xi_b - \beta_1} f_y \qquad (4-37c)$$

β_1 ——等效应力应变图形系数，按表 4 - 13 取值。

式（4 - 37）的适用条件为：

① $\xi > \xi_b$ 或 $x > \xi_b h_0$；

② $x \leqslant h$ 或 $\xi \leqslant \dfrac{h}{h_0}$，如计算值 $x > h$，取 $x = h$ 进行计算。

需要注意的是，上述小偏心受压计算公式仅适用于轴向压力近侧先压坏的一般情况。对于采用非对称配筋的小偏心受压构件，为了避免发生反向破坏，还应按下列公式进行验算：

$$Ne' \leqslant \alpha_1 f_c bh(h_0' - 0.5h) + f_y' A_s(h_0' - a_s)$$
$$(4-37d)$$

式中：e' ——轴向压力作用点至轴向力近侧钢筋合力点之间的距离，其值为 $e' = 0.5h - a_s' - (e_0 - e_a)$；

h_0' ——纵向受压钢筋 A_s' 合力点至离轴向压力较远一侧边缘的距离，即 $h_0' = h - a_s'$。

7）受压构件对称配筋的计算方法

偏心受压构件的纵向钢筋的配置方式有两种：一是非对称配筋，在柱弯矩作用方向的两对边配置不同的纵向受力钢筋，上述介绍的公式就是这种情况；一是对称配筋，在柱弯矩作用方向的两对边对称配置相同的纵向受力钢筋，即 $A_s = A_s'$，$f_y = f_y'$，$a_s = a_s'$。第二种配筋方式构造简单，施工方便，不易出错，实际工程中广泛采用，但用钢量较大。

在其适用条件、适用范围等不变的前提下，采用对称配筋，对于上述大偏心与小偏心的矩形正截面承载力计算公式就可以改写为：

大偏心构件：

$$\sum X = 0 \qquad N \leqslant \alpha_1 f_c bx \qquad (4-38a)$$

$$\sum M = 0 \qquad Ne \leqslant \alpha_1 f_c bx\left(h_0 - \frac{x}{2}\right) + f_y' A_s'(h_0 - a_s') \qquad (4-38b)$$

小偏心构件：

$$\sum X = 0 \qquad N \leqslant \alpha_1 f_c bx + f_y' A_s'\left(1 - \frac{\xi - \beta_1}{\xi_b - \beta_1}\right) \qquad (4-39a)$$

$$\sum M = 0 \qquad Ne \leqslant \alpha_1 f_c bx\left(h_0 - \frac{x}{2}\right) + f_y' A_s'(h_0 - a_s') \qquad (4-39b)$$

但是，采用对称配筋的小偏心构件，仍然存在计算烦琐的问题。《混凝土结构设计规范》（GB 50010—2010）给出了近似的计算方法，即

$$A_s' = \frac{Ne - \xi(1 - 0.5\xi)\alpha_1 f_c bh_0^2}{f_y'(h_0 - a_s')} \qquad (4-39c)$$

$$\xi = \xi_b + \cfrac{N - \xi_b \alpha_1 f_c b h_0}{\cfrac{Ne - 0.43\alpha_1 f_c b h_0^2}{(\beta_1 - \xi_b)(h_0 - a_s')} + \alpha_1 f_c b h_0} \qquad (4-39d)$$

8）偏心受压构件对称配筋的截面设计与截面复核

偏心受压构件截面承载力计算也包括截面设计与截面复核两方面，这里仅介绍对称配筋的截面设计方法，并通过案例加以说明。

【案例 4-10】 某钢筋混凝土结构柱，截面尺寸 $b \times h = 400\text{mm} \times 450\text{mm}$，计算长度 $l_0 = 5\text{m}$，承受轴向压力设计值 $N = 480\text{kN}$，柱端弯矩设计值 $M_1 = M_2 = 350\text{kN} \cdot \text{m}$。混凝土强度等级为 C30，钢筋采用 HRB400 级钢筋。试按照对称配筋方式，进行该柱的截面承载力设计。

案例分析： 基于已知条件，可以得到相关参数：$b \times h = 400\text{mm} \times 450\text{mm}$，$f_c = 14.3\text{N/mm}^2$，$f_y = f_y' = 360\text{N/mm}^2$，$l_0 = 5\text{m}$，$N = 480\text{kN}$，$M_1 = M_2 = 350\text{kN} \cdot \text{m}$，$a_s = a_s' = 40\text{mm}$，$\xi_b = 0.518$。

（1）判断二阶效应的影响。

$$h_0 = 450 - 40 = 410(\text{mm})，A = b \times h = 180000\text{mm}^2，I = \frac{bh^3}{12} = 3037.5 \times 10^6 \text{mm}^4$$

$$i = \sqrt{\frac{I}{A}} = \sqrt{\frac{3037.5 \times 10^6}{180000}} = 129.90(\text{mm})$$

由式（4-33）可知：$\dfrac{l_0}{i} = \dfrac{5000}{129.90} = 38.49 > 34 - 12\left(\dfrac{M_1}{M_2}\right) = 22$

需要考虑二阶效应的影响。

（2）计算控制截面的弯矩设计值。

按式（4-34）与式（4-35），可以得到

$$C_m = 0.7 + 0.3\frac{M_1}{M_2} = 1.0$$

$$e_a = \max(20\text{mm}, h/30) = 20\text{mm}$$

$$\zeta_c = \frac{0.5f_c A}{N} = 2.681 > 1.0，取 \zeta_c = 1.0$$

$$\eta_{ns} = 1 + \cfrac{1}{\cfrac{1300}{h_0}\left(\cfrac{M_2}{N} + e_a\right)}\left(\frac{l_0}{h}\right)^2 \zeta_c = 1.052$$

则 $M = \eta_{ns} C_m M_2 = 1.0 \times 1.052 \times 350 = 368.2(\text{kN} \cdot \text{m})$

（3）大小偏心的类型判断。

理论上，判断大小偏心可以用 ξ，但是 ξ 无法直接求出。通常情况下，采用非对称配筋方案，可以用 $\eta_{ns} e_i$ 与 $0.3h_0$ 的关系进行初步判定，即 $\eta_{ns} e_i \geqslant 0.3h_0$ 为大偏心，$\eta_{ns} e_i < 0.3h_0$ 为小偏心，然后根据相应计算公式求出 ξ，对初步判定进行校正，若采用对称配筋方案，就可以直接用式（4-38a）求出 ξ，进行判断。

为此，$x = \dfrac{N}{\alpha_1 f_c b} = \dfrac{480 \times 10^3}{1.0 \times 14.3 \times 400} = 83.92\text{mm} \leqslant \xi_b h_0 = 212.38\text{mm}$

本题为大偏心受压构件，且 $x = 83.92\text{mm} > 2a_s' = 80\text{mm}$

（4）按照大偏心公式计算纵向钢筋。

$$e_0 = M/N = 767.1(\text{mm})$$

$$e_i = e_0 + e_a = 767.1 + 20 = 787.1(\text{mm})$$

$$e = e_i + 0.5h - a_s = 787.1 + 0.5 \times 450 - 40 = 972.1(\text{mm})$$

则由式(4-38b) 得到

$$
\begin{aligned}
A_s' = A_s &= \frac{Ne - \alpha_1 f_c bx\left(h_0 - \dfrac{x}{2}\right)}{f_y'(h_0 - a_s')} \\
&= \frac{480 \times 10^3 \times 972.1 - 1.0 \times 14.3 \times 400 \times 84.05 \times (410 - 0.5 \times 84.05)}{360 \times (410 - 40)} \\
&= 2177(\text{mm}^2)
\end{aligned}
$$

(5) 方案选择。

选择多种方案，可取截面每侧各配置 2$\underline{\Phi}$22＋4$\underline{\Phi}$25 ($A_s' = A_s = 2233\text{mm}^2$) 钢筋。

全部纵向钢筋的配筋率 $\rho = \dfrac{A_s' + A_s}{bh} = \dfrac{2 \times 2233}{400 \times 450} = 2.48\% > \rho_{\min} = 0.55\%$

满足构造要求。

【案例 4-11】 某钢筋混凝土结构柱，面尺寸 $b \times h = 400\text{mm} \times 600\text{mm}$，计算长度 $l_0 = 6\text{m}$，承受轴向压力设计值 $N = 2900\text{kN}$，柱端弯矩设计值 $M_1 = 50\text{kN} \cdot \text{m}$，$M_2 = 80\text{kN} \cdot \text{m}$。混凝土强度等级为 C25，采用 HRB335 钢筋。试按照对称配筋进行该柱的截面承载力设计。

案例分析： 基于已知条件，可以得到相关参数：$b \times h = 400\text{mm} \times 600\text{mm}$，$f_c = 11.9\text{N/mm}^2$，$f_y = f_y' = 300\text{N/mm}^2$，$l_0 = 6\text{m}$，$N = 2900\text{kN}$，$M_1 = 50\text{kN} \cdot \text{m}$，$M_2 = 80\text{kN} \cdot \text{m}$，$a_s = a_s' = 40\text{mm}$，$\xi_b = 0.550$，$\beta_1 = 0.8$。

(1) 判断二阶效应的影响。

$$h_0 = 600 - 40 = 560(\text{mm}), \quad A = b \times h = 240000\text{mm}^2$$

$$I = \frac{bh^3}{12} = 7200 \times 10^6(\text{mm}^4)$$

$$i = \sqrt{\frac{I}{A}} = \sqrt{\frac{7200 \times 10^6}{240000}} = 173.20(\text{mm})$$

由式(4-33) 可知：$\dfrac{l_0}{i} = \dfrac{6000}{173.20} = 43.7 > 34 - 12\left(\dfrac{M_1}{M_2}\right) = 26.5$

需要考虑二阶效应的影响。

(2) 计算控制截面的弯矩设计值。

按式(4-34) 与式(4-35)，可以得到

$$C_m = 0.7 + 0.3\frac{M_1}{M_2} = 0.888$$

$$e_a = \max(20\text{mm}, h/30) = 20\text{mm}$$

$$\zeta_c = \frac{0.5 f_c A}{N} = 0.492$$

$$\eta_{ns} = 1 + \frac{1}{1300\dfrac{\left(\dfrac{M_2}{N} + e_a\right)}{h_0}}\left(\frac{l_0}{h}\right)^2 \zeta_c = 1.445$$

则，$M = \eta_{ns} C_m M_2 = 0.888 \times 1.445 \times 80 = 102.65(\text{kN} \cdot \text{m})$

（3）大小偏心的类型判断。

直接用式（4-38a）求出 ξ，进行判断。

$$x = \frac{N}{\alpha_1 f_c b} = \frac{2900 \times 10^3}{1.0 \times 11.9 \times 400} = 609.2(\text{mm}) > \xi_b h_0 = 308\text{mm}$$

本题为小偏心受压构件。

（4）按照小偏心公式计算纵向钢筋。

$e_0 = M/N = 35.4\text{mm}$

$e_i = e_0 + e_a = 35.4 + 20 = 55.4(\text{mm})$

$e = e_i + 0.5h - a_s = 55.4 + 0.5 \times 600 - 40 = 315.4(\text{mm})$

由式（4-39d）得到

$$\xi = \xi_b + \frac{N - \xi_b \alpha_1 f_c b h_0}{\dfrac{Ne - 0.43\alpha_1 f_c b h_0^2}{(\beta_1 - \xi_b)(h_0 - a_s')} + \alpha_1 f_c b h_0}$$

$$= 0.550 + \frac{2900 \times 10^3 - 1.0 \times 11.9 \times 400 \times 560 \times 0.550}{\dfrac{2900 \times 10^3 \times 315.4 - 0.43 \times 1.0 \times 11.9 \times 400 \times 560^2}{(0.8 - 0.550) \times (560 - 40)} + 1.0 \times 11.9 \times 400 \times 560}$$

$= 0.851$

则再由式（4-39c）得

$$A_s' = \frac{Ne - \xi(1 - 0.5\xi)\alpha_1 f_c b h_0^2}{f_y'(h_0 - a_s')}$$

$$= \frac{2900 \times 10^3 \times 315.4 - 0.851 \times (1 - 0.5 \times 0.851) \times 1.0 \times 11.9 \times 400 \times 560^2}{300 \times (560 - 40)}$$

$= 1185(\text{mm}^2)$

（5）方案选择。

选择多种方案，可取截面每侧各配置 4Φ20（$A_s' = A_s = 1256\text{mm}^2$）的钢筋。

全部纵向钢筋的配筋率 $\rho = \dfrac{A_s' + A_s}{bh} = \dfrac{2 \times 1256}{400 \times 600} = 1.046\% > \rho_{\min} = 0.60\%$，满足构造要求。

4. 偏心受压构件斜截面承载力计算

一般情况下，偏心受压构件的剪力值相对较小，可不进行斜截面承载力的验算。但对于有较大水平力作用的框架柱、有横向力作用的桁架上弦压杆等，剪力的影响还是较大的，需要进行斜截面受剪承载力计算。

试验研究表明，轴向压力对构件抗剪起有利作用，可以阻止斜裂缝的出现与扩大，增加混凝土剪压区的高度，提高剪压区混凝土的抗剪能力。但是，这种有利作用也是有限的。在轴压比 $N/f_c bh$ 较小时，构件的受剪承载力随轴压比的增大而提高，当轴压比在 0.3~0.5 范围时，受剪承载力达到最大值，若再增大轴向压力将导致受剪承载力的降低，并转变为带有斜裂缝的正截面小偏心受压破坏。

为了确保偏心受压构件的安全性能，《混凝土结构设计规范》（GB 50010—2010）规定：

对于矩形、T形与工字形钢筋混凝土偏心受压构件，其受剪承载力计算可按照式(4-40a)进行。

$$V \leqslant \frac{1.75}{\lambda + 1} f_t b h_0 + f_{yv} \frac{A_{sv}}{s} h_0 + 0.07N \qquad (4-40a)$$

式中：N——与剪力设计值 V 相应的轴向压力设计值，当 $N > 0.3 f_c A$ 时，取 $N = 0.3 f_c A$（A 为构件的截面面积）；

λ——偏心受压构件计算截面的剪跨比，取 $\lambda = \dfrac{M}{V h_0}$。

这里的剪跨比 λ 计算应按照以下规定取值。

（1）对框架结构中的框架柱，当其反弯点在层高范围内时，可取为 $\lambda = \dfrac{h_n}{2 h_0}$（$h_n$ 为柱净高），当 $\lambda < 1.0$ 时，取 $\lambda = 1.0$；当 $\lambda > 3$ 时，取 $\lambda = 3$。

（2）对其他偏心受压构件，当承受均布荷载时，取 $\lambda = 1.5$；当承受集中荷载时（包括作用有多种荷载），其集中荷载对支座截面或节点边缘所产生的剪力值占总剪力值的 75% 以上的情况，取 $\lambda = \dfrac{\alpha}{h_0}$，且 $\lambda < 1.5$ 时，取 $\lambda = 1.5$；当 $\lambda > 3$ 时，取 $\lambda = 3$（α 为集中荷载到支座或节点边缘的距离）。

（3）矩形、T形与工字形钢筋混凝土偏心受压构件，当满足式(4-40b)的要求时，不需进行斜截面受剪承载力计算，仅需按构造要求配置箍筋。

$$V \leqslant \frac{1.75}{\lambda + 1} f_t b h_0 + 0.07N \qquad (4-40b)$$

4.4.2 受拉构件

由于混凝土的抗拉能力较弱，在实际工程中，通常不用钢筋混凝土作受拉构件，但有时也会遇到，如钢筋混凝土桁架或拱拉杆、圆形或矩形水池的池壁、受地震作用的框架边柱以及双肢柱的受拉肢等用钢筋混凝土作受拉构件的情况，如图 4-70 所示。

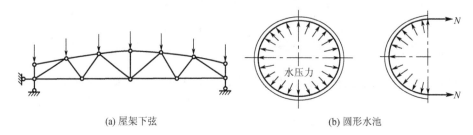

(a) 屋架下弦   (b) 圆形水池

图 4-70 受拉构件

与受压构件相似，钢筋混凝土受拉构件也分为轴心受拉与偏心受拉两种类型。

1. 受拉构件的构造要求

受拉构件的截面形式可采用矩形、圆形，偏心受拉构件的截面宜为矩形。

混凝土强度等级应满足结构对受力构件的基本要求。

钢筋级别宜采用 HPB300、HRB335、HRB400 等，纵向钢筋在截面中应对称布置或沿周边均匀布置，偏心受拉构件的纵向钢筋也宜布置在短边上，且均应满足最小配筋率的要求（表 4 - 15）。

箍筋间距一般不宜大于 200mm，直径为 4～6mm。

2. 轴心受拉构件

1）轴心受拉构件的受力分析

轴心受拉构件如图 4 - 71 所示。通过该杆件加载试验表明，轴心受拉构件的破坏过程与适筋受弯构件相似，大致可以分为三个阶段。

第一阶段为整体工作阶段，此时应力与应变都很小，混凝土与钢筋共同工作，应力与应变曲线接近于直线，在第一工作阶段末，混凝土拉应变达到极限拉应变，裂缝即将产生，此阶段可作为轴心受拉构件不允许开裂的抗裂验算的依据。

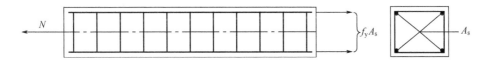

图 4 - 71　轴心受拉截面计算简图

第二阶段为带裂缝工作阶段，当荷载增加到某一数值时，在构件较薄弱的部位会首先出现法向裂缝，构件裂缝截面处的混凝土随即退出工作，但裂缝间的混凝土仍能协同钢筋承担一部分拉力，此时构件受到的使用荷载大约为破坏荷载的 50%～70%，此阶段可作为构件正常使用进行裂缝宽度与变形验算的依据。

第三阶段为破坏阶段，随着荷载继续增加，在某一裂缝截面处的个别薄弱钢筋首先达到屈服，而后整个截面上的钢筋全部达到屈服，此时应变突增，整个构件达到极限承载能力。此阶段是轴心受拉构件正截面承载力计算的依据。

2）轴心受拉构件正截面承载力的计算公式

通过试验研究，轴心受拉构件达到极限承载能力时，混凝土不承受拉力，全部拉力由受拉钢筋承担。从图 4 - 71 可知，在静力平衡条件下，可以得到轴心受拉构件的计算公式：

$$N \leqslant N_R = f_y A_s \tag{4-41}$$

式中：N——轴向拉力的组合设计值；

　　f_y——钢筋抗拉强度设计值，一般 $f_y \leqslant 300N/mm^2$；

　　A_s——纵向钢筋面积。

【案例 4 - 12】　某钢筋混凝土屋架下弦，截面尺寸 $b \times h = 200mm \times 200mm$，承受轴向拉力设计值为 300kN。采用 C25 混凝土，纵向钢筋为 HBR335 级。试求该构件截面纵向钢筋面积 A_s。

案例分析：基于已知条件，可以得到相关参数：$b \times h = 200mm \times 200mm$，$f_t = 1.27N/mm^2$，$f_y = 300N/mm^2$，$N = 300kN$。

（1）计算钢筋面积。

由式（4-41）可得

$$A_s = \frac{N}{f_y} = \frac{300 \times 10^3}{300} = 1000(\text{mm}^2)$$

（2）配筋方案的选择。

根据受力性能、经济合理性、施工方便性等条件，选择多种方案，并确定较为合理的配筋方案。现选用 4⌀18（$A_s = 1017\text{mm}^2$）。

（3）配筋验算。

依据《混凝土结构设计规范》（GB 50010—2010）的要求，轴心受拉构件一侧的配筋率应不小于 0.2% 与 $0.45\frac{f_t}{f_y}$ 中的较大值。

$$\rho = \frac{0.5A_s}{A} = \frac{0.5 \times 1017}{200 \times 200} = 1.27\%$$

$$\rho_{min} = \left[0.2\%, \frac{0.45f_t}{f_y}\right]_{max} = 0.2\% < \rho = 1.27\%$$

满足要求。

3. 偏心受拉构件

偏心受拉构件分为小偏心受拉与大偏心受拉两种。在偏心受压构件中，判断大偏心与小偏心的条件是相对受压高度 ξ，但在偏心受拉构件中，判断大偏心与小偏心的标准是偏心距 e_0，即纵向拉力作用点至构件轴线的距离，如图 4-72 所示。

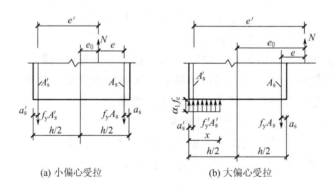

(a) 小偏心受拉　　　(b) 大偏心受拉

图 4-72　偏心受拉截面应力计算简图

当纵向拉力 N 作用点在截面两侧钢筋之内，即 $e_0 \leqslant \frac{h}{2} - a_s$ 时，属于小偏心受拉。

当纵向拉力 N 的作用点在截面两侧钢筋之外，即 $e_0 > \frac{h}{2} - a_s$ 时，属于大偏心受拉。

1）偏心受拉构件的受力分析

试验表明：当纵向拉力 N 作用在两侧钢筋以内时，接近纵向拉力一侧的截面受拉，远离纵向拉力一侧的截面可能受拉也可能受压。当偏心距较小时，全截面受拉，只是接近纵向拉力一侧的应力较大，而远离纵向拉力一侧应力较小；当偏心距较大时，接近纵向拉力一侧受拉，远离纵向力一侧受压。随着纵向拉力 N 的增大，截面应力也逐渐增大，当拉应力较大一侧边缘混凝土达到其抗拉极限拉应变时，截面开裂。对于偏心距较小的情形，开裂后裂缝将迅速贯通；对于偏心距较大的情形，由于拉区裂缝处混凝土退出工作，压区的压应力转换成拉应力，随即裂缝贯通。一旦贯通裂缝形成后，全截面混凝土退出工作，拉力全部由钢筋承担。当钢筋应力达到其屈服强度时，构件达到正截面极限承载能力而破坏。具有这一类破坏特点的构件可以归纳为小偏心受拉破坏构件，如图 4-72(a) 所示。

当纵向拉力作用 N 在两侧钢筋以外时，接近纵向拉力一侧的截面受拉，远离纵向拉力一侧受压。随着拉力 N 的增大，受拉一侧混凝土拉应力逐渐增大，应变达到其极限拉应变开裂。截面虽开裂，但始终有受压区，截面没有出现贯通裂缝。若当受拉一侧的钢筋配置适中时，随着纵向拉力 N 的增大，受拉钢筋首先屈服，裂缝进一步开展，受压区减小，压应力增大，直至受压区边缘混凝土达到极限压应变，最终受压钢筋屈服，混凝土被压碎。这类破坏特征与大偏心受压特征类似。但是受拉一侧的钢筋配置过多时，受压一侧混凝土先被压碎，受拉侧钢筋始终没有屈服，这类破坏特征与受弯构件超筋梁破坏特征类似。具备这些破坏特点的受拉构件称之为大偏心受拉构件，如图 4-72(b) 所示。

2) 偏心受拉构件正截面承载力的计算公式

(1) 大偏心受拉构件。

如图 4-72(b) 所示，根据截面平衡条件，可得大偏心受拉构件正截面承载力的基本计算公式。

$$N \leqslant f_y A_s - \alpha_1 f_c bx - f_y' A_s' \tag{4-42a}$$

$$Ne \leqslant \alpha_1 f_c bx \left(h_0 - \frac{x}{2} \right) + f_y' A_s' (h_0 - a_s') \tag{4-42b}$$

式中：e——轴向拉力 N 作用点至钢筋 A_s 合力作用点距离，$e = e_0 - 0.5h + a_s$。

式(4-42) 的适用条件如下。

① 防止构件不发生超筋破坏，应满足 $x \leqslant \xi_b h_0$。

② 保证构件破坏时纵向受压钢筋 A_s' 达到屈服强度，应满足 $x \geqslant 2a_s'$。若 $x < 2a_s'$，截面破坏时受压钢筋不能屈服，应取 $x = 2a_s'$ 进行计算，即假定受压区混凝土应力的合力与受压钢筋承担的压力的合力作用点重合，对受压钢筋 A_s' 合力点取矩，则可得

$$Ne' = f_y A_s (h_0 - a_s') \tag{4-42c}$$

③ 防止构件不发生少筋破坏，应满足构件一侧的配筋率不小于最小配筋率，即 $\rho \geqslant \rho_{min} = \left[0.2\%, \dfrac{0.45 f_t}{f_y} \right]_{max}$，配筋率应按全截面面积计算，即 $\rho = \dfrac{A_s}{bh}$。

(2) 小偏心受拉构件。

如图 4-72(a) 所示，根据截面平衡条件，可得小偏心受拉构件正截面承载力的基本计算公式。

$$Ne \leqslant f_y A_s' (h - a_s - a_s') \tag{4-43a}$$

$$Ne' \leqslant f_y A_s (h - a_s - a_s') \tag{4-43b}$$

式中：e——轴向拉力 N 作用点至钢筋 A_s 合力作用点距离，$e = 0.5h - a_s - e_0$；

e'——轴向拉力 N 作用点至钢筋 A_s' 合力作用点的距离，$e' = 0.5h - a_s + e_0$；

e_0——偏心距，$e_0 = \dfrac{M}{N}$。

3) 偏心受拉构件斜截面承载力的计算公式

试验研究表明：轴向拉力的存在可以使构件抗剪能力明显降低，而且降低的幅度随轴向拉力的增加而增大，但是，构件内箍筋的抗剪能力基本上不受轴向拉力的影响。

《混凝土结构设计规范》（GB 50010—2010）规定：对于矩形、T形与工字形钢筋混凝土偏心受拉构件，其受剪承载力计算可按照式（4-44）进行。

$$V \leqslant \frac{1.75}{\lambda+1} f_t b h_0 + f_{yv} \frac{A_{sv}}{s} h_0 - 0.2N \tag{4-44}$$

式中：N——与剪力设计值 V 相应的轴向拉力设计值；

λ——计算截面的剪跨比，取 $\lambda = \dfrac{M}{V h_0}$。

另外，当式（4-44）右边的计算值小于 $f_{yv} \dfrac{A_{sv}}{s} h_0$ 时，应取等于 $f_{yv} \dfrac{A_{sv}}{s} h_0$，且需要 $f_{yv} \dfrac{A_{sv}}{s} h_0 \geqslant 0.36 f_t b h_0$。

4.5 钢筋混凝土构件正常使用状态验算

根据结构可靠性的要求，对于使用上需要控制变形与裂缝的结构构件，除了需要承载能力极限状态的定性分析与定量计算外，尚应进行正常使用极限状态下的验算。例如楼盖挠度过大会造成楼层地面不平，吊车梁挠度过大将影响吊车的正常运行，等等，这些现象的发生与发展，不断影响到结构构件的正常使用，降低结构的耐久性，甚至会影响到结构的安全性能。

目前，钢筋混凝土结构构件正常使用极限状态下的验算，主要涉及挠度与裂缝两个方面。为此，本章基于《混凝土结构设计规范》（GB 50010—2010）中给出的基本计算方法与有关规定，主要解决混凝土构件的挠度与裂缝的问题。

4.5.1 正常使用状态验算的基本要求

1. 正常使用状态的荷载组合

根据第 3 章讨论的内容可知，在正常使用极限状态下，荷载组合的效应设计值 S_d 是分别按荷载效应的标准组合、频遇组合与准永久组合进行计算的，各组合值采用的是荷载的标准值，不是设计值。这也说明，一方面钢筋混凝土结构构件正常使用极限状态下的验算主要是针对荷载作用下的现象研究，另一方面钢筋混凝土结构构件在满足正常使用要求的情况下，其安全性能是不会受到影响的。

2. 正常使用状态的验算依据

如图 4-13 所示，结构构件在荷载作用下，从开始受力到破坏大致经历了三个阶段，其中，第 I 阶段是结构构件抗裂验算的依据，第 III 阶段是截面承载力计算的依据，对于正常使用状态下的验算依据，则是第 II 阶段。由于混凝土是非均质材料，在进行其构件的挠度和裂缝计算时，应满足以下三个基本假设条件：

（1）物理条件，钢筋混凝土构件的应力、应变关系满足胡克定律；
（2）几何条件，构件截面在变形前后应符合平面假定；
（3）静力平衡条件。

3. 正常使用状态的控制标准

依据式（3-10）可知，若结构构件满足正常使用，必须使其产生的变形值控制在一定的范围内。因此，可以将式（3-10）转化为挠度与裂缝的验算表达式，即

$$\omega_{max} \leqslant \omega_{lim} \qquad (4-45a)$$

$$f_{max} \leqslant f_{lim} \qquad (4-45b)$$

以上式中：ω_{max}——按荷载的标准组合或准永久组合并考虑荷载长期作用影响计算的最大裂缝宽度；

f_{lim}——受弯构件的挠度限值，可按表 4-22 采用；

ω_{lim}——最大裂缝宽度限值，可按表 4-23 采用；

f_{max}——受弯构件的最大挠度，钢筋混凝土构件应按荷载效应的准永久组合计算，预应力混凝土构件应按荷载效应的标准组合计算，并均应考虑荷载长期作用的影响。

表 4-22　受弯构件的挠度限值

构 件 类 型		挠 度 限 值
吊车梁	手动吊车	$l_0/500$
	电动吊车	$l_0/600$
屋盖　楼盖及楼梯构件	当 $l_0<7$m	$l_0/200$（$l_0/250$）
	当 7m$\leqslant l_0 \leqslant 9$m	$l_0/250$（$l_0/300$）
	当 $l_0>9$m	$l_0/300$（$l_0/400$）

注：1. 表中 l_0 为构件的计算跨度；计算悬臂构件的挠度限值时，其计算长度 l_0 按实际悬臂长度的 2 倍取用。

2. 如果构件制作时预先起拱，且使用上也允许，则在验算挠度时，可将计算所得的挠度值减去起拱值；对预应力混凝土构件，尚可减去预加力所产生的反拱值。

3. 构件制作时的起拱值与预加力所产生的反拱值，不宜超过构件在相应荷载组合作用下的计算挠度值。

4. 表中括号内的数值适用于使用对挠度有较高要求的构件。

表 4-23 结构构件的裂缝控制等级及最大裂缝宽度的限值　　　　单位：mm

环境类别	钢筋混凝土结构		预应力混凝土结构	
	裂缝控制等级	ω_{lim}	裂缝控制等级	ω_{lim}
一	三级	0.30（0.40）	三级	0.20
二 a		0.20		0.10
二 b			二级	—
三 a、三 b			一级	—

注：1. 对处于年平均相对湿度小于 60% 的地区，一类环境下的受弯构件，其最大裂缝宽度限值可采用括号内的数值。

　　2. 在一类环境下，对钢筋混凝土屋架、托架及需做疲劳验算的吊车梁，其最大裂缝宽度限值应取为 0.20mm；对钢筋混凝土屋面梁与托架，其最大裂缝宽度限值应取为 0.3mm。

　　3. 在一类环境下，对预应力混凝土屋架、托架及双向板体系，应按二级裂缝控制等级进行验算；对一类环境下的预应力混凝土屋面梁、托梁、单向板，应按表中二 a 类环境的要求进行验算；在一类与二 a 类环境下需做疲劳验算的预应力混凝土吊车梁，应按混凝土不低于二级的构件进行验算。

　　4. 表中规定的预应力混凝土构件的裂缝宽度控制等级与最大裂缝宽度限值仅适用于正截面的验算；预应力混凝土构件的斜截面裂缝控制验算，应符合有关规定。

　　5. 表中的最大裂缝宽度限值为用于验算荷载作用引起的最大裂缝宽度。

4.5.2　混凝土构件裂缝宽度的计算

1. 裂缝的产生及其等级划分

混凝土构件裂缝形成的原因不仅仅是荷载，还有非荷载原因在起作用，如混凝土的收缩、温度变化、地基不均匀沉降等，通常情况下，混凝土构件的裂缝多是各种原因综合作用的结果。由于非荷载原因引起的裂缝，可以采取控制混凝土浇筑质量、改善水泥性能、选择集料成分、改进结构形式、设置伸缩缝等措施解决，对构件正常使用影响不大，不需进行裂缝宽度验算，但是由荷载引起的裂缝，就不能等闲视之了。

1）荷载作用下裂缝的开展机理

试验研究表明，混凝土构件在荷载 N 的持续递增作用下，在受拉区外边缘混凝土的拉应力 σ_c 很快达到其抗拉强度 f_{tk}，随后于某一薄弱环节在垂直于拉应力方向形成第一批（一条或若干条）裂缝，这些裂缝与非荷载作用下形成的裂缝一起，渐渐地由不连续到连续，形成主裂缝。当裂缝出现瞬间，裂缝截面处混凝土退出工作，应力降低为零，原来的拉应力全部由钢筋承担，使钢筋应力突然增大。虽然混凝土与钢筋之间存在黏结作用，由于钢筋的约束能延缓裂缝的快速进展，但当荷载不断增加，混凝土应力逐渐增加至其抗拉强度 f_{tk}，一旦裂缝之间的距离近到不足以使黏结力传递至混凝土达到 f_{tk}，则会在主裂缝附近不断出现新的裂缝或类似的主裂缝，裂缝的宽度 ω_n 也由小到大，最终完成了裂缝出现的全部过程，如图 4-73 所示。该图中，N_{cr} 为受拉构件边缘混凝土达到极限拉应变时的拉力，ΔN 为拉力增量值，N_k 为荷载效应的标准组合值，f_{tk} 为混凝土的抗拉强度标准值，

$\omega_i(i=1,2,\cdots,i,\cdots,n)$ 为混凝土构件的第 i 条裂缝，σ_{sm}、σ_{ss} 分别为混凝土完全退出工作状态时的平均拉应力值与最大拉应力值，τ 为混凝土的剪应力。

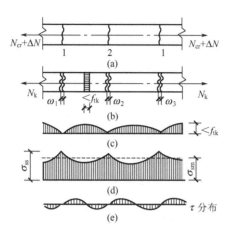

图 4 - 73　混凝土裂缝的形成

由于混凝土具有离散性，因而裂缝发生的部位也是随机的，沿裂缝深度方向，其宽度也是不相同的。钢筋表面处的裂缝宽度只有构件混凝土表面裂缝宽度的 $1/5 \sim 1/3$，而通常所要验算的裂缝宽度是指受拉钢筋重心水平处构件侧表面上混凝土的裂缝宽度。

2）裂缝等级的划分

裂缝的等级是对构件裂缝宽度阈值的界定，由试验分析可知，混凝土构件裂缝形成的内部原因主要是混凝土的抗拉强度很低。据此，《混凝土结构设计规范》（GB 50010—2010）综合考虑了结构的功能要求、环境条件对钢筋的腐蚀影响、钢筋种类对腐蚀的敏感性、荷载作用的时间等因素，将混凝土结构构件的正截面裂缝控制等级划分为三级。

一级——严格要求不出现裂缝的构件。按荷载效应标准组合计算时，构件受拉边缘混凝土不应产生拉应力。

二级——通常要求不出现裂缝的构件。按荷载效应标准组合计算时，构件受拉边缘混凝土拉应力不应大于混凝土轴心抗拉强度标准值；按荷载效应准永久组合计算时，构件受拉边缘混凝土不宜产生拉应力，当有可靠经验时可适当放松。

三级——允许出现裂缝的构件，按荷载效应标准组合并考虑长期作用影响计算时，构件的最大裂缝宽度不应超过规定的最大裂缝宽度限值（表 4 - 23）。

对预应力混凝土构件，根据其工作条件、钢筋种类，分别进行一级、二级或三级裂缝控制验算。钢筋混凝土构件是允许出现裂缝的构件，可按三级裂缝控制要求验算。

2. 裂缝宽度的基本计算公式

目前，关于裂缝开展的研究理论主要有两种，一是黏结-滑移理论，一是无滑移理论。前者认为，混凝土裂缝的开展是由于钢筋与混凝土之间的黏结滑移、混凝土收缩造成的，裂缝宽度等于裂缝间距范围内钢筋与混凝土的变形差；后者认为，裂缝出现后钢筋与混凝土的黏结强度并未完全破坏，可以假定混凝土与钢筋之间无滑移存在，构件表面裂缝宽度主要是由钢筋周围的混凝土回缩形成的，由于钢筋对混凝土回缩的约束，钢筋处的裂缝宽度为构件表面裂缝宽度的 $1/7 \sim 1/3$。

《混凝土结构设计规范》（GB 50010—2010）是在黏结-滑移理论与无滑移理论的基础上，结合大量试验结果总结出半理论半经验公式，即混凝土构件的最大裂缝宽度 $\omega_{\max}$ 为：

$$\omega_{\max} = \alpha_{\mathrm{cr}} \psi \frac{\sigma_{\mathrm{s}}}{E_{\mathrm{s}}} \left(1.9 c_{\mathrm{s}} + 0.08 \frac{d_{\mathrm{eq}}}{\rho_{\mathrm{te}}} \right) \tag{4-46}$$

$$\psi = 1.1 - \frac{0.65 f_{\mathrm{tk}}}{\rho_{\mathrm{te}} \sigma_{\mathrm{s}}} \tag{4-47}$$

式中：α_{cr} ——构件受力特征系数，可按表 4-24 取用。

ψ ——裂缝间纵向受拉钢筋应变不均匀系数，当 $\psi < 0.2$ 时，取 0.2；当 $\psi > 1.0$ 时，取 1.0；对直接承受重复荷载的构件，取 $\psi = 1.0$。

E_{s} ——钢筋的弹性模量。

c_{s} ——最外层纵向受拉钢筋外边缘至受拉区底边的距离（mm）（当 $c_{\mathrm{s}} < 20$ 时，取 $c_{\mathrm{s}} = 20$；当 $c_{\mathrm{s}} > 65$ 时，取 $c_{\mathrm{s}} = 65$）。

ρ_{te} ——按有效受拉混凝土截面面积计算的纵向受拉钢筋配筋率，按 $\rho_{\mathrm{te}} = \dfrac{A_{\mathrm{s}}}{A_{\mathrm{te}}}$ 计算，当 $\rho_{\mathrm{te}} < 0.01$ 时，取 $\rho_{\mathrm{te}} = 0.01$。其中 A_{te} 为有效受拉混凝土截面面积（图 4-74），对于轴心受拉构件，取 $A_{\mathrm{te}} = b \times h$，对于受弯、偏心受压、偏心受拉构件，取 $A_{\mathrm{te}} = 0.5 bh + (b_{\mathrm{f}} - b) h_{\mathrm{f}}$，$b_{\mathrm{f}}$、$h_{\mathrm{f}}$ 为受拉翼缘的宽度、高度。

A_{s} ——受拉区纵向普通钢筋截面面积。

d_{eq} ——纵向受拉钢筋的等效直径（mm），按 $d_{\mathrm{eq}} = \dfrac{\sum n_i d_i^2}{\sum n_i v_i d_i}$ 计算，其中，d_i 为第 i 种纵向受拉钢筋的公称直径；n_i 第 i 种纵向受拉钢筋的根数；v_i 第 i 种纵向受拉钢筋的相对黏结特征系数，对光面钢筋取 0.7，对带肋钢筋取 1.0。

σ_{s} ——按荷载准永久组合计算的钢筋混凝土构件纵向受拉普通钢筋应力或按标准组合计算的预应力混凝土构件纵向受拉钢筋等效应力，对于钢筋混凝土构件而言，相应构件的计算式为：

轴心受拉构件 $\qquad\qquad\qquad \sigma_{\mathrm{s}} = \dfrac{N_{\mathrm{k}}}{A_{\mathrm{s}}} \tag{4-48a}$

偏心受拉构件 $\qquad\qquad\qquad \sigma_{\mathrm{s}} = \dfrac{N_{\mathrm{k}} e'}{A_{\mathrm{s}}(h_0 - a_{\mathrm{s}}')} \tag{4-48b}$

受弯构件 $\qquad\qquad\qquad\quad \sigma_{\mathrm{s}} = \dfrac{M_{\mathrm{k}}}{0.87 h_0 A_{\mathrm{s}}} \tag{4-48c}$

偏心受压构件 $\qquad\qquad\qquad \sigma_{\mathrm{s}} = \dfrac{N_{\mathrm{k}}(e - z)}{A_{\mathrm{s}} z} \tag{4-49a}$

$$z = \left[0.87 - 0.12 (1 - \gamma_{\mathrm{f}}') \left(\frac{h_0}{e} \right)^2 \right] h_0 \tag{4-49b}$$

$$e = \eta_{\mathrm{s}} e_0 + y_{\mathrm{s}} \tag{4-49c}$$

$$\gamma_{\mathrm{f}}' = \frac{(b_{\mathrm{f}}' - b) h_{\mathrm{f}}'}{b h_0} \tag{4-49d}$$

$$\eta_{s} = 1 + \frac{1}{4000e_0/h_0}\left(\frac{l_0}{h}\right)^2 \qquad (4-49e)$$

表4-24 构件受力特征系数

类　　型	α_{cr}	
	钢筋混凝土构件	预应力混凝土构件
受弯、偏心受压	1.9	1.5
偏心受拉	2.4	—
轴心受拉	2.7	2.2

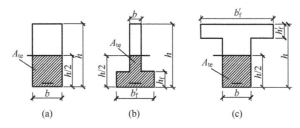

图4-74 有效受拉混凝土截面面积（阴影部分）

【案例4-13】 某办公楼钢筋混凝土矩形截面简支梁，计算跨度$l_0=6$m，截面尺寸$b \times h = 200\text{mm} \times 500\text{mm}$，承受恒载标准值$g_k=8$kN/m（含自重），活荷载标准值$q_k=10$kN/m，准永久值系数$\psi_q=0.4$，纵向受拉钢筋为HRB335级3$\Phi$20（$A_s=941\text{mm}^2$），混凝土强度等级为C20，最大裂缝宽度限值$\omega_{lim}=0.3$mm，试验算该梁的裂缝宽度。

案例分析：混凝土构件的裂缝验算，基本步骤类似于混凝土构件的复核，基于既有的参数，计算出式（4-46）中所需要的相关参数，求出ω_{max}，然后采用式（4-45a）进行比较，最终作出判断。

（1）基于已知条件，获得相关参数。

$l_0=6$m，$b \times h = 200\text{mm} \times 500\text{mm}$，$g_k=8$kN/m（含自重），$q_k=10$kN/m，$\psi_q=0.4$，$f_{tk}=1.54\text{N/mm}^2$，$A_s=941\text{mm}^2$，$\alpha_{cr}=1.9$，$c_s=25$mm，$\omega_{lim}=0.3$mm，$h_0=h-\alpha_s=500-35=465$(mm)，$E_s=2.0 \times 10^5 \text{N/mm}^2$。

（2）求梁内最大弯矩值。

按荷载标准值组合计算的弯矩值为：

$$M_k = \frac{1}{8}(g_k+q_k)l_0^2 = \frac{1}{8} \times (8+10) \times 6^2 = 81(\text{kN} \cdot \text{m})$$

按荷载准永久值组合计算的弯矩值为：

$$M_q = \frac{1}{8}(g_k+\psi_q q_k)l_0^2 = \frac{1}{8} \times (8+0.4 \times 10) \times 6^2 = 54(\text{kN} \cdot \text{m})$$

（3）计算式（4-46）中所需要的相关参数。

$$\sigma_s = \frac{M_k}{0.87h_0 A_s} = 212.6\text{N/mm}^2$$

$$\rho_{te} = \frac{A_s}{A_{te}} = \frac{A_s}{0.5bh} = 0.019 > 0.01$$

$$\psi = 1.1 - \frac{0.65 f_{tk}}{\rho_{te}\sigma_s} = 0.852 > 0.2，且 < 1.0$$

$$d_{eq} = \frac{\sum n_i d_i^2}{\sum n_i \upsilon_i d_i} = 20\text{mm}$$

（4）计算梁的最大裂缝宽度。

$$\omega_{max} = \alpha_{cr}\psi\frac{\sigma_s}{E_s}\left(1.9c_s + 0.08\frac{d_{eq}}{\rho_{te}}\right)$$

$$= 1.9 \times 0.852 \times \frac{212.8}{2.0 \times 10^5} \times \left(1.9 \times 25 + 0.08 \times \frac{20}{0.019}\right)$$

$$= 0.227（\text{mm}）$$

（5）状态判断。

依据式（4-45a）进行比较，即

$$\omega_{lim} = 0.3\text{mm} > \omega_{max} = 0.227\text{mm}$$

满足要求，故裂缝的宽度不影响该梁的正常使用。

4.5.3 混凝土构件的挠度计算

1. 混凝土构件挠度计算的特点

挠度计算主要是针对钢筋混凝土受弯构件而言的。依据材料力学知识可知，简支梁的跨中挠度 α_f 的计算公式为：

$$\alpha_f = \alpha\frac{Ml_0^2}{EI} \tag{4-50a}$$

式中：α——与荷载形式及支承条件有关的荷载效应系数（在均布荷载 q 作用下，取 $\alpha = \frac{5}{48}$；在集中荷载 P 作用下，取 $\alpha = \frac{4}{48}$）；

EI——梁的截面抗弯刚度。

M——按照荷载标准组合计算的跨中最大弯矩；

l_0——计算跨度。

当梁的材料、截面、跨度一定时，EI 为一个常量，梁的挠度与弯矩呈线性关系［图4-75（a）］。然而，试验表明，钢筋混凝土梁的挠度与弯矩的关系是非线性的，梁的截面刚度不仅随着弯矩变化，而且还随着荷载持续作用的时间发生变化［图4-75（b）］。因此钢筋混凝土受弯构件的挠度计算不能直接应用式（4-49a）了。

为了解决这个问题，提出一个变量刚度参数来替代 EI。通常用 B_s 表示钢筋混凝土梁在荷载短期效应组合作用下的截面抗弯刚度，称之为短期刚度，用 B 表示在荷载作用下并考虑其长期效应组合影响下的截面抗弯刚度，称之为长期刚度。这样，式（4-49a）就变为：

$$\alpha_f = \alpha\frac{M_k l_0^2}{B} \tag{4-50b}$$

显然，钢筋混凝土受弯构件的挠度结算问题就变成如何确定其截面抗弯刚度的问题。

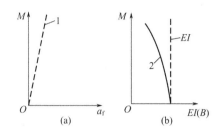

图 4-75 M-α_f 与 M-EI（B）的关系曲线

1—线性；2—非线性

2. 截面刚度的计算

1）短期刚度

根据截面变形的几何关系、材料的物理关系与截面受力的平衡关系，在试验研究的基础上，《混凝土结构设计规范》（GB 50010—2010）给出了在荷载效应的标准组合作用下，矩形、T 形、倒 T 形、I 形钢筋混凝土受弯构件的短期刚度计算公式为：

$$B_s = \frac{E_s A_s h_0^2}{1.15\psi + 0.2 + \dfrac{6\alpha_E \rho}{1 + 3.5 r_f'}} \qquad (4-51)$$

式中：α_E ——钢筋弹性模量 E_s 与混凝土弹性模量 E_c 的比值；

r_f' ——受压翼缘截面面积与腹板有效截面面积的比值，按照 $r_f' = \dfrac{(b_f'-b)\ h_f'}{bh_0}$ 计算（当 $h_f' > 0.2h_0$ 时，取 $h_f' = 0.2h_0$；当截面受压区为矩形时，取 $r_f' = 0$）；

其他符号意义同公式(4-46)。

2）长期刚度

在荷载长期作用下，构件截面弯曲刚度 B 可按照下式计算：

$$B = \frac{M_k}{M_q(\theta-1) + M_k} B_s \qquad (4-52)$$

式中：M_q ——按荷载效应准永久组合计算的弯矩；

θ ——考虑荷载长期作用对挠度增大的影响系数，对钢筋混凝土受弯构件，当 $\rho' = 0$ 时，取 $\theta = 2.0$；当 $\rho' = \rho$ 时，取 $\theta = 1.6$，当 ρ' 为中间数值时，θ 按直线内插法取用，即

$$\theta = 2.0 - \frac{0.4\rho'}{\rho} \qquad (4-53)$$

式中：ρ'、ρ ——分别为纵向受压钢筋及受拉钢筋的配筋率，即 $\rho' = \dfrac{A_s'}{bh_0}$、$\rho = \dfrac{A_s}{bh_0}$，对于翼缘位于受拉区的倒 T 形截面，$\theta$ 值应增大 20%。

3）计算公式

（1）对于一端固定的悬臂梁端部作用集中力 P。

$$f = \frac{Pl_0^3}{3B}$$

（2）对于一端固定的悬臂梁均布荷载作用 q。

$$f = \frac{ql_0^4}{8B}$$

（3）简支梁跨中作用集中荷载 p。

$$f = \frac{pl_0^3}{48B}$$

（4）简支梁跨中作用均布集中荷载 q。

$$f = \frac{5ql_0^4}{384B}$$

【案例4-14】 某办公楼钢筋混凝土矩形截面简支梁，基本条件同案例4-13，挠度限值为 $\frac{l_0}{200}$，试验算该梁的挠度。

案例分析： 已知条件：$l_0 = 6\text{m}$，$b \times h = 200\text{mm} \times 500\text{mm}$，$g_k = 8\text{kN/m}$（含自重），$q_k = 10\text{kN/m}$，$\psi_q = 1.0$，$f_{tk} = 1.54\text{N/mm}^2$，$A_s = 941\text{mm}^2$，$c_s = 25\text{mm}$，$h_0 = 465\text{mm}$。$E_s = 2.0 \times 10^5\text{N/mm}^2$，$E_c = 2.55 \times 10^4\text{N/mm}^2$。

（1）依据案例4-13：$M_k = 81\text{kN} \cdot \text{m}$，$M_q = 54\text{kN} \cdot \text{m}$，$\sigma_s = 212.8\text{N/mm}^2$，$\rho_{te} = 0.019$，$\psi = 0.852$，$d_{eq} = 20\text{mm}$。

（2）计算短期刚度 B_s。

该梁为矩形截面，$r_f' = 0$，$\alpha_E = \dfrac{E_s}{E_c} = \dfrac{2.0 \times 10^5}{2.55 \times 10^4} = 7.84$，

$\rho = \dfrac{A_s}{bh_0} = \dfrac{941}{200 \times 465} = 1.01\%$，则由式（4-51）得

$$\begin{aligned}
B_s &= \frac{E_s A_s h_0^2}{1.15\psi + 0.2 + \dfrac{6\alpha_E \rho}{1 + 3.5 r_f'}} \\
&= \frac{2.0 \times 10^5 \times 941 \times 465^2}{1.15 \times 0.852 + 0.2 + 6 \times 7.84 \times 0.0101} \\
&= 2.46 \times 10^{13}(\text{N/mm}^2)
\end{aligned}$$

（3）计算长期刚度 B。

由于 $\rho' = \dfrac{A_s'}{bh_0} = 0$，取 $\theta = 2.0$，则由式（4-52）得

$$\begin{aligned}
B &= \frac{M_k}{M_q(\theta - 1) + M_k} B_s = \frac{81 \times 10^6}{81 \times 10^6 + (2 - 1) \times 54 \times 10^6} \times 2.46 \times 10^{13} \\
&= 1.48 \times 10^{13}(\text{N/mm}^2)
\end{aligned}$$

（4）状态判断。

依据式（4-45b）进行比较，得

$$f_{max} = \frac{5M_k l_0^2}{48B} = \frac{5}{48} \times \frac{81 \times 10^6 \times 6000^2}{1.48 \times 10^{13}} = 20.52(\text{mm})$$

$$f_{lim} = \frac{l_0}{200} = 30\text{mm}$$

$$f_{max} < f_{lim}$$

满足要求，故挠度变形不影响该梁的正常使用。

4.6 预应力混凝土构件

预应力，是指构件在受荷前预先给使用阶段的受拉区施加的预压应力。借助于预压应力，可以提高构件的刚度与变形性能，延缓正常使用极限状态的出现。比如，用一片片竹板围成的竹桶，用铁箍箍紧，铁箍给竹桶施加上一定大小的预压应力，盛水后，水对竹桶内壁产生环向拉应力，当拉应力小于预压应力时，竹板的挠度与竹板间的裂缝没有达到正常使用的极限状态，水桶就不会漏水（图 4 - 76）。

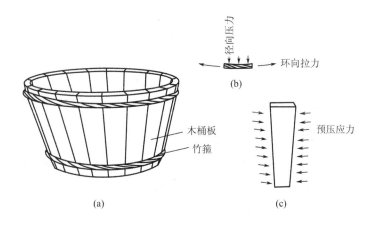

图 4 - 76　日常生活中应用预应力的例子

利用这一原理，在钢筋混凝土构件的受拉区施加预压应力，也是一种改善钢筋混凝土构件抗裂性能的有效途径。根据前文对钢筋混凝土构件的材料及其受力性能的分析知道，钢筋与混凝土分工合作，充分发挥了两种材料各自的优点，但由于混凝土的极限拉应变很小，导致构件存在抗拉能力差且容易开裂的缺陷，这在很大程度上限制了钢筋混凝土构件的应用与发展。为了解决这个问题，可以采取多种方法，如增大截面尺寸、增加钢筋用量、配置高强钢筋、采用高强混凝土等，但试验研究与工程实践证明，这些方法既不经济也不甚合理。

4.6.1 预应力混凝土的基本知识

1. 预应力混凝土的概念与受力特征

预应力混凝土是根据需要人为地引入某一数值与分布的内应力（也称压应力），用以全部或部分抵消外荷载效应（拉应力）的一种加筋混凝土。为了区别于普通混凝土构件，通常把这种具有预应力的混凝土构件，称为预应力构件。

如图 4 - 77(b) 所示，某钢筋混凝土简支梁，在外荷载作用下，该梁下边缘产生拉应力 σ_3；在荷载作用前，预先施加一偏心压力 N，使得梁下边缘产生预压应力 σ_1，如图 4 - 77(a) 所示。在外荷载作用后，梁中截面的应力分布将是两者的叠加，如图 4 - 77(c) 所示。倘若

$\sigma_1 - \sigma_3 < 0$，则梁下边缘受拉，若梁下边缘的叠加应力 $\sigma_1 - \sigma_3 > 0$，则说明梁下边缘受压，梁下边缘混凝土不易开裂。这样，通过对 σ_1 大小的调整，可以确定梁下边缘的应力性质，从而满足不同的裂缝控制要求。

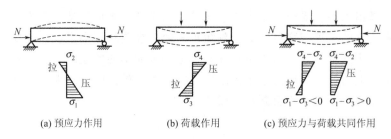

(a) 预应力作用　　(b) 荷载作用　　(c) 预应力与荷载共同作用

图 4 - 77　预应力混凝土简支梁的受力情况

显然，相对于普通混凝土构件而言，预应力混凝土构件的主要优点如下。

（1）裂缝控制性能好。利用高强预应力在混凝土中引起的预压应力，可以成功地抵消混凝土构件因各种作用引起的拉应力，从而可以大大提高结构的裂缝控制性能，也提高了结构刚度。

（2）具有较好的韧性和恢复性能。在偶然的冲击作用下，预应力构件不会脆断，并且即使在非设计工况形成较大变形（挠度）和裂缝的情况下，只要这种作用不再重现，则已形成的挠度可以恢复，裂缝也可以闭合。这对于长期为裂缝问题困扰的混凝土结构，无疑具有重要的现实意义。

（3）拓宽与推广了混凝土结构的应用范围。高强的钢丝、钢绞线等高效结构材料，大量用于实际工程中，其应用范围已扩大到抗震结构，各种预应力构件和结构，包括先张法、后张法或黏结、无黏结的预应力，也得到了快速发展与运用。

2. 预应力混凝土的分类

根据制作、设计和施工的特点，预应力混凝土可以有不同的分类。

1）按照施加方法分为先张法与后张法

先张法是指制作预应力混凝土构件时，先张拉预应力钢筋，后浇灌混凝土的一种方法；后张法是指先浇灌混凝土，待混凝土达到规定强度后再张拉预应力钢筋的一种方法。

2）按照预加应力大小分为全预应力和部分预应力

全预应力是指在使用荷载作用下，构件截面内混凝土全部受压，不会出现拉应力；部分预应力是指在使用荷载作用下，构件截面内混凝土允许出现拉应力或开裂，只有部分截面受压。部分预应力又可分为Ⅰ、Ⅱ两类，Ⅰ类指在使用荷载作用下，构件预压区混凝土正截面的拉应力不超过规定的容许值；Ⅱ类是指在使用荷载作用下，构件预压区混凝土正截面的拉应力允许超过规定的限值，但当裂缝出现时，其宽度不超过容许值。

3）按照施工工艺分为有黏结预应力与无黏结预应力

有黏结预应力，是指沿预应力筋全长的周围均与混凝土黏结、握裹在一起的预应力混凝土结构，如先张预应力结构与预留孔道穿筋压浆的后张预应力结构。无黏结预应力，是指预应力筋自由伸缩、滑动，不与周围混凝土黏结的预应力混凝土结构，这种结构的预应力筋表面涂有防锈材料，外套防老化的塑料管，防止与混凝土黏结。通常无黏结混凝土结构与后张预应力工艺相结合。

3. 施加预应力的方法

根据张拉预应力钢筋和浇捣混凝土的先后顺序，将施加预应力的方法分为先张法和后张法。

1）先张法

通常通过机械张拉钢筋给混凝土施加预应力，可采用台座长线张拉或钢模短线张拉（图4-78），其基本工序为：钢筋就位→张拉预应力钢筋→临时锚固钢筋→浇筑混凝土→切断预应力筋，此时混凝土受压，混凝土强度约为设计强度的75%以上。

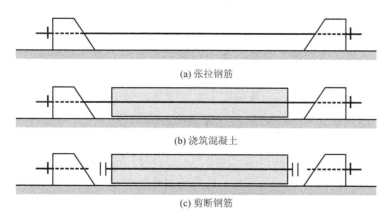

(a) 张拉钢筋

(b) 浇筑混凝土

(c) 剪断钢筋

【参考图文】

图4-78 先张法的预应力混凝土构件制作

采用先张法施加预应力，构件中的混凝土预应力的建立主要依靠钢筋与混凝土之间的黏结力。该方法工艺简单、成本低、质量比较容易保证，所以适用于在预制场大批制作中小型构件，如预应力混凝土结构空心板、屋面板、梁等。该方法是目前我国生产预应力混凝土构件的主要方法之一。

2）后张法

如图4-79所示，后张法的基本工序是：制作构件、预留孔道（可用塑料管或铁管等）→穿筋→张拉预应力钢筋→锚固钢筋、孔道灌浆。

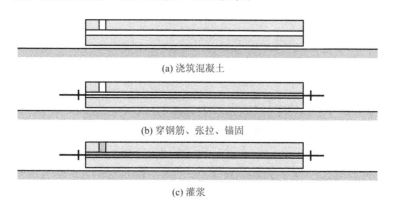

(a) 浇筑混凝土

(b) 穿钢筋、张拉、锚固

(c) 灌浆

【参考视频】

图4-79 后张法的预应力混凝土构件制作

采用后张法时，混凝土预应力的建立主要依靠构件两端的锚固装置。该法适用于钢筋或钢绞线配筋的大型预应力构件，如屋架、吊车梁、屋面梁等，但缺点是工序多，预留孔道占截面面积大，施工复杂，压力灌浆费时且造价高。

4. 预应力混凝土构件的锚具

锚具是用于固定钢筋的。先张法构件中，锚具可重复使用，也称夹具或工作锚，后张法构件中，锚具是预应力混凝土构件锚固预应力筋的装置，并由其传递预应力，锚具是构件的组成部分，不能重复使用。

在预应力施加过程中，对锚具的要求是：安全可靠、使用有效、节约钢材及制作简单。

目前，锚具的种类繁多，按其构造形式及锚固原理，大致可分为三种基本类型，即夹片式锚具、螺杆螺帽型锚具与镦头型锚具。

1）夹片式锚具

如图 4-80 所示，这种锚具由锚块和锚塞两部分组成，其中锚块形式有锚板、锚圈、锚筒等，根据所锚钢筋的根数，锚塞也可分成若干片。锚块内的孔洞及锚塞做成楔形或锥形，预应力钢筋回缩时受到挤压而被锚住。这种锚具通常用于预应力钢筋的张拉端，但也可用于固定端。锚块置于台座、钢模上（先张法）或构件上（后张法），用于固定端时，在张拉过程中锚塞即就位挤紧；而用于张拉端时，钢筋张拉完毕才将锚塞挤紧。

目前，国内常用的夹片式锚具有 QM、XM、JM12 等型号。如图 4-80（a）所示的 JM12 型锚具，有多种规格，适用于 3～6 根直径为 12mm 的热处理钢筋以及 5～6 根 7 股 4mm 钢丝的钢绞线（直径 12mm）所组成的钢绞线束，通常用于后张法构件。由于该类型锚具性能稳定，应力均匀，安全可靠，应用较为广泛。

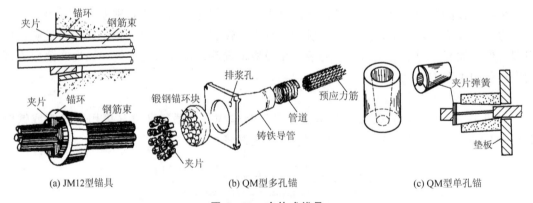

(a) JM12型锚具　　　　　　(b) QM型多孔锚　　　　　　(c) QM型单孔锚

图 4-80　夹片式锚具

2）螺杆螺帽型锚具

图 4-81 所示为两种常用的螺杆螺帽型锚具，图 4-81(a) 所示的用于粗钢筋，图 4-81(b) 所示的用于钢丝束。前者由螺杆、螺帽、垫板组成，螺杆焊于预应力钢筋的端部，后者由锥形螺杆、套筒、螺帽、垫板组成，通过套筒紧紧地将钢丝束与锥形螺杆挤压成一体。预应力钢筋或钢丝束张拉完毕时，旋紧螺帽使其锚固。有时因螺杆中螺纹长度不够或预应力钢筋伸长过大，则需在螺帽下增放后加垫板，以便能旋紧螺帽。通常，该类锚具用于后张法构件的张拉端，也可应用于先张法构件或后张法构件的固定端。

螺杆螺帽型锚具构造简单、操作方便、安全可靠，主要适用于小型预应力混凝土构件。

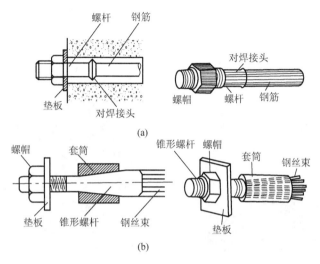

图 4－81　螺杆螺帽型锚具

3）镦头型锚具

如图 4－82 所示的几种镦头型锚具，其中图 4－82(a) 所示的可用于预应力钢筋的张拉端，图 4－82(b)、(c) 所示的可用于预应力钢筋的固定端，通常为后张法构件的钢丝束所采用。对于先张法构件的单根预应力钢丝，在固定端有时也采用，即将钢丝的一端镦粗，将钢丝穿过台座或钢模上的锚孔，在另一端进行张拉。该锚具操作方便、安全可靠、不会产生预应力筋滑移等优点，但是对钢筋的下料长度的准确性要求较高。

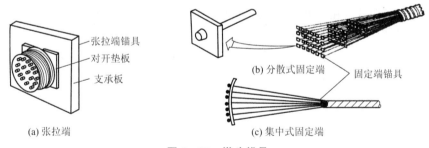

图 4－82　镦头锚具

5.预应力混凝土的孔道成型与灌浆材料

目前，后张有黏结预应力钢筋的孔道成型方法主要有抽拔型与预埋型两类。

（1）抽拔型是在浇筑混凝土前预埋钢管或充水（充压）的橡胶管，在浇筑混凝土后达到一定强度时再抽拔出预埋管，便形成了预留在混凝土中的孔道。这种方法主要适用于直线形孔道。

（2）对于预埋型，是在浇筑混凝土前预埋金属波纹管或塑料波纹管（图 4－83），待浇筑混凝土后不再拔出而永久留在混凝土中，便形成了预留在混凝土中的孔道。这种方法主要适用于各种线形孔道。

预留孔道的灌浆材料应符合具有流动性、密实性和微膨胀性的要求。一般情况下，采用不小于 32.5MPa 的普通硅酸盐水泥，水灰比为 0.4～0.45，宜掺入 0.015% 水泥用量的铝粉作膨胀剂。当预留孔的直径大于 150mm 时，可在水泥浆中掺入不超过水泥用量 30% 的细砂或研磨很细的石灰石。

(a) 金属波纹管　　　　　　　　　　　　　(b) SBG塑料波纹管及连接套管

图 4-83　孔道成型材料

4.6.2　预应力混凝土构件设计的基本要求

1. 预应力混凝土构件的截面形式与尺寸

预应力混凝土轴心受拉构件通常采用正方形或矩形截面，受弯构件采用矩形、T 形、I 形及箱形等截面形式。由于预应力混凝土构件的抗裂度与刚度较大，其所采用的截面尺寸可以比普通混凝土构件的小一些。一般情况下，受弯构件的截面高度可取 $h = (1/25 \sim 1/15)l_0$，腹板宽度 $b = (1/15 \sim 1/8)h$，翼缘宽度可取 $b_f = (1/3 \sim 1/2)h$，翼缘厚度为 $h_f = (1/10 \sim 1/6)h$。l_0 为构件的计算跨度。

2. 预应力混凝土的材料

1）混凝土

预应力混凝土结构构件要求选用高强度混凝土。高强度混凝土与高强度钢筋配合使用，可以减小构件的截面尺寸，减轻结构自重。对于先张法构件，可增大混凝土的黏结强度，对于后张法构件可减少收缩、徐变引起的预应力损失，加快施工进度。

《混凝土结构设计规范》（GB 50010—2010）规定：预应力混凝土构件的混凝土强度等级不应低于 C30；采用钢丝、钢绞线、热处理钢筋作预应力钢筋时，混凝土强度等级不宜低于 C40。

2）钢筋

预应力钢筋具有很高的强度，以保证在钢筋中能产生较高的张拉应力，提高预应力混凝土构件的抗裂能力。此外，预应力钢筋还应具有一定的塑性、良好的可焊性、镦头加工性能等。对先张法构件的预应力钢筋，要求其与混凝土之间具有良好的黏结性能。

常用的预应力钢筋，主要有钢丝、钢绞线与热处理钢筋。普通钢筋宜采用 HRB400 级和 HRB335 级钢筋，也可采用 HPB300 级钢筋。

3. 张拉控制应力 σ_{con} 与预应力损失

张拉控制应力是指在张拉预应力钢筋时所控制达到的最大应力值。其值为张拉设备（如千斤顶油压表）所指示的总张拉力除以预应力钢筋截面面积所得到的应力值，以 σ_{con} 表示。

为了充分发挥预应力混凝土的优点，在确定 σ_{con} 时应考虑以下几个问题。

（1）张拉控制应力 σ_{con} 应高低适宜。为使混凝土获得较高的预压应力，提高构件的抗裂性，σ_{con} 宜定得尽可能高一些，但张拉控制应力也不能定得过高，否则构件在施工阶段，其受拉区就可能因为拉应力过大而直接开裂，或者由于开裂荷载接近其破坏荷载，导致构件在破坏前无明显的预兆，后张法构件还可能在构件端部出现混凝土局部受压破坏。

（2）为减少预应力损失，构件必要时可进行超张拉。钢筋的实际屈服强度具有一定的离散性，如将张拉控制应力定得过高，也可能使个别预应力钢筋的应力超过其屈服强度，产生较大的塑性变形，从而达不到预期的预应力效果，对于高强钢丝，甚至会发生脆断。

（3）张拉控制应力 σ_{con} 的取值应结合材质与张拉方法的特点。冷拉钢筋属于软钢，以屈服强度作为强度标准值，张拉控制应力 σ_{con} 可定得高一些。钢丝和钢绞线属于硬钢，塑性差，且以极限抗拉强度作为强度标准值，张拉控制应力 σ_{con} 可定得低一些。先张法需要考虑混凝土弹性压缩引起的应力降低，后张法可不必再考虑混凝土弹性压缩而引起的应力降低，所以，后张法构件的张拉控制应力 σ_{con} 可以比先张法构件定得低一些。

目前，《混凝土结构设计规范》（GB 50010—2010）规定，预应力钢筋的张拉控制应力 σ_{con} 不宜超过表 4-25 中的限值。同时，当符合下列情况之一时，表中的张拉控制应力限值可提 $0.05f_{ptk}$。

① 要求提高构件在施工阶段的抗裂性能而在使用阶段受压区内设置了预应力钢筋。

② 要求部分抵消由于应力松弛、摩擦、钢筋分批张拉以及预应力钢筋与张拉台座之间的温差等因素产生的预应力损失。

表 4-25 张拉控制应力限值

钢筋种类	张拉控制应力 σ_{con}	
	最大值	最小值
消除应力钢丝、钢绞线	$0.75f_{ptk}$	$0.4f_{ptk}$
热处理钢筋	$0.70f_{ptk}$	$0.4f_{ptk}$
预应力螺纹钢筋	$0.85f_{ptk}$	$0.5f_{ptk}$

注：表中 f_{ptk} 为预应力钢筋的强度标准值。

4. 预应力损失与组合

预应力钢筋张拉后，由于各种原因其张拉应力会下降，这一现象称为预应力损失。预应力的损失会降低预应力的效果，因此，应尽可能地减少预应力损失，并对其进行正确的估算。

1）预应力损失的原因

在施工与使用过程中，引起预应力损失的因素很多，各种因素之间又是互相影响的。目前，《混凝土结构设计规范》（GB 50010—2010）列出了引起预应力损失的六大类原因，依据不同的施工特点进行组合，并对其组合值给出了相应的限定。

（1）张拉端锚具变形和钢筋内缩引起的预应力损失 σ_{l1}。

（2）预应力钢筋与孔道壁之间摩擦引起的损失 σ_{l2}。

（3）受张拉的钢筋与承受拉力的设备之间温差引起的预应力损失 σ_{l3}。

（4）预应力钢筋的应力松弛引起的损失 σ_{l4}。

（5）混凝土收缩、徐变引起的预应力损失 σ_{l5}。

（6）混凝土的局部挤压引起的预应力损失 σ_{l6}。

2）预应力损失值的组合

工程实践表明，采用不同的施加预应力方法，产生的预应力损失也不相同。一般情况下，先张法构件的预应力损失有 σ_{l1}、σ_{l3}、σ_{l4}、σ_{l5}，后张法构件有 σ_{l1}、σ_{l2}、σ_{l4}、σ_{l5}（当为环形构件时还有 σ_{l6}）。然而，各项预应力损失是先后发生的，为了获得预应力钢筋的有效预应力值 σ_{pe}，应将预应力损失按各受力阶段进行组合，计算出不同阶段预应力钢筋的有效预拉应力值，最后计算出在混凝土中建立的有效预应力 σ_{pe}。所谓有效预应力 σ_{pe}，是指张拉控制应力 σ_{con} 扣除相应应力损失 σ_l，并考虑混凝土弹性压缩引起的预应力钢筋应力降低后，在预应力钢筋内存在的预拉应力。

在实际计算中，一般以"预压"为界，把预应力损失分成两批。所谓"预压"，对先张法，是指放松预应力钢筋（简称放张），开始给混凝土施加预应力的时刻；对后张法，因为是在混凝土构件上张拉预应力筋，混凝土从张拉钢筋开始就受到预压，故这里的"预压"特指张拉预应力筋至 σ_{con} 并加以锚固的时刻。

预应力混凝土构件在各阶段的预应力损失值宜按表 4 - 26 的规定进行组合。

表 4 - 26 各阶段预应力损失值的组合

预应力损失值的组合	先张法构件	后张法构件
混凝土预压前（第一批）的损失	$\sigma_{l1} + \sigma_{l2} + \sigma_{l3} + \sigma_{l4}$	$\sigma_{l1} + \sigma_{l2}$
混凝土预压后（第二批）的损失	σ_{l5}	$\sigma_{l4} + \sigma_{l5} + \sigma_{l6}$

考虑到预应力损失计算值与实际值的差异，并为了保证预应力混凝土构件具有足够的抗裂度，《混凝土结构设计规范》（GB 50010—2010）规定了预应力总损失值的最低限值，当计算求得的预应力总损失值 σ_l 小于以下数值时，应按照下列数值取用：先张法构件，$\sigma_{\min l} = 100\text{N/mm}^2$；后张法构件，$\sigma_{\min l} = 80\text{N/mm}^2$。

4.6.3 预应力混凝土构件的计算

预应力混凝土构件，除应根据设计状况进行承载力及正常使用极限状态验算外，尚应对施工阶段进行验算。一般按照施工阶段与使用阶段分别进行计算。

1. 施工阶段验算

该阶段验算的主要内容包括两部分：一是预应力混凝土构件在制作、运输和安装等施工过程中的承载力大小计算；二是预应力混凝土构件在制作、运输和安装等施工过程中的抗裂性能验算。

2. 使用阶段计算

预应力混凝土构件使用阶段的计算包括承载力极限状态的计算和正常使用极限状态下的验算。

（1）承载力计算。对预应力轴心受拉构件，应进行正截面受拉承载力计算；对预应力受弯构件，应进行正截面受弯承载力和斜截面受剪承载力计算。

（2）裂缝控制与变形验算。对于正常使用阶段不允许开裂的构件，应进行抗裂验算，即符合裂缝控制等级为一级或二级的条件；对于允许开裂的构件，应进行裂缝宽度验算；对预应力受弯构件，还应进行挠度验算。

《混凝土结构设计规范》（GB 50010—2010）规定如下。

（1）在预应力混凝土结构设计中，应计入预应力作用效应；对超静定结构，其相应的次弯矩、次剪力及次轴力等均应参与组合计算。在承载能力极限状态，当预应力作用效应对结构有利时，预应力作用分项系数应取 $\gamma_p = 1.0$，不利时，$\gamma_p = 1.2$；在正常使用状态，预应力作用分项系数应取 $\gamma_p = 1.0$。

（2）对于参与组合的预应力作用效应项，当预应力作用效应对承载有利时，结构重要性系数应取 $\gamma_0 = 1.0$；当预应力作用效应对承载力不利时，结构重要性系数 γ_0 可按照第 3 章式（3 - 7）的说明确定。

习　　题

1. 混凝土的强度等级是如何确定的？混凝土的基本强度指标有哪些？其相互关系是什么？

2. 我国建筑结构用钢筋有哪些种类？钢筋混凝土结构对钢筋的性能有哪些要求？

3. 钢筋与混凝土的黏结强度是由哪些组成的？影响钢筋与混凝土之间黏结强度的主要因素有哪些？

4. 收缩与徐变对普通混凝土结构和预应力混凝土结构有何影响？

5. 受弯构件中适筋梁从加载到破坏要经历哪几个阶段？各阶段的主要特征是什么？每个阶段是哪种极限状态的计算依据？

6. 什么叫配筋率？少筋梁、适筋梁与超筋梁的破坏特征有何区别？

7. 什么叫截面相对界限受压区高度 ξ？它在承载力计算中的作用是什么？

8. 在双筋矩形截面承载力计算中，为什么必须同时满足 $\xi \leqslant \xi_b$ 与 $x \geqslant 2a_s'$ 的条件？

9. 矩形截面梁内已配有受压钢筋 A_s'，若计算时 $\xi < \xi_b$，则在计算受拉钢筋 A_s 时是否

要考虑 A'_s ?

10. 当验算 T 形截面梁的最小配筋率 $\rho_{\min}$ 时，计算配筋率 ρ 为什么要用腹板宽度 b 而不用翼缘宽度 b'_f ?

11. 试编写单、双筋矩形截面梁与 T 形截面梁正截面承载力计算程序。

12. 什么是剪跨比？它对梁的斜截面抗剪有什么影响？

13. 梁斜截面破坏的主要形态有哪几种？它们分别在什么情况下发生？破坏性质如何？

14. 有腹筋梁斜截面受剪承载力计算公式有什么限制条件？其意义如何？

15. 在斜截面抗剪计算时，什么情况需考虑集中荷载的影响？什么情况则不需考虑？

16. 什么叫受弯承载力图（或材料图）？如何绘制？它与设计弯矩图有什么关系？

17. 纯扭适筋构件、少筋构件、超筋构件的破坏特征是什么？

18. 在受扭构件设计中，ε、W_t、β_t 的意义是什么？

19. 在弯、剪、扭联合作用下构件的受弯配筋是怎样考虑的？受剪配筋是怎样考虑的？

20. 为什么要考虑附加偏心距？

21. 试从破坏原因、破坏性质及影响承载力的主要因素来分析偏心受压构件的两种破坏特征。当构件的截面、配筋及材料强度给定时，形成两种破坏特征的条件是什么？

22. 在截面设计中为什么要以界限偏心距来判断大偏心或小偏心受压情况？而在对称配筋情况为什么又不能单凭它来判断？

23. 偏心受压构件斜截面抗剪承载力的计算公式是根据什么破坏特征建立的？怎样防止出现其他破坏情况？

24. 为什么要对混凝土结构构件的变形和裂缝进行验算？

25. 试说明受弯构件刚度 B 的意义。

26. 简要说明现行《混凝土结构设计规范》（GB 50010—2010）的最大裂缝计算公式是怎样建立的。

27. 试分析减小受弯构件挠度和裂缝宽度的有效措施。

28. 如何提高混凝土结构的耐久性？

29. 什么是预应力混凝土？与普通钢筋混凝土构件相比，预应力混凝土构件有何优缺点？

30. 施加预应力的方法有哪几种？先张法和后张法的区别何在？试简述它们的优缺点及应用范围。

31. 什么是张拉控制应力 δ_{con} ?为什么张拉控制应力取值不能过高也不能过低？

32. 预应力损失有哪几种？各种损失产生的原因是什么？计算方法及减小措施如何？先张法、后张法各有哪几种损失？哪些属于第一批？哪些属于第二批？

33. 预应力混凝土构件中的非预应力钢筋有何作用？

34. 某办公楼面梁，计算跨度为 6.2m，设计使用年限为 50 年，环境类别为一类，弯矩设计值 $M=130$kN·m。试计算表 4-27 中 5 种情况的 A_s，并进行如下讨论：

表 4 - 27 习题 34 附表

序号	梁高/mm	梁宽/mm	混凝土强度等级	钢筋级别	钢筋面积 A_s
1	550	220	C20	HPB300	
2	550	220	C25	HPB300	
3	550	220	C30	HRB335	
4	550	220	C40	HRB400	
5	550	220	C50	HRB500	

（1）提高混凝土的强度等级对配筋梁的影响；

（2）提高钢筋级别对配筋梁的影响；

（3）加大截面高度对配筋梁的影响；

（4）加大截面宽度对配筋梁的影响；

（5）提高混凝土强度等级或钢筋级别对受弯构件的破坏弯矩有什么影响？从中可得出什么结论？该结论在工程实践上及理论上有哪些意义？

35. 某钢筋混凝土矩形梁，设计使用年限为 50 年，环境类别为一类，承受弯矩设计值 $M=160$ kN·m，混凝土强度等级 C30，采用 HRB400 级钢筋。试确定其截面尺寸及配筋。

36. 已知一矩形梁截面尺寸 $b \times h = 200$ mm $\times 500$ mm，设计使用年限为 50 年，环境类别为二 a 类，弯矩设计值 $M=216$ kN·m，混凝土强度等级为 C30，采用 HRB335 级钢筋。试对该梁进行截面配筋设计。

37. 已知一矩形梁截面尺寸 $b \times h = 200$ mm $\times 500$ mm，设计使用年限为 50 年，环境类别为一类，承受弯矩设计值 $M=200$ kN·m，混凝土强度等级为 C25，已配 HRB335 级受拉钢筋 6$\pm$20。试复核该梁是否安全。若不安全，则重新设计，但不改变截面尺寸和混凝土强度等级。

38. 某大楼中间走廊单跨简支板，计算跨度 $l_0 = 2.18$ m，承受均布荷载设计值 $g+q = 6$ kN/m² （包括自重），混凝土强度等级为 C20，采用 HPB300 级钢筋。设计使用年限为 50 年，环境类别为一类。试确定现浇板的厚度 h 及所需受拉钢筋截面面积 A_s，选配钢筋，并画钢筋配置图。

39. 某 T 形截面梁，翼缘计算宽度 $b_f' = 500$ mm，$b = 250$ mm，$h = 600$ mm，$h_f' = 100$ mm，设计使用年限为 50 年，环境类别为一类，混凝土强度等级为 C30，采用 HRB400 级钢筋，承受弯矩设计值 $M=260$ kN·m。试对该梁截面进行配筋设计，并绘配筋图。

40. 某 T 形截面梁，翼缘计算宽度 $b_f' = 1200$ mm，$b = 200$ mm，$h = 600$ mm，$h_f' = 80$ mm，设计使用年限为 50 年，环境类别为一类，混凝土强度等级为 C25，配有 4$\pm$20 受拉钢筋 （HRB335 级），承受弯矩设计值 $M=146$ kN·m。试复核该梁截面是否安全。

41. 某钢筋混凝土矩形截面简支梁，设计使用年限为 50 年，环境类别为二 a 类，截面尺寸 $b \times h = 200$ mm $\times 600$ mm，采用 C35 混凝土，纵向受力钢筋为 HRB335 级钢筋，箍筋采用 HPB300 级钢筋。该梁仅承受集中荷载作用，若集中荷载至支座距离 $a = 1130$ mm，在支座边产生的剪力设计值 $V=176$ kN，并已配置ϕ8@200 双肢箍及按正截面受弯承载力计算配置了足够的纵向受力钢筋。计算时取 $a_s=35$mm，梁自重不另考虑。试求：

（1）仅配置箍筋是否满足抗剪要求？

（2）若不满足时，要求利用一部分纵向钢筋弯起，试求弯起钢筋面积及所需弯起钢筋排数。

42. 如图 4-84 所示的钢筋混凝土矩形截面简支梁，截面尺寸 $b\times h=200$mm$\times$600mm，设计使用年限为 50 年，环境类别为一类，采用 C35 混凝土，纵向受力钢筋为 HRB335 级钢筋，箍筋采用 HPB300 级钢筋。试对该梁进行截面配筋设计。

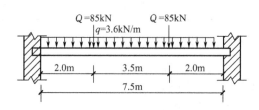

图 4-84 习题 42 附图

43. 已知在均布荷载作用下的钢筋混凝土矩形截面弯、剪、扭构件，环境类别为一类，设计使用年限为 50 年，截面尺寸为 $b\times h=200$mm$\times$400mm。构件所承受的弯矩设计值 $M=50$kN·m，剪力设计值 $V=52$kN，扭矩设计值 $T=12$kN·m，采用 HPB300 级钢筋，混凝土为 C25。试设计该构件截面配筋。

44. 已知矩形截面柱 $h=600$mm，$b=400$mm，计算长度 $l_0=6$m，柱上作用轴向力设计值 $N=2600$kN，弯矩设计值 $M_1=M_2=180$kN·m，混凝土强度等级为 C30，钢筋为 HBR400 级。设计使用年限为 50 年，环境类别为一类。试设计纵向钢筋 A_s 及 A_s' 的数量，并验算垂直弯矩作用平面的抗压承载力。

45. 已知矩形截面偏心受压柱 $h=600$mm，$b=300$mm，计算长度 $l_0=4$m，受压区已配有 2Φ16 的钢筋，柱上作用轴向力设计值 $N=780$kN，弯矩设计值 $M_1=-125$kN·m，$M_2=390$kN·m，混凝强度等级为 C30，采用 HRB400 级钢筋。设计使用年限为 50 年，环境类别为二 b，试设计配筋数量。

46. 已知矩形截面偏心受压柱 $h=600$mm，$b=400$mm，计算长度 $l_0=4.5$m，受压区已配有 4Φ25 的钢筋，柱上作用轴向力设计值 $N=468$kN 弯矩设计值 $M_1=M_2=234$kN·m，混凝土强度等级为 C30，采用 HRB400 级钢筋。设计使用年限为 50 年，环境类别为二 a，试对该矩形截面按对称配筋进行设计。

47. 某门厅入口悬挑板，计算跨度 $l_0=3$m，板厚 $h=300$mm，配置 Φ16@200 的 HRB335 级钢筋。环境类别为一类，设计使用年限为 50 年，混凝土为 C30，板上均布荷载标准值：永久荷载 $g_k=8$kN/m^2；可变荷载 $q_k=0.5$kN/m^2（准永久值系数为 1.0）。试验算板的最大挠度是否满足要求。

48. 计算习题 47 中悬挑板的最大裂缝宽度。

【参考答案】

第5章
钢筋混凝土结构单元设计

教学目标

本章主要讲述钢筋混凝土楼盖、楼梯与雨篷的设计方法及构造要求。通过本章的学习，应达到以下目标：

（1）掌握现浇式肋梁楼盖板设计的一般要求与设计方法；

（2）掌握钢筋混凝土楼梯的设计原理与方法；

（3）掌握悬挑构件雨篷的设计原理与方法。

教学要求

知识要点	能力要求	相关知识
（1）现浇式肋梁楼盖板设计的一般要求 （2）现浇式肋梁楼盖板的布置原则与计算方法	（1）掌握现浇式肋梁楼盖板设计的一般要求 （2）掌握现浇式肋梁楼盖板的布置原则 （3）掌握现浇式肋梁楼盖板设计的计算方法	（1）混凝土结构施工图平面整体表示方法制图规则和构造详图 （2）混凝土结构设计规范与规程
钢筋混凝土楼梯的设计原理与方法	（1）了解楼梯的各种形式与特点 （2）熟悉钢筋混凝土楼梯的设计原理与方法	钢结构、砌体结构、木结构、空间结构设计规范与规程
悬挑构件雨篷的设计原理与方法	（1）了解悬挑构件的各种形式与特点 （2）熟悉钢筋混凝土雨篷的设计原理与方法	钢结构、砌体结构、木结构、空间结构设计规范与规程

 引例

中国古建筑屋顶的形式知多少

中国古建筑屋顶形式很多，大致可分为庑殿顶、歇山顶、悬山顶、硬山顶、攒尖顶、盝顶等。其中庑殿顶、歇山顶、攒尖顶又分为单檐（一个屋檐）和重檐（两个或两个以上屋檐）两种，歇山顶、悬山顶、硬山顶可衍生出卷棚顶。此外，除上述几种屋顶外，还有扇面顶、万字顶、盝顶、勾连搭顶、十字顶、穹窿顶、圆券顶、平顶、单坡顶、灰背顶等特殊的形式。

【参考图文】

庑殿顶，又称四阿顶，有五脊四坡，又叫五脊顶，前后两坡相交处为正脊，左右两坡有四条垂脊。重檐庑殿顶庄重雄伟，是古建筑屋顶的最高等级，多用于皇宫或寺观的主殿，如故宫太和殿、泰安岱庙天贶殿、曲阜孔庙大成殿等。单檐庑殿顶多用于礼仪盛典及宗教建筑的偏殿或门堂等处，以示庄严肃穆，如北京天坛中的祈年门、皇乾殿及斋宫、华严寺大熊宝殿等。

歇山顶，又称九脊顶，有一条正脊、四条垂脊、四条戗脊。前后两坡为正坡，左右两坡为半坡，半坡以上的三角形区域为山花。重檐歇山顶等级仅次于重檐庑殿顶，多用于规格很高的殿堂中，如故宫的保和殿、太和门、天安门、钟楼、鼓楼等。一般的歇山顶应用非常广泛，但凡宫中其他诸建筑，以及祠庙社坛、寺观衙署等官家、公众殿堂等都袭用歇山屋顶。

悬山顶，又称挑山顶，有五脊二坡。屋顶伸出山墙之外，并由下面伸出的桁（檩）承托。因其桁（檩）挑出山墙之外，"挑山"之名由此而来。悬山顶四面出檐，也是两面坡屋顶的早期做法，但在中国重要的古建筑中不被应用。

硬山顶，有五脊二坡，屋顶与山墙齐平。硬山顶出现较晚，在宋《营造法式》中并未有记载，只在明清以后出现在我国南北方住宅建筑中。因其等级低，只能使用青板瓦，不能使用筒瓦、琉璃瓦，在皇家建筑及大型寺庙建筑中，没有硬山顶的存在，其多用于附属建筑及民间建筑。

攒尖顶，无正脊，只有垂脊，只应用于面积不大的楼、阁、楼、塔等，平面多为正多边形及圆形，顶部有宝顶。根据脊数多少，分三角攒尖顶、四角攒尖顶、六角攒尖顶、八角攒尖顶……此外，还有圆角攒尖顶，也就是无垂脊。攒尖顶多作为景点或景观建筑，如颐和园的郭如亭、丽江黑龙潭公园的一文亭等。在殿堂等较重要的建筑或等级较高的建筑中，极少使用攒尖顶，而故宫的中和殿、交泰殿和天坛内的祈年殿等却使用的是攒尖顶。攒尖顶有单檐、重檐之分。

盝顶，是一种较特别的屋顶，屋顶上部为平顶，下部为四面坡或多面坡，垂脊上端为横坡，横脊数目与坡数相同，横脊首尾相连，又称圈脊。盝顶在古代大型宫殿建筑中极为少见。卷棚顶，又称元宝脊，屋面双坡相交处无明显正脊，而是做成弧形曲面。盝顶多用于园林建筑中，如颐和园中的谐趣园，屋顶的形式全部为卷棚顶。在宫殿建筑中，太监、佣人等居住的边房，多为此顶。

扇面顶，就是扇面形状的屋顶形式，其最大特点就是前后檐线呈弧形，弧线一般是前短后长，即建筑的后檐大于前檐。扇面顶的两端可以做成歇山、悬山、卷棚形式。一般用于形体较小的建筑中，会让建筑看起来更为小巧可爱。

万字顶，"万"即为"卍"，代表万事如意、万寿如疆。因其吉祥意义，常被应用于建筑平面或屋顶。

盔顶，就是屋顶像头盔一样的屋顶形式。盔顶的顶和脊的上面大部分为凸出的弧形，下面一小部分反向地往外翘起，就像是头盔的下沿。顶部中心有一个宝顶。岳阳楼使用的就是盔顶。

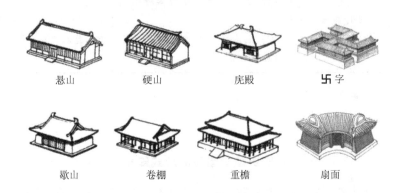

| 悬山 | 硬山 | 庑殿 | 卍字 |
| 歇山 | 卷棚 | 重檐 | 扇面 |

本章主要讨论钢筋混凝土楼盖、楼梯、雨篷等结构部件的设计。

钢筋混凝土楼盖设计包括屋盖与楼层两部分。屋盖也称屋顶，一般由防水层、钢筋混凝土结构层和保温层组成。钢筋混凝土楼层，一般由面层、钢筋混凝土结构层与顶棚组成。其中由梁、板构件组成的钢筋混凝土结构层，在建筑结构中起着承受、传递及分配竖向荷载与水平力的作用。楼盖的形式很多（图 5-1），按照施工方法不同，楼盖的结构层可分为现浇式、装配式与装配整体式三种。由于现浇式楼盖具有整体性好、刚度大、防水性好、抗震性强、适应于房间的平面形状等优点，加之近年来，商品混凝土、泵送混凝土及工具模板的广泛采用，现浇式楼盖的应用最为普遍。

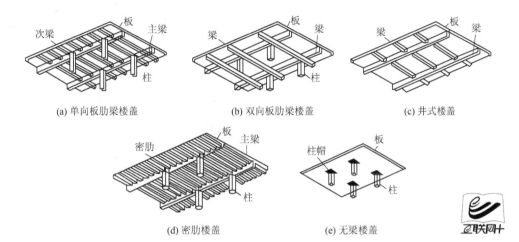

图 5-1　楼盖的结构类型

　　楼梯是多层及高层建筑竖向交通的主要构件，也是多、高层建筑遭遇火灾与其他灾害时的主要疏散通道。其一般由梯段、休息平台、栏杆或栏板几部分组成，按施工方法的不同，可分为现浇式楼梯与装配式楼梯；按梯段结构形式不同，又可分为板式楼梯、梁式楼梯、螺旋式楼梯、剪刀式楼梯等（图 5-2）。前两者为平面受力体系 [图 5-2(a)、(b)]，后两者为空间受力体系 [图 5-2(c)、(d)]。目前，常见的楼梯主要是钢筋混凝土现浇楼梯。

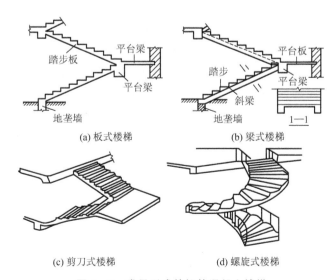

图 5-2　常见形式的钢筋混凝土楼梯

　　阳台、雨篷、挑檐等是房屋建筑中常见的悬挑构件，也是建筑结构设计的基本内容之一。这些悬挑构件的建筑形式花样繁多，但通常有梁、板构件组成，按照施工方法不同分为现浇式与装配式。由于悬挑构件是一边支撑，所以在设计悬挑构件时，既要按照一般梁、板构件的承载力要求进行设计，还要考虑抗倾覆验算（图5-3）。

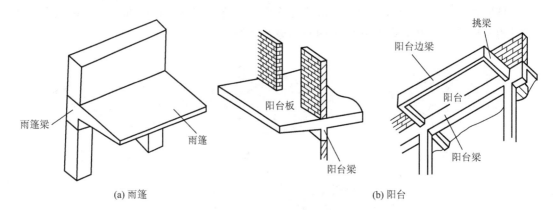

(a) 雨篷　　　　　　　　　　　　　　　　　　　　(b) 阳台

图 5 - 3　悬挑式雨篷与阳台

5.1　现浇式板肋梁楼盖

5.1.1　一般要求

1. 单向板与双向板的划分

　　板肋梁楼盖是最常见的楼盖结构，由板与支承构件（梁、柱、墙）组成，其传力路径为：板→梁（或次梁→主梁）→柱（墙）→基础。理论上，支撑构件对板的支撑有多种方式（图5-4），对于悬臂板与对边支撑板，板上荷载的传递路径十分明显，但对于它们的相邻边支撑、三边支撑与四边支撑情况，板上荷载向支撑构件传递的路径就不是那么直观明晰了。这是制约着楼盖设计的首要问题。

　　通常情况下，现浇板肋梁楼盖的梁呈双向正交布置，将板划分为矩形区格，形成四边支撑的连续板或单块板。受垂直荷载作用的四边支撑板，在两个方向均可能发生弯曲变形，同时可能将板上荷载传递给四边的支撑梁。

　　这里以四边简支的矩形板为例，分析其板梁的受力特点，如图5-5所示。该板承受垂直均布荷载 p 的作用，设板的长边为 l_{01}，短边为 l_{02}，现沿板跨中的两个方向分别切出单位宽度的板带，得到两根简支梁。根据板跨中的变形协调条件：

$$f_A = \alpha_1 \frac{p_1 l_{01}^4}{EI_1} = \alpha_2 \frac{p_2 l_{02}^4}{EI_2} \qquad (5-1)$$

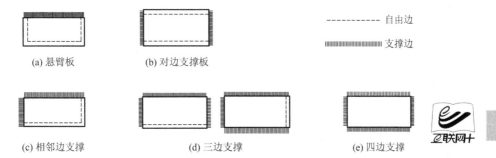

图 5 - 4　板的支撑方式

式中：α_1、α_2 ——挠度系数，当两端简支时，$\alpha_1 = \alpha_2 = 5/384$；

I_1、I_2 ——对应 l_{01}、l_{02} 方向板带的换算截面惯性矩；

p_1、p_2 ——为 q 在 l_{01}、l_{02} 两个方向的分配值，即 $p = p_1 + p_2$。

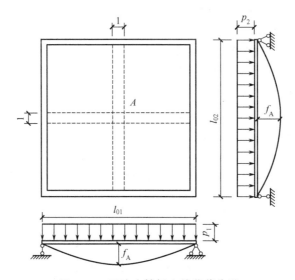

图 5 - 5　四边支撑板上的荷载传递

如果忽略两个方向配筋差异的影响，取 $I_1 = I_2$，就可以得到

$$p_1 = \frac{l_{02}^4}{l_{01}^4 + l_{02}^4} p \qquad (5 - 2a)$$

$$p_2 = \frac{l_{01}^4}{l_{01}^4 + l_{02}^4} p \qquad (5 - 2b)$$

通过式(5 - 2a) 和式(5 - 2b) 可以看出：

当 $l_{01}/l_{02} = 2$ 时，$p_1 = \dfrac{l_{02}^4}{l_{01}^4 + l_{02}^4} p = 0.059p$，$p_2 = \dfrac{l_{01}^4}{l_{01}^4 + l_{02}^4} p = 0.941p$；

当 $l_{01}/l_{02} = 3$ 时，$p_1 = \dfrac{l_{02}^4}{l_{01}^4 + l_{02}^4} p = 0.0122p$，$p_2 = \dfrac{l_{01}^4}{l_{01}^4 + l_{02}^4} p = 0.9878p$。

该分析结果表明，对于四边支撑的矩形板，当其长边与短边的比值较大时，板上荷载主要沿短边方向传递，沿长边方向传递得很少。为了简化计算，对长、短边比值较大的板，忽略荷载沿长边方向的传递，称其为单向板；对长、短边比值较小的板，称其为双向板。

《混凝土结构设计规范》（GB 50010—2010）规定：当 $l_{01}/l_{02} \geqslant 3$ 时，按单向板计算；当 $2 < l_{01}/l_{02} < 3$ 时，宜按双向板计算；当 $l_{01}/l_{02} \leqslant 2$ 时，按双向板计算。

2. 楼盖结构布置的原则

楼层结构布置时，应对影响布置的各种因素进行分析比较与优化。通常是针对具体的建筑设计来布置结构，这就需要从建筑效果、使用功能、结构要求上考虑。

对于建筑效果与使用功能方面，应主要考虑以下要求：

（1）根据房屋的平面尺寸和功能要求，合理地布置柱网和梁；

（2）楼层的净高度要求；

（3）楼层顶棚的使用要求；

（4）有利于建筑的立面设计及门窗要求；

（5）提供改变使用功能的可能性和灵活性；

（6）考虑到其他专业工种的要求。

对于结构方面，应主要考虑以下几个方面：

（1）构件的形状和布置尽量规则和均匀；

（2）受力明确，传力直接；

（3）有利于整体结构的刚度均衡、稳定和构件受力协调；

（4）荷载分布均衡，要分散而不宜集中；

（5）结构自重要小；

（6）保证计算时楼面在自身平面内无限刚性假设的成立。

3. 楼盖结构的计算模型与计算方法

基于力学原理、结构布置及结构用材等条件，将实体建筑结构抽象为可以进行分析计算的力学模型，是结构设计的重要任务。好的力学计算模型应该是在反映实际结构的主要受力特点的前提下，尽可能简单。在楼盖设计中，要正确处理板与次梁、板与墙体、次梁与主梁、次梁与墙体、主梁与柱、主梁与墙体的关系。计算模型确定后，应注意在后续的设计中，特别是在具体的构造处理与措施中，具体实现计算模型中各构件的相互受力关系。

楼盖设计的结构计算方法，实质上是对于梁（次梁或主梁）、板的内力分析与计算的方法。目前，理论上有弹性理论分析法与塑性理论分析法两种。理论分析、试验验证与工程实践证明，板与次梁适宜采用塑性理论分析法，主梁则宜采用弹性理论分析法。

4. 梁、板构件的截面尺寸

梁的高度应满足一定的高跨比要求，梁的宽度与高度应成一定比例，以确保构件截面稳定性的要求。板的尺寸确定应满足《混凝土结构设计规范》（GB 50010—2010）规定的最小厚度要求，同时也应符合一定的高跨比要求。梁、板的最小厚度与高跨比要求可按照表 4-9 与表 5-1 取用。

表 5-1　钢筋混凝土梁、板的截面尺寸

构件种类	截面高度 h 与跨度 l 的比值	说　明
简支单向板	$h/l \geqslant 1/35$	单向板 h 不小于下列值： 屋面板：60mm 民用建筑楼板：60mm 工业建筑楼板：70mm
两端连续单向板	$h/l \geqslant 1/40$	
四边简支双向板	$h/l_1 \geqslant 1/45$	双向板 h： 160mm$\geqslant h \geqslant$80mm l_1 为双向板的短边跨度
四边连续双向板	$h/l_1 \geqslant 1/50$	
多跨连续次梁	$h/l = 1/18 \sim 1/12$	梁的高宽比 h/b 一般为 1.5~3.0，并以 50mm 为模数
多跨连续主梁	$h/l = 1/14 \sim 1/8$	
单跨简支梁		

5.1.2　板肋梁楼盖设计的计算方法

楼盖结构的设计步骤，一般包括结构布置、确定计算简图、荷载分析计算、结构及构件内力分析计算、构件截面设计与施工图的绘制几个过程。

本文仅介绍单向板的设计方法。

1. 单向板肋梁楼盖的结构平面布置

单向板肋梁楼盖结构平面布置的主要任务就是合理确定柱网与梁格。它通常是在建筑设计初步方案提出的柱网或承重墙布置的基础上进行的。

1）柱网的布置要求

柱网和承重墙的间距决定了主梁的跨度，主梁的间距决定了次梁的跨度，次梁的间距又决定了板的跨度。因此，在柱网布置时应与梁格布置统一考虑。柱网尺寸过大，将使梁的截面过大而增加料用量和工程造价；柱网尺寸过小，又会使柱和基础的数量增多，也会增加造价，影响房屋的使用。通常情况下，次梁的跨度宜取 4~6m，主梁的跨度宜取 5~8m。

2）梁格的布置要求

梁格的布置主要解决的问题是，在与柱网布置协调的基础上，合理确定主梁、次梁的方向及次梁的间距。

对于主梁，可以采取沿房屋横向布置或纵向布置两种方式：前者是主梁与柱构成横向刚度较强的框架体系，但因次梁平行于侧窗，会造成顶上出现次梁的阴影；后者便于管道通过，并因次梁垂直于侧窗而使顶棚敞亮，但其横向刚度较差。因此，在布置时应根据工程具体情况选用。

对于次梁，由于次梁的布置方向一定，主要是确定次梁的间距（即板的跨度）。当次梁的间距较大时，次梁数量减少了，这样会增大板厚，进而增加楼盖的混凝土用量。在确定次梁间距时，应使板厚较小为宜。常用的次梁间距宜为 1.7~2.7m，一般不宜超过 3m。

从结构受力角度上看：在主梁跨度内布置2根及2根以上的次梁为宜，以使其弯矩变化较为平缓，也有利于主梁的受力；若楼板上开有较大洞口，必要时应沿洞口周围布置小梁；主、次梁应尽可能布置在承重的窗间墙上，避免搁置在门窗洞口上，否则洞口过梁应重新设计。

从施工角度看，柱网与梁格布置应力求简单、规整、统一，减少构件类型，节约材料、降低造价，方便于施工。工程中，常用的布置方案有三种，如图5-6所示。

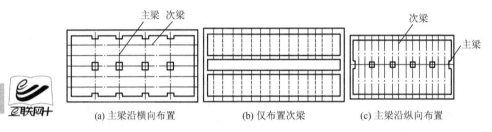

(a) 主梁沿横向布置   (b) 仅布置次梁   (c) 主梁沿纵向布置

图5-6   单向板肋梁楼盖布置方案

2. 单向板肋梁的计算简图

单向板肋梁楼盖的板、次梁、主梁和柱整体浇筑在一起，形成一个复杂体系，但由于板的刚度很小，次梁的刚度又比主梁的刚度小很多，因此可以将板看作是被简单支承在次梁上的结构部分，将次梁看作是被简单支承在主梁上的结构部分，则整个楼盖体系可以分解为板、次梁和主梁几类构件，单独进行计算。根据单向板肋梁楼盖的传力路线，板与主、次梁可视为多跨连续梁（板），其计算简图应表示出支座的特点、计算跨度、梁（板）的计算跨数，以及荷载的形式、位置及大小等。

1）支座的特点

板的支座是次梁或墙体，次梁支座是主梁或墙体，主梁支座是柱。在工程设计中，为便于结构受力分析，对板、梁、墙体之间的连接做以下简化。

（1）当板或梁支承在砖墙（或砖柱）上时，由于其嵌固作用较小，可假定为铰支座，其嵌固的影响可在构造设计中加以考虑。

（2）当板的支座是次梁，次梁的支座是主梁时，则次梁对板、主梁对次梁也有嵌固作用，为简化计算通常也假定其为铰支座，由此引起的误差将在内力计算时加以调整。

（3）当主梁的支座是柱，其计算简图应根据梁、柱的抗弯刚度比而定。如果梁的抗弯刚度比柱的抗弯刚度大很多时（通常认为主梁与柱的线刚度比大于4），可以将主梁视为铰支于柱上的连续梁进行计算，否则应按刚接的框架梁设计。

2）计算跨数

连续梁任何一个截面的内力值与其跨数、各跨跨度、刚度及荷载等因素有关，但对某一跨来说，相隔两跨以上的上述因素对该跨内力的影响很小。因此，为简化计算，对于跨数多于五跨的等跨度（或跨度相差不超过10%）、等刚度、等荷载的连续梁（板），可近似地按五跨计算。如图5-7所示，实际结构1、2、3跨内力按五跨连续梁（板）计算简图采用，其余中间各跨（第4跨）内力均按五跨连续梁（板）的第3跨采用。这种简化方法，因精度高而在工程上广为应用。

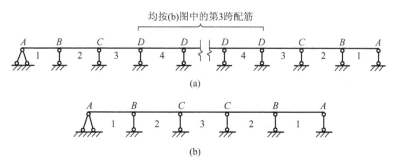

图 5-7　连续梁（板）跨数的简化计算

3）梁（板）的计算跨度

梁、板的计算跨度是指在内力计算时所应采用的跨间长度，其值与构件本身刚度及支承条件有关。在设计中，梁、板的计算跨度可按表 5-2 中的规定取用。

表 5-2　主梁、次梁与板的计算跨度 l_0

跨数	支座情况		计算跨度	
			板	梁
单跨	两端简支		$l_0 = l_n + h$	$l_0 = l_n + a \leqslant 1.05 l_n$
	一端简支另一端与梁整体连接		$l_0 = l_n + 0.5h$	
	两端与梁整体连接		$l_0 = l_n$	
多跨	两端简支		当 $a \leqslant 0.1 l_c$ 时，$l_0 = l_c$	当 $a \leqslant 0.05 l_c$ 时，$l_0 = l_c$
			当 $a > 0.1 l_c$ 时，$l_0 = 1.1 l_n$	当 $a > 0.05 l_c$ 时，$l_0 = 1.05 l_n$
	一端简支另一端与梁整体连接	按塑性计算	$l_0 = l_n + 0.5h$	$l_0 = l_n + 0.5a \leqslant 1.025 l_n$
		按弹性计算	$l_0 = l_n + 0.5(h + b)$	$l_0 = l_c \leqslant 1.025 l_n + 0.5a$
	两端与梁整体连接	按塑性计算	$l_0 = l_n$	$l_0 = l_n$
		按弹性计算	$l_0 = l_c$	$l_0 = l_c$

注：l_n——支座间净距；l_c——支座中心间的距离；h——板的厚度；a——边支座宽度；b——中间支座宽度；l_0——计算跨度。

3．荷载分析计算

楼盖上的荷载有恒荷载和活荷载两种。恒荷载一般为均布荷载，它主要包括结构自重、各构造层自重、永久设备自重等。活荷载的分布通常是不规则的，一般均折合成等效均布荷载计算，主要包括楼面活荷载（如使用人群、家具及一般设备的重力）、屋面活荷载和雪荷载等。楼盖恒荷载的标准值与活荷载标准值的计算方法可参看第 2 章的内容。

当楼面板承受均布荷载时，可取宽度为 1m 的板带进行计算，如图 5-8(a) 所示。在确定板传递给次梁的荷载、次梁传递给主梁的荷载时，一般均忽略结构的连续性而按简单支承进行计算。所以，对次梁取相邻板跨中线所分割出来的面积作为它的受荷面积；次梁所承受荷载为次梁自重及其受荷面积上板传来的荷载；主梁承受主梁自重以及由次梁传来的集中荷载，由于主梁自重与次梁传来的荷载相比较一般较小，为了简化计算，通常将主梁的均布自重荷载折算为若干集中荷载一并计算。板、次梁、主梁的计算简图如图 5-8(b)、图 5-8(c) 和图 5-8(d) 所示。

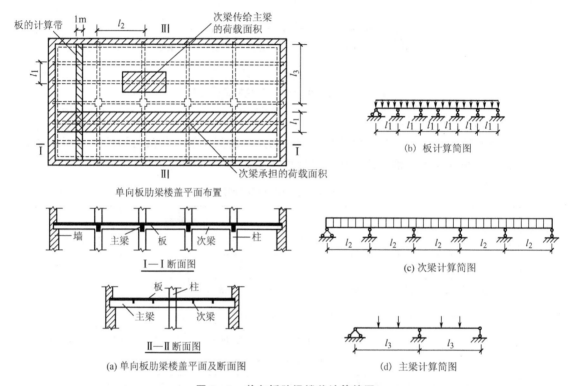

图 5-8　单向板肋梁楼盖计算简图

图 5-8 所示的计算简图假定梁板的支座为简支，忽略了次梁对板、主梁对次梁转动的约束作用，即忽略了支座抗扭刚度对梁板内力的影响。对于等跨连续梁或板而言，当活荷载沿各跨均为满布时是可行的，按照简支计算与实际情况相差甚微，但当活荷载没有满布时情况就不同了。

试验证明：在恒荷载 g 作用下，各跨荷载基本相等，支座的转角 $\theta \approx 0$，支座抗扭刚度的影响较小；当在活荷载 q 作用下，如求某跨跨中最大弯矩时，在某跨邻跨布置 q，如图 5-9(a) 所示，按照铰支座计算时，板绕支座的转角 θ 较大，由于支座约束，而实际转角 θ' 却小于 θ [图 5-9(b)]，由此计算出来的结果显示，计算的跨中弯矩大于实际跨中弯矩。

为了调整实际与理论上的差异，目前设计中通过采用增大恒荷载和减小活荷载的办法来处理，即以折算荷载代替实际荷载 [图 5-9(c)]。

对于板　　　　　　　　$g' = g + \dfrac{q}{2}$　　　$q' = \dfrac{q}{2}$　　　　　　　(5-3a)

对于次梁　　　　　　　$g' = g + \dfrac{q}{4}$　　　$q' = \dfrac{3q}{4}$　　　　　　(5-3b)

式中：g、q——实际的恒荷载、活荷载设计值；

g'、q'——折算的恒荷载、活荷载设计值。

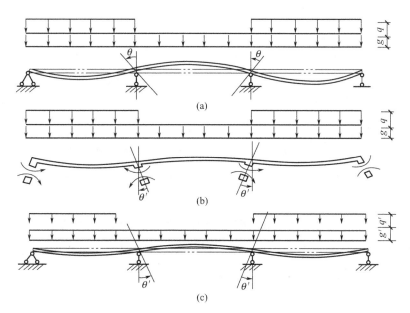

图 5-9 连续梁板的折算荷载

对于主梁，因转动影响较小，一般不予考虑。

当板或梁搁置在砖墙或钢梁上时，荷载也不需要调整。

4. 弹性理论方法的内力计算

按弹性理论方法计算内力，是假定钢筋混凝土连续梁、板为理想弹性体系，因而可按结构力学中的方法进行计算。

钢筋混凝土连续梁、板上承受的恒荷载是保持不变的，活荷载在各跨的分布则是变化的。由于结构设计必须使构件在各种可能的荷载布置下都能安全可靠使用，所以在计算内力时，应研究活荷载如何布置将使梁、板内各截面可能产生的内力绝对值最大，这就要考虑荷载的最不利布置与结构的内力包络图。

1）活荷载的最不利布置

对于单跨梁，当全部恒载与活荷载同时作用时将产生最大的内力，但对于多跨连续梁某一指定截面，往往并不是所有荷载同时布满梁上各跨时，引起的内力为最大。如图 5-10 所示为五跨连续梁在活荷载单跨布置时的弯矩图和剪力图。从图中可以看出其内力图的变化规律：当活荷载作用在某跨时，该跨跨中为正弯矩，邻跨跨中则为负弯矩，然后正负弯矩相间。

依据各弯矩图变化规律与不同组合后的结果，可以确定截面活荷载最不利布置的原则。

（1）求某跨跨中的最大正弯矩时，应在该跨布置活荷载，然后向两侧隔跨布置，如图 5-11(a) 所示。

（2）求某跨跨中最大负弯矩时，该跨不布置活荷载，而在其左右邻跨布置，然后向两侧隔跨布置，如图 5-11(b) 所示。

（3）求支座截面最大负弯矩时，应在该支座相邻两跨布置活荷载，然后向两侧隔跨布置，如图 5-11(c) 所示。

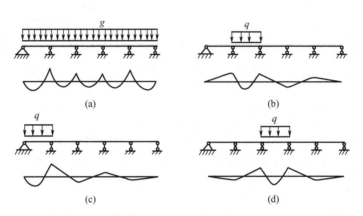

图 5-10　五跨连续梁在不同跨间活荷载作用下的内力图

（4）求支座截面最大剪力时，其活荷载布置与求该截面最大负弯矩时的布置相同，如图 5-11(c)、(d) 所示。

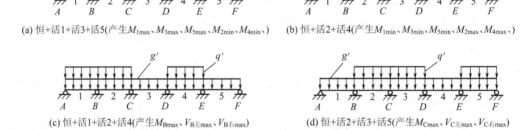

(a) 恒+活1+活3+活5(产生M_{1max}、M_{3max}、M_{5max}、M_{2min}、M_{4min})　　(b) 恒+活2+活4(产生M_{1min}、M_{3min}、M_{5min}、M_{2max}、M_{4max})

(c) 恒+活1+活2+活4(产生M_{Bmax}、$V_{B左max}$、$V_{B右max}$)　　(d) 恒+活2+活3+活5(产生M_{Cmax}、$V_{C左max}$、$V_{C右max}$)

图 5-11　五跨连续梁最不利荷载组合

2）内力计算

确定活荷载的不利布置后，可按结构力学中的方法求出构件各截面的弯矩和剪力。为了方便计算，已将等跨连续梁、板在各种不同布置荷载作用下的内力系数，制成计算表格，详见书后附表。设计时可直接从表中查得内力系数后，按下式计算构件各截面的弯矩值和剪力值，作为截面设计的依据。

在均布荷载作用下：

$$M = 表中系数 \times ql^2 \qquad (5-4a)$$

$$V = 表中系数 \times ql \qquad (5-4b)$$

在集中荷载作用下：

$$M = 表中系数 \times Pl \qquad (5-4c)$$

$$V = 表中系数 \times P \qquad (5-4d)$$

式中：q——均布荷载设计值（kN/m）；

P——集中荷载设计值（kN）。

需要注意的是：若连续板、梁的各跨跨度不相等但相差不超 10% 时，仍可近似地按等跨内力系数表进行计算；当求支座负弯矩时，计算跨度可取相邻两跨的平均值（或取其中的较大值）；求跨中弯矩时，则取相应跨的计算跨度；若各跨板厚、梁截面尺寸不同，但其惯性矩之比不大于 1.5 时，可不考虑构件刚度变化对内力的影响，仍可用上述内力系数表计算内力。

3）内力包络图

按一般结构力学方法或利用本章后附表表格进行计算，求出各种最不利荷载组合作用下的内力图（弯矩图与剪力图），并将它们叠画在同一坐标图上，其外包线所形成的图形即为内力包络图（图 5-12）。该图表示连续梁、板在各种荷载最不利布置下各截面可能产生的最大内力值，也是确定连续梁纵筋、弯起钢筋、箍筋的布置和绘制配筋图的依据。

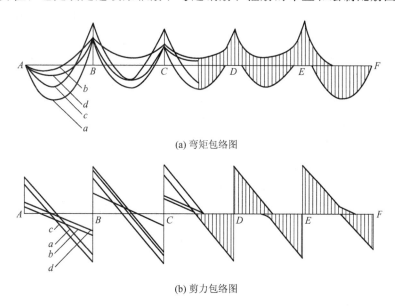

(a) 弯矩包络图

(b) 剪力包络图

图 5-12　五跨连续梁均布荷载内力包络图

4）支座截面的内力计算

按弹性理论方法计算连续梁的内力时，计算跨度取的是支座中心线间的距离，由此按计算简图求得的支座截面内力，是支座中心线处的最大内力。若梁与支座非整体连接或支撑宽度很小时，计算简图与实际情况基本相符。然而对于整体连接的支座，中心处梁的截面高度将会由于支撑梁（柱）的存在而明显增大。实践证明，该截面内力虽为最大，但并非最危险截面，破坏都出现在支撑梁（柱）的边缘。因此，支座截面内力应取支座边缘截面作为计算控制截面（图 5-13）。该计算控制截面的弯矩 M_b 与剪力值 V_b，可近似按下式计算求得：

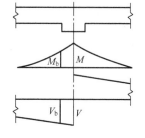

图 5-13　支座处的弯矩与剪力

$$M_b = M - V_0 \frac{b}{2} \qquad (5-5a)$$

$$V_b = V - (g+q) \frac{b}{2} \qquad (5-5b)$$

式中：M、V ——支座中心线处截面的弯矩与剪力设计值；

$\quad\quad V_0$ ——按简支梁计算的支座中心处的剪力设计值；

$\quad\quad g$、q ——均布恒载与活荷载；

$\quad\quad b$ ——支座宽度。

5. 塑性理论方法的内力计算

根据第 4 章讨论的内容可知，钢筋混凝土梁正截面受弯经历了弹性阶段、带裂缝工作阶段、破坏阶段三个阶段。构件承载力的设计是以破坏阶段为依据的，该阶段中材料表现出明显的塑性性能。但是按弹性理论计算连续梁板时，却忽视了钢筋混凝土材料的这种非弹性性质，假定结构的刚度不随荷载的大小而改变，从而造成内力、变形与不变刚度的弹性体系分析的结果不一致。

试验研究证明，对静定结构而言，按照弹性理论的活荷载最不利布置所求得的内力包络图来选择截面及配筋，认为构件任一截面上的内力达到极限承载力时，整个构件即达到承载力极限状态，这是基本符合的。但对于具有一定塑性性能的超静定结构来说，构件的任一截面达到极限承载力时并不会导致整个结构的破坏。导致这一现象发生的原因，是结构中某截面发生塑性变形后，结构体系中的内力将会重新分布，而结构内力重分布的形成关键取决于钢筋混凝土连续梁内塑性铰的出现。随着荷载的增加，在一个截面出现塑性铰后，其他塑性铰陆续出现（每出现一个塑性铰，相当于超静定结构减少一次约束），直到最后一个塑性铰出现，整个结构变成几何可变体系，结构即达到极限承载能力。这个过程也称之为塑性内力重分布。

由此说明，按照弹性理论方法计算的内力不能正确地反映结构的实际破坏内力。要解决这一问题，需要采用塑性内力重分布的计算方法。

1）塑性铰

塑性铰是实现内力重分布的主要原因。那么什么是塑性铰呢？如图 5-14 所示，受弯构件在集中荷载 P 作用下，当受拉钢筋达到屈服后，在构件的受拉区形成有一定长度的塑性变形集中区域，在承受弯矩几乎不变的情况下，构件可以在钢筋屈服的截面上沿弯矩方向绕中性轴单向转动。当然，这种转动是有限度的，即从钢筋屈服到混凝土压碎。为了明晰这种受弯屈服现象，人们将塑性变形集中区域称之为塑性铰。

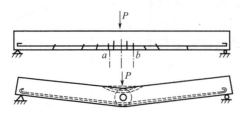

图 5-14 混凝土受弯构件的塑性铰

由此可知，塑性铰与力学中的普通铰相比，具有以下特点：

（1）塑性铰能承受基本不变的弯矩，其值为 M_u，而普通铰不能承受任何弯矩；

（2）塑性铰只能沿弯矩作用方向进行有限的单向转动，所以也称单向铰，普通理想铰则可自由转动；

（3）塑性铰有一定的长度区域，即为塑性铰区，而普通铰则集中于一点。

2）塑性内力重分布的计算方法

在工程中，对钢筋混凝土连续梁、板进行塑性内力重分布计算时，多采用的是弯矩调幅法，即在弹性理论的弯矩包络图基础上，对构件中选定的某些支座截面较大的弯矩值，按内力重分布的原理加以调整，然后按调整后的内力进行配筋计算。

运用弯矩调幅法，可以对支座与跨中弯矩的幅值人为地进行调整，在进行弯矩调整时，能否使塑性铰具有足够的转动能力、连续梁板具有足够的斜截面承载能力以及其满足正常使用条件，让塑性内力重分布的实际效果与理论计算基本吻合，根据理论分析及试验结果，需要遵循以下原则。

（1）支座和跨中截面的配筋率应满足 $A_s \leqslant 0.35 \dfrac{\alpha_1 f_c}{f_y} bh_0$，或者 $\xi \leqslant 0.35$。通过截面配筋率的控制，可以控制连续梁中塑性铰出现的顺序与位置，以及弯矩调幅的大小与方向，保证塑性铰具有足够的转动能力，避免受压区混凝土"过早"被压坏，实现完全的内力重分布。同时，钢筋宜采用塑性较好的 HPB300、HRB335、HRB400 级别钢筋，混凝土强度等级宜在 C20～C45 之间。

（2）弯矩调幅不宜过大，应控制在弹性理论计算弯矩的 30% 以内。一般情况下，梁的调幅不宜超过 25%，板的调幅不宜超过 20%。

（3）为了尽可能地节省钢材，应使调整后的跨中截面弯矩尽量接近原包络图的弯矩值，以及使调幅后仍能满足平衡条件，则梁板的跨中截面弯矩值应取按弹性理论方法计算的弯矩包络图所示的弯矩值与按下式计算值中的较大者（图 5-15）。

$$M = 1.02 M_0 - 0.5(M^l + M^t) \tag{5-6}$$

式中：M_0 ——按简支梁计算的跨中弯矩设计值；

M^l、M^t ——连续梁板的左、右支座截面调幅后的弯矩设计值。

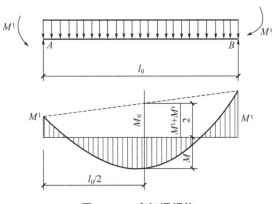

图 5-15　弯矩调幅值

（4）调幅后，支座及跨中控制截面的弯矩值均不宜小于 $M_0/3$。

与弹性理论计算方法一样，为了计算方便，对均布荷载作用下的等跨连续梁、板，在考虑塑性内力重分布时的弯矩与剪力可按下式计算：

板与次梁的跨中及支座弯矩　　$M = \alpha(g+q)l_0^2 \tag{5-7a}$

次梁支座的剪力　　$V = \beta(g+q)l_n \tag{5-7b}$

式中：g、q ——作用在梁、板上的均布恒荷载、活荷载设计值；

l_0 ——计算跨度；

l_n ——净跨度；

α ——考虑塑性内力重分布的弯矩计算系数，按表 5－3 选用；

β ——考虑塑性内力重分布的剪力计算系数，按表 5－4 选用。

表 5－3　考虑塑性内力重分布的弯矩系数 α

支 承 情 况		截 面 位 置					
		端支座	边跨跨中	离端第二支座	离端第二跨跨中	中间支座	中间跨跨中
		A	Ⅰ	B	Ⅱ	C	Ⅲ
梁板搁在墙上		0	1/11	−1/10（两跨连续） −1/11（三跨及以上连续）	1/16	−1/14	1/16
板	与梁整体连接	−1/16	1/14				
梁		−1/24					
梁与柱整体现浇		−1/16	1/14				

表 5－4　考虑塑性内力重分布的剪力系数 β

支 承 情 况	截 面 位 置				
	端支座内侧	离端第二支座		中间支座	
		外侧	内侧	外侧	内侧
搁在墙上	0.45	0.6	0.55	0.55	0.55
与梁或柱整体连接	0.5	0.55			

需要说明的是，按内力塑性重分布理论计算超静定结构虽然可以节约钢材，但在使用阶段钢筋应力较高，易使构件裂缝与挠度均较大。一般情况下，对于在使用阶段不允许开裂的结构、处于重要部位而又要求可靠度较高的结构（如肋梁楼盖中的主梁）、受动力与疲劳荷载作用的结构及处于有腐蚀环境中的结构，应按弹性理论方法进行设计，不能采用塑性理论计算方法。

6. 单向板肋梁的截面计算与构造要求

1）板

（1）板的截面计算。

板的内力可按塑性理论方法计算，在求得单向板的内力后，即可按照第 4 章正截面承载力的计算方法，确定各跨跨中及各支座截面的配筋。理论与实践证明，板在一般情况下均能满足斜截面受剪承载力要求，设计时可不进行受剪承载力计算。

对于多跨连续板，由于跨中存在正弯矩作用、支座处存在负弯矩作用，在计算内力时，可对周边与梁整体连接的单向板中间跨跨中截面及中间支座截面的计算弯矩折减 20%，但对于边跨跨中截面及第二支座截面，由于边梁侧向刚度不大（或无边梁），难以提供足够的水平推力，其计算弯矩不应降低。

（2）板的构造要求。

单向板的构造要求主要为板的尺寸、混凝土的强度等级及配筋等方面。对于板的尺寸及混凝土强度等级等要求，前文已有介绍，这里仅对板的配筋要求加以说明。

① 现浇单向板中的受力钢筋。

板中受力钢筋，有放置在板面承受负弯矩的受力筋与放置在板底承受正弯矩的受力筋，前者简称为负钢筋，后者简称为正钢筋，它们都是沿板短跨方向在受拉区布置。通常采用直径为 6～12mm 的 HRB335、HPB300 级钢筋，间距不宜小于 70mm。当板厚 $h \leqslant$ 150mm 时，间距不应大于 200mm，当 $h >$ 150mm 时，间距不应大于 250mm，且每米宽度内不得少于 3 根，从跨中伸入支座的受力钢筋间距不应大于 400mm，且截面面积不得小于跨中钢筋截面面积的 1/3，当边支座是简支时，下部正钢筋伸入支座的长度不应小于 5d。

连续板内的受力钢筋配筋方式有弯起式和分离式两种。弯起式配筋方式如图 5-16 所示，其特点是节省钢材，整体性与锚固性好，但施工复杂。分离式配筋是将正弯矩钢筋与负弯矩钢筋分别设置（图 5-17），其特点是施工方便，用钢量较大，锚固不如弯起式好。

连续梁板内受力钢筋的弯起与截断，一般可按图 5-16 确定，图中 a 的取值为：

当 $q/g \leqslant 3$ 时　　　$a = l_0/4$

当 $q/g > 3$ 时　　　$a = l_0/3$

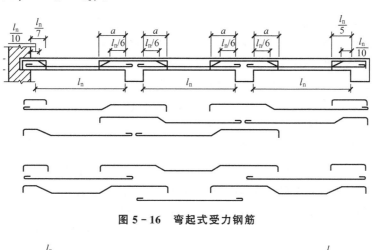

图 5-16　弯起式受力钢筋

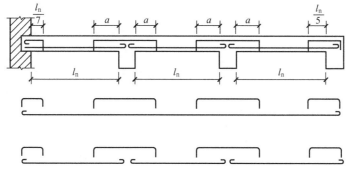

图 5-17　分离式受力钢筋

② 现浇单向板中的构造钢筋。

单向板中除受力钢筋外，通常还设置四种构造钢筋，即分布钢筋、嵌入墙内时的板面附加钢筋、嵌入墙内的板角双向附加钢筋及与主梁垂直的板面附加负筋（图 5-18）。

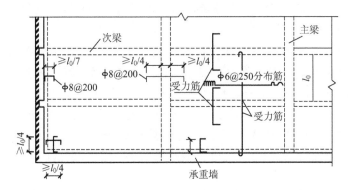

图 5-18　板中的构造钢筋

a. 分布钢筋。

单向板分布钢筋应在垂直受力钢筋方向布置，并放置在受力钢筋内侧，其具体要求参见第 4 章有关内容。分布钢筋的布置有助于抵抗混凝土收缩或温度变化产生的内力，有助于将板上作用的集中荷载分布在较大的面积上让更多的受力钢筋参与工作，还可以承担长跨方向实际存在的一些弯矩。

b. 嵌入墙内时的板面附加钢筋。

嵌入墙内时的板面附加钢筋，是指沿承重墙边缘在板面配置的附加钢筋。对于一边嵌固在承重墙内的单向板，其计算简图与实际情况不完全一致，其计算简图按简支考虑，而实际上墙对板有一定的约束作用，因而板在墙边会产生一定的负弯矩。因此，应在板上部沿边墙配置直径不小于 8mm，间距不大于 200mm 的板面附加钢筋（包括弯起钢筋），从墙边算起不宜小于板短边跨度的 1/7。

c. 嵌入墙内的板角双向附加钢筋。

该钢筋主要作用是，抵抗由于温度收缩影响在板角产生的拉应力。为了防止混凝土裂缝的出现，可在角区 $l/4$ 范围内双向配置板面附加钢筋。其直径不小于 8mm，间距不宜大于 200mm，且伸入板内的长度不宜小于板短边跨度的 $l/4$。

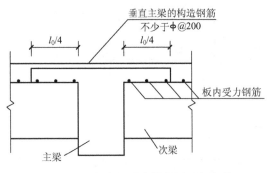

图 5-19　与主梁垂直的板面附加负筋

d. 与主梁垂直的板面附加负筋。

由于现浇板与主次梁整浇在一起，主梁也对板起支承作用，同样会产生一定的板顶负弯矩，因此必须在主梁上部的板面配置附加负筋。其具体要求如图 5-19 所示，图中的 l_0 为板的计算跨度。

2）次梁

（1）次梁的截面计算。

在截面设计时，次梁的内力一般按塑性方法计算。由于现浇肋梁楼盖的板与次梁为整体连接，板可作次梁的上翼缘，因此在正截面计算中，跨中正弯矩作用下按 T 形截面计算，支座处按矩形截面计算；在斜截面计算时，抗剪腹筋一般仅采用箍筋，当荷载、跨度较大时，也可在支座附近设置弯起钢筋，以减少箍筋用量。其具体计算方法见第 4.2 节受弯构件的承载力设计。

（2）次梁的构造要求。

次梁的一般构造要求与普通受弯构件构造相同，次梁伸入墙内支承长度一般不应小于 240mm。当次梁各跨中及支座截面分别按最大弯矩确定配筋量后，沿梁长纵向钢筋的弯起与截断原则上应按内力包络图确定，但对于相邻跨度相差不大于 20%、活荷载与恒荷载比值 $q/g \leqslant 3$ 时的次梁，可按图 5-20 来布置钢筋。

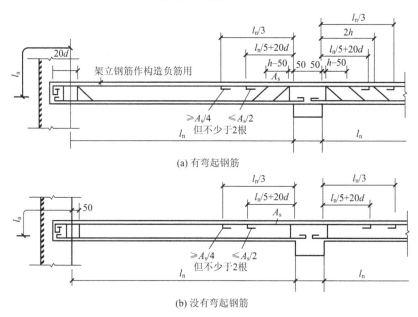

(a) 有弯起钢筋

(b) 没有弯起钢筋

图 5-20　次梁的配筋构造

3）主梁

主梁主要承受自重、直接作用在主梁上的荷载及次梁传来的集中荷载。主梁内力一般按弹性方法计算，其设计方法同次梁。

需要说明的是，在进行主梁设计时，应注意以下两个问题。

（1）合理确定主梁的有效计算高度 h_0。在主梁支座处，主梁、次梁、板截面的上部纵筋相互交叉 [图 5-21(a)]，主梁的纵筋须放在次梁的纵筋下面，则主梁的截面有效高度 h_0 有所减小。通常情况下，当主梁支座负弯矩钢筋为单排时，可取 $h_0 = h - (50 \sim 60)$ mm；当主梁支座负弯矩钢筋为两排时，取 $h_0 = h - (70 \sim 80)$mm，如图 5-21(b) 所示。

（2）梁与次梁交接处应设置附加横向钢筋，以承受集中力作用，附加横向钢筋有附加箍筋与附加吊筋两类，宜优先选用附加箍筋。

如图 5-22(a) 所示，次梁与主梁相交处，在主梁高度范围内受到次梁传来的集中荷载的作用，此集中荷载并非作用在主梁顶面，而是靠次梁的剪压区传递至主梁的腹部，这样在主梁局部长度上将引起主拉应力，特别是当集中荷载作用在主梁的受拉区时，会在主梁腹部产生斜裂缝，引起局部破坏。通常处理的方法是在主梁方向上设置附加横向钢筋，将集中荷载传递到主梁顶部受压区。附加横向钢筋可采用附加箍筋（宜优先采用）与吊筋，其应在长度为 s 的范围内布置，如图 5-22(b) 所示。附加箍筋和吊筋的总截面面积

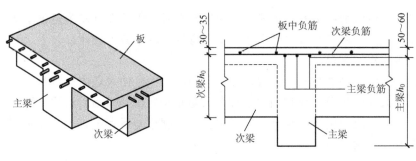

(a) 主梁支座处的负筋位置关系   (b) 主梁支座处的截面有效高度

图 5 - 21 　主梁支座处的构造

按下式计算：

$$P \leqslant 2f_y A_{sb}\sin\alpha + m \cdot nf_{yv}A_{sv1} \qquad (5-8)$$

式中：p ——由次梁传递的集中力设计值；

f_y ——吊筋的抗拉强度设计值；

f_{yv} ——附加箍筋的抗拉强度设计值；

A_{sb} ——一根吊筋的截面面积；

A_{sv1} ——单肢箍筋的截面面积；

m ——附加箍筋的排数；

n ——在同一截面内附加箍筋的肢数；

α ——吊筋与梁轴线间的夹角。

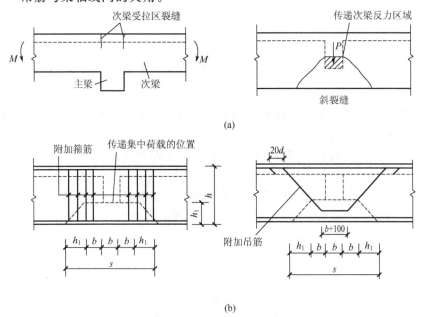

图 5 - 22 　附加横向筋布置

7. 现浇式板肋梁楼盖设计案例

某轻工业厂房，为多层内框架砖混结构，外墙厚 370mm，钢筋混凝土柱截面尺寸为

300mm×300mm，采用现浇钢筋混凝土板肋梁楼盖，其平面布置如图 5-23 所示。结构设计年限为 50 年，图示范围内不考虑楼梯间，其他有关设计资料如下。

（1）楼面做法：20mm 厚水泥砂浆面层，15mm 厚石灰砂浆板底抹灰。

（2）楼面荷载：恒荷载包括梁、楼板及粉刷层自重；钢筋混凝土容重 25kN/m³，水泥砂浆容重 20kN/m³，石灰砂浆容重 17kN/m³；楼面均布活荷载标准值为 8kN/m²。

（3）材料选用：混凝土等级采用 C20 级，梁中受力主筋采用 HBR335 级钢筋，其余均采用 HPB300 级钢筋。

（4）其他未尽条件可参考现行相关设计规范执行。

试对该厂房楼盖进行设计，并绘制结构施工图（采用传统的平立剖标注法）。

【结构设计分析】 本设计项目采用钢筋混凝土现浇式板肋梁楼盖，可以拟定采用单向板肋梁楼盖与双向板肋梁楼盖两种结构设计方案。相对于单向板肋梁楼盖，双向板肋梁楼盖受力性能较好，可以跨越较大跨度，当梁格尺寸与使用荷载较大时，也相对经济。基于该项目的建筑平面布置尺寸为 25m×12m，以及支承条件、楼盖荷载要求等基本条件，可以选择单向板肋梁楼盖结构设计方案。其具体设计步骤如下。

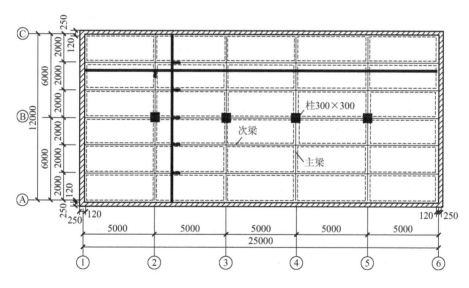

图 5-23　单向板肋梁楼盖平面布置

1）楼盖结构布置及构件截面尺寸的确定

依据单向板肋梁楼盖设计的一般原则与构造要求，按照不需要做挠度验算的条件考虑，可以做如下初步的拟定（图 5-23）。

（1）梁格布置：主梁的跨度为 6m，主梁每跨内布置 2 根次梁，次梁的跨度为 5m，板的跨度为 2m。

（2）截面尺寸：板厚 $h \geqslant \frac{1}{40}l_0 = 1/40 \times 2000 = 50(mm)$，考虑到工业建筑楼板最小板厚为 70mm，取板厚 80mm。

次梁截面高度应满足 $h = \left(\frac{1}{18} \sim \frac{1}{12}\right)l_0 = \left(\frac{1}{18} \sim \frac{1}{12}\right) \times 5000 = 278 \sim 417(mm)$，取

$h = 400\text{mm}$，截面宽度 $b = \left(\dfrac{1}{3} \sim \dfrac{1}{2}\right)h = \left(\dfrac{1}{3} \sim \dfrac{1}{2}\right) \times 400 = 133 \sim 200(\text{mm})$，取 $b = 200\text{mm}$，则次梁截面尺寸为 $b \times h = 200\text{mm} \times 400\text{mm}$。

主梁截面高度应满足 $h = \left(\dfrac{1}{14} \sim \dfrac{1}{8}\right)l_0 = \left(\dfrac{1}{14} \sim \dfrac{1}{8}\right) \times 6000 = 429 \sim 750(\text{mm})$，取 $h = 650\text{mm}$，截面宽度 $b = \left(\dfrac{1}{3} \sim \dfrac{1}{2}\right)h = \left(\dfrac{1}{3} \sim \dfrac{1}{2}\right) \times 650 = 217 \sim 325\text{mm}$，取 $b = 250\text{mm}$，则主梁截面尺寸为 $b \times h = 250\text{mm} \times 650\text{mm}$。

柱的截面尺寸为 $b \times h = 300\text{mm} \times 300\text{mm}$；板伸入墙内 120mm，次梁伸入墙内 240mm，主梁伸入墙内 370mm。

2）连续板的设计

按照塑性理论方法进行内力计算。为了计算方便，取 1m 宽板带为计算单元。

（1）荷载计算。

板的荷载计算见表 5-5。

表 5-5 板的荷载计算表

荷载种类		荷载标准值/(kN/m²)	荷载分项系数	荷载设计值/(kN/m²)
恒载	20mm 厚水泥砂浆面层	0.4	—	—
	80mm 厚钢筋混凝土板	2.0	—	—
	15mm 厚石灰砂浆抹灰	0.26	—	—
	小计	2.66	1.2	3.19
活载		8	1.3	10.4
全部计算荷载		—	—	13.59

每米板宽的线荷载为 $13.59 \text{ kN/m}^2 \times 1\text{m} = 13.59(\text{kN/m})$。

（2）计算简图。

次梁截面尺寸 $b \times h = 200\text{mm} \times 400\text{mm}$，连续板的边跨一端与梁整体连接，另一端支在墙上，中间跨均与梁固结。根据图 5-24（a）计算连续板的净跨 l_n，则可得各跨的计算跨度 l_0 的尺寸。

边跨：$l_{01} = l_n + \dfrac{h}{2} = 2000 - \dfrac{200}{2} - 120 + \dfrac{80}{2} = 1820(\text{mm})$

中间跨：$l_{02} = l_{03} = l_n = 2000 - 200 = 1800(\text{mm})$

由于边跨与中间跨的跨度差 $l_{01} = \dfrac{1820 - 1800}{1800} \times 100\% = 1.1\% < 10\%$，且跨数大于五跨，故可近似按照五跨的等跨连续板进行内力计算，板的计算简图如图 5-24(b) 所示。

（3）构件内力计算与截面承载力设计。

连续板各控制截面的弯矩计算结果见表 5-6。

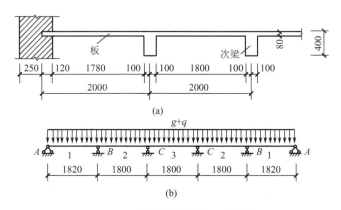

图 5 - 24 板的结构布置及计算简图

表 5 - 6 连续板各控制截面的弯矩设计值　　　　　　　　单位：kN·m

截　　面	1（边跨中）	B（支座）	2、3（中间跨中）	C（中间支座）
弯矩系数 α	1/11	$-1/11$	1/16	$-1/14$
$M=\alpha(g+q)l^2$	$\dfrac{1}{11}\times 13.59\times 1.82^2=4.09$	-4.09	$\dfrac{1}{16}\times 13.59\times 1.8^2=2.75$	-3.15

考虑到②～⑤轴间的中间板带四周与梁整体浇筑，基于弯矩调幅法的要求，将板的中间跨跨中及中间支座的计算弯矩折减 20%（即乘以 0.8），其他不变。

取 1m 宽板带作为计算单元，$h_0=80-\alpha_s=80-25=55$(mm)，钢筋为 HPB300 级（$f_y=270$ N/mm^2，$\xi_{lim}=0.35$）；混凝土采用 C20 级（$\alpha_1=1.0$，$f_c=9.6$N/mm^2，$f_t=1.1$N/mm^2），则板的配筋计算过程及其结果见表 5 - 7。

表 5 - 7 板的配筋计算

截面	1	B	2，3 ①～②，⑤～⑥轴间	2，3 ②～⑤轴间	C ①～②，⑤～⑥轴间	C ②～⑤轴间
弯矩 $M/(\text{kN}\cdot\text{m})$	4.09	-4.09	2.75	0.8×2.75	-3.15	-0.8×3.15
$a_s=\dfrac{M}{a_1 f_c b h_0^2}$	0.141	0.141	0.095	0.076	0.108	0.087
$x=h_0-\sqrt{h_0^2-\dfrac{2M}{\alpha_1 f_c b}}$	8.39	8.39	5.48	4.34	6.33	5
$\xi=x/h_0$	0.153<0.35	0.153	0.100	0.079	0.115	0.091
$A_s=\dfrac{a_1 f_c b x}{f_y}$	298.3	298.3	194.8	154.3	225.1	177.8
实配钢筋 /mm^2	φ8@130 $A_s=387$	φ8@130 $A_s=387$	φ6/8@130 $A_s=302$	φ6@130 $A_s=218$	φ6/8@130 $A_s=302$	φ6/8@130 $A_s=302$

（4）板的配筋图（图 5-25）。

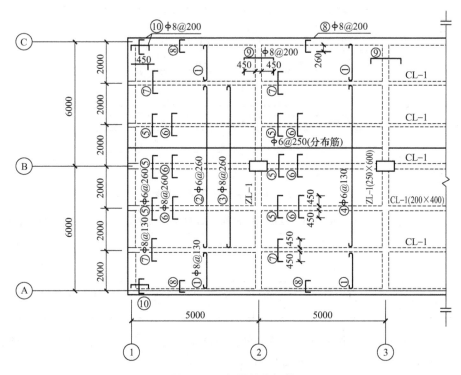

图 5-25 板的结构配筋

在板的配筋图中，除按计算配置受力钢筋外，尚应设置分布钢筋、板边构造钢筋、在板的四角双向布置板角构造钢筋、板面构造钢筋等构造钢筋，按照规范要求，它们分别选用 φ6@250、φ8@200、φ8@200、φ8@200。

3）次梁的设计

次梁按考虑塑性内力重分布方法进行设计。

（1）荷载计算。

次梁的荷载计算见表 5-8。

表 5-8 次梁的荷载计算表

荷载种类		荷载标准值 /(kN/m)	荷载分项系数	荷载设计值 /(kN/m²)
恒载	板传来的恒载	5.32	—	—
	次梁自重	1.6	—	—
	梁侧抹灰	0.16	—	—
	小计	7.08	1.2	8.50
活载		8×2=16	1.3	20.8
全部计算荷载		—	—	29.3

（2）计算简图。

主梁截面尺寸 $b \times h = 250\text{mm} \times 650\text{mm}$，连续梁的边跨一端与梁整体连接，另一端搁置在墙上，中间跨两端都与梁固结。根据图 5-26(a) 计算连续梁的净跨 l_n，则可得各跨的计算跨度 l_0 尺寸。

边跨：$l_{01} = l_n + \dfrac{a}{2} = 5000 - \dfrac{250}{2} - 120 + \dfrac{240}{2} = 4875(\text{mm})$

$$l_{01} = 1.025 l_n = 1.025 \times 4755 = 4874(\text{mm})$$

取两者中的较小值，$l_{01} = 4874(\text{mm})$

中间跨：$l_{02} = l_{03} = l_n = 5000 - 250 = 4750(\text{mm})$

由于边跨与中间跨的跨度差 $l_{01} = \dfrac{4874 - 4750}{4750} \times 100\% = 2.61\% < 10\%$，且跨数大于五跨，故可近似按照五跨的等跨连续梁进行内力计算，梁的计算简图如图 5-26(b) 所示。

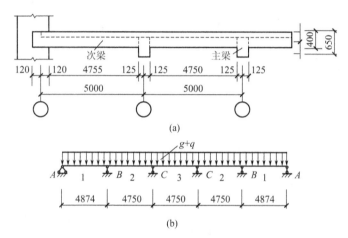

图 5-26　次梁的结构布置及计算简图

（3）构件内力计算与截面承载力设计。

连续梁各控制截面的弯矩计算结果见表 5-9。

表 5-9　连续梁各控制截面的弯矩、剪力设计值

截面	1（边跨中）	B（支座）	2，3（中间跨中）	C（中间支座）
弯矩系数 α	$\dfrac{1}{11}$	$-\dfrac{1}{11}$	$\dfrac{1}{16}$	$-\dfrac{1}{14}$
$M = \alpha(g+q)l_0^2$ /(kN·m)	$\dfrac{1}{11} \times 29.30 \times 4.87^2 = 63.17$	$-\dfrac{1}{11} \times 29.30 \times 4.87^2 = -63.17$	$\dfrac{1}{16} \times 29.30 \times 4.75^2 = 41.32$	$-\dfrac{1}{14} \times 29.30 \times 4.75^2 = -47.22$
截面	A 支座	B 支座（左）	B 支座（右）	C 支座
剪力系数 β	0.45	0.6	0.55	0.55
$V = \beta(g+q)l_n$ /kN	$0.45 \times 29.30 \times 4.755 = 62.69$	$0.6 \times 29.30 \times 4.755 = 83.59$	$0.55 \times 29.30 \times 4.75 = 76.55$	$0.55 \times 29.30 \times 4.75 = 76.55$

基于已知条件，次梁 $b \times h = 200\text{mm} \times 400\text{mm}$，$h_0 = 400 - \alpha_s = 400 - 40 = 360(\text{mm})$，钢筋为 HRB335 级（$f_y = 300 \text{ N/mm}^2$，$\xi_{\text{lim}} = 0.35$）；箍筋采用 HPB300 级钢筋（$f_{yv} = 270\text{N/mm}^2$），混凝土等级采用 C20 级（$\alpha_1 = 1.0$，$\beta_c = 1.0$ $f_c = 9.6\text{N/mm}^2$，$f_t = 1.1\text{N/mm}^2$）；次梁支座截面可按矩形截面计算，次梁跨中需要按 T 形截面进行正截面受弯承载力计算，按照表 4-16 的要求，经计算判断翼缘计算宽度可取为：边跨 $b'_f = 1623\text{mm}$，中间跨 $b'_f = 1583\text{mm}$。同时取板厚作为翼缘厚度，即 $h'_f = 80\text{mm}$。

再根据 T 形截面类型的判断方法，可知次梁各跨跨中截面均属第一类 T 形截面，即

$$\alpha_1 f_c b'_f h'_f \left(h_0 - \frac{h'_f}{2}\right) = 1.0 \times 9.6 \times 1583 \times 80 \times \left(360 - \frac{80}{2}\right) = 389.04(\text{kN} \cdot \text{m}) > 63.17\text{kN} \cdot$$

m（边跨跨中）$>41.32\text{kN} \cdot \text{m}$（中间跨）。

本设计方案初步拟定受拉区按一排纵筋布置，斜截面设计时仅配置箍筋，不设弯起钢筋。由此，次梁正截面配筋计算及斜截面配筋计算分别见表 5-10 和表 5-11。

表 5-10　次梁的正截面配筋计算

截　面	1（T 形）	B（矩形）	2，3（T 形）	C（矩形）
弯矩 $M/(\text{kN} \cdot \text{m})$	63.17	-63.17	41.32	-47.22
b 或 b'_f/mm	1623	200	1583	200
$a_s = \dfrac{M}{a_1 f_c b'_f h_0^2}$	0.031	0.254	0.021	0.190
$x = h_0 - \sqrt{h_0^2 - \dfrac{2M}{\alpha_1 f_c b'_f}}$	11.44	107.42	7.63	76.43
$\xi = x/h_0$	0.032	0.298<0.35	0.021	0.212
$A_s = \dfrac{a_1 f_c b'_f x}{f_y}$	594.1	687.5	386.5	489.2
实配钢筋 /mm²	4 Φ 14 $A_s = 615$	4 Φ 16 $A_s = 804$	3 Φ 14 $A_s = 461$	3 Φ 16 $A_s = 603$

表 5-11　次梁的斜截面配筋计算

截　面	1（T 形）	B（矩形）	2，3（T 形）	C（矩形）
V/kN	62.69	83.59	76.55	76.55
$0.25\beta_c f_c b h_0/\text{kN}$	172.8>V	172.8>V	172.8>V	172.8>V
$V_c = 0.7 f_t b h_0/\text{kN}$	55.4<V	55.4<V	55.4<V	55.4<V
选用箍筋	2ϕ6	2ϕ6	2ϕ6	2ϕ6
$A_{sv} = n A_{sv1}/\text{mm}^2$	2×28.3=56.6	2×28.3=56.6	2×28.3=56.6	2×28.3=56.6
$s = \dfrac{f_{yv} A_{sv} h_0}{V - 0.7 f_t b h_0}$	按构造配置	195	261	261
实配箍筋间距/mm	180	180	180	180
$V_{cs} = 0.7 f_t b h_0 + \dfrac{f_{yv} A_{sv} h_0}{s}/\text{kN}$	86>V	86>V	86>V	86>V
配箍率 $\rho_{sv} = \dfrac{A_{sv}}{bs}$ $\rho_{sv,\text{min}} = \dfrac{0.24 f_t}{f_{yv}} = 0.1\%$	0.16%>0.1%	0.16%>0.1%	0.16%>0.1%	0.16%>0.1%

（4）次梁的配筋图（图 5－27）。

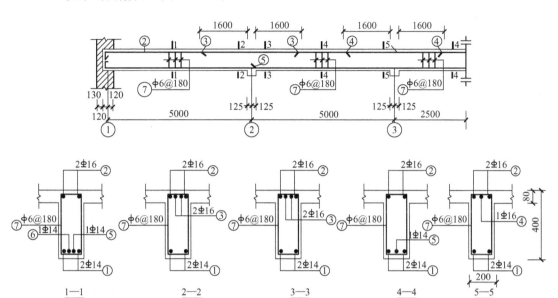

图 5－27　次梁配筋图

4）主梁的设计

主梁按弹性理论方法计算内力。

（1）荷载计算。

为简化计算，主梁自重按集中荷载考虑。

次梁传来的集中恒荷载 $7.08 \times 5 = 35.4(kN)$

主梁自重（折算为集中荷载）$0.25 \times (0.65 - 0.08) \times 25 \times 2.0 = 7.13(kN)$

梁侧抹灰（折算为集中荷载）$0.015 \times (0.65 - 0.08) \times 17 \times 2 \times 2 = 0.58(kN)$

恒荷载标准值　　　　　$G_k = 43.11(kN)$

活荷载标准值　　　　　$Q_k = 16 \times 5 = 80(kN)$

恒荷载设计值　　　　　$G = 43.11 \times 1.2 = 51.73(kN)$

活荷载设计值　　　　　$Q = 80 \times 1.3 = 104(kN)$

总荷载设计值　　　　　$Q + G = 155.73(kN)$

（2）计算简图。

柱的截面尺寸 $b \times h = 300mm \times 300mm$，连续梁的边跨一端与柱整体连接，另一端搁置在墙上。根据图 5－28(a) 计算连续梁的净跨 l_n，则可得计算跨度 l_0 的尺寸。

$$l_0 = l_n + \frac{a}{2} + \frac{b}{2} = 6000 - 120 - \frac{300}{2} + \frac{370}{2} + \frac{300}{2} = 6065(mm)$$

$$l_0 = 1.025 l_n + b/2 = 1.025 \times 5730 + 300/2 = 6023(mm)$$

取两者中的较小值，$l_0 = 6023mm$

梁的计算简图如图 5－28(b) 所示。

（3）主梁内力计算与截面承载力设计。

按照弹性计算法，主梁的跨中、支座截面的最大弯矩及剪力按下式计算：

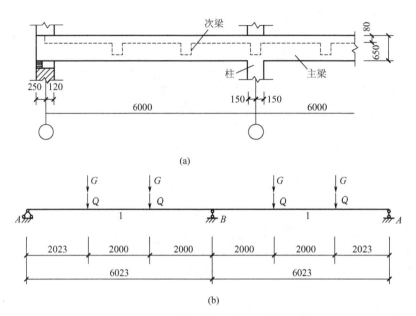

图 5-28　主梁的结构布置及计算简图

$$M = K_1 Gl_0 + K_2 Ql_0 \tag{5-9a}$$

$$V = K_3 G + K_4 Q \tag{5-9b}$$

式中的系数 K 为等跨连续梁的内力计算系数，可由书后附表查得。主梁的内力计算结果见表 5-12。

表 5-12　主梁弯矩、剪力及内力组合

项　　次	荷载简图	弯矩值/(kN·m)		剪力值/kN	
		$\dfrac{K}{M_1}$	$\dfrac{K}{M_B}$	$\dfrac{K}{V_A}$	$\dfrac{K}{V_{BE}}$
①		$\dfrac{0.222}{69.13}$	$\dfrac{-0.333}{-103.70}$	$\dfrac{0.667}{34.50}$	$\dfrac{-1.334}{-69.01}$
②		$\dfrac{0.222}{138.99}$	$\dfrac{-0.333}{-208.48}$	$\dfrac{0.667}{69.37}$	$\dfrac{-1.334}{-138.74}$
③		$\dfrac{0.278}{174.05}$	$\dfrac{-0.167}{-104.56}$	$\dfrac{0.833}{86.63}$	$\dfrac{-1.167}{-121.37}$
最不利内力组合	①+②	208.12	-312.18	103.87	-207.75
	①+③	243.18	-208.26	121.13	-190.38

将上述荷载情况进行最不利内力组合，即可得到主梁的弯矩包络图与剪力包络图（图 5-29）。

依据主梁各控制截面的内力，即可进行截面的配筋计算。主梁配筋计算的方法与次梁一样，这里不再详细介绍。主梁的正截面与斜截面配筋计算的结果见表 5-13 与表 5-14。

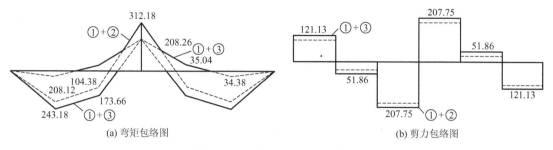

(a) 弯矩包络图　　　　　　(b) 剪力包络图

图 5-29　主梁的弯矩、剪力包络图

表 5-13　主梁正截面的配筋计算

截　面	跨中（T 形）	支座（矩形）
$M/(\text{kN} \cdot \text{m})$	243.18	-288.82
b 或 b'_f/mm	2007	250
h_0/mm	610	570
$a_s=\dfrac{M}{a_1 f_c b'_f h_0^2}$ 或 $a_s=\dfrac{M}{a_1 f_c b h_0^2}$	0.034	0.370
$x=h_0-\sqrt{h_0^2-\dfrac{2M}{\alpha_1 f_c b'_f}}$	21.05	279.8
$\xi=x/h_0$	0.035	$0.491<\xi_b=0.550$
$A_s=\dfrac{a_1 f_c b x}{f_y}/\text{mm}^2$	1352	2238.4
实配钢筋$/\text{mm}^2$	3 ⌀ 25 $A_s=1473$	5 ⌀ 25 $A_s=2454$

注：1. 主梁跨中按 T 形截面梁计算，取 $b'_f=2007\text{mm}$，$h'_f=80\text{mm}$。

2. 主梁跨中的截面有效计算高度 $h_0=h-a_s=650-40=610(\text{mm})$；考虑到主梁支座处负弯矩较大，上部纵向钢筋按两排布置，其有效计算高度取 $h_0=h-a_s=650-80=570(\text{mm})$。

3. B 支座截面的计算弯矩 $M'_B=M_B-V_0\dfrac{b}{2}=312.18-155.73\times0.3/2=288.82(\text{kN}\cdot\text{m})$。

表 5-14　主梁斜截面的配筋计算

截　面	边支座 A	支座 B
V/kN	121.13	207.75
$0.25\beta_c f_c b h_c$	$342>V$	$342>V$
$V_c=0.7 f_t b h_0/\text{kN}$	$109.7<V$	$109.7<V$
选用箍筋	2 φ 10	2 φ 10
$A_{sv}=n A_{sv1}/\text{mm}^2$	$2\times78.5=157$	$2\times78.5=157$
$s=\dfrac{f_{yv}A_{sv}h_0}{V-0.7f_t b h_0}/\text{mm}$	按构造配置	按构造配置
实配箍筋间距 s/mm	200	200
$V_\alpha=V_c+\dfrac{f_{yv}A_{sv}h_0}{s}/\text{kN}$	$230.51>V$	$230.51>V$

注：斜截面设计中，仅采用箍筋配置方案。

（4）附加横向钢筋计算。

次梁传递给主梁的全部集中荷载（不包括主梁自重及粉刷）设计值为：

$$F = 1.2 \times 35.4 + 1.3 \times 80 = 146.48(\text{kN})$$

若在主梁内支承次梁处需要设置附加吊筋，弯起角度为 45°，则附加吊筋截面面积为：

$$A_{sb} = \frac{F}{2f_y \sin45} = \frac{146.48 \times 10^3}{2 \times 300 \times 0.707} = 345.3(\text{mm}^2)$$

选用附加吊筋 2Φ16（$A_s = 402\text{mm}^2 > 345.3\text{mm}^2$），可满足要求。

若设置附加箍筋，双肢箍 Φ10（$f_{yv} = 270\text{N/mm}^2$，$A_{sv1} = 78.5\text{mm}^2$），则

$$m \geqslant \frac{F}{2f_{yv}A_{sv1}} = \frac{146.48 \times 10^3}{2 \times 270 \times 78.5} = 3.5$$

取 $m = 6$（个）；在 $s = 2h_1 + 3b = 2 \times 250 + 3 \times 200 = 1100(\text{mm})$ 范围内，次梁两侧各 3 个即可。

（5）主梁的纵向构造筋（腰筋）设置。

规范规定：当 $h_w \geqslant 450\text{mm}$ 时应设置腰筋并用拉筋固定；每侧腰筋截面面积不应小于 $0.1\% bh_w$，且其间距不宜大于 200mm。$0.1\% bh_w = 0.1\% \times 250 \times (610 - 80) = 132.5$（$\text{mm}^2$），每侧采用 2Φ12（$A_s = 226\text{mm}^2$）即可。

（6）主梁纵筋的截断。

根据前文介绍的内容可知，主梁中纵向受力钢筋的截断位置应根据弯矩包络图及抵抗弯矩图来确定。

主梁的配筋图如图 5-30 所示。

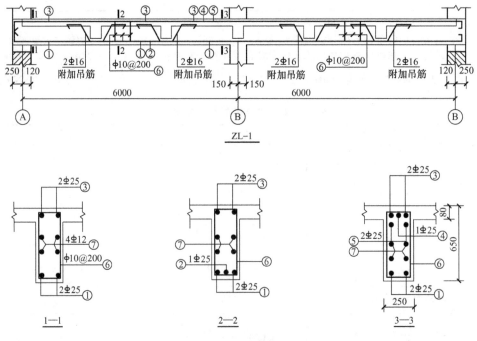

图 5-30　主梁的配筋图

5.2　楼　梯

多层及高层房屋建筑中，钢筋混凝土板式楼梯与梁式楼梯是经常采用的两种楼梯形式（图 5-2）。通常情况下，当楼梯段的跨度不大（一般为 3m 以内）、活荷载较小时，多采用板式楼梯；而当梯段板水平方向的宽度不小于 3.0～3.3m、活荷载较大时，采用梁式楼梯较为合理。

楼梯设计主要包括建筑设计与结构设计。建筑设计的主要内容是确定楼梯的平面布置、踏步尺寸、栏杆形式等，结构设计是在建筑设计给定条件的基础上，对楼梯的结构布置、构件截面内力、配筋计算及构造要求进行设计。

5.2.1　钢筋混凝土板式楼梯

1. 结构布置

如图 5-31 所示，现浇板式楼梯由梯段板 TB_1（也称踏步板）、平台板 TB_2（也称休息平台板）、平台梁 TL_1 与 TL_3 组成。梯段板 TB_1 是一块斜放的齿形板，板端支承在上、下平台梁 TL_2、TL_1 上，底层梯段板的下端可支承在地垄墙上，平台板 TB_2 支承于平台梁 TL 或墙体上，上、下平台梁 TL_2、TL_1 支承于楼层梁、墙体上。

2. 梯段板的设计

1）计算模型

梯段板有斜板与踏步组成，其所承受的荷载包括恒荷载与活荷载。恒载主要包括水泥砂浆面层、踏步、斜板与板底抹灰等重量，沿梯段板的倾斜方向分布；活荷载可根据建筑物的使用功能由现行《建筑结构荷载规范》（GB 50009—2012）确定，沿水平方向分布且竖直向下作用。

为了计算方便，一般将梯段板的沿斜向分布的恒载换算成沿水平方向分布的均布荷载，然后再与活荷载叠加计算。

梯段板内力计算时，可以从楼段板中取 1m 宽板带或以整个梯段板作为计算单元，将其简化为两端支承在平台梁的简支板，按简支梁计算，其计算简图如图 5-32 所示。

2）内力计算

依据结构力学知识可知，在荷载相同、水平跨度相同的情况下，简支斜梁（板）在竖向均布荷载作用下，与相应的简支水平梁（板）的跨中最大弯矩是相等的。因此，斜板的跨中弯矩为：

$$M_{\max} = \frac{1}{8}(g + q)l_0^2 \tag{5-10a}$$

考虑到斜板与平台梁是整浇在一起的，并非铰接，平台梁对斜板的转动变形是有一定约束作用的，斜板在支座处存在一定大小的负弯矩，也就是说斜板的跨中弯矩小于按

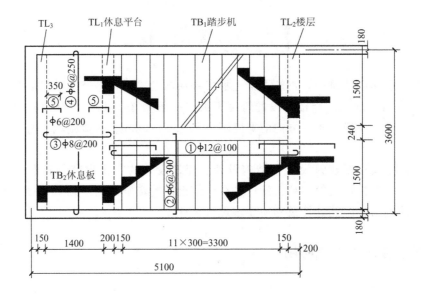

(a) 板式楼梯平面图

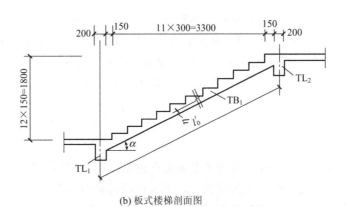

(b) 板式楼梯剖面图

图 5-31　板式楼梯的结构布置

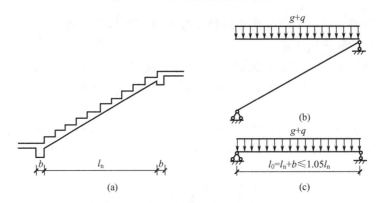

图 5-32　板式楼梯的梯段板计算简图

照简支板计算出来的最大弯矩 M_{max}。在斜板正截面受弯承载力计算时，其跨中最大弯矩可近似取

$$M_{\max} = \frac{1}{10}(g+q)l_0^2 \tag{5-10b}$$

同样，简支斜梁（板）在竖向荷载作用下的最大剪力为：

$$V_{\max} = \frac{1}{2}(g+q)l_n\cos\alpha \tag{5-10c}$$

式中：g、q——作用于梯段板上的单位水平长度上分布的恒载与活荷载设计值；

l_0、l_n——梯段板的计算跨度及净跨的水平投影长度，$l_0 = l_n + b$，其中 b 为平台梁的宽度；

α——梯段板的倾角。

3）截面配筋计算

梯段板的截面配筋计算方法同钢筋混凝土受弯构件，这里从略。

4）构造要求

梯段板是受力构件，其构造要求除应符合受弯构件构造的要求外，还应满足以下要求。

（1）斜板的厚度 h 应垂直于斜面量取，取其齿形的最薄处，一般取 $h = (1/30 \sim 1/25)l_0$，且不应小于 30～40mm。常用厚度为 100～120mm。

（2）斜板配筋方式同普通板，可采用分离式或弯起式（图 5-33）。板内分布钢筋可采用 φ6 或 φ8，须放置在受力钢筋的内侧，每级踏步应不少于 1 根。

（3）避免斜板在支座处因负弯矩的作用产生裂缝，梯段斜板支座处的负钢筋配筋率不应小于跨中配筋率，且不小于 φ8@200，长度为 $\frac{l_n}{4}$。基于梯段斜板中的受力钢筋是按跨中最大弯矩计算的，通常支座截面负钢筋的用量不用计算，可直接取与跨中截面相同的配筋。

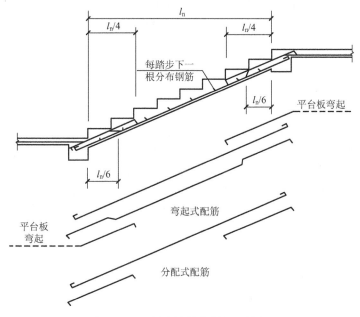

图 5-33　板式楼梯的斜板配筋图

3. 平台板的设计

平台板一般设计成单向板，可取 1m 宽板带进行计算。其设计与配筋要求与一般简支

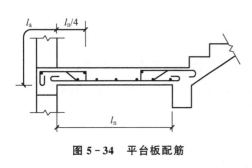

图 5-34　平台板配筋

板相同。在内力分析时；当平台板的一端与平台梁整体连接而另一端支承在砖墙上时，其跨中弯矩可按式(5-10a)计算；当平台板两边均与梁整浇时，其跨中弯矩可按式(5-10b)计算。另外，考虑到板支座的转动会受到一定约束，一般应将板下部钢筋在支座附近弯起一半或在板面支座处另配短钢筋，其伸出支承边缘长度为 $\dfrac{l_n}{4}$（图 5-34）。

4. 平台梁的设计

平台梁承受平台板传来的均布荷载、斜板传来的均布荷载及其自重，其截面计算及构造要求按一般受弯构件处理。平台梁是倒 L 形截面，其截面高度可取 $h \geqslant \dfrac{l_0}{12}$（$l_0$ 为平台梁的计算跨度），且应满足梯段斜板的搁置要求。

5.2.2　钢筋混凝土梁式楼梯

梁式楼梯由踏步板 TB_1、斜梁 TL_1、平台板 TB_2、休息平台梁 TL_4 与楼层平台梁 TL_3 组成。梁式楼梯的踏步板 TB_1 支承在斜梁 TL_1 上，斜梁再支承于休息平台梁 TL_2 与楼层平台梁 TL_3 上，休息板支承于休息平台梁 TL_2 与休息平台梁 TL_4 上，平台梁支承于楼层梁、墙体上，如图 5-35 所示。因此，梁式楼梯的计算内容包括踏步板、斜梁、平台板与平台梁。

1. 踏步板

1）计算模型

踏步板两端支承在斜梁上，可以按两端简支的单向板计算。一般可取一个踏步作为计算单元 [图 5-36(a)]。

踏步板由斜板和踏步组成，其截面为梯形，按照截面面积相等的原则，将梯形断面折算为等宽度的矩形断面。矩形断面的高度 h 可按式(5-11)计算，计算跨度 l_0 可以取 $l_0 = \min[(l_n + b), 1.05l_n]$（$l_n$ 为净跨，b 为梯段斜梁宽度）。

$$h = \frac{c}{2} + \frac{\delta}{\cos\alpha} \tag{5-11}$$

式中：c——踏步的高度；

　　　δ——踏步底板的厚度，一般取 30~50mm；

　　　α——踏步底板的倾角。

梁式楼梯的踏步板计算简图如图 5-36(b) 所示。

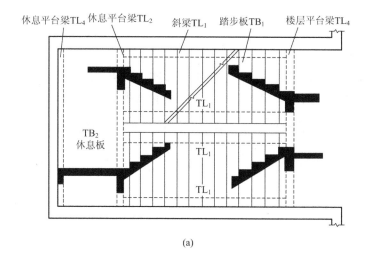

(a)

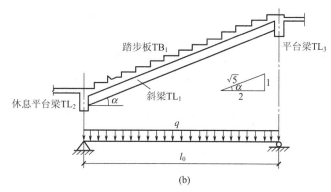

(b)

图 5-35 梁式楼梯的结构布置

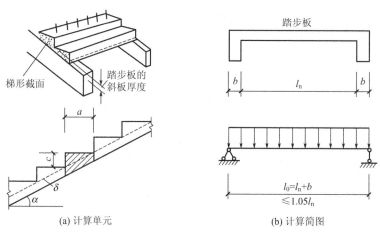

(a) 计算单元   (b) 计算简图

图 5-36 梁式楼梯踏步板

2) 内力分析与配筋计算

梁式楼梯踏步板的荷载与内力计算方法及要求同板式楼梯。其正截面设计可按照受弯构件正截面承载力的计算进行,踏步板的计算与一般板一样,可不进行斜截面抗剪承载力计算。梁式楼梯踏步板的配筋图如图 5-37 所示。

【标准规范】

2. 梯段斜梁

1）计算模型

梯段斜梁简支于平台梁与楼层梁上，承受由踏步板传来的均布荷载，可按照简支斜梁计算，其计算原理与方法与梯段斜板相同。计算跨度取 $l'_0 = \min[(l'_n + b), 1.05l'_n]$，此处 b 为平台梁宽，l'_n 为梯段斜梁的净跨。确定梯段斜梁的计算跨度后，其高度一般取 $h = \dfrac{l'_0}{20}$，计算简图如图 5-38 所示。

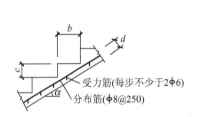

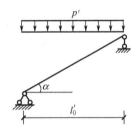

图 5-37　梁式楼梯踏步板配筋图　　　图 5-38　梯段斜梁计算简图

2）内力分析与配筋计算

梯段斜梁承受由踏步板传来的均布荷载、梯段斜梁自重（包括粉刷），其内力计算方法与板式楼梯的梯段斜板相同。梯段斜梁的配筋也与一般梁相同，需要正截面与斜截面承载力计算。在截面设计时，梯段斜梁按倒 L 形截面梁计算，踏步板下斜板为其受压翼缘，翼缘计算宽度一般取 $b'_f = b + 5\delta$（b 为斜梁的宽度，δ 为踏步底板的厚度）。

3. 平台板

梁式楼梯的平台板的计算与板式楼梯完全相同。

4. 平台梁

1）计算模型

平台梁承受平台板传来的均布荷载、斜梁传来的集中荷载及自重，可以按照支承于两端墙体的简支梁进行内力计算与配筋设计。

一般情况下，平台梁截面尺寸宽度取 $b \geqslant 200\text{mm}$，高度取 $h \geqslant c + h'/\cos\alpha$（$c$ 为踏步高度，α 为踏步底板倾角，h' 为斜梁高度），且应满足梯段斜板的搁置要求。

2）内力分析与配筋计算

平台梁的内力计算方法同一般简支梁，由于其承受了斜梁传来的集中荷载，所以其内力需要按照均布荷载、集中荷载分别计算，之后进行叠加，得到最大弯矩与剪力值。

平台梁的配筋计算也与普通梁相同，需要进行正截面与斜截面承载力计算。在截面设计时，平台梁按倒 L 形截面梁计算，平台板为其受压翼缘，翼缘计算宽度一般取 $b'_f = b + 5h$（b 为平台梁的宽度，h 为平台板的厚度）。

平台梁与斜梁一样，其截面高度应满足不需要进行变形验算的简支梁所允许的高跨比要求，同时配筋构造应符合现浇肋形梁楼盖的构造要求。

5.3 悬挑构件

钢筋混凝土悬挑构件是指悬挑出建筑物外墙的水平部件，如阳台、雨篷与屋顶挑檐等，这些部件或可遮阳挡雨，或可增大室内使用面积，给人们的工作、生活、学习活动提供方便。

一般情况下，常见的阳台、雨篷与挑檐等水平部件，按照建筑物外墙对其支撑方式的不同，可分为凸出式与凹入式两大类。从结构角度上看，两者的受力特点存在着很大差异，如凸出式阳台与凹入式阳台，前者为一边支撑，需要解决支承梁的扭转与挑出构件的抗倾覆问题，而后者多为三面支撑，就不需要考虑了。

本文以雨篷为例，讨论现浇悬挑部件的设计方法及其构造要求。

1. 雨篷的受力特点及破坏形式

钢筋混凝土雨篷根据其悬挑的长度大小，可分为板式结构与梁板式结构，一般情况下，悬挑长度大于 1.5m 的可采用梁板式结构，小于 1.5m 的多采用板式结构。对于梁板式结构的雨篷，通常都有梁或柱支承雨篷板，雨篷板不是悬挑构件；对于悬臂板式雨篷，其由雨篷板与雨篷梁组成，雨篷梁既要支撑雨篷板又兼作过梁使用，属于弯剪扭构件，雨篷板属于悬挑构件，尚需进行抗倾覆能力验算。

试验研究与工程实践证明，在荷载作用下，雨篷的结构破坏形式有三种（图 5-39）。

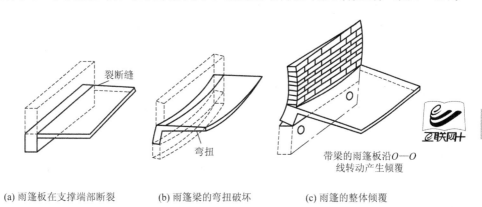

(a) 雨篷板在支撑端部断裂　　(b) 雨篷梁的弯扭破坏　　(c) 雨篷的整体倾覆

图 5-39 雨篷的破坏形式

（1）雨篷板在支撑端部断裂。这主要是因为板面负筋数量不够或施工时板面负筋被踩下，造成雨篷板抗弯强度不足引起的。

（2）雨篷梁的弯扭破坏。雨篷梁上的墙体及可能传来的楼盖荷载使雨篷梁受扭，雨篷板传来的荷载使雨篷梁受扭，当雨篷梁在弯剪扭复合作用下，若承载力不足就会产生破坏。

（3）雨篷的整体倾覆。这主要是因为雨篷板挑出过大，雨篷梁的上部荷载压重不足而产生的整体倾覆破坏。

2. 雨篷的结构设计

雨篷的结构设计包括三个方面的内容：雨篷板的正截面承载力计算；雨篷梁、悬挑边梁在弯剪扭复合作用下的承载力计算；雨篷的抗倾覆验算。

1）雨篷板的正截面承载力计算

钢筋混凝土雨篷板是悬臂板，可按受弯构件进行设计。确定雨篷板的截面尺寸，应符合受弯构件的构造要求；通常板的断面采取变化形式，其根部厚度可取 $h_2 = (1/12 \sim 1/10)l_n$（$l_n$ 为板的净挑长度），且不小于 70mm（当 $l_n < 1.0m$ 时）或 80mm（当 $l_n \geq 1.0m$ 时），端部厚度可取 $h_1 \geq 60mm$。

雨篷板上的荷载有恒载（包括自重、粉刷等）、雪荷载、均布活荷载及施工或检修的集中荷载。在进行截面承载力计算时，雨篷板上的荷载可按两种情况考虑：一是恒荷载＋均布活荷载（0.5kN/mm²）或雪荷载（两者不同时考虑，取较大者）；二是恒荷载＋施工或检修集中荷载（沿板宽每隔1m考虑一个1kN的集中荷载，并作用于板端），选取较大组合值。

取 1m 宽板带作为计算单元，雨篷板的计算简图如图 5-40 所示。其内力值可根据普通板的方法求出，弯矩最大值与剪力最大值均在雨篷根部截面，即内力计算控制截面。雨篷板的配筋计算与普通板相同。

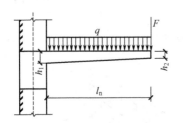

图 5-40　板式结构雨篷板的计算简图

对于梁式结构雨篷板，因其不是悬挑板，也不采用变截面形式，应按普通梁板结构计算其内力，配筋方式也同普通板。

2）雨篷梁的结构设计

作用在雨篷梁上的荷载主要有：雨篷梁自重（包括粉刷等）均布恒荷载、雨篷板传来的荷载（包括板上均布荷载及施工检修集中荷载）、雨篷梁上的墙体重量（按砌体结构中过梁荷载的规定计算）、应计入的楼面梁板荷载（按过梁荷载的有关规定确定）。若采梁板式雨篷，雨篷梁上的荷载还应包括边梁与挑梁传来的荷载作用。

雨篷梁宽度一般与墙厚相同，梁高可按普通梁的高跨比确定，为防止板上雨水沿墙缝渗入墙内，往往在梁顶设置高过板顶60mm的凸块（图 5-42）。

雨篷梁可以按照弯、剪、扭复合受力构件进行设计，梁中的纵向受力钢筋与箍筋应按弯、剪、扭构件的抗力计算，并按构造要求配置。

对于梁板式雨篷中，边梁的计算方法与配筋要求同一般简支梁，挑梁的计算方法同雨篷板，配筋的要求同一般简支梁，只是内力计算截面应采取变截面的矩形（当雨篷板位于梁上部时）或采取倒 L 形（当雨篷板下翻至梁底部时）。

3）雨篷的抗倾覆验算

为了防止发生倾覆破坏，应对雨篷进行整体抗倾覆验算。如图 5-41 所示，雨篷板上的荷载有可能使整个雨篷绕梁底的旋转点 O 转动而发生倾覆破坏，另外，压在雨篷梁上的墙体和其他梁板的压重又阻止雨篷倾覆，雨篷是否会发生整体倾覆，取决于这两方面的作用关系。设雨篷板上的荷载对 O 点的力矩为倾覆力矩 $M_倾$，雨篷梁自重、梁上墙重以及梁板传来的荷载之合力 G_r 对 O 点的力矩是抗倾覆力矩 $M_{抗}$，则进行抗倾覆验算应满足的条件为

$$M_{倾} \leqslant M_{抗} \tag{5-12}$$

$$M_{抗} = 0.8G_r(l_2 - x_0) \tag{5-13}$$

式中：$M_{抗}$ ——雨篷抗倾覆力矩设计值；

　　　G_r ——雨篷的抗倾覆荷载，可取雨篷梁尾端上部 45°扩散角范围（其水平长度为 l_3）内的墙体与楼面恒荷载标准值之和，$l_3 = l_n/2$；

　　　l_2 —— G_r 距墙外边缘的距离，$l_2 = l_1/2$，l_1 为雨篷梁上墙体的厚度；

　　　x_0 ——计算倾覆点至墙外边缘的距离，一般取 $x_0 = 0.13l_1$；

　　　0.8——抗倾覆计算时的恒荷载分项系数。

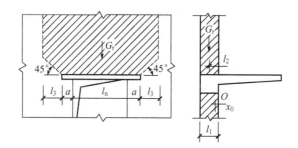

图 5 - 41　板式雨篷的抗倾覆

如果抗倾覆不满足要求，可适当增加雨篷梁两端的支承长度 a，以增加压在梁上的恒荷载值或采取其他拉结措施。板式雨篷的配筋图如图 5 - 42 所示。l_a 为受力筋伸入雨篷梁内的锚固长度。

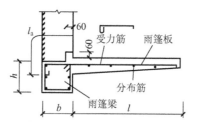

图 5 - 42　板式雨篷的配筋图

习　题

1. 钢筋混凝土楼盖有哪几种类型？说明它们各自的受力特点与适用范围。

2. 什么是活荷载的最不利布置？活荷载最不利布置的规律是什么？

3. 现浇单向板肋梁楼盖中的板、次梁和主梁，当其内力按弹性理论计算时，如何确定其计算简图？当按塑性理论计算时，其简图又如何确定？如何绘制主梁的弯矩包络图？

4. 试比较钢筋混凝土塑性铰与结构力学中的理想铰有何异同。

5. 什么是单向板？什么是双向板？肋梁楼盖中的区格板属于哪一类受力特征？

6. 什么是弯矩调幅？考虑塑性内力重分布计算钢筋混凝土连续梁的内力时，为什么要控制弯矩调幅？

7. 现浇单向板肋梁楼盖中，板、次梁和主梁的配筋计算及构造有哪些要点？

8. 常用楼梯有哪几种类型？它们的优缺点及适用范围有何不同？如何确定楼梯各组成构件的计算简图？

9. 简述雨篷的受力特点和设计方法。

10. 某五跨连续板的内跨板带如图 5 - 43 所示，板跨为 2.1m，恒荷载标准值 $g_k = 3.6$ N/m²，活荷载标准值 $q_k = 3.5kN/m²$，混凝土强度等级为 C20，钢筋为 HPB300 级，次梁截面尺寸 $b \times h = 200mm \times 450mm$。试考虑塑性内力重分布设计钢筋混凝土连续板，并绘出配筋图。

【参考答案】

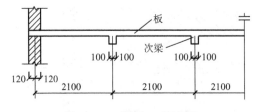

图 5 - 43　习题 10 的附图

第6章
高层钢筋混凝土结构设计

本章主要讲述高层钢筋混凝土结构的类型、受力特点与设计基本要求，框架结构的平面布置、结构设计方法与构造要求，剪力墙结构与框架剪力墙的设计要求。通过本章的学习，应达到以下目标：

（1）掌握高层钢筋混凝土结构的类型、受力特点与设计基本要求；

（2）熟悉框架结构的平面布置、结构设计方法与构造要求；

（3）了解剪力墙结构与框架剪力墙的设计要求。

教学要求

知识要点	能力要求	相关知识
（1）高层钢筋混凝土结构的类型、受力特点 （2）高层钢筋混凝土结构设计基本要求	（1）掌握高层钢筋混凝土结构的类型、受力特点 （2）掌握高层钢筋混凝土结构设计基本要求	混凝土结构施工图平面整体表示方法、制图规则和构造详图
框架结构的平面布置、结构设计方法与构造要求	熟悉框架结构的平面布置、结构设计方法与构造要求	混凝土结构施工图平面整体表示方法、制图规则和构造详图
剪力墙结构与框架剪力墙的设计要求	了解剪力墙结构与框架剪力墙的设计要求	混凝土结构施工图平面整体表示方法、制图规则和构造详图

 引例

钢筋混凝土结构之最

目前，钢筋混凝土为世界上应用最多的一种结构形式。1861年钢筋混凝土得到了第一次的应用，首先建造的是水坝、管道和楼板。1875年，法国的一位园艺师蒙耶（1828—1906年）建成了世界上第一座钢筋混凝土桥。1872年，世界上第一座钢筋混凝土结构建筑在美国纽约落成，人类建筑史上一个崭新的纪元从此开始。在1900年之后，钢筋混凝土结构在工程界得到了大规模的使用。

【参考图文】

目前世界上最高的钢筋混凝土结构建筑为柳京大厦，位于朝鲜首都平壤，共105层，高330m。

中国是世界上使用钢筋混凝土结构最多的地区。

工程结构中，按照建筑物的层数或高度，将建筑物分为单层、多层与高层建筑。

什么是高层建筑？目前还没有一个统一的定义，各国对高层建筑的划分，主要是根据本国的经济条件与消防设备等情况确定的。如德国把总高度在22m以上的建筑物视为高层建筑，美国把总高度在24.6m以上或7层以上的建筑物视为高层建筑，日本把总高度在31m以上或11层以上的建筑物视为高层建筑，法国把8层及8层以上的住宅建筑物或总高度在31m以上的其他建筑物视为高层建筑，英国把总高度在24.3m以上的建筑物视为高层建筑，比利时把总高度在25m以上的建筑物视为高层建筑。联合国将高层建筑按高度分为四类：第一类，9～16层（最高50m）；第二类，17～25层（最高75m）；第三类，26～40层（最高100m）；第四类，40层以上（高度在100m以上时，为超高层建筑）。

【参考图文】

【标准规范】

目前，我国《高层建筑混凝土结构技术规程》（JGJ 3—2010）及《高层民用建筑钢结构技术规程》（JGJ 99—2015）中规定：高层建筑是指10层及10层以上或房屋高度大于28m的住宅建筑，以及房屋高度大于24m的其他高层民用建筑。

6.1 高层建筑的结构类型及受力特点

常用的高层建筑结构体系，主要有框架结构、剪力墙结构、框架-剪力墙结构、筒体结构、板柱-剪力墙结构及其混合结构等。

1. 框架结构

框架结构是由梁、柱构件通过节点连接而构成的结构体系。该结构体系既承受竖向荷载，又承受水平作用（图6-1）。其主要优点是，平面布置灵活、易于设置较大空间、也可按需要隔成小房间、使用方便且计算理论较为成熟等；但其缺点也较为明显，其构件的截面尺寸较小，柱的长细比大，框架的侧向刚度较小，抵抗水平荷载的能力较差，尤其在地震作用下，如果房屋的高宽比较大，

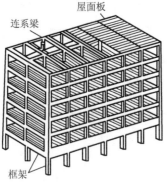
图6-1 框架结构示意图

其侧移也较大，较易出现整体性倾覆，并导致非结构构件如填充墙、设备管道等的严重破坏。因此，框架结构多用于多层及小高层房屋设计中，如常用的普通住宅、办公楼等建筑。

2. 剪力墙结构

剪力墙结构是利用墙体承受竖向荷载与抵抗水平作用的结构体系（图6-2）。在地震区，剪力墙主要用于承受水平地震力，故也称抗震墙。剪力墙结构的特点是刚度大、整体性强、抗震性能好，但结构自重较大、建筑平面布局局限性大，较难获得大空间，使用受到限制。因此，该结构一般用于住宅、旅馆等空间要求较小的建筑。

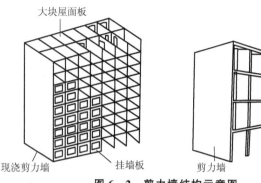

图6-2　剪力墙结构示意图

3. 框架-剪力墙结构

框架-剪力墙结构是由框架与剪力墙共同组合而成的结构体系（图6-3）。该体系是利用框架承受竖向荷载，利用适量的剪力墙替代部分梁、柱与框架结构共同抵抗水平作用，其中剪力墙承担整个水平作用的80%～90%。这种体系充分发挥了框架结构的优点，建筑平面布置灵活，又兼有剪力墙结构的优势，增大了结构体系的抗侧移刚度，抗震性能较好。因此该结构体系广泛应用于建筑较高的高层建筑物，如办公楼、宾馆等。

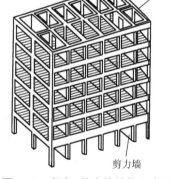

4. 筒体结构

图6-3　框架-剪力墙结构示意图

筒体结构是由一个或多个竖向筒体为主与密柱框架构成的框筒共同承受竖向与水平作用的结构体系。筒体是由若干片剪力墙围合而成的封闭式井筒，根据开孔的多少，其可分为空腹筒与实腹筒。空腹筒也称框筒，由布置在房屋四周的密排立柱与截面高度很大的横梁组成，横梁（也称窗裙梁）高度通常为0.6～1.22m，立柱距离通常为1.22～3.0m；实腹筒一般由电梯井、楼梯间、管道井等组成，开孔很少，因其位于建筑物的中部，又称之为核心筒。根据受力特点，筒体结构体系可以布置成核心筒、框筒、筒中筒、框架-核心筒、成束筒与多重筒等形式（图6-4）。通常情况下，框筒为外筒而实腹筒作内筒。因为筒体结构具有更大的空间刚度，抗侧力强，抗震性能好，所以比较适合构建30层以上的高层建筑。

此外，板柱-剪力墙结构是由无梁楼板、柱组成的板柱框架与剪力墙共同承受竖向与水平作用的结构体系。混合结构是由框筒（如钢框架、型钢混凝土框架、钢管混凝土框架等）与钢筋混凝土核心筒所组成的共同承受竖向与水平作用的结构体系。

以上各种高层建筑结构体系，在竖向荷载与水平作用的同时影响下，其作用效应的特点迥异于低层建筑结构。水平作用产生的内力与位移效应随着建筑物高度的增加而逐渐增大，在高层中，水平作用成为控制因素，在底层建筑结构中水平作用产生的内力与位移效应很小，甚至可以忽略。如图6-5所示，随着房屋高度的增加，位移增加最快，弯矩次

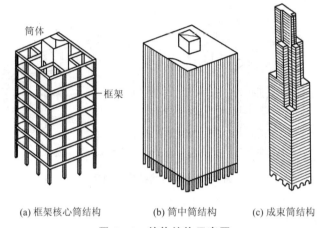

(a) 框架核心筒结构　　　(b) 筒中筒结构　　　(c) 成束筒结构

图 6 - 4　筒体结构示意图

之。因此，在高层中，需要将水平作用产生的侧向变形限制在一定范围内，才能够保证结构的安全性。

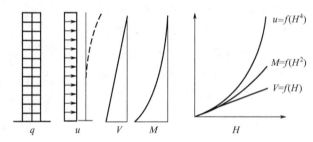

图 6 - 5　高层建筑的结构高度与轴力、弯矩、侧向位移的关系

　　试验研究与工程实践证明：过大的侧向变形，不仅影响正常使用，使填充墙或建筑装修出现裂缝或损坏、电梯轨道变形，也会使主体结构出现较大裂缝、产生附加内力，造成建筑损坏甚至引起倒塌。因此，在高层建筑结构设计中，不仅需要结构体系具备较大的承载能力，而且还需要具备较大的抗侧移刚度，竖向抗侧力分体系的设计成为了关键。

　　本章主要介绍框架结构、剪力墙结构、框架-剪力墙结构的设计内容。

6.2　高层建筑结构设计的基本要求

1. 结构对材料的要求

　　高层建筑结构承受的竖向荷载与水平作用大，宜采用高强、高性能混凝土与高强钢筋，当构件内力较大或抗震性能有较高要求时，宜采用型钢混凝土与钢管混凝土构件。

1）混凝土

各类高层结构体系混凝土的强度等级均不应低于 C20，并应符合下列规定。

（1）抗震设计时，一级抗震等级框架梁、柱及其节点的混凝土强度等级不应低于 C30，但框架柱的混凝土强度等级，在 9 度时不宜高于 C60，8 度时不宜高于 C70，剪力墙的混凝土强度等级不宜高于 C60。

（2）简体结构的混凝土强度等级不宜低于 C30，型钢混凝土梁、柱以及作为上部结构嵌固部位的地下室楼盖的混凝土强度等级不宜低于 C30。

（3）转换层楼板、转换梁、转换柱、箱形转换结构以及转换厚板的混凝土强度等级均不应低于 C30。

（4）预应力混凝土结构的混凝土强度等级不宜低于 C40 且不应低于 C30，现浇非预应力混凝土楼盖结构的混凝土强度等级不宜高于 C40。

2）钢筋

高层建筑混凝土结构的受力钢筋及其性能应符合《混凝土结构设计规范》（GB 50010—2010）的有关规定，但对于按一、二、三级抗震等级设计的框架与斜撑构件，其纵向受力钢筋尚应符合下列规定。

（1）钢筋的抗拉强度实测值与屈服强度实测值的比值不应小于 1.25。

（2）钢筋的屈服强度实测值与屈服强度标准值的比值不应大于 1.30。

（3）钢筋最大拉力下的总伸长率实测值不应小于 9％。

对于抗震设计时混合结构中的钢材，其钢材的屈服强度实测值与抗拉强度实测值的比值不应大于 0.85；钢材不但有良好的焊接性与合格的冲击韧性，而且还应有明显的屈服台阶，且伸长率不应小于 20％。

2. 各类高层结构体系的适用高度与高宽比

《高层建筑混凝土结构技术规程》（JGJ 3—2010）将高层建筑结构的最大适用高度应区分为 A 级与 B 级。A 级是指常规的高层建筑，B 级是指超限高层建筑。其中，A 级高度钢筋混凝土乙类与丙类高层建筑的最大适用高度应符合表 6-1 的规定，B 级高度钢筋混凝土乙类与丙类高层建筑的最大适用高度应符合表 6-2 的规定。但对于平面与竖向均不规则的高层建筑结构，其最大适用高度可在表 6-1 与表 6-2 的基础上适当降低。

表 6-1　A 级高度钢筋混凝土高层建筑的最大适用高度　　　　单位：m

结构体系		非抗震设计	抗震设防烈度				
			6 度	7 度	8 度		9 度
					0.2g	0.3g	
框架		70	60	50	40	35	—
框架-剪力墙		150	130	120	100	80	50
剪力墙	全落地剪力墙	150	140	120	100	80	60
	部分框支剪力墙	130	120	100	80	50	不应采用

（续）

结构体系		非抗震设计	抗震设防烈度				
			6 度	7 度	8 度		9 度
					0.2g	0.3g	
简体	框架-核心筒	160	150	130	100	90	70
	筒中筒	200	180	150	120	100	80
板柱-剪力墙		110	80	70	35	40	不应采用

注：1. 表中框架不含异形柱框架。

2. 部分框支剪力墙结构指地面以上有部分框支剪力墙的剪力墙结构。

3. 甲类建筑，6、7、8 度时宜按本地区抗震设防烈度提高一度后符合本表的要求，9 度时应专门研究。

4. 框架结构、板柱-剪力墙结构以及 9 度抗震设防的表列其他结构，当房屋高度超过本表数值时，结构设计应有可靠依据，并采取有效的加强措施。

表 6-2　B 级高度钢筋混凝土高层建筑的最大适用高度　　　　单位：m

结构体系		非抗震设计	抗震设防烈度			
			6 度	7 度	8 度	
					0.2g	0.3g
框架-剪力墙		170	160	140	120	100
剪力墙	全落地剪力墙	180	170	150	130	110
	部分框支剪力墙	150	140	120	100	80
简体	框架-核心筒	220	210	180	140	120
	筒中筒	300	280	230	170	150

注：1. 部分框支剪力墙结构指地面以上有部分框支剪力墙的剪力墙结构。

2. 甲类建筑，6、7 度时宜按本地区设防烈度提高一度后符合本表的要求，8 度时应专门研究。

3. 当房屋高度超过表中数值时，结构设计应有可靠依据，并采取有效的加强措施。

各类钢筋混凝土高层建筑结构的高宽比不宜超过表 6-3 的规定。

表 6-3　钢筋混凝土高层建筑结构适用的最大高宽比

结构体系	非抗震设计	抗震设防烈度		
		6 度、7 度	8 度	9 度
框架	5	4	3	—
板柱-剪力墙	6	5	4	—
框架-剪力墙、剪力墙	7	6	5	4
框架核心筒	8	7	6	4
筒中筒	8	8	7	5

3. 高层结构的总体布置

考虑到高层水平作用方向的不确定性，其结构平面布置与竖向布置除应符合抗震结构设计的要求外（详见本书第3.5节内容），还应满足以下要求。

（1）在高层建筑的一个独立结构单元内，结构平面形状宜简单、规则，质量、刚度与承载力分布宜均匀。不应采用严重不规则的平面布置。

（2）高层建筑宜选用风作用效应较小的平面形状，其平面长度不宜过长，平面突出部分的长度 l 不宜过大，宽度 b 不宜过小（图6-6），且 L/B、l/B_{max}、l/b 均宜符合表6-4的要求。

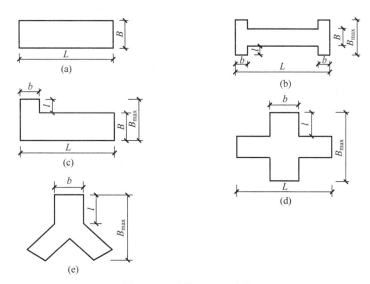

图6-6 建筑平面示意图

表6-4 平面尺寸及突出部位尺寸的比例限值

设防烈度	L/B	l/B_{max}	l/b
6、7度	≤6.0	≤0.35	≤2.0
8、9度	≤5.0	≤0.30	≤1.5

（3）结构体系中设置防震缝时，对于框架结构的房屋，高度不超过15m时，不应小于100mm；超过15m时，6度、7度、8度、9度分别每增加高度5m、4m、3m与2m，宜加宽20mm。对于框架-剪力墙结构应不小于框架结构规定值的70%，对于剪力墙结构不应小于框架结构规定值的50%，且两者均不应小于100mm。若防震缝两侧的结构体系或房屋高度不同时，其宽度应按照不利的结构类型或较低的房屋高度确定。高层建筑结构中伸缩缝、沉降缝的宽度要求同防震缝要求，但伸缩缝的最大间距应符合的要求是：框架结构为55m，剪力墙结构为45m。

（4）高层建筑的竖向体型宜规则、均匀，避免过大的外挑与收进，结构的侧向刚度宜下大上小，逐渐均匀变化。关于高层建筑相邻楼层的侧向刚度变化应符合以下要求。

① 对框架结构，楼层与其相邻上层的侧向刚度比 γ_1 可按式（6-1）计算，且本层与相

邻上层的比值不宜小于 0.7，与相邻上部三层刚度平均值的比值不宜小于 0.8。

$$\gamma_1 = \frac{V_i \Delta_{i+1}}{V_{i+1} \Delta_i} \tag{6-1}$$

式中：γ_1——楼层侧向刚度比；

V_i、V_{i+1}——第 i 层与第 $i+1$ 层的地震剪力标准值（kN）；

Δ_i、Δ_{i+1}——第 i 层与第 $i+1$ 层在地震作用标准值作用下的层间位移（m）。

② 对于框架-剪力墙、板柱-剪力墙结构、剪力墙结构、框架-核心筒结构、筒中筒结构，楼层与其相邻上层的侧向刚度比 γ_2 可按式（6-2）计算，且本层与相邻上层的比值不宜小于 0.9；当本层层高大于相邻上层层高的 1.5 倍时，该比值不宜小于 1.1；对结构底部嵌固层，该比值不宜小于 1.5。

$$\gamma_2 = \frac{V_i \Delta_{i+1}}{V_{i+1} \Delta_i} \cdot \frac{h_i}{h_{i+1}} \tag{6-2}$$

式中：γ_2——考虑层高修正的楼层侧向刚度比。

4. 高层结构的设计要求与计算假定

1) 结构设计要求

在竖向荷载、风荷载作用下，高层建筑结构应处于弹性阶段或仅有微小的裂缝出现，结构应满足承载能力与限制侧向位移的要求；在地震作用下，应按照两阶段设计方法，要求达到三水准目标：在第一阶段设计中，除要满足承载力及侧向位移限制要求外，还要满足延性要求；第二阶段验算，即罕遇地震作用下的计算，应满足弹塑性层间变形的限制要求，以防止结构倒塌。

（1）承载能力的验算。

依据极限状态设计方法的要求，各种构件承载力验算的一般表达式为：

不考虑地震作用的组合时 $\gamma_0 S \leqslant R \tag{6-3}$

考虑地震作用的组合时 $S \leqslant \dfrac{R}{\gamma_{RE}} \tag{6-4}$

式中：γ_0——结构重要性系数，按式（3-7）取值；

　　S——作用组合的效应设计值，按照式（3-20）取值；

　　R——构件承载力设计值；

　　γ_{RE}——构件承载力抗震调整系数，按表 3-26 取值。

（2）侧向位移限制与舒适度的要求。

在正常使用条件下，高层建筑处于弹性状态，并且应有足够的刚度，避免产生过大的位移影响结构的承载力、稳定性与使用要求。高层建筑侧向位移限制的要求，见表 3-28 与表 3-29。

2) 计算假定

高层建筑是一个复杂的空间结构，在进行内力与位移计算时，需要引入一些计算假定，以此进行计算模型的简化，得到合理的计算图形。

（1）弹性工作状态的假定。

在竖向荷载与风荷载作用下，高层结构应保持正常的使用状态，即结构处于不裂、不坏的弹性阶段。当结构基本上处于弹性工作状态时，高层建筑结构的内力与位移可按弹性方法进行计算。由于属于弹性计算，计算时可以利用叠加原理，不同荷载作用时，可以进行内力组合。但对于某些局部构件，由于按弹性计算所得的内力过大，将出现截面设计困难、配筋不合理的情况。这时可以考虑局部构件的塑性内力重分布，对内力适当予以调整。如剪力墙结构中的连梁，允许考虑连梁的塑性变形来降低连梁刚度，但考虑到连梁的塑性变形能力十分有限，连梁刚度的折减系数不宜小于 0.50。

对于罕遇地震的第二阶段设计，绝大多数结构不要求进行内力与位移计算。"大震不倒"是通过构造措施来得到保证的。实际上由于在强震下结构已进入弹塑性阶段，多处开裂、破坏，构件刚度已难以确切给定，内力计算已无意义。

（2）平面抗侧力结构与刚性楼板假定下的整体共同工作。

高层建筑结构由竖向抗侧力分体系、竖向承重分体系与楼板水平分体系组成，楼板水平分体系又将竖向抗侧力分体系、竖向承重分体系连为整体。在满足前面结构平面布置的要求下，在水平荷载作用下选取计算简图时，可作以下两个基本假定。

① 平面抗侧力结构假定。一片框架或一片剪力墙在其自身平面内刚度很大，可以抵抗在自身平面内的侧向力；但在平面外的刚度很小，可以忽略，即垂直于该平面的方向不能抵抗侧向力。因此，整个结构可以划分成不同方向的平面抗侧力结构，共同抵抗结构承受的侧向水平作用。

② 刚性楼板假定。水平放置的楼板，在其自身平面内刚度很大，可以视为刚度无限大的深梁；但楼板平面外的刚度很小，可以忽略。刚性楼板将各平面抗侧力结构连接在一起共同承受侧向水平作用。因此，楼面构造就要保证楼板刚度无限大，如采用现浇楼盖结构即可满足要求，但框架-剪力墙结构采用装配式整体楼盖结构时，必须加现浇面层。

基于上述两个基本假定，复杂的高层建筑结构的整体共同工作计算可大为简化。

高层建筑结构的水平作用主要是风荷载与水平地震作用，是作用于楼层的总水平力。因此，进行高层建筑结构的分析时，总水平力在各片平面抗侧力结构间的荷载分配与各片平面抗侧力结构的刚度、变形特点都有关系，不能像低层建筑结构那样按照受荷载面积计算各片平面抗侧力结构的水平荷载，如在不考虑扭转影响时，高层框架结构同层的各构件水平位移相同，框架结构中的各片框架分担的水平力应按其抗侧刚度进行分配。

6.3　框架结构设计

钢筋混凝土框架结构，按施工方法不同可分为现浇整体式、装配式与装配整体式等，目前多采用现浇整体式框架。现浇整体式框架就是梁、板、柱均为现浇钢筋混凝土，一般每层的柱与其上部的楼板同时支模、绑扎钢筋，然后一次浇捣成形，自基础顶面逐层向上施工。现浇整体式框架结构整体性好、刚度大、抗震性能良好、建筑布置灵活性大，但是其现场施工工期长、劳动强度大、需要大量的模板。

6.3.1 框架结构的平面布置

1. 柱网尺寸与层高的确定

框架结构的柱网尺寸及层高，一般需根据生产工艺、使用要求、建筑材料、施工条件等各方面的因素进行全面考虑后确定。

民用建筑的柱网与层高，根据建筑使用功能确定，一般按照300mm进级。柱网的布置可分为大柱网与小柱网两类。小柱网一个开间为一个柱距，柱距一般为2.1m、2.4mm、2.7mm、3.0mm、3.3mm、3.6mm、3.9mm等；大柱网两个开间为一个柱距，柱距通常为6.0mm、6.6mm、7.2mm、7.5mm等，常用的跨度为4.8mm、5.4mm、6.0mm、6.6mm、7.2mm、7.5mm等；层高一般为3.0mm、3.6mm、3.9mm、4.2mm、6.0mm、6.6mm等。

2. 框架承重布置方案

按承重框架布置方向的不同，框架的布置方案有横向框架承重、纵向框架承重与纵横向框架混合承重等形式。

1）横向框架承重方案

横向布置框架承重梁，楼面竖向荷载由横向梁传至柱，连系梁沿纵向布置［图6-7(a)］。一般房屋长向柱列的柱数较多，无论是强度还是刚度都比宽度方向强一些，而房屋的横向即宽度方向，相对较弱。这种方案便于施工，节约材料，增大了房屋在横向的抗侧移刚度，故这种方案选用较多。

2）纵向框架承重方案

在房屋纵向布置框架承重梁，连系梁沿横向布置［图6-7(b)］。由于横向连系梁截面高度较小，有利于楼层净高的有效利用以及设备管线的穿行，在房间布置上也比较灵活，但是房屋横向抗侧刚度较差，民用建筑中较少采用这种结构方案。

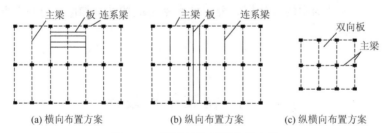

(a) 横向布置方案　　　(b) 纵向布置方案　　　(c) 纵横向布置方案

图6-7　框架结构承重布置方案

3）纵横向框架混合承重方案

框架承重梁沿房屋的横向与纵向布置［图6-7(c)］。房屋在两个方向上均有较大的抗侧移刚度，具有较大的抗水平力的能力，整体工作性能好，对抗震有利。这种方案一般采用现浇整体式框架，楼面为双向板，适用于柱网呈方形或接近方形的大面积房屋中，如仓库、购物中心、厂房等建筑。

值得注意的是，框架结构中的框架既是竖向承重结构也是竖向抗侧力结构。由于风载或水平地震作用方向的随机性，无论是纵向框架还是横向框架都是竖向抗侧力框架，竖向抗侧力框架必须做成刚接框架。因此，在高层框架结构中，纵、横两个方向都是框架梁，截面都不能太小，也不得采用横向为框架梁而纵向为普通连系梁，或纵向为框架梁而横向为普通连系梁的做法。

6.3.2　框架结构的内力与位移的近似计算法

1. 框架结构的计算简图

框架结构分析方法一般有两种，即空间结构分析与平面结构分析。在计算机未普及的年代，框架结构通常被简化成平面结构，采用结构力学中的力矩分配法、无剪力分配法、迭代法等，进行手算分析，因此，多层框架结构也常采用分层法、反弯点法、D 值法等近似的计算方法。随着计算机与应用程序的普及，框架结构内力分析多利用结构力学中的矩阵位移法的基本原理，编制电算程序，按空间结构模型分析，直接求得结构的内力与变形以及各截面的配筋。

通常情况下，利用手算可以对电算的合理性结果进行校核和判断。

2. 框架结构计算单元的确定

框架结构是一个空间受力体系。为简化分析，通常忽略结构纵向与横向之间的空间联系以及各构件之间的抗扭作用，将纵向框架与横向框架分别按平面框架进行分析计算 [图 6-8(a)、(b)]。

对于横向框架，通常其间距相同，作用于各横向框架上的荷载相同，框架的抗侧刚度相同，因此，除端部框架外，各榀横向框架都将产生相同的内力与变形，结构设计时可取中间有代表性的一榀横向框架进行分析即可 [图 6-8(c)]。

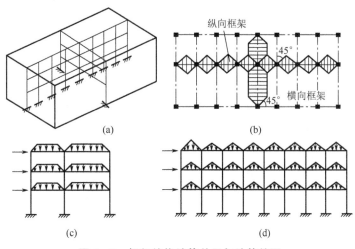

图 6-8　框架结构计算单元与计算简图

对于纵向框架，作用于其上的荷载各不相同，需要分别进行计算。取出的平面框架所承受的竖向荷载与楼盖结构的布置情况有关。当采用现浇楼盖时，楼面分布荷载一般按角平分线传至相应两侧的梁上，而水平荷载则简化成节点集中力，如图 6-8(d) 所示。

在上述结构计算简图中，需要解决以下简化问题。

（1）框架节点可简化为刚接点、铰接点与半铰点，这要根据施工方案与构造措施确定，通常现浇框架结构可简化为刚接点；框架梁支座可分为固定支座与铰支座，对于现浇钢筋混凝土柱，一般设计成固定支座。

（2）框架梁的跨度可取柱子轴线之间的距离，当上下层柱截面尺寸变化时，一般以最小截面的形心线来确定。框架的层高可取相应的建筑层高，即取本层楼面至上层楼面的高度；底层的层高则应取基础顶面到二层楼板顶面之间的距离（图 6-9）。

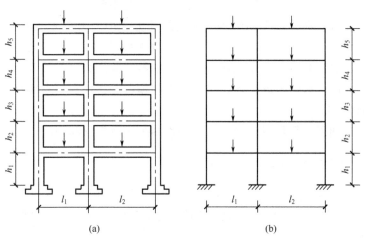

(a)　　　　　　　　　　　(b)

图 6-9　框架结构的计算跨度与层高

（3）构件截面抗弯刚度的计算。考虑到楼板的影响，假定梁的截面惯性矩 I 沿轴线不变，对现浇楼盖，中框架取 $I = 2I_0$，边框架取 $I = 1.5I_0$；对装配整体式楼盖，中框架取 $I = 1.5I_0$，边框架取 $I = 1.2I_0$；对装配式楼盖，则取 $I = I_0$。这里 I_0 为矩形截面梁的截面惯性矩。

3. 竖向荷载作用下的内力近似计算

在竖向荷载作用下，框架结构的侧移很小，可近似认为侧移为零，则框架结构的内力可采用弯矩分配法、分层法等近似方法计算，分层法更为简便些。这里主要介绍分层法计算方法。

利用分层法进行内力计算的基本假定。

（1）在竖向荷载作用下，框架的侧移与侧移引起的内力忽略不计。

（2）每层梁上的竖向荷载仅对本层梁及其上、下柱的内力（不包括柱轴力）产生影响，对其他各层梁、柱的影响忽略不计。

分层法的计算基本步骤如下。

（1）内力计算时，可将各层梁及其上、下层柱所组成的框架作为一个独立的计算单元，各层梁跨度及层高与原结构相同（图 6-10）。

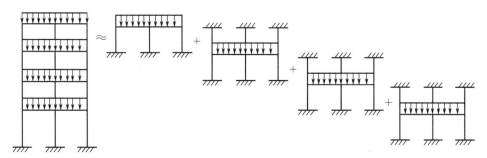

图 6 - 10　分层法计算示意图

（2）由于假定上、下柱的远端是固定的，而实际上上、下柱的远端是介于铰支与固定之间的弹性约束状态，有转角产生。为了减少这种因假定上、下柱远端为固定端所带来的误差，可将除底层柱以外其他各层柱的线刚度乘以折减系数 0.9，且其相应的弯矩传递系数为 1/3，底层柱与各层梁的弯矩传递系数取 1/2。

（3）用无侧移框架的计算方法得到的各敞口框架的杆端弯矩，即为其最终弯矩，而每一层柱的弯矩由上、下两层计算所得的弯矩值叠加得到。由于分层法是近似计算法，框架节点处的最终弯矩之和常常不等于零，若进一步修正时，可对节点不平衡力矩再一次进行分配（只分不传）。

（4）在杆端弯矩求出后，可用静力平衡条件计算梁端剪力及梁跨中弯矩，由逐层叠加柱上的竖向荷载（包括节点集中力、柱自重等）以及与之相连的梁端剪力，可得柱的轴力。

4. 水平荷载作用下的内力近似计算

水平荷载作用（如风荷载、地震作用）下，框架结构将发生侧移，其内力分析常采用的方法有反弯点法与 D 值法。这里主要介绍反弯点的计算方法。

1）反弯点法计算的基本原理

在风荷载或其他水平荷载作用影响下，框架结构可以简化为作用于框架节点的水平集中力，在水平荷载作用下，每个节点既产生相对水平位移，还产生转角。越靠近底层框架所承受的层间剪力越大，导致各节点的相对水平位移与转角越靠近底层也越大。在柱上、下两段弯曲方向相反，柱中一般都有一个反弯点，因无节间荷载，各杆的弯矩图都是斜直线，每个杆都有一个弯矩为零的点，该点即称为反弯点（图 6 - 11）。如果能够求出各柱的剪力及其反弯点位置，则梁、柱的内力均可以求出。

因此，利用反弯点法计算的关键是确定层间剪力在柱间的分配以及各柱的反弯点位置。

2）利用反弯点法进行内力计算的基本假定

（1）在进行各柱间的剪力分配时，认为各柱上、下端都不发生角位移，即梁的线刚度为无限大。

（2）在确定各柱的反弯点位置时，假定除底层柱以外的其余各层柱，其受力后上、下两端的转角相等，即除底层柱外，其余各层框架柱的反弯点位于层高的中点，对于底层柱则假定其反弯点位于距基础 2/3 柱高处。

（3）梁端弯矩，可由节点平衡条件求出不平衡弯矩，然后按节点左右两端的线刚度大小进行分配。

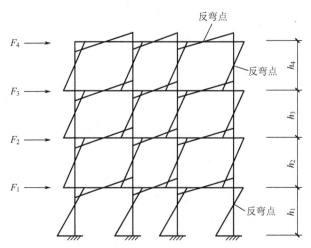

图 6-11　水平荷载作用下的框架结构弯矩图及反弯点位置

3）反弯点法的具体计算步骤

（1）确定柱的侧移刚度，进行层间剪力分配。

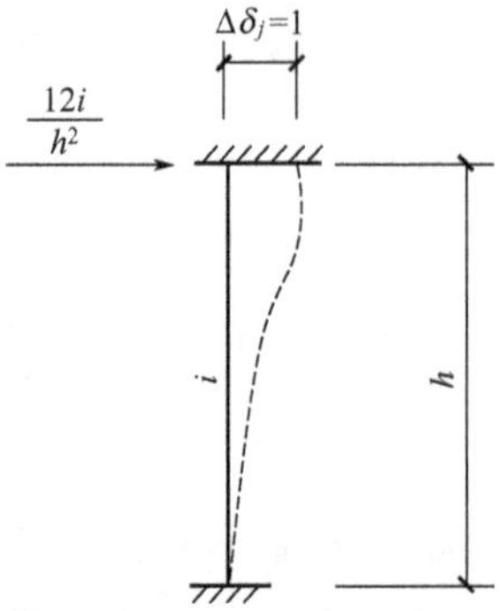

① 柱的侧移刚度。

对于等截面柱，当柱上、下两端有相对单位位移时，柱顶所需施加的水平力为 D，即柱的侧移刚度（图 6-12）。两端固定柱的侧向刚度为 $D_z = \dfrac{12i}{h^2}$，其中 i 为柱的线刚度，$i = \dfrac{EI}{h}$，h 为层高，EI 为柱的抗弯刚度。

② 层间总剪力。

设框架共有 n 层，每层层间总剪力分别为：V_1，$V_2, \cdots, V_i, \cdots, V_n$。每层有 m 个柱子，在每一层的反弯点处截开（图 6-13），可得

图 6-12　等截面柱的线刚度

$$V_i = V_{i1} + V_{i2} + \cdots + V_{ij} + \cdots + V_{im} = \sum_{k=i}^{n} F_k \tag{6-5}$$

式中：F_k——作用于 k 楼层的水平力；

　　　V_i——框架结构在第 i 层所承受的层间总剪力；

　　　V_{ij}——第 i 层第 j 柱所承受的剪力。

③ 层间总剪力在同层各柱间的剪力分配。

假定第 i 层的层间水平位移为 Δ_i，由于各柱的两端只有水平位移而无转角，则第 i 层的各柱具有相同的侧位移 Δ_i，若第 i 层的第 j 柱的侧移刚度为 $D_{ij} = \dfrac{12i}{h_j}$，则按照侧移刚度的定义，可得

$$V_{ij} = D_{ij}\Delta_i = \frac{12i}{h_j}\Delta_i \tag{6-6}$$

212

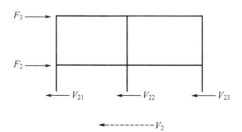

图 6 - 13　框架的局部分割体

将式(6-5)代入式(6-6)，就可以求出第 i 层第 j 根柱所承担的层间剪力 V_{ij}，即

$$V_{ij} = \frac{D_{ij}}{\sum_{j=1}^{m} D_{ij}} V_i \qquad (6-7)$$

（2）确定各层柱的反弯点高度，计算柱端弯矩。

反弯点高度比，是反弯点高度与柱高的比值 y。当梁、柱线刚度之比大于 3 时，柱端的转角很小，反弯点接近中点，除底层柱外，可假定各层柱的反弯点就在中点。按照计算的基本假定可知，底层柱的 $y = 2/3$，其他各层柱的 $y = 0.5$。

根据各柱分配到的剪力及反弯点的位置，可以计算出各柱端的弯矩值。

底层柱的上端弯矩为：

$$M_{cij}^{t} = V_{ij} \cdot \frac{h_i}{3} \qquad (6-8a)$$

底层柱的下端弯矩为：

$$M_{cij}^{b} = V_{ij} \cdot \frac{2h_i}{3} \qquad (6-8b)$$

上部各层柱上、下端弯矩相等，即

$$M_{cij}^{t} = M_{cij}^{b} = V_{ij} \cdot \frac{h_i}{2} \qquad (6-8c)$$

式中：cij ——第 i 层第 j 柱；

b、t ——分别表示柱的上端与下端。

（3）计算梁端弯矩。

求得柱端弯矩后，可根据节点平衡条件，计算梁端弯矩（图 6-14）。

$$M_{b}^{l} = (M_{c}^{u} + M_{c}^{l}) \frac{i_{b}^{l}}{i_{b}^{l} + i_{b}^{r}} \qquad (6-9a)$$

$$M_{b}^{r} = (M_{c}^{u} + M_{c}^{l}) \frac{i_{b}^{r}}{i_{b}^{l} + i_{b}^{r}} \qquad (6-9b)$$

式中：M_{b}^{l} ——左边梁的右端弯矩；

M_{c}^{u} ——下柱的上端弯矩；

M_{c}^{l} ——上柱的下端弯矩；

M_{b}^{r} ——右边梁的左端弯矩；

i_{b}^{l} ——左边梁的线刚度；

i_b^r ——右边梁的线刚度。

根据梁的两端弯矩，依然按照梁的平衡条件（图 6-15），可求得梁的剪力。同时，从上至下逐层叠加节点左右的梁端剪力，即可得到柱内轴力。

$$V_b^l = V_b^r = \frac{(M_b^l + M_b^r)}{L} \tag{6-10}$$

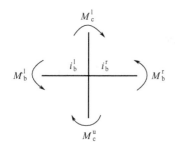

图 6-14 节点平衡条件

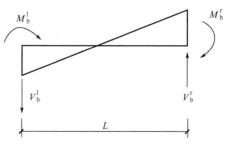

图 6-15 框架梁力矩平衡

5. 框架结构侧移验算

进行框架结构设计时，既需要保证其承载力，还要控制结构的侧移值。引起侧移的主要原因是水平作用。在水平作用影响下，框架的侧移有两种：一种是梁、柱弯曲变形引起的层间相对侧移（图 6-16），其特点是越往下越大，框架侧移曲线与悬臂梁的剪切变形曲线相似，故称之为剪切型变形；另一种是由框架柱的轴力引起的框架变形，其特点是越靠上越大，与悬臂梁的弯曲变形类似，故称之为弯曲型变形（图 6-17）。工程实践表明，框架结构的侧移主要是由梁、柱的弯曲变形引起的，柱的轴向变形所引起的侧移值甚微，可忽略不计。

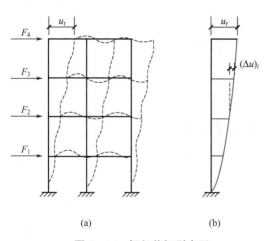

图 6-16 框架剪切型变形

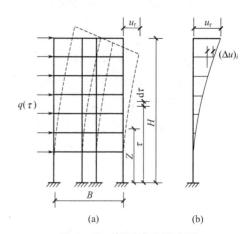

图 6-17 框架弯曲型变形

在考虑梁、柱弯曲变形引起的框架结构侧移计算时，一般可采用 D 值法。

基于上述内力计算的过程，在求得柱抗侧移刚度后，可按照式（6-11a）计算出第 i 层框架层间的水平位移 $\Delta \mu_i$，再由式（6-11b）求得框架顶层总侧移值 $\Delta \mu$ 值。

$$\Delta\mu_i = \frac{V_i}{\displaystyle\sum_{j=1}^{m} D_{ij}} \qquad\qquad (6-11\text{a})$$

$$\Delta\mu = \sum \Delta\mu_i \qquad\qquad (6-11\text{b})$$

框架结构的侧向位移限值详见表 3-28。

6.3.3　框架结构的构件设计

1. 控制截面的确定

框架柱的弯矩最大值在柱两端，柱的剪力与轴力沿柱高是呈线性变化的，并且同一层内变化很小，可取各层柱的上、下端截面作为控制截面。对于框架梁，一般取梁端与跨中作为梁承载力设计的控制截面。梁端为抵抗负弯矩与剪力的设计控制截面，但在有地震作用组合时，也要组合梁端的正弯矩。

值得注意的是，在内力组合前，对于框架梁，要把在轴线位置处梁的弯矩及剪力分析结果换算到柱边截面的弯矩与剪力；对于框架柱，也要把在轴线处的计算内力换算到梁上、下边缘的柱截面内力，如图 6-18 所示。

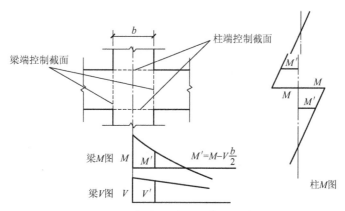

图 6-18　梁柱端的控制截面及内力

2. 最不利内力组合

在不考虑地震作用时，框架结构的梁、柱最不利内力组合如下。

（1）梁的端截面：$-M_{\max}$、$V_{\max}$。

（2）梁的跨内截面：$+M_{\max}$；若水平荷载引起的梁端弯矩不大，可近似取跨中截面。

（3）柱端截面：$|M|_{\max}$ 及相应的 N、V；$V_{\max}$ 及相应的 M、V；$N_{\min}$ 及相应的 M、V。

3. 竖向活荷载的最不利布置

作用于框架结构上的竖向荷载有恒载与活荷载。恒载对结构的影响可以将其全部作用于结构上一次性求出其内力，但活荷载的作用应考虑其最不利布置的影响。通常采用的方法有分跨计算组合法、最不利荷载位置法、分层组合法与满布荷载法等。因前三种方法分析过程较麻烦，在多高层框架结构内力分析中常采用满布荷载法。

当活载产生的内力远小于恒载及水平力所产生的内力时，可不考虑活荷载的最不利布置，而把活载同时作用于所有的框架梁上，这样求得的内力在支座处与按最不利荷载位置法求得的内力极为相近，可直接进行内力组合。为了安全起见，可以把求得的梁跨中弯矩乘以 $1.1\sim1.2$ 的放大系数。但是，在书库、贮藏室等其他结构中，各截面的内力组合还需要按照不同的不利荷载位置进行计算。

4. 梁端弯矩调幅

从结构的安全性角度讲，在梁端出现塑性铰是允许的，而对于装配式或装配整体式框架，节点并非绝对刚性，梁端实际弯矩将小于其弹性计算值。为了便于浇筑混凝土，节点处梁的上部钢筋可以适当减少。采取的方法是对梁端弯矩进行调幅，即减小梁端负弯矩值。

设某框架梁 AB 在竖向荷载作用下，梁端最大负弯矩分别为 M_A、M_B，梁的跨中最大正弯矩为 M_C，调幅后梁端弯矩可按 $M_{A0}=\beta M_A$ 与 $M_{B0}=\beta M_B$ 计取（β 为弯矩调幅系数，对于现浇框架，取 $\beta=0.8\sim0.9$；对于装配整体式框架，由于框架梁端的实际弯矩比弹性计算值要小，弯矩调幅系数允许取得低一些，一般可取 $\beta=0.7\sim0.8$）。

梁端弯矩调幅后，在相应荷载作用下的跨中弯矩将增加（图6-19）。这时 $\dfrac{M_{A0}+M_{B0}}{2}+M_{C0}\geqslant M_0$，其中，$M_0$ 为按简支梁计算的跨中弯矩值，M_{C0} 为弯矩调幅后梁跨中最大弯矩值，也是梁截面设计时所采用的跨中正弯矩值。同时应保证调幅后，设计所采用的跨中正弯矩值 $M_{C0}\geqslant\dfrac{M_0}{2}$。

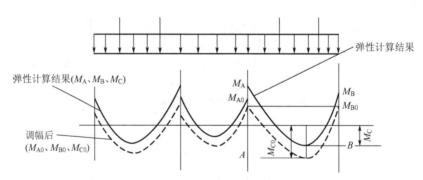

图 6-19 支座弯矩调幅

当然，梁端弯矩调幅将增大梁的裂缝宽度及变形，所以对裂缝宽度及变形控制较严格的结构不应进行弯矩调幅。

另外，弯矩调幅只对竖向荷载作用下的内力进行，而水平荷载作用产生的弯矩不参加调幅，因此，弯矩调幅应在内力组合之前进行。

5. 梁、柱构件及其节点设计

对无抗震设防要求的框架，按照上述方法得到控制截面的基本组合内力后，可进行梁、柱截面设计。对框架梁来说，与前述混凝土基本构件截面承载力的设计方法完全相同；而框架柱的截面设计需考虑侧向约束条件对计算长度的影响。

构件截面承载力设计完成后，应进行梁柱节点设计，以确保结构的整体性及受力性能。

6.3.4 框架结构的构造要求

框架结构设计除了满足前面所讲的高层建筑结构设计的基本规定外，还应符合以下要求。

1. 框架梁的构造要求

（1）框架结构的主梁截面高度可按计算跨度的 $1/18\sim1/10$ 确定；梁净跨与截面高度之比不宜小于 4。梁的截面宽度不宜小于梁截面高度的 $1/4$，也不宜小于 200mm。

当梁高较小或采用扁梁时，除应验算其承载力与受剪截面要求外，尚应满足刚度与裂缝的有关要求。在计算梁的挠度时，可扣除梁的合理起拱值；对现浇梁板结构，宜考虑梁受压翼缘的有利影响。

（2）框架梁设计时，计入受压钢筋作用的梁端截面混凝土受压区高度 x 与有效高度 h_0 的比值，一级抗震等级 $x\leqslant0.25h_0$，二、三级抗震等级 $x\leqslant0.35h_0$；同时，纵向受拉钢筋的最小配筋百分率 $\rho_{\min}$（%），非抗震设计时，不应小于 0.2 与 $45\dfrac{f_t}{f_y}$ 二者中的较大值，抗震设计时，不应小于表 6-5 规定的数值。

表 6-5 梁纵向受拉钢筋最小配筋百分率 $\rho_{\min}$ 　　　　单位：%

抗震等级	位 置	
	支座（取较大值）	跨中（取较大值）
一级	0.40 与 $80\dfrac{f_t}{f_y}$	0.30 与 $65\dfrac{f_t}{f_y}$
二级	0.30 与 $65\dfrac{f_t}{f_y}$	0.25 与 $55\dfrac{f_t}{f_y}$
三级	0.25 与 $55\dfrac{f_t}{f_y}$	0.20 与 $45\dfrac{f_t}{f_y}$

（3）抗震设计时，梁端截面的底面与顶面纵向钢筋截面面积的比值，除按计算确定外，一级抗震等级不应小于 0.5，二、三级抗震等级不应小于 0.3。

（4）梁的纵向钢筋配置，尚应符合下列规定。

① 抗震设计时，梁端纵向受拉钢筋的配筋率不宜大于 2.5%，不应大于 2.75%；当梁端受拉钢筋的配筋率大于 2.5% 时，受压钢筋的配筋率不应小于受拉钢筋的一半。

② 沿梁全长顶面与底面应至少各配置两根纵向配筋，一、二级抗震设计时钢筋直径不应小于 14mm，且分别不应小于梁两端顶面与底面纵向配筋中较大截面面积的 1/4；三、四级抗震设计与非抗震设计时钢筋直径不应小于 12mm。

③ 一、二、三级抗震等级的框架梁内贯通中柱的每根纵向钢筋的直径，对矩形截面柱，不宜大于柱在该方向截面尺寸的 1/20；对圆形截面柱，不宜大于纵向钢筋所在位置柱截面弦长的 1/20。

（5）抗震设计时，梁端箍筋的加密区长度、箍筋最大间距与最小直径应符合表 6-6 的要求；当梁端纵向钢筋配筋率大于 20% 时，表中箍筋最小直径应增大 2mm。

表 6-6　梁端箍筋加密区的长度、箍筋最大间距与最小直径

抗震等级	加密区长度 （取较大值）/mm	箍筋最大间距 （取较大值）/mm	箍筋最小直径 /mm
一	$2.0 h_b$，500	$h_b/4$，$6d$，100	10
二	$1.5 h_b$，500	$h_b/4$，$8d$，100	8
三	$1.5 h_b$，500	$h_b/4$，$8d$，150	8
四	$1.5 h_b$，500	$h_b/4$，$8d$，150	6

注：1. d 为纵向钢筋直径，h_b 为梁截面高度。

2. 一、二级抗震等级框架梁，当箍筋直径大于 12mm、肢数不少于 4 肢且肢距不大于 150mm 时，箍筋加密区最大间距应允许适当放松，但不应大于 150mm。

对于非抗震设计时，框架梁箍筋配筋构造应符合下列规定。

① 应沿梁全长设置箍筋，第一个箍筋应设置在距支座边缘 500mm 处。

② 截面高度大于 800mm 的梁，其箍筋直径不宜小于 8mm；其余截面高度的梁不应小于 6mm。在受力钢筋搭接长度范围内，箍筋直径不应小于搭接钢筋最大直径的 1/4。

③ 箍筋间距不应大于表 4-12 的规定；在纵向受拉钢筋的搭接长度范围内，箍筋间距尚不应大于搭接钢筋较小直径的 5 倍，且不应大于 100mm；在纵向受压钢筋的搭接长度范围内，箍筋间距尚不应大于搭接钢筋较小直径的 10 倍，且不应大于 200mm。

（6）对于承受弯矩与剪力的梁，当梁的剪力设计值大于 $0.7 f_t bh_0$ 时，其箍筋的面积配筋率应符合 $\rho \geq 0.24 \dfrac{f_t}{f_{yv}}$；对于承受弯矩、剪力与扭矩的梁，其箍筋面积配筋率与受扭纵向钢筋的面积配筋率应分别符合下式要求：

$$\rho_{sv} \geq 0.28 \frac{f_t}{f_{yv}} \tag{6-12a}$$

$$\rho_{tl} \geq 0.6 \sqrt{\frac{T}{Vb}} \cdot \frac{f_t}{f_y} \quad (当 \frac{T}{Vb} > 2.0 \text{时，取} 2.0) \tag{6-12b}$$

式中：T、V——分别为扭矩、剪力设计值；

ρ_{tl}、b——分别为受扭纵向钢筋的面积配筋率、梁宽。

（7）当梁中配有计算需要的纵向受压钢筋时，其箍筋配置尚应符合下列规定。

① 箍筋直径不应小于纵向受压钢筋最大直径的 1/4。

② 箍筋应做成封闭式。

③ 箍筋间距不应大于 15d 且不应大于 400mm；当一层内的受压钢筋多于 5 根且直径大于 18mm 时，箍筋间距不应大于 10d（d 为纵向受压钢筋的最小直径）。

④ 当梁截面宽度大于 400mm 且一层内的纵向受压钢筋多于 3 根时，或当梁截面宽度不大于 400mm 但一层内的纵向受压钢筋多于 4 根时，应设置复合箍筋。

（8）抗震设计时，框架梁的箍筋尚应符合下列构造要求。

① 沿梁全长箍筋的面积配筋率 ρ_{sv} 应分别符合 $\rho_{sv} \geqslant 0.30 \dfrac{f_t}{f_{yv}}$（一级抗震等级）、$\rho_{sv} \geqslant 0.28 \dfrac{f_t}{f_{yv}}$（二级抗震等级）、$\rho_{sv} \geqslant 0.26 \dfrac{f_t}{f_{yv}}$（三级与四级抗震等级）。

② 在箍筋加密区范围内的箍筋肢距：一级不宜大于 200mm 与 20 倍箍筋直径的较大值，二、三级不宜大于 250mm 与 20 倍箍筋直径的较大值，四级不宜大于 300mm。

③ 箍筋应有 135°弯钩，弯钩端头直段长度不应小于 10 倍箍筋直径与 75mm 两者中的较大值。

④ 在纵向钢筋搭接长度范围内的箍筋间距，钢筋受拉时不应大于搭接钢筋较小直径的 5 倍，且不应大于 100mm；钢筋受压时不应大于搭接钢筋较小直径的 10 倍，且不应大于 200mm。

⑤ 框架梁非加密区箍筋最大间距不宜大于加密区箍筋间距的 2 倍。

⑥ 框架梁的纵向钢筋不应与箍筋、拉筋及预埋件等焊接。

⑦ 当框架梁上开洞时，洞口位置宜位于梁跨中 1/3 区段，洞口高度不应大于梁高的 40%；开口较大时应进行承载力验算。梁上洞口周边应配置附加纵向钢筋与箍筋（图 6-20），并应符合计算及构造要求。

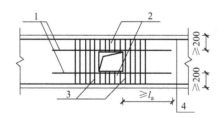

图 6-20 梁上洞口周边配筋构造示意

1—洞口上、下附加纵向钢筋；2—洞口上、下附加箍筋；3—洞口两侧附加箍筋；

4—梁纵向钢筋；l_a—受拉钢筋的锚固长度

2. 框架柱的构造要求

（1）矩形截面柱的边长，非抗震设计时不宜小于 250mm，抗震设计时，四级不宜小于 300mm，一、二、三级时不宜小于 400mm，截面高宽比不宜大于 3；圆柱直径，非抗震与四级抗震设计时不宜小于 350mm，一、二、三级时不宜小于 450mm。

（2）抗震设计时，钢筋混凝土柱轴压比不宜超过表 6-7 的规定；对于 Ⅳ 类场地上较高的高层建筑，其轴压比限值应适当减小。

表 6-7　柱轴压比限值

结构类型	抗震等级			
	一	二	三	四
框架结构	0.65	0.75	0.85	—
板柱-剪力墙、框架-剪力墙、框架-核心筒、筒中筒结构	0.75	0.85	0.90	0.95
部分框支剪力墙结构	0.60	0.70	—	

注：1. 轴压比指柱考虑地震作用组合的轴压力设计值与柱全截面面积与混凝土轴心抗压强度设计值乘积的比值。

　　2. 表内数值适用于混凝土强度等级不高于 C60 的柱。当混凝土强度等级为 C65～C70 时，轴压比限值应比表中数值降低 0.05；当混凝土强度等级为 C75～C80 时，轴压比限值应比表中数值降低 0.10。

　　3. 表内数值适用于剪跨比大于 2 的柱；剪跨比不大于 2 但不小于 1.5 的柱，其轴压比限值应比表中数值减小 0.05；剪跨比小于 1.5 的柱，其轴压比限值应专门研究并采取特殊构造措施。

　　4. 当沿柱全高采用井字复合箍，箍筋间距不大于 100mm、肢距不大于 200mm、直径不小于 12mm，或当沿柱全高采用复合螺旋箍，箍筋螺距不大于 100mm、肢距不大于 200mm、直径不小于 12mm，或当沿柱全高采用连续复合螺旋箍，且螺距不大于 80mm、肢距不大于 200mm、直径不小于 10mm 时，轴压比限值可增加 0.10。

　　5. 当柱截面中部设置由附加纵向钢筋形成的芯柱，且附加纵向钢筋的截面面积不小于柱截面面积的 0.8% 时，柱轴压比限值可增加 0.05。当本项措施与注 4 的措施共同采用时，柱轴压比限值可比表中数值增加 0.15，但箍筋的配箍特征值仍可按轴压比增加 0.10 的要求确定；调整后的柱轴压比限值不应大于 1.05。

（3）柱全部纵向钢筋的配筋率，不应小于表 6-8 的规定值，且柱截面每一侧纵向钢筋配筋率不应小于 0.2%；抗震设计时，对 IV 类场地上较高的高层建筑，表中数值应增加 0.1。

表 6-8　柱纵向受力钢筋最小配筋百分率　　　　　　　单位：%

柱类型	抗震等级				非抗震
	一级	二级	三级	四级	
中柱、边柱	0.9（1.0）	0.7（0.8）	0.6（0.7）	0.5（0.6）	0.5
角柱	1.1	0.9	0.8	0.7	0.5
框支柱	1.1	0.9	—		0.7

注：1. 表中括号内数值适用于框架结构。

　　2. 采用 335MPa 级、400MPa 级纵向受力钢筋时，应分别按表中数值增加 0.1 与 0.05 采用。

　　3. 当混凝土强度等级高于 C60 时，上述数值应增加 0.1 采用。

（4）抗震设计时，柱箍筋在规定的范围内应加密，加密区箍筋的最大间距与最小直径，应按表 6-9 采用。

表 6-9 柱端箍筋加密区的构造要求

抗震等级	箍筋最大间距/mm	箍筋最小直径/mm
一	6d 与 100 的较小值	10
二	8d 与 100 的较小值	8
三	8d 与 150（柱根 100）的较小值	8
四	8d 与 150（柱根 100）的较小值	6（柱根 8）

注：1. d 为柱纵向钢筋直径(mm)。

2. 柱根指框架柱底部嵌固部位。

对于一级抗震的框架柱箍筋直径大于 12mm 且箍筋肢距不大于 150mm，以及二级框架柱箍筋直径不小于 10mm 且肢距不大于 200mm 时，除柱根外，箍筋的最大间距应允许采用 150mm；三级框架柱的截面尺寸不大于 400mm 时箍筋最小直径应允许采用 6mm；四级框架柱的剪跨比不大于 2 或柱中全部纵向钢筋的配筋率大于 3% 时，箍筋直径不应小于 8mm。

对于剪跨比不大于 2 的柱，箍筋间距不应大于 100mm。

（5）抗震设计时，柱的纵向钢筋宜采用对称配置，对于截面尺寸大于 400mm 的柱，一、二、三级抗震设计时其纵向钢筋间距不宜大于 200mm，抗震等级为四级与非抗震设计时，柱纵向钢筋间距不宜大于 300mm；柱纵向钢筋净距均不应小于 50mm。

全部纵向钢筋的配筋率，非抗震设计时不宜大于 5%、不应大于 6%，抗震设计时不应大于 5%。一级抗震设计且剪跨比不大于 2 的柱，其单侧纵向受拉钢筋的配筋率不宜大于 1.2%。

对于边柱、角柱及剪力墙端柱考虑地震作用组合产生小偏心受拉时，柱内纵筋总截面面积应比计算值增加 25%。柱的纵筋不应与箍筋、拉筋及预埋件等焊接。

（6）抗震设计时，柱箍筋加密区的范围应符合下列规定。

底层柱的上端与其他各层柱的两端，应取矩形截面柱的长边尺寸（或圆形截面柱的直径）、柱净高之 1/6 与 500mm 三者的最大范围；底层柱刚性地面上、下各 500mm 的范围；底层柱柱根以上 1/3 柱净高的范围。

若柱的剪跨比不大于 2，或因设填充墙等形成的柱净高与截面高度之比不大于 4，一、二级框架角柱以及需要提高变形能力时，可沿柱的全高范围加密。

（7）柱加密区范围内箍筋的体积配箍率 ρ_v，可按下式计算：

$$\rho_v \geqslant \lambda_v \frac{f_c}{f_{yv}} \tag{6-13}$$

式中：ρ_v——柱箍筋的体积配箍率；

f_c——混凝土轴心抗压强度设计值，当柱混凝土强度等级低于 C35 时，应按 C35 计算；

f_{yv}——柱箍筋或拉筋的抗拉强度设计值；

λ_v——柱最小配箍特征值，宜按表 6-10 采用。

表 6-10 柱端箍筋加密区最小配箍特征值 λ_v

抗震等级	箍筋形式	柱 轴 压 比								
		≤0.30	0.40	0.50	0.60	0.70	0.80	0.90	1.00	1.05
一	普通箍、复合箍	0.10	0.11	0.13	0.15	0.17	0.20	0.23	—	—
	螺旋箍、复合或连续复合螺旋箍	0.08	0.09	0.11	0.13	0.15	0.18	0.21	—	—
二	普通箍、复合箍	0.08	0.09	0.11	0.13	0.15	0.17	0.19	0.22	0.24
	螺旋箍、复合或连续复合螺旋箍	0.06	0.07	0.09	0.11	0.13	0.15	0.17	0.20	0.22
三	普通箍、复合箍	0.06	0.07	0.09	0.11	0.13	0.15	0.17	0.20	0.22
	螺旋箍、复合或连续复合螺旋箍	0.05	0.06	0.07	0.09	0.11	0.13	0.15	0.18	0.20

注：普通箍指单个矩形箍或单个圆形箍；螺旋箍指单个连续螺旋箍筋；复合箍指由矩形、多边形、圆形箍或拉筋组成的箍筋；复合螺旋箍指由螺旋箍与矩形、多边形、圆形箍或拉筋组成的箍筋；连续复合螺旋箍指全部螺旋箍由同一根钢筋加工而成的箍筋。

对于抗震等级一、二、三、四级的框架柱，其箍筋加密区范围内箍筋的体积配箍率尚且分别不应小于 0.8%、0.6%、0.4%、0.4%。

对于剪跨比不大于 2 的柱宜采用复合螺旋箍或井字复合箍，其体积配箍率不应小于 1.2%；设防烈度为 9 度时，不应小于 1.5%。

在计算复合螺旋箍筋的体积配箍率时，其非螺旋箍筋的体积应乘以换算系数 0.8。

(8) 抗震设计时，柱箍筋设置尚应符合下列规定。

① 箍筋应为封闭式，其末端应做成 135° 弯钩且弯钩末端平直段长度不应小于 10 倍的箍筋直径，且不应小于 75mm。

② 箍筋加密区的箍筋肢距，一级不宜大于 200mm，二、三级不宜大于 250mm 与 20 倍箍筋直径的较大值，四级不宜大于 300mm。每隔一根纵向钢筋宜在两个方向有箍筋约束；采用拉筋组合箍时，拉筋宜紧靠纵向钢筋并勾住封闭箍筋。

③ 柱非加密区的箍筋，其体积配箍率不宜小于加密区的一半；其箍筋间距，不应大于加密区箍筋间距的 2 倍，且一、二级不应大于 10 倍纵向钢筋直径，三、四级不应大于 15 倍纵向钢筋直径。

(9) 非抗震设计时，柱中箍筋应符合下列规定。

① 周边箍筋应为封闭式。

② 箍筋间距不应大于 400mm，且不应大于构件截面的短边尺寸与最小纵向受力钢筋直径的 15 倍。

③ 箍筋直径不应小于最大纵向钢筋直径的 1/4，且不应小于 6mm。

④ 当柱中全部纵向受力钢筋的配筋率超过 3% 时，箍筋直径不应小于 8mm，箍筋间距不应大于最小纵向钢筋直径的 10 倍，且不应大于 200mm，箍筋末端应做成 135° 的弯钩且弯钩末端平直段长度不应小于 10 倍箍筋直径。

⑤ 当柱每边纵筋多于 3 根时，应设置复合箍筋。

⑥ 柱内纵向钢筋采用搭接做法时，搭接长度范围内箍筋直径不应小于搭接钢筋较大直径的 1/4；在纵向受拉钢筋的搭接长度范围内的箍筋间距不应大于搭接钢筋较小直径的 5 倍，且不应大于 100mm；在纵向受压钢筋的搭接长度范围内的箍筋间距不应大于搭接钢筋较小直径的 10 倍，且不应大于 200mm。当受压钢筋直径大于 25mm 时，尚应在搭接接头端面外 100mm 的范围内各设置两道箍筋。

（10）框架节点核心区应设置水平箍筋，且应符合下列规定。

① 非抗震设计时，箍筋配置应符合第（9）项的要求，但箍筋间距不宜大于 250mm；对四边有梁与之相连的节点，可仅沿节点周边设置矩形箍筋。

② 抗震设计时，箍筋的最大间距与最小直径宜符合第（3）项与第（4）项的规定。一、二、三级框架节点核心区配箍特征值分别不宜小于 0.12、0.10、0.08，且箍筋体积配箍率分别不宜小于 0.6%、0.5%、0.4%。柱剪跨比不大于 2 的框架节点核心区的体积配箍率不宜小于核心区上、下柱端体积配箍率中的较大值。

3. 框架梁、柱的钢筋锚固与搭接

（1）受力钢筋的连接接头应符合下列规定。

受力钢筋的连接接头宜设置在构件受力较小的部位；抗震设计时，宜避开梁端、柱端箍筋加密区范围。钢筋连接可采用机械连接、绑扎搭接或焊接。

当纵向受力钢筋采用搭接做法时，在钢筋搭接长度范围内应配置箍筋，其直径不应小于搭接钢筋较大直径的 1/4。当钢筋受拉时，箍筋间距不应大于搭接钢筋较小直径的 5 倍，且不应大于 100mm；当钢筋受压时，箍筋间距不应大于搭接钢筋较小直径的 10 倍，且不应大于 200mm。当受压钢筋直径大于 25mm 时，尚应在搭接接头两个端面外 100mm 范围内各设置两道箍筋。

（2）非抗震设计时，受拉钢筋的最小锚固长度应取 l_a。受拉钢筋绑扎搭接的搭接长度，应根据位于同一连接区段内搭接钢筋截面面积的百分率按式（6-14）计算，且不应小于 300mm。

$$l_l = \zeta l_a \qquad (6-14)$$

式中：l_l ——受拉钢筋的搭接长度（mm）；

l_a ——受拉钢筋的锚固长度（mm）；

ζ ——受拉钢筋搭接长度修正系数，应按表 6-11 采用。

表 6-11　纵向受拉钢筋搭接长度修正系数

同一连接区段内搭接钢筋面积百分率/(%)	≤25	50	100
受拉搭接长度修正系数 ζ	1.2	1.4	1.6

注：同一连接区段内搭接钢筋面积百分率取在同一连接区段内有搭接接头的受力钢筋面积与全部受力钢筋面积之比。

（3）抗震设计时，钢筋混凝土结构构件纵向受力钢筋的锚固与连接，应符合下列要求。

① 纵向受拉钢筋的最小锚固长度 l_{aE}：一、二级抗震等级取 $l_{aE} = 1.15l_a$；三级抗震等级取 $l_{aE} = 1.05l_a$；四级抗震等级取 $l_{aE} = 1.00l_a$。

② 当采用绑扎搭接接头时，其搭接长度 $l_{lE} \geqslant \zeta l_{aE}$。

③ 受拉钢筋直径大于 25mm、受压钢筋直径大于 28mm 时，不宜采用绑扎搭接接头。

④ 位于同一连接区段内的受拉钢筋接头面积百分率不宜超过 50%。当接头位置无法避开梁端、柱端箍筋加密区时，应采用满足等强度要求的机械连接接头，且钢筋接头面积百分率不宜超过 50%。

（4）非抗震设计时，框架梁、柱的纵向钢筋在框架节点区的锚固与搭接，如图 6-21 所示。

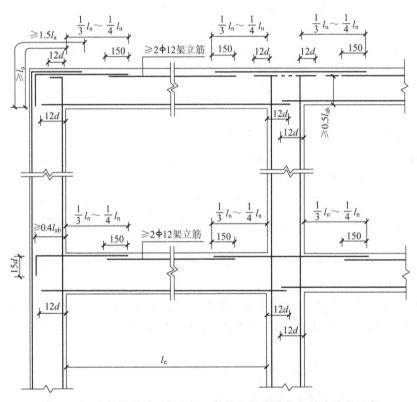

图 6-21　非抗震设计时框架梁、柱纵向钢筋在节点区的锚固示意

在顶层的中节点柱的纵向钢筋与边节点柱内侧纵向钢筋应伸至柱顶；当从梁底边计算的直线锚固长度不小于 l_a 时，可不必水平弯折，否则应向柱内或梁、板内水平弯折，其锚固段弯折前的竖直投影长度不应小于 $0.5l_{ab}$，弯折后的水平投影长度不宜小于 12 倍的柱纵向钢筋直径。此处，l_{ab} 为钢筋基本锚固长度，按《混凝土结构设计规范》（GB 50010—2010）的规定执行。

顶层端节点处，在梁宽范围以内的柱外侧纵向钢筋可与梁上部纵向钢筋搭接，搭接长度不应小于 $1.5l_a$；在梁宽范围以外的柱外侧纵向钢筋可伸入现浇板内，其伸入长度与伸入梁内的相同。当柱外侧纵向钢筋的配筋率大于 1.2% 时，伸入梁内的柱纵向钢筋宜分两批截断，其截断点之间的距离不宜小于 20 倍的柱纵向钢筋直径。

梁上部纵向钢筋伸入端节点的锚固长度，直线锚固时不应小于 l_a，且伸过柱中心线的长度不宜小于 5 倍的梁纵向钢筋直径；当柱截面尺寸不足时，梁上部纵向钢筋应伸至节点对边并向下弯折，弯折水平段的投影长度不应小于 $0.4\,l_{ab}$，弯折后竖直投影长度不应小于 15 倍的梁纵向钢筋直径。

当计算中不利用梁下部纵向钢筋的强度时，其伸入节点内的锚固长度应取不小于 12 倍的梁纵向钢筋直径。当计算中充分利用梁下部钢筋的抗拉强度时，梁下部纵向钢筋可采用直线方式或向上 90°弯折方式锚固于节点内，直线锚固时的锚固长度不应小于 l_a；弯折锚固时，弯折水平段的投影长度不应小于 $0.4\,l_{ab}$，弯折后竖直投影长度不应小于 15 倍的梁纵向钢筋直径。

（5）抗震设计时，框架梁、柱的纵向钢筋在框架节点区的锚固与搭接要求，如图 6-22 所示。

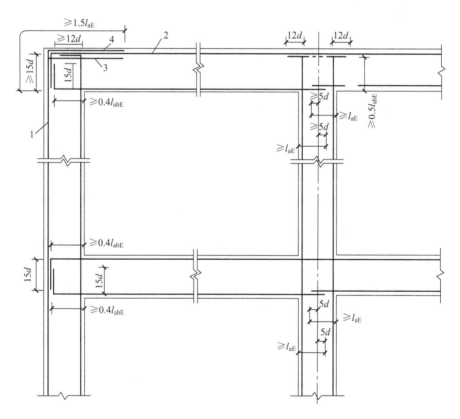

图 6-22　抗震设计时框架梁、柱纵向钢筋在节点区的锚固示意
1—柱外侧纵向钢筋；2—梁上部纵向钢筋；3—伸入梁内的柱外侧纵向钢筋；
4—不能伸入梁内的柱外侧纵向钢筋，可伸入板内

在顶层的中节点柱纵向钢筋与边节点柱内侧纵向钢筋应伸至柱顶；当从梁底边计算的直线锚固长度不小于 l_{aE} 时，可不必水平弯折，否则应向柱内或梁内、板内水平弯折，锚固段弯折前的竖直投影长度不应小于 $0.5\,l_{abE}$，弯折后的水平投影长度不宜小 12 倍的柱纵向钢筋直径。此处，l_{abE} 为抗震时钢筋的基本锚固长度，一、二级取 $1.15\,l_{ab}$，三、四级分

别取 $1.05\,l_{ab}$ 与 $1.00\,l_{ab}$。

顶层端节点处，柱外侧纵向钢筋可与梁上部纵向钢筋搭接，搭接长度不应小于 $1.5\,l_{aE}$，且伸入梁内的柱外侧纵向钢筋截面面积不宜小于柱外侧全部纵向钢筋截面面积的 65%；在梁宽范围以外的柱外侧纵向钢筋可伸入现浇板内，其伸入长度与伸入梁内的相同。当柱外侧纵向钢筋的配筋率大于 1.2% 时，伸入梁内的柱纵向钢筋宜分两批截断，其截断点之间的距离不宜小于 20 倍的柱纵向钢筋直径。

梁上部纵向钢筋伸入端节点的锚固长度，直线锚固时不应小于 l_{aE}，且伸过柱中心线的长度不应小于 5 倍的梁纵向钢筋直径；当柱截面尺寸不足时，梁上部纵向钢筋应伸至节点对边并向下弯折，锚固段弯折前的水平投影长度不应小于 $0.4\,l_{abE}$，弯折后的竖直投影长度应取 15 倍的梁纵向钢筋直径。

梁下部纵向钢筋的锚固与梁上部纵向钢筋相同，但采用 90°弯折方式锚固时，竖直段应向上弯入节点内。

6.4 剪力墙结构设计

1. 剪力墙结构的类别及分析方法

剪力墙结构是集承重、围护、分割等为一体的结构体系。理论分析与试验研究表明，剪力墙的受力特性与变形状态与剪力墙上的开洞情况直接关联。通常情况下，按受力特性的不同可将其分为整体墙、小开口整体墙、联肢墙及壁式框架等类型，如图 6-23 所示。

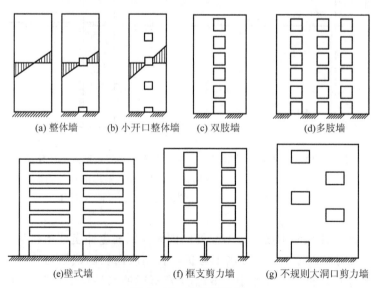

(a) 整体墙　　(b) 小开口整体墙　　(c) 双肢墙　　(d) 多肢墙

(e) 壁式墙　　(f) 框支剪力墙　　(g) 不规则大洞口剪力墙

图 6-23 剪力墙类型

1) 整体剪力墙

无洞口的剪力墙或剪力墙上开有一定数量的洞口，但洞口的面积不超过墙体总面积的15%，且洞口至墙边的净距及洞口之间的净距均大于洞口长边尺寸时，可以忽略洞口对墙体的影响，这样的墙体称为整体剪力墙［图 6-23(a)］。

2) 小开口整体墙

当剪力墙上所开洞口面积稍大，超过墙体面积的 15% 时，在水平荷载作用下，这类剪力墙截面的正应力分布略偏离了直线分布的规律，变成了相当于在整体墙弯曲时的直线分布应力之上叠加了墙肢局部弯曲应力，当墙肢中的局部弯矩不超过墙体整体弯矩的 15% 时，其截面变形仍接近于整体截面剪力墙，这种剪力墙称之为小开口整体墙［图 6-23(b)］。

3) 联肢剪力墙

当剪力墙沿竖向开有一列或多列较大的洞口时，由于洞口较大，剪力墙截面的整体性已被破坏，剪力墙的截面变形不再符合平截面假定。这时剪力墙成为由一系列连梁约束的墙肢所组成的联肢墙。开有一列洞口的联肢墙称为双肢墙［图 6-23(c)］，当开有多列洞口时称之为多肢墙［图 6-23(d)］。

4) 壁式墙

当剪力墙的洞口尺寸较大，墙肢宽度较小，连梁的线刚度接近于墙肢的线刚度，剪力墙的受力性能已接近于框架，这种剪力墙称为壁式墙［图 6-23(e)］。

5) 框支剪力墙

当下部楼层需要较大空间，采用框架结构来支撑上部剪力墙时，这种混合式的结构体系，称之为框支剪力墙［图 6-23(f)］。

6) 开设不规则的大洞口剪力墙

如图 6-23(g) 所示，在剪力墙的高度范围内，开设有不规则的大洞口，或因洞口尺寸不一，或因洞口布置不规则，这样的剪力墙称之为不规则的大洞口剪力墙。

不同类型的剪力墙，截面应力分布不相同，其内力与位移的计算方法也不一样。目前，剪力墙的内力与变形所采取的分析方法有材料力学分析法、连续化方法、壁式框架分析法、有限单元法和有限条带法。其中有限单元法是剪力墙应力分析中一种比较精确的计算方法，而且对各种复杂几何形状的墙体都适用。

2. 剪力墙的结构布置

为了充分发挥剪力墙的结构功能，合理安排建筑空间，剪力墙的结构布置应符合现行《高层建筑混凝土结构技术规程》（JGJ 3—2010）中的相关规定。

(1) 在平面上，剪力墙宜沿主轴方向或其他方向双向布置，均匀对称、拉通，不应采用仅单向有墙的结构布置；纵横墙宜相交成 Γ 形、T 形或工字形；尽量避免结构在各方向上存在刚度上的明显差异。

(2) 剪力墙不宜过长，避免剪力墙发生脆性剪切破坏。对较长的墙可采用跨高比较大的连梁将其划分成较均匀的墙段。各墙段的高宽比不宜小于 3，墙肢的截面高度不宜大于 8m。

(3) 每个独立墙肢的总高度与其截面高度之比不应小于 2。对矩形截面独立墙肢，其截面高度与厚度之比不宜小于 5。

（4）剪力墙的门窗洞口宜上下对齐，成列布置，以形成明确的墙肢与连梁；不宜采用错洞墙。布置孔洞时应避免各墙肢刚度差别过大。

（5）剪力墙间距取决于房间开间尺寸及楼板跨度，一般为 3～8m。剪力墙间距过小，将导致结构重量、刚度过大，从而使结构所受地震作用增大。为适当减小结构刚度与重量，在可能的条件下，剪力墙间距可尽量取较大值。

（6）为避免结构竖向刚度突变，剪力墙宜上下连续，贯通到顶并逐渐减小厚度。剪力墙截面尺寸与混凝土强度等级不宜在同一高度处同时改变，一般宜相隔 2～3 层。混凝土强度等级沿结构竖向改变时，每次降低幅度宜控制在 5～10MPa 之内。

（7）剪力墙与墙平面外的楼面梁相连时，为抵抗梁端弯矩对墙的不利影响，楼面梁下宜设扶壁柱；若不能设扶壁柱时，应在墙与梁相交处设暗柱。暗柱范围为梁宽及梁两侧各一倍的墙厚。扶壁柱与暗柱宜按计算确定其配筋；必要时，剪力墙内可设置型钢（图 6-24）。

（8）楼面主梁不宜支承在剪力墙的连梁上。

（9）剪力墙结构的楼、屋面结构体系宜为现浇。

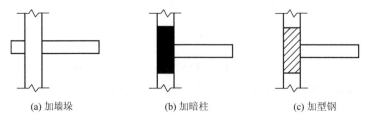

(a) 加墙垛　　　　　　(b) 加暗柱　　　　　　(c) 加型钢

图 6-24　梁与墙平面外相交时的措施

3. 剪力墙的构造要求

1）剪力墙的截面尺寸

为了保证剪力墙平面外的刚度与稳定性能，剪力墙的截面厚度应满足表 6-12 的要求。

表 6-12　剪力墙截面最小厚度

抗震等级	剪力墙部位	最小厚度			
		有端柱或翼墙		无端柱或翼墙	
一、二级	底部加强部位	$H/16$	200mm	$h/12$	200mm
	其他部位	$H/20$	160mm	$h/15$	180mm
三、四级	底部加强部位	$H/20$	160mm	$h/20$	160mm
	其他部位	$H/25$	160mm	$h/25$	160mm
非抗震设计	所有部位	$H/25$	160mm	$h/25$	160mm

注：1. H 为层高或剪力墙的无支长度，h 为层高。

2. 无支长度是指沿剪力墙长度方向没有平面外横向支撑墙的长度，当墙平面外有与其相交的剪力墙时，可视为剪力墙的支撑，因而可在层高及无支长度二者中取较小值计算剪力墙的最小厚度，而无翼墙与端柱的一字形剪力墙，只能按层高计算墙厚。

3. 剪力墙井筒中，分隔电梯井或管道井的墙肢截面厚度可适当减小，但不宜小于 160mm。

4. 当墙厚不能满足表中要求时，应验算墙体的稳定。

2）材料要求

（1）混凝土强度等级。

剪力墙结构混凝土的强度等级不应低于 C20；带有筒体与短肢剪力墙的剪力墙结构的混凝土强度等级不应低于 C25。

（2）剪力墙的分布钢筋。

高层建筑的剪力墙竖向与水平分布钢筋不应采用单排钢筋。当剪力墙截面厚大于 400mm 时，可采用双排配筋。当剪力墙厚度在 400～700mm 之间时，宜采用三排钢筋，当厚度大于 700mm 时，宜采用四排钢筋，受力钢筋可均匀分布在各排中，或靠两侧墙面的配筋略大。各排分布钢筋之间的拉接筋间距不应大于 600mm，直径不应小于 6mm，在底部加强部位，约束边缘构件以外的拉接筋间距尚应适当加密。

为防止混凝土墙体在受弯裂缝出现后立即达到极限抗弯承载力，防止斜裂缝出现后发生脆性的剪拉破坏，提高其抵抗温度应力的能力，在墙肢中应配置一定数量的水平与竖向分布钢筋。剪力墙分布钢筋的最小配筋要求见表 6-13。

表 6-13　剪力墙水平与竖向分布钢筋的最小配筋

名　　称	抗震等级	最小配筋率/(%)	最大间距/mm	最小直径/mm
一般剪力墙	一、二、三级	0.25	300	8
	四级、非抗震	0.20	300	8
温度应力较大部位剪力墙	抗震与非抗震	0.25	200	—

在一些温度应力较大而易出现裂缝的部位（如房屋顶层剪力墙、长矩形平面房屋的楼梯间与电梯间剪力墙、端开间的纵向剪力墙、端山墙），应适当增大剪力墙分布钢筋的最小配筋率，以抵抗温度应力的不利影响。分布钢筋的直径不宜大于墙肢截面厚度的 1/10。

3）钢筋锚固与连接要求

非抗震设计时，剪力墙纵向钢筋的最小锚固长度应取 l_a，抗震设计时应取 l_{aE}。剪力墙竖向及水平分布钢筋的搭接连接（图 6-25），一、二级抗震等级剪力墙的加强部位，接头位置应错开，每次连接的钢筋数量不宜超过总数量的 50%，错开净距不宜小于 500mm；其他情况剪力墙的钢筋可在同一部位连接。非抗震设计时，分布钢筋的搭接长度不应小于 1.2 l_a；抗震设计时，不应小于 1.2 l_{aE}。暗柱及端柱纵向钢筋连接与锚固要求宜与框架柱相同。

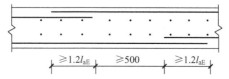

图 6-25　剪力墙内分布钢筋的连接

（注：非抗震设计时图中 l_{aE} 取 l_a）

4）剪力墙开洞时的构造要求

当剪力墙墙面开有非连续小洞口（各边长度小于 800mm），且在整体计算中不考虑其影响时，应在洞口四周采取加强措施，以抵抗洞口的应力集中，可将洞口处被截断的分布钢筋分别集中配置在洞口上下与左右两边，且钢筋直径不应小于12mm（图6-26）。

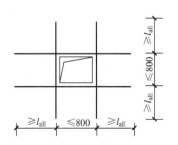

图6-26 剪力墙洞口补强配筋示意图

（注：非抗震设计时图中 l_{aE} 取 l_a）

5）连梁配筋构造要求

对跨高比小于5的连梁，竖向荷载作用下产生的弯矩占总弯矩的比例较小，水平荷载作用下产生的反弯使它对剪切变形十分敏感，容易出现剪切裂缝。当连梁的跨高比不小于5时，与一般框架梁的受力类似，可按照框架梁进行设计。

连梁的配筋构造应满足下列要求（图6-27）。

（1）加梁顶面、底面纵向受力钢筋伸入墙内的锚固长度，抗震设计时不应小于 l_{aE}；非抗震设计时不应小于 l_a，且不应小于600mm。

（2）抗震设计时，沿连梁全长的构造应按框架梁梁端加密区箍筋的构造要求采用；非抗震设计时，沿连梁全长的箍筋直径不应小于6mm，间距不应大于150mm。

（3）顶层连梁纵向钢筋伸入墙体的长度范围内，应配置间距不大于100mm的构造箍筋，箍筋直径应与该连梁的箍筋直径相同。

（4）墙体水平分布钢筋应作为连梁的纵向构造钢筋（也称为腰筋）在连梁范围内拉通连续配置；当连梁截面高度大于700mm时，其两侧面沿梁高范围设置的腰筋直径不应小于10mm，间距不应大于200mm；对跨高比不大于2.5的连梁，梁两侧的腰筋面积配筋率不应小于0.3%。

由于布置管道的需要，有时需在连梁上开洞，在设计时需对削弱的连梁采取加强措施，并对开洞处的截面进行承载力验算，并应满足（图6-28）：穿过连梁的管道宜预埋套管，洞口上下的有效高度不宜小于梁高的1/3，且不应小于200mm，洞口处宜配置补强钢筋，可在洞口两侧各配置2Φ14的钢筋。

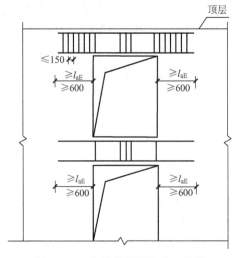

图6-27 连梁的配筋构造示意图

（注：非抗震设计时图中 l_{aE} 取 l_a）

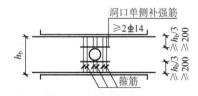

图6-28 连梁洞口补强配筋示意图

6.5 框架-剪力墙设计

1. 框架-剪力墙结构的受力与变形特点

框架-剪力墙结构由框架、剪力墙两类抗侧力单元组成。在水平力作用下，它们的受力与变形特点各异。剪力墙以弯曲变形为主，随着楼层增加，总侧移与层间侧移增长加快 [图 6-29(a)]；框架以剪切变形为主，随着楼层增加，总侧移与层间侧移增加减慢 [图 6-29(b)]。试验研究表明，在同一结构中，框架与剪力墙通过楼板连在一起，在各层楼板标高处协同工作、共同变形。

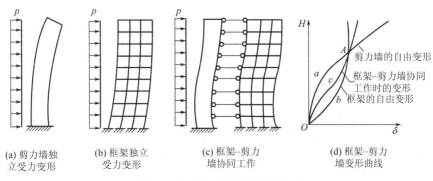

(a) 剪力墙独　　(b) 框架独立　　(c) 框架-剪力　　(d) 框架-剪力
立受力变形　　　受力变形　　　墙协同工作　　　墙变形曲线

图 6-29　框架-剪力墙受力特点

在协同工作中，剪力墙承担大部分水平荷载，但在荷载分担的比例上是变化的。如图 6-29(c) 所示，剪力墙的下部变形将增大，而框架下部变形却减小了，导致下部剪力墙承担更多剪力，框架下部承担的剪力较小；在上部，情形正好相反。框架上部与下部所受的剪力趋于均匀化。

由图 6-29(d) 可见，框架-剪力墙结构的层间变形在下部小于纯框架，在上部小于纯剪力墙，即各层的层间变形也将趋于均匀化。因此，框架-剪力墙结构的计算中应考虑剪力墙与框架两种类型结构的不同受力特点，按协同工作条件进行内力、位移分析，不能简单地按框架结构计算。

《高层建筑混凝土结构技术规程》（JGJ 3—2010）规定：框架-剪力墙结构的抗震设计方法，应根据在规定的水平力作用下结构底层框架部分承受的地震倾覆力矩（m_E）与结构总地震倾覆力矩（M_E）的比值确定。

（1）当框架部分承受的地震倾覆力矩 $m_E \leqslant 0.1M_E$ 时，按剪力墙结构进行设计，其中的框架部分应按框架-剪力墙结构的框架进行设计。

（2）当框架部分承受的地震倾覆力矩 $0.1M_E < m_E \leqslant 0.5M_E$ 时，按框架-剪力墙结构进行设计。

（3）当框架部分承受的地震倾覆力矩 $0.5M_E < m_E \leqslant 0.8M_E$ 时，按框架-剪力墙结构进行设计，其最大适用高度可比框架结构适当增加，框架部分的抗震等级与轴压比限值宜按框架结构的规定采用。

（4）当框架部分承受的地震倾覆力矩 $0.8M_E < m_E$ 时，按框架-剪力墙结构进行设计，但其最大适用高度宜按框架结构采用，框架部分的抗震等级与轴压比限值应按框架结构的规定采用。当结构的层间位移角不满足框架-剪力墙结构的规定时，应进行结构抗震性能的分析与论证。

2. 剪力墙的合理布置

基于框架-剪力墙结构的受力特点，在结构设计中，多设剪力墙对抗震是有利的，但是剪力墙的数量也不宜过大。研究表明，剪力墙太多，虽然有较强的抗震能力，但由于刚度太大周期太短，地震作用要加大，不仅使上部结构材料增加，而且会带来基础设计的困难；同时，在框架-剪力墙结构设计中，框架的水平剪力值有最低限值，剪力墙再增多，框架的材料消耗也不会再减少。另外，工程造价也不经济。因此，剪力墙的设置应有一个合理的数量。

在抗震设计时，框架-剪力墙结构应设计成双向抗侧力体系。结构在两主轴方向上均应布置剪力墙。剪力墙的布置应遵循"均匀、分散、对称、周边"的原则。

一般情况下，剪力墙宜在框架-剪力墙结构平面的下列部位进行布置。

（1）竖向荷载较大处。增大竖向荷载可以避免墙肢出现偏心受拉的不利受力状态。

（2）建筑物端部附近。减少楼面外伸段的长度，而且有较大的抗扭刚度。

（3）楼梯、电梯间。楼梯、电梯间楼板开洞较大，设剪力墙予以加强。

（4）平面形状变化处。在平面形状变化处应力集中比较严重，在此处设剪力墙予以加强，可以减少应力集中对结构的影响。

当建筑平面为长矩形或平面有一部分较长时，在该部位布置的剪力墙除应有足够的总体刚度外，各片剪力墙之间的距离不宜过大，宜满足表 6-14 的规定。

表 6-14　框架-剪力墙结构中剪力墙的间距

楼盖形式	非抗震设计（取较小值）	抗震设防烈度		
		6 度、7 度（取较小值）	8 度（取较小值）	9 度（取较小值）
现浇	5.0B, 60	4.0B, 50	3.0B, 40	2.0B, 30
装配整体	3.5B, 50	3.0B, 40	2.5B, 30	—

注：1. 表中 B 为楼面宽度，单位为 m。

　　2. 装配整体式楼盖应设置厚度不小于 50mm 的钢筋混凝土现浇层。

　　3. 现浇层厚度大于 60mm 的叠合楼板可作为现浇板考虑。

3. 框架-剪力墙结构的截面设计与构造要求

框架-剪力墙结构的结构布置、计算分析、截面设计及构造要求，在符合框架结构与剪力墙结构的有关规定外，还应满足以下要求。

1）框架部分的设计调整

框架-剪力墙结构中产生的地震倾覆力矩 M_E 由框架与剪力墙共同承受。为了加强框架部分抗震能力的储备，在抗震设计时，框架-剪力墙结构对应于地震作用标准值的各层框架总剪力应符合下列要求（图 6 - 30）。

（1）框架部分承担的总地震剪力满足式(6 - 15)要求的楼层，其框架总剪力不必调整，不满足该式要求的楼层，其框架总剪力应按 $0.2V_0$ 与 $1.5V_{f,max}$ 二者的较小值采用。

$$V_f \geqslant 0.2V_0 \qquad\qquad (6 - 15)$$

式中：V_0 ——对框架柱数量从下至上基本不变的规则建筑，应取对应于地震作用标准值的结构底部总剪力；对框架柱数量从下至上分段有规律变化的结构，应取每段最下一层结构对应于地震作用标准值的总剪力。

V_f ——对应于地震作用标准值且未经调整的各层（或某一段内各层）框架承担的地震总剪力。

$V_{f,max}$ ——对框架柱数量从下至上基本不变的规则建筑，应取对应于地震作用标准值且未经调整的各层框架承担的地震总剪力中的最大值；对框架柱数量从下至上分段有规律变化的结构，应取各段中对应于地震作用标准值且未经调整的各层框架承担的地震总剪力中的最大值。

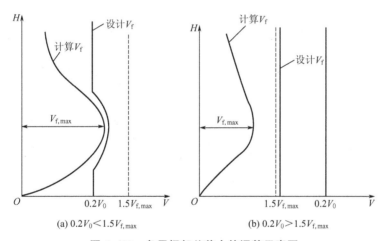

图 6 - 30　各层框架总剪力的调整示意图

（2）各层框架所承担的地震总剪力按上述条件调整后，应按调整前后剪力的比值调整每根框架柱以及与之相连框架梁的剪力及端部弯矩标准值，框架柱的轴力可不予调整。

（3）按振型分解反应谱法计算地震作用时，第(1)条中所规定的调整可在振型组合之后进行。

框架内力的调整是框架-剪力墙结构进行内力计算后，一种保证框架安全的人为的设计措施。但在其内力调整后，节点弯矩与剪力不再保持平衡，也必再重新分配节点弯矩。

2）构造要求

在框架-剪力墙结构中，剪力墙的竖向与水平分布钢筋的配筋率，抗震设计时均不应小于 0.25%，非抗震设计时均不应小于 0.20%，并应至少双排布置。各排分布钢筋之间应设置拉筋，拉筋直径不应小于 6mm，间距不应大于 600mm。

对于带边框的剪力墙，还应满足以下要求。

（1）为保证剪力墙的稳定性。抗震设计时，一、二级抗震等级设计的剪力墙结构的底部加强部位应有足够的厚度，其不应小于 200mm，且不应小于层高的 1/16，在其他情况下，不应小于 160mm，且不应小于层高的 1/20。若墙体厚度不能满足上述要求，则应验算墙体的稳定性。

（2）剪力墙的水平钢筋应全部锚入边框柱内，锚固长度应小于 l_a（非抗震设计时）或 l_{aE}（抗震设计时）。

（3）剪力墙的混凝土强度等级宜与边框柱相同。剪力墙的截面设计宜按工字形截面考虑，剪力墙端部的纵向钢筋应配置在边框柱截面内。

（4）与剪力墙重合的框架梁可保留，也可做成宽度与墙厚相同的暗梁，暗梁截面高度可取墙厚的 2 倍或与该片框架梁截面等高，暗梁的配筋可按构造配置，且应符合一般框架梁相应抗震等级的最小配筋要求。

（5）边框柱截面宜与该片框架其他柱的截面相同，边框柱应符合框架结构中框架柱的构造配筋要求；剪力墙底部加强部位边框柱的箍筋宜沿全高加密；当带边框剪力墙上的洞口紧邻边框柱时，边框柱的箍筋宜沿全高加密。

习　　题

1. 高层建筑混凝土结构有哪些结构类型和抗侧力结构体系？各有何优缺点？
2. 框架结构的布置原则是什么？框架有哪几种布置形式？各有何优缺点？
3. 框架结构的梁、柱截面尺寸如何确定？如何确定框架结构的计算简图？
4. 反弯点法和 D 值法在计算中各采用了哪些假定？有哪些主要计算步骤？
5. 简述框架结构、剪力墙结构与框架剪力墙结构的设计构造要求。
6. 试用反弯点法计算如图 6-31 所示框架结构的内力（弯矩、剪力）和水平位移。图中在各杆件旁边标出了其抗弯线刚度，其中 $i=2500kN \cdot m$。

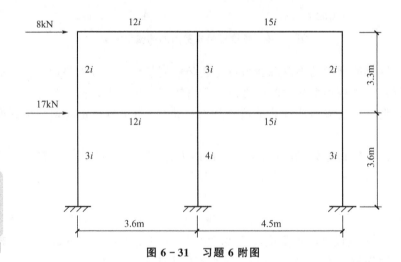

【参考答案】

图 6-31　习题 6 附图

234

第**7**章
砌体结构设计

教学目标

本章主要讲述砌体结构的用材及其受力性能，砌体结构的设计与计算。通过本章的学习，应达到以下目标：

(1) 掌握块材、砂浆的类型及其基本性能指标；

(2) 掌握砌体结构的设计原理与计算方法；

(3) 熟悉砌体结构的构造要求。

教学要求

知识要点	能力要求	相关知识
(1) 块材与砂浆的类型与基本性能指标 (2) 砌体结构受压构件设计原理与计算方法	(1) 掌握块材与砂浆的类型与基本性能指标 (2) 掌握结构平面布置、内力分析与受压构件的设计计算	砌体结构设计规范
砌体结构的构造要求	(1) 熟悉高厚比验算方法 (2) 熟悉圈梁、构造柱的构造要求	砌体结构设计规范

 引例

20 世纪前的砌体结构

砌体结构是一种古老的结构形式。在古代，其代表性建筑有埃及胡夫金字塔、帕提农神庙、法国巴黎圣母院、中国的长城等。

1891 年，在美国芝加哥建成的莫纳德洛克大厦是 20 世纪以前、世界最高的砌体结构办公用楼房，其长 62m、宽 21m、高 16 层，也是一幢带有电梯的大厦，沿用至今。

埃及胡夫金字塔

帕提农神庙

【参考图文】

235

法国巴黎圣母院　　　　　　　莫纳德洛克大厦

砌体结构是一种常见的结构形式。砌体结构的水平结构体系是由钢筋混凝土梁板结构与悬挑构件组成，有现浇式与装配式之分；竖向结构体系包括墙体（也称砌体）、钢筋混凝土楼梯、梁、柱；基础结构体系主要有砖基础与钢筋混凝土基础。

本章主要讨论砌体结构的墙体用材及其设计方法、砌体结构的构造要求、平面布置及装配式混凝土楼盖设计等内容。

7.1 砌体用材及受力性能分析

7.1.1 砌体用材

砌体用材包括块体材料与砂浆。列入《砌体结构设计规范》（GB 50003—2011）的块体材料有烧结砖、蒸压砖、砌块与石材，砂浆有水泥砂浆、水泥石灰混合砂浆、石灰砂浆、石灰黏土砂浆与黏土砂浆。块体材料与砂浆的强度等级是根据其抗压强度而划分的，它也是确定砌体在各种受力状态下强度的依据。块体材料强度等级用 MU 表示，砂浆强度等级用 M 表示。对于混凝土小型空心砌块砌体，砌筑砂浆的强度等 Mb 表示，灌孔混凝土的强度等级用 Cb 表示。

【标准规范】

1. 块材材料

1）砖

砖包括烧结普通砖、烧结多孔砖与非烧结硅酸盐砖。烧结普通砖是指以黏土、页岩、煤矸石或粉煤灰为主要原料，经过焙烧而成的普通砖，其截面尺寸为 240mm×115mm×53mm［图 7-1(a)］。烧结多孔砖是指以黏土、页岩、煤矸石或粉煤灰为主要原料，经过焙烧而成，分为 P 型 [图 7-1(b)] 与 M 型 [图 7-1(b)]，其孔的尺寸小而数量多。烧结普通砖、烧结多孔砖主要用于承重部位，其抗压强度分为 MU30、MU25、MU20、MU15、MU10 五个强度等级。MU 后面的数字表示抗压强度的大小，单位为 N/mm²。

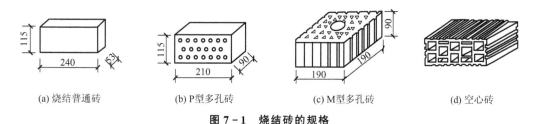

| (a) 烧结普通砖 | (b) P 型多孔砖 | (c) M 型多孔砖 | (d) 空心砖 |

图 7-1　烧结砖的规格

非烧结硅酸盐砖有蒸压灰砂砖、蒸压粉煤灰砖等 [图 7-1(d)]，其可大量利用工业废料，减少环境污染，多用于维护结构。蒸压灰砂砖、蒸压粉煤灰砖的抗压强度分为 MU25、MU20、MU15 与 MU10 四个等级。

目前，我国用于砌体结构的砖主要有烧结普通砖、烧结多孔砖、蒸压灰砂砖与蒸压粉煤灰砖四种。

2）砌块

砌块一般是指混凝土空心砌块、加气混凝土砌块及硅酸盐实心砌块。砌块按尺寸大小分为小型、中型与大型三种，通常把高度为 180～350mm 的砌块称为小型砌块，高度为 350～900mm 的砌块称为中型砌块，高度大于 900mm 砌块的称为大型砌块。目前，我国在承重墙体材料中使用最为普遍的是混凝土小型空心砌块，其尺寸为 390mm×190mm×190mm，孔洞率一般为 25%～50%，常简称为混凝土砌块（图 7-2）。

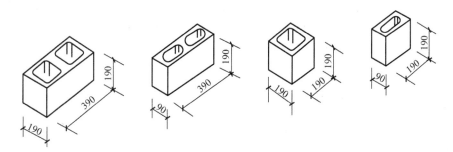

图 7-2　混凝土小型空心砌块

混凝土空心砌块的强度等级是根据标准试验方法，按毛截面面积计算所得的极限抗压强度值来划分的。普通混凝土小型砌块的强度等级划分为 MU20、MU15、MU10、MU7.5、MU5.0、MU3.5 六个等级，轻骨料混凝土小型砌块的强度等级划分为 MU10、MU7.5、MU5.0、MU3.5、MU2.5、MU1.5 六个等级。

3）石材

砌体结构所用石材，是天然石材经过加工后形成满足砌筑要求的石材。根据其外形与加工程度将其分为料石与毛石两种。料石又分为细料石、半细料石、粗料石与毛料石。石材的强度等级有 MU100、MU80、MU60、MU50、MU40、MU30 与 MU20 七个等级。

石材的强度高，耐久性好，多用于房屋的基础与勒脚部位。

2. 砂浆

1）砌筑砂浆

砂浆是由胶凝材料（如水泥、石灰等）与细骨料（砂子）加水搅拌而成的混合材料，其作用是将砌体中的单个块体材料连接成一个整体，并因抹平块体材料表面而促使应力分布较为均匀。同时，因砂浆填满块体材料之间的缝隙，减少了砌体的透气性，提高了砌体的保温性能与抗冻性能等。

砌体砂浆的强度一般是由边长为 70.7mm 的立方体试块的抗压强度确定的，分为 M15、M10、M7.5、M5、M2.5 五个等级。此外，还有砂浆强度等于零的情况，但它不是一个强度等级，只是在验算新砌筑尚未硬结的砌体强度时所采用的砂浆强度。M 后面的数字表示抗压强度的大小，单位为 N/mm^2。

2）混凝土小型空心砌块砌筑砂浆与灌孔混凝土

混凝土小型空心砌块砌筑砂浆是砌块建筑专用的砂浆，它是由水泥、砂、水及根据需要掺入的掺合料（如粉煤灰）与外加剂（如减水剂、早强剂、防冻剂等），按一定比例，采用机械拌和而成的砂浆。与砌筑砂浆相比，其可使砌体灰缝饱满、黏结性能好，减少墙体开裂与渗漏，从而提高砌块砌体的质量。

混凝土小型空心砌块砌筑砂浆的强度划分为 Mb30、Mb25、Mb20、Mb15、Mb10、Mb7.5、Mb5，对应于 M30、M25、M20、M15、M10、M7.5、M5 等级的砌筑砂浆的抗压强度指标。

混凝土小型空心砌块灌孔混凝土，是由水泥、骨料、水及根据需要掺入的掺合料与外加剂（如减水剂、早强剂、膨胀剂等），按一定比例，采用机械搅拌后，用于浇筑混凝土小型空心砌块砌体芯柱或其他需要填实部位孔洞的混凝土。混凝土小型空心砌块灌孔混凝土的流动性高，收缩小。其强度分为 Cb40、Cb35、Cb30、Cb25、Cb20，相应于 C40、C35、C30、C25、C20 混凝土的抗压强度指标。

3. 砌体结构对材料强度的要求

块体材料与砂浆的强度等级对砌体结构的可靠性影响很大。实践证明，块体材料与砂浆的强度等级越低，房屋的耐久性越差、可靠性越低。

在砌体结构设计时，尤其是承重墙，对其上部几层可选用强度等级相对较低的块体材料与砂浆，而下部几层则应选用强度等级较高的块体材料与砂浆。同时，在同一层内宜采用强度等级相同的块体材料与砂浆。

《砌体结构设计规范》（GB 50003—2011）规定：对砌体结构所用材料的最低强度等级应符合以下要求。

（1）五层及五层以上房屋的墙，以及受振动或层高大于 6m 的墙、柱所用材料的最低强度等级：砖 MU10、砌块 MU7.5、石材 MU30、砂浆 M5。

（2）对安全等级为一级或设计使用年限大于 50 年的房屋，墙、柱所用材料的最低强度等级应比（1）规定至少提高一级。

（3）地面以下或防潮层以下的砌体，潮湿房间的墙，所用材料的最低强度等级应符合

表 7-1 的要求。

表 7-1　地面以下或防潮层以下的砌体、潮湿房间墙所用材料的最低强度等级

潮湿程度	烧结普通砖	混凝土普通砖、蒸压普通砖	混凝土砌块	石材	水泥砂浆
稍潮湿的	MU15	MU20	MU7.5	MU30	M5.0
很潮湿的	MU20	MU20	MU10	MU30	M7.5
含水饱和的	MU20	MU25	MU15	MU40	M10

注：1. 在冻胀地区，地面以下或防潮层以下的砌体，当采用多孔砖时，其孔洞应用水泥砂浆灌实，当采用混凝土砌块砌体时，其孔洞应采用强度等级不低于 Cb20 的混凝土灌实。

2. 对安全等级为一级或设计使用年限大于 50 年的房屋，表中材料强度等级应至少提高一级。

7.1.2　砌体种类

根据不同的标准可以对砌体进行分类。按照砌体的作用，可分为承重砌体与非承重砌体，如在砖混结构中，大多数墙体承重，则墙体称为承重砌体，在框架结构中的墙体，一般为隔墙而不承重，称为非承重砌体。按照砌法及材料的不同，砌体又可分为实心砌体与空斗砌体；砖砌体、石砌体、砌块砌体；无筋砌体与配筋砌体等。

1. 砖砌体

由砖与砂浆砌筑而成的砌体称为砖砌体。在房屋建筑中，砖砌体既可用作内墙、外墙、柱、基础等承重结构，又可用作维护墙与隔墙等非承重结构。在砌筑时要尽量符合砖的模数，常用的标准墙厚度有 240mm（一砖）、370mm（一砖半）和 490mm（二砖）等。

2. 砌块砌体

由砌块与砂浆砌筑而成的砌体称为砌块砌体。我国目前多采用小型混凝土空心砌块砌筑砌体。采用砌块砌体可减轻劳动强度，有利于提高劳动生产率，并具有较好的经济技术效果。砌块砌体主要用于住宅、办公楼及学校等建筑，以及一般工业建筑的承重墙与围护墙。

3. 石砌体

石砌体是用石材与砂浆（或混凝土）砌筑而成，可分为料石砌体、毛石混凝土砌体等。石砌体在产石的山区应用较为广泛。料石砌体不仅可建造房屋，还可用于修建挡土墙、石拱桥、石坝、渡槽与储液池等。

4. 配筋砌体

为提高砌体的强度与整体性，减小构件的截面尺寸，可在砌体的水平灰缝内每隔几皮砖放置一层钢筋网，这种砌体称为网状配筋砌体，也称为横向配筋砌体 [图 7-3(a)]；在竖向灰缝内或预留的竖槽内配置纵向钢筋，并浇筑混凝土，这种砌体称为组合砌体，也称

为纵向配筋砌体 [图7-3(b)]。纵向配筋砌体适用于承受偏心压力较大的墙与柱。

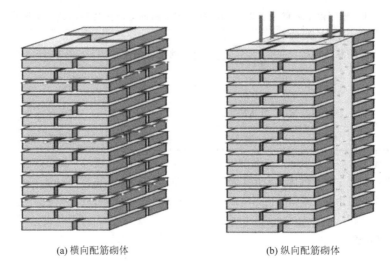

(a) 横向配筋砌体   (b) 纵向配筋砌体

图7-3　配筋砌体

7.1.3　砌体的受力性能

砌体作为一个整体，与钢筋混凝土构件一样，也能承受外在荷载的拉、压、弯、剪的作用。试验与工程实践证明，在不同荷载效应作用下的砌体，其力学性能是不同的，砌体抗压承载力远大于其抗拉、抗弯与抗剪承载力，因此，砌体多适宜用作受压构件。

1. 砌体的受压性能

如图7-4所示，该无配筋砖砌体在轴心压力作用下，其从加载受力到破坏大致要经历三个阶段。

第一阶段，从加载开始到单块砖上出现细小裂缝为止，此时的荷载约为破坏荷载的

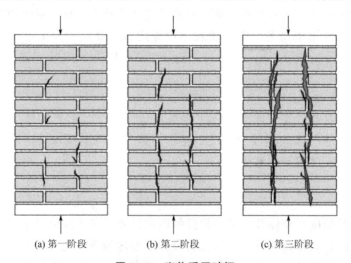

(a) 第一阶段   (b) 第二阶段   (c) 第三阶段

图7-4　砌体受压破坏

50％～70％。这个阶段的特点是荷载不增加，裂缝也不会继续扩展，裂缝仅仅是单砖裂缝。

第二阶段，继续加载，原有裂缝不断开展，单砖裂缝贯通形成穿过几皮砖的竖向裂缝，同时有新的裂缝出现，且不继续加载，裂缝也会缓慢发展，当荷载约为破坏荷载的80％～90％时，连续裂缝将进一步发展成贯通缝。

第三阶段，当荷载继续增加时，此时荷载虽增加不多，裂缝也会迅速发展，砌体被通长裂缝分割为若干个半砖小立柱，虽然砌体中的砖并未全部被压碎，但由于小立柱受力极不均匀，最终会因小立柱的失稳或压碎而破坏。

通过对砖砌体在轴心受压时的受力分析及试验结果表明，影响砌体抗压强度的主要因素有以下几方面。

1）块体材料与砂浆的强度

块体材料与砂浆的强度是影响砌体抗压强度最主要也是最直接的因素。在其他条件不变的情况下，块体材料与砂浆强度越高，砌体的强度越高。对一般砖砌体来说，提高砖的强度等级比提高砂浆强度等级取得的效果好。

2）块体材料尺寸与几何形状

块体材料的高度大，抗压能力越高，块体材料表面越平整、规则，受力就越均匀，砌体的抗压强度也越高。

3）砂浆的流动性、保水性与弹性模量

砌筑砌体所用砂浆的和易性好、流动性大时，容易形成厚度均匀密实的灰缝，可减小块材的弯曲应力与剪应力，从而提高砌体的抗压强度。所以除有防水要求外一般不采用流动性较差的纯水泥砂浆砌筑。砂浆的弹性模量越低时，变形率越大，由于砌块与砂浆的交互作用，使砌体所受到的拉应力越大，从而使砌体的强度降低。

4）砌筑质量

砌体砌筑时，砂浆铺砌饱满、均匀，可以改善块体在砌体中的受力性能，使之较均匀地受压，从而提高砌体的抗压强度，通常要求砌体水平灰缝的砂浆饱满度不得低于80％，灰缝厚度对砌体抗压强度也有影响。灰缝厚，容易铺砌均匀，对改善单块砖的受力性能有利，但砂浆横向变形的不利影响也相应增大。通常灰缝厚度以10～12mm为宜。《砌体结构设计规范》（GB 50003—2011）将施工质量分为A、B、C三个等级，配筋砌体不允许采用C级。

此外，强度差别较大的块体材料混合砌筑时，砌体在同样荷载下，将引起不同的压缩变形，因而会使砌体在较低的荷载下受到破坏。故在一般情况下，不同强度等级的砖或砌块不应混合使用。

2. 砌体的受拉、受弯、抗剪性能

1）砌体的抗拉性能

试验表明，砌体的抗拉强度主要取决于块材与砂浆连接面的黏结强度，块体材料与砂浆的黏结强度主要取决于砂浆的强度等级，砌体在轴心拉力作用下，其构件破坏形式有沿齿缝破坏、沿通缝破坏与沿竖缝破坏，其中沿齿缝截面破坏是主要的破坏形式（图7-5）。

沿齿缝破坏　　　　　　　沿通缝破坏　　　　　　　沿竖缝破坏

图 7 - 5　砌体轴心受拉破坏

2）砌体的受弯性能

试验表明，砌体构件受弯时，破坏发生在弯曲受拉的一侧，受弯破坏的主要原因与砂浆的强度有关。砌体受弯破坏形式一般有沿齿缝截面受弯破坏、沿通缝截面受弯破坏及沿块体与竖向灰缝截面受弯破坏三种（图 7 - 6）。

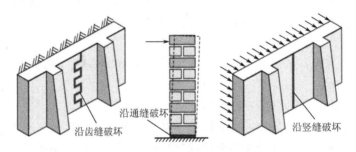

沿齿缝破坏　　　　　　沿通缝破坏　　　　　　　沿竖缝破坏

图 7 - 6　砌体的弯曲破坏

3）砌体的抗剪性能

试验证明，单纯受剪时砌体的抗剪强度主要取决于水平灰缝中的砂浆及砂浆与块体材料的黏结强度，砌体在剪力作用下的破坏，均为沿灰缝的破坏（图 7 - 7）。其中，沿阶梯形截面破坏是地震中墙体破坏的常见形式。

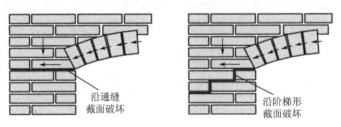

沿通缝　　　　　　　　　　　　　沿阶梯形
截面破坏　　　　　　　　　　　　截面破坏

图 7 - 7　砌体受剪破坏

3. 砌体的强度设计值

根据试验与结构可靠度分析结果，《砌体结构设计规范》（GB 50003—2011）规定了各类砌体的强度设计值，该强度设计值是按照施工质量控制等级为 B 级、龄期为 28d 的毛截面面积计算出来的。这里仅提供砖块材料的抗压强度设计值（表 7 - 2 和表 7 - 3），其他可参阅《砌体结构设计规范》（GB 50003—2011）。

表 7 - 2　烧结普通砖与烧结多孔砖的抗压强度设计值　　　　单位：MPa

砖强度等级	砂浆强度等级					砂浆强度
	M15	M10	M7.5	M5	M2.5	0
MU30	3.94	3.27	2.93	2.59	2.26	1.15
MU25	3.60	2.98	2.68	2.37	2.06	1.05
MU20	3.22	2.67	2.39	2.12	1.84	0.94
MU15	2.79	2.31	2.07	1.83	1.60	0.82
MU10	—	1.89	1.69	1.50	1.30	0.67

注：当烧结多孔砖的孔洞率大于 30% 时，表中数据应乘以 0.9。

表 7 - 3　蒸压灰砂砖与蒸压粉煤灰砖砌块的抗压强度设计值　　　　单位：MPa

砖强度等级	砂浆强度等级				砂浆强度
	M15	M10	M7.5	M5	0
MU25	3.60	2.98	2.68	2.37	1.05
MU20	3.22	2.67	2.39	2.12	0.94
MU15	2.79	2.31	2.07	1.83	0.82

注：当采用专用砂浆砌筑时，其抗压强度设计值按表中数据采用。

在砌体结构设计时，考虑到一些不利因素，对下列情况的各类砌体，其砌体强度设计值还应乘以调整系数 γ_a。

（1）对无筋砌体构件，其截面面积小于 0.3 m^2 时，γ_a 为其截面面积加 0.7；对配筋砌体，当其中砌体截面面积小于 0.2 m^2 时，γ_a 为截面面积加 0.8。构件截面面积以 m^2 计。

（2）当砌体用强度等级小于 M5.0 的水泥砂浆砌筑时，对表中的数值，γ_a 取 0.9。

（3）当验算施工中房屋的构件时，γ_a 取 1.1。

7.2　砌体结构设计

砌体结构设计的基本步骤，与钢筋混凝土结构一样，由结构构件→结构单元→结构体系，从楼盖→墙体、柱→基础。首先进行墙体布置，然后确定房屋的静力计算方案，进行墙、柱内力分析，最后计算墙、柱的承载力，并采取相应的构造措施。

7.2.1　结构平面布置方案

在砌体结构设计中，其平面结构布置，基本上是指承重墙与柱的布置。承重墙与柱的布置不仅直接影响房屋的平面划分、房屋的大小与使用要求，还影响房屋的空间刚度与结构的荷载传递路线，因此，对砌体结构的楼盖、墙体与柱的设计强，必须确定砌体结构的平面布置方案。

根据荷载传递路线的不同，砌体结构房屋的结构布置可分为横墙承重、纵墙承重、纵横墙承重及内框架承重四种形式。

1. 纵墙承重方案

在砌体结构房屋中，沿房屋平面较短方向布置的墙称为横墙，沿房屋平面较长方向布置的墙称为纵墙。楼（屋）盖传来的荷载由纵墙承重的布置方案，称为纵墙承重方案（图 7-8）。楼（屋）盖荷载传递方式有两种：一种是楼板直接搁置在纵墙上；另一种是楼板搁置在梁上而梁搁置在纵墙上。后一种方式在工程中应用较多。

纵墙承重方案特点如下。

（1）横墙数量少且自承重，建筑平面布局灵活，但房屋的横向刚度较差。

（2）纵墙承受的荷载较大，纵墙上门窗大小及位置受到一定的限制。

（3）墙体材料用量较少，楼盖构件所用材料较多。

纵墙承重方案主要用于开间较大的教学楼、医院、食堂、仓库等建筑。

2. 横墙承重方案

楼盖构件搁置在横墙（或钢筋混凝土梁）上，由横墙承担屋盖、各楼层传来的荷载，而纵墙仅起围护作用的布置方案，称为横墙承重方案（图 7-9）。此时竖向荷载的传递路径是：楼盖荷载→横墙→基础→地基。

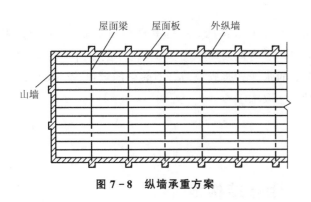

图 7-8　纵墙承重方案

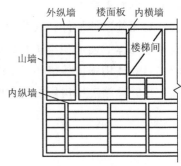

图 7-9　横墙承重方案

横墙承重方案的特点如下。

（1）横墙数量较多、间距较小（一般为 2.7～4.8m），因此房屋的横向刚度较大，整体性好，抵抗风荷载、地震作用及调整地基不均匀沉降的能力较强。

（2）楼盖结构设计较简单，可以采用钢筋混凝土板（或预应力混凝土板），而且施工也较方便。

（3）外纵墙属于自承重墙，建筑立面易处理，门窗的大小及位置易灵活设置。

（4）其缺点是：横墙较密，房间平面布置不灵活；砌体材料用量相对较多。

横墙承重方案主要用于房间大小固定、横墙间距较密的住宅、宿舍、学生公寓、旅馆及招待所等建筑。

3. 纵横墙承重方案

楼盖传来的荷载由纵墙、横墙共同承重的布置方案，称为纵横墙承重方案（图 7-10）。此时竖向荷载的传递路径是：楼盖荷载→纵墙或横墙→基础→地基。这种承重结构在工程上被广泛应用。

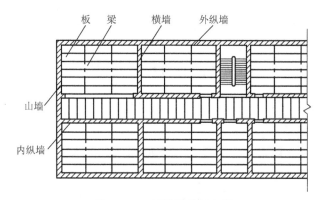

图 7-10 纵横墙承重方案

纵横墙承重方案的特点如下。

（1）房屋沿纵、横向刚度均较大，砌体受力较均匀，因而避免局部墙体承载过大。

（2）由于楼板可依据使用功能灵活布置，能较好地满足使用要求。

（3）结构的整体性能较好。

纵横墙承重方案主要用于多层塔式住宅、综合楼等建筑。

4. 内框架承重方案

楼盖传来的荷载由房屋内部的钢筋混凝土框架与外部砌体墙、柱共同承重的布置方案，称为内框架承重方案（图 7-11）。

内框架承重方案的特点如下。

（1）内部可形成大空间，平面布局灵活，容易满足使用要求。

（2）横墙较少，因此房屋的空间刚度较差。

（3）砌体与钢筋混凝土是两种力学性能不同的材料，在荷载作用下，因构件产生不同的压缩变形而引起较大的附加内力，其抵抗地基不均匀沉降的能力与抗震能力也就较弱了。

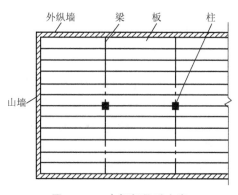

图 7-11 内框架承重方案

内框架承重方案主要用于商店、多层轻工业厂房等建筑。

7.2.2　楼盖的设计与构造

砌体结构楼盖设计的方案有钢筋混凝土现浇式楼盖与装配式楼盖两种。依据我国现行抗震设计规范的要求，砌体结构的楼盖宜采用现浇式楼盖，但装配式楼盖的预制构件易统一与标准化，可以加快施工速度，具有节省材料与减少劳动力等优点，其在有些地区尚应用广泛。关于现浇板式楼盖的结构设计可参看第 5 章，这里仅介绍装配式楼盖的结构设计。

装配式楼盖的结构设计，包括预制构件的类型选择、预制构件的合理布置及构件之间连接的构造处理。

1. 预制板的形式与选择

装配式楼盖的形式有铺板式、无梁式与密肋式，其中铺板式是实际工程中最常用的。铺板式楼盖是将预制板两端支承在砖墙或楼面梁上，按照一定的构造要求密铺而成。

预制板的形式很多，常用的有实心板、空心板、槽形板等（图 7 - 12）。

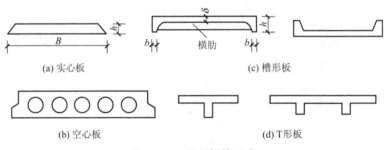

图 7 - 12　预制板的形式

1）实心板

实心板是最简单的一种楼面铺板。普通实心板的跨度较小，一般为 1.2～2.7m，板厚为 50～100mm，板宽为 500～800mm。实心板构造简单，施工方便，跨度小，板表面平整，常用作走道板、架空搁板或地沟盖板等。

2）空心板

空心板又叫多孔板，孔洞的形状有圆形、方形、矩形及椭圆形等，圆形孔的空心板比较常见。空心板的刚度大、自重小、受力性能好，又因其板底平整、施工简便、隔声效果较好，因此在预制楼盖中得到普遍应用。

3）槽形板

槽形板由面板、纵肋与横肋组成，横肋除在板的两端必须设置外，在板的中部附近也要设置 2～3 道，以提高板的整体刚度。槽形板面板的厚度一般不小于 25mm。用于民用楼面时，板高一般为 120mm 或 180mm，用于工业楼面时，板高一般为 180mm，肋宽为 50～80mm。常用跨度为 1.5～6.0m，宽度有 500mm、600mm、900mm、1200mm 等。当板的跨度与荷载较大时，为了减轻板的自重，提高板的抗弯强度，可采用槽形板。

一般情况下，预制板多由预制构件厂家生产提供，各地也有本地区的通用定型构件，仅当有特殊要求或施工条件受到限制时才进行专门的构件设计。通常预制板的设计选择，可根据砖混结构平面布置方案所要求的房间跨度、进深与开间尺寸，起重与运输设备条件以及楼盖承载要求等条件，选择相应的预制板级别与形式。目前，我国各省均有其标准图集可供参考。

2. 预制板的结构布置

铺板式楼盖的结构布置，即预制板的铺置方式，根据房屋的结构平面布置方案也可分为横向承重方案、纵向承重方案与纵横向混合承重方案。

在布置楼盖铺板时，如果建筑平面、运输及吊装条件允许，宜优先选用中等宽度的楼板与同种规格的板，必要时附加其他规格的板，尽量减少构件的数量与品种。

在进行预制板布置时，预制板的长边在任何情况下都不得搁置、嵌固在承重墙内，以免改变预制板的受力性能，同时也可避免板边被压坏。

在预制楼板上不得布置砖隔墙，当采用空心板时，不得在空心板上凿较多的洞或穿过较大直径的竖管。

3. 预制板的连接构造

装配式楼盖由多个预制构件装配而成，构件间的连接是设计与施工中的重要问题。可靠的连接是保证楼盖本身整体性以及楼盖与房屋其他构件间共同工作的前提。

装配式楼盖的连接包括板与板、板与墙（梁）以及梁与墙的连接。

1）板与板的连接

预制板间必须留置不小于 10mm 的板缝，但是对较大的板缝处应采用构造措施避免板面装饰材料开裂。一般情况下，板缝应采用强度等级不低于 C15 的细石混凝土或不低于 M5 的水泥砂浆灌实 [图 7-13(a)、(b)]。当板缝宽度不小于 50mm 时，则应设置现浇板带，按简支板进行配筋计算 [图 7-13(c)]。

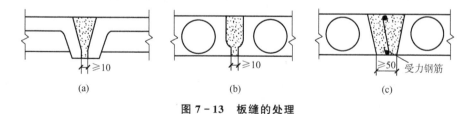

图 7-13　板缝的处理

2）板与墙（梁）的连接

预制板搁置于墙（梁）上时，一般依靠支撑处坐浆与一定的支撑长度来保证可靠连接，坐浆厚 10～20mm，板在砖砌体墙上的支撑长度应不小于 100mm，在混凝土梁上的支撑长度应不小于 80mm（图 7-14）。空心板两端的孔洞应用混凝土或砖块堵实，以免在灌缝或浇筑楼面面层时漏浆。

板与非支撑墙的连接，一般采用细石混凝土灌缝。当预制板的跨度不小于 4.8m 时，在板的跨中附近应加设锚拉筋以加强其与横墙的连接，或将圈梁设置于楼盖平面处。

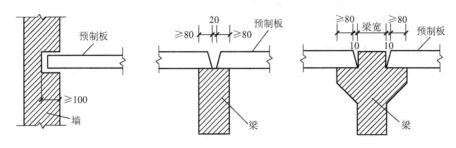

图 7-14　预制板的支撑长度

3）梁与墙的连接

梁在墙上的支撑长度应满足梁内受力钢筋在支座处的锚固要求，并满足支座处砌体局部受压承载力的要求。预制梁在墙上的支撑长度应不小于 180mm，在支撑处应坐浆 10～20mm。

7.2.3　砌体结构的内力分析

在砖墙体的内力分析与计算时，需要将其简化为符合实际要求的理论分析模型，即结构计算简图。在实际工程中，砌体结构的墙体尺寸如板，但其受力特性又不同于板。墙体有纵墙与横墙、内墙与外墙之分，其不但直接承受着竖向荷载与水平荷载，而且还与其他构件（如屋盖、楼层、墙、基础等）通过节点相互联系，也承受与其相连的其他构件的荷载，将砌体结构房屋变成一个复杂的空间结构体系。这样，墙体结构计算简图的构建就比较困难了。

1. 砌体结构的静力计算方案与计算模型

首先，为了简化砌体结构的静力计算，可以将其转化为平面结构。

现以纵墙承重的单层单跨砌体房屋为例。若该房屋的两端无山墙，中间也无横墙，屋盖由预制钢筋混凝土空心板与屋面大梁组成，假定作用在房屋上的荷载是均匀分布的，外纵墙上的洞口也是均匀排列的，从两个窗洞中线截取一个计算单元［图 7-15(a)］。

在水平风荷载的作用下，房屋各单元的墙顶水平位移是相同的。如果将屋盖简化为横梁，将基础简化为墙的固定端支座，屋盖与墙的连接视为铰接，计算单元的纵墙简化为柱，则计算单元的受力状态即为一个单跨的平面排架，纵墙顶的水平位移为 u_p。该计算单元静力分析可采用结构力学解平面排架的方法进行。

然而，实际工程中的砌体结构，都是有山墙（或横墙）存在的。由于山墙的存在，房屋荷载的传递路线及其变形情况就发生了变化。假设上例房屋两端设有山墙，其他条件一样（图 7-16）。图中 u_1 为山墙顶端的侧移值，u_2 为屋盖的水平位移值。

该砌体结构的传力路线由"风荷载→纵墙→纵墙基础→地基"，变为"风荷载→纵墙→纵墙基础→地基"与"风荷载→纵墙→屋盖结构→山墙→山墙基础→地基"并进。结构的空间工作特性十分明显。同时，山墙犹如一根竖向的悬臂柱，约束了屋盖的水平

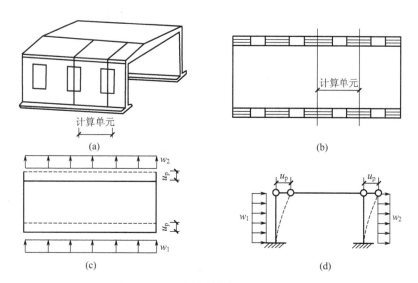

(a)

(b)

(c)

(d)

图 7 - 15　无山墙的单层纵墙承重方案

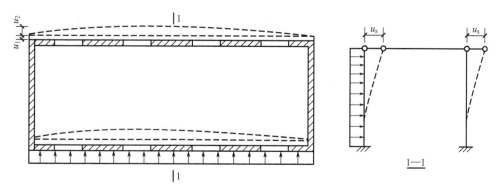

1—1

图 7 - 16　有山墙的单层纵墙承重方案

变形，导致屋盖的最终水平变形大小不等，离山墙越近变形越小，跨中的最大水平位移值 $u_s < u_p$。

试验分析与理论研究表明，砌体结构的空间工作特性主要与横墙的间距、楼盖（包括屋盖、楼层）的刚度大小有关。房屋空间作用的大小可以用空间性能影响系数 η 表示：

$$\eta = \frac{u_s}{u_p} \leqslant 1 \tag{7-1}$$

式中：u_p——不考虑空间作用时，外荷载作用下平面排架的水平位移，其值主要取决于纵墙刚度；

u_s——考虑空间作用时，外荷载作用下房屋排架水平位移的最大值，其值取决于纵墙刚度、楼盖水平刚度、横墙的刚度。

当横墙的间距越小或横墙数量越多时，楼盖的水平刚度越大，房屋的空间作用越大，即空间性能越好，水平位移 u_s 越小，η 值也就越小。反之，η 值越大，房屋的空间性能越差。房屋的各层空间性能影响系数见表 7-4。

表 7-4 房屋的各层空间性能影响系数 η_i

楼盖或屋盖类别	横墙间距 s/m													
	16	20	24	28	32	36	40	44	48	52	56	60	64	68	72
1	—	—	—	—	0.33	0.39	0.45	0.50	0.55	0.60	0.64	0.68	0.71	0.74	0.77
2	—	0.35	0.45	0.54	0.61	0.68	0.73	0.78	0.82	—	—	—	—	—	—
3	0.37	0.49	0.60	0.68	0.75	0.81	—	—	—	—	—	—	—	—	—

注：1. i 取 1~n，n 为房屋的层数。

2. 表中的屋盖或楼盖类别见表 7-5。

考虑到砌体结构空间工作性能，可以根据其影响程度的大小，分类出不同的静力计算方案。《砌体结构设计规范》（GB 50003—2011）按照房屋空间刚度与横墙间距的大小，将砌体结构的静力计算方案分为刚性方案、弹性方案与刚弹性方案三种（表 7-5）。

表 7-5 房屋的静力计算方案

	楼盖或屋盖类别	刚性方案	弹性方案	刚弹性方案
1	整体式、装配整体与装配式无檩体系钢筋混凝土屋盖或钢筋混凝土楼盖	$s<32$	$32 \leqslant s \leqslant 72$	$s>72$
2	装配式有檩体系钢筋混凝土屋盖、轻钢屋盖与有密铺望板的木屋盖或木楼盖	$s<20$	$20 \leqslant s \leqslant 48$	$s>48$
3	瓦材屋面的木屋盖与轻钢屋盖	$s<16$	$16 \leqslant s \leqslant 36$	$s>36$

注：1. 表中 s 为横墙间距，其长度单位为 m。

2. 当多层房屋屋盖、楼盖类别不同或横墙间距不同时，可按照本表的规定分别确定各层房屋的静力计算方案。

3. 对无山墙或伸缩缝处无横墙的房屋，应按弹性方案计算。

这样，依据不同的静力计算方案，可以得到砌体结构墙体的平面结构计算模型（图 7-17），实现了由空间结构向平面结构计算简化的转化。

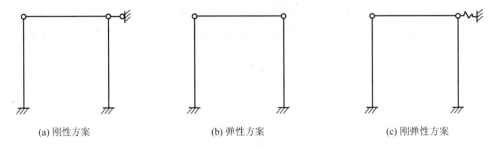

(a) 刚性方案   (b) 弹性方案   (c) 刚弹性方案

图 7-17 单跨单层房屋墙体的计算简图

一般情况下，砌体结构工程的结构设计方案，应采用刚性方案或刚弹性方案，不宜采用弹性方案。因为弹性方案房屋的水平位移较大，当房屋高度增加时，会因位移过大导致房屋的倒塌，否则需要过度增加纵墙的截面面积。因此，为保证房屋刚度，采用刚性与刚弹性方案设计时，房屋的横墙应符合下列要求。

（1）横墙中开有洞口时，洞口的水平截面面积不应超过横墙截面面积的50%。

（2）横墙厚度不宜小于180mm。

（3）单层房屋的横墙长度不宜小于其高度，多层房屋的横墙长度，不宜小于$H/2$（H为横墙总高度）。

2. 结构内力分析

1）单层房屋

（1）采用刚性方案的承重纵墙体计算。

① 计算假定：墙体上端具有水平不动铰支承点；墙体下端为固定端支承。

② 墙体承受的荷载：屋盖传来的压力，一般偏心作用于墙体顶端截面，偏心距为压力的合力作用点至截面形心的距离；墙体自重；作用在墙体高度范围内的风压（吸）力，当位于抗震设防区时，可能为水平地震作用。

③ 内力计算：根据刚性方案要求及力学知识，可以得到偏心压力、墙体自重与侧向水平荷载（风荷载）作用的计算简图及内力值（图7-18）。

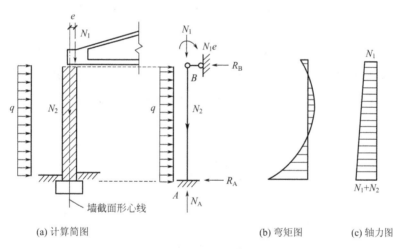

(a) 计算简图　　　　　　　　　　(b) 弯矩图　　　　　(c) 轴力图

图 7-18　单层房屋的刚性方案计算简图与计算内力

（2）采用刚弹性方案的承重纵墙体计算。

① 计算假定：以一开间宽度的墙体作为计算单元，按平面排架进行内力分析；墙体上端为弹性铰支承，下端为固定端支承，与墙体连接的屋盖视作排架的刚度为无限大的水平链杆，两侧墙体顶端在荷载作用下的水平侧移相等。

② 墙体承受的荷载：与刚性方案房屋相同，墙体的计算简图如图7-19(a) 所示。图中 p_w 作用于墙体顶端的风荷载设计值，N 作用于墙体顶端的竖向压力。

③ 内力计算的基本步骤：首先将排架上端看作不动铰支承 ［图7-19(b)］，计算支承反力 R，并求出这种情况下的内力图；接着把 R 乘以相应的空间性能影响系数 η（按表7-4采用），并将其反方向作用在排架顶端 ［图7-19(c)］，按建筑力学的方法分析排架内力，作出这种情况下的内力图；然后，将上述两种内力图叠加，得到偏心压力、墙体自重与侧向水平荷载（风荷载）作用下的内力值。

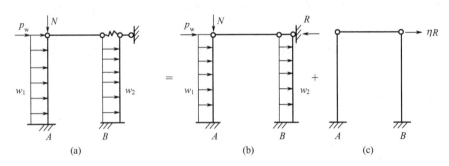

图 7 – 19　单层房屋的刚弹性方案计算简图

2）多层房屋

（1）采用刚性方案的承重纵墙计算。

① 计算假定：各层楼盖（屋盖）可看作承重纵墙的水平不动铰支承点；每层楼盖处与墙体均为铰接；底层墙体与基础连处接，视为不动铰支座。

② 墙体承受的荷载：纵墙设计时一般可仅取一个开间的窗洞中线间距内的竖向墙带作为计算单元 [图 7 – 20(a)]；各层纵墙的计算单元所承受的荷载 [图 7 – 21(a)] 有：本层楼盖梁端或板端传来的支座反力为 N_l，N_l 的作用点可取为离纵墙内边缘的 $0.4a_0$ 处（a_0 为梁或板的有效支承长度）；上面各楼层传来的压力 N_u。可认为其作用于上一楼层墙体的截面重心；本层纵墙的自重 N_G，其作用于本层墙体的截面重心；作用于本层纵墙高度范围内的风荷载，在抗震设防地区，还有水平地震作用。墙体的计算简图如图 7 – 20(c) 所示。

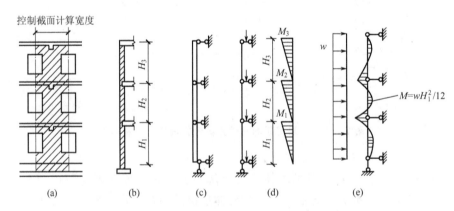

图 7 – 20　多层房屋的刚性方案计算简图与计算内力

③ 内力计算：计算承重纵墙时，应逐层选取对承载能力可能起控制作用的截面，而每一层墙体的控制截面一般在计算楼层的墙上端楼盖大梁底面、窗口上端、窗台与墙下端即下层楼盖大梁底稍上的截面。当上述几处的截面面积均以窗间墙计算时 [图 7 – 21(b)]，为了安全起见，可将图中截面 I—I、IV—IV 作为控制截面。这时截面 I—I 处作用有轴向力与弯矩，而截面 IV—IV 只有轴向力，无弯矩，其弯矩图如图 7 – 20(d) 所示。因此，在截面承载力计算时，对截面 I—I 要按偏心受压进行计算，对截面 IV—IV 要按轴心受压进行计算，还需对截面 I—I 即大梁支承处的砌体进行局部受压承载能力验算。

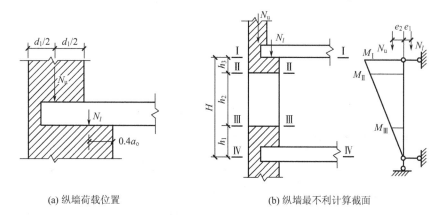

(a) 纵墙荷载位置　　　　　　　　　　(b) 纵墙最不利计算截面

图 7 - 21　纵墙荷载位置与最不利计算截面

在水平荷载作用下（风荷载 ω），承重纵墙视为竖向连续梁，其弯矩 $M = \dfrac{\omega H_i^2}{12}$，$H_i$ 为层高 [图 7 - 20(e)]。但对于刚性方案房屋，通常风荷载引起的内力往往不足全部内力的 5%，因此墙体的承载力主要由竖向荷载控制。试验研究与理论分析表明，当多层刚性方案房屋的外墙符合下列要求时，可不考虑风荷载的影响：

a. 洞口水平截面面积不超过全截面面积的 2/3；

b. 层高和总高不超过表 7 - 6 的规定；

c. 屋面自重不小于 0.8kN/m^2。

表 7 - 6　外墙不考虑风荷载影响的最大高度

基本风压/（kN/m²）	层高/m	总高/m
0.4	4	28
0.5	4	24
0.6	4	18
0.7	3.5	18

注：对于多层砌块房屋 190mm 厚的外墙，当层高不大于 2.8m，总高不大于 19.6m，基本风压不大于 0.7kN/mm^2 时，可不考虑风荷载的影响。

试验研究表明，对于梁跨度大于 9m 的承重墙的多层房屋，除按以上要求计算墙体承载力外，还需考虑梁端约束弯矩对墙体产生的不利影响。通常可按梁两端为固结进行梁端弯矩计算，然后将其乘以修正系数 γ，依据墙体线刚度分配到上层墙体底部与下层墙体顶部。修正系数 γ 可由式(7-2) 确定。

$$\gamma = 0.2\sqrt{\frac{a}{h}} \tag{7-2}$$

式中：a ——梁端实际支承长度；

　　h ——支承墙体的墙厚，当上、下墙厚不同时取下部墙厚，当有壁柱时可近似取 $h_T = 3.5i$，i 为截面回转半径。

（2）采用刚性方案房屋的承重横墙计算。

承重横墙的计算基本假定同承重纵墙。横墙承受由楼盖传来的均布线荷载，通常沿横墙轴线取宽度为1m的墙体作为计算单元（图7-22）。

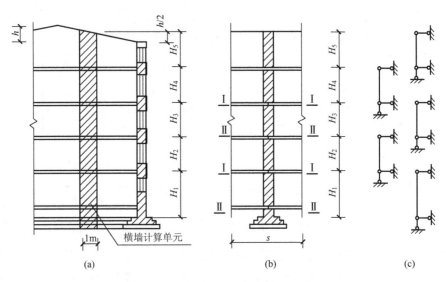

图7-22 多层刚性方案横墙计算简图

当建筑物的开间相同或相差不大、楼面活荷载也不大时，内横墙可近似按轴心受压构件计算，但是需验算底层截面Ⅱ—Ⅱ的承载力［图7-22(b)］；当横墙左右两侧开间尺寸悬殊或楼面荷载相差较大时，除验算底层截面Ⅱ—Ⅱ外，顶部截面Ⅰ—Ⅰ还应按偏心受压进行承载力验算；当楼面梁支承于横墙上时，还应验算梁端下砌体的局部受压承载力。

（3）采用刚弹性方案的墙体设计计算。

多层刚弹性方案房屋的墙体计算时，可视屋架（或大梁）、横梁与墙（或柱）的连接为铰接，考虑空间作用，按照平面排架或框架进行计算。其计算简图如图7-23所示。

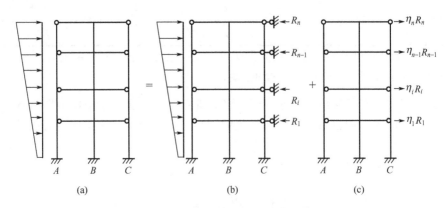

图7-23 多层刚弹性方案的墙体计算简图

多层刚弹性方案房屋的墙体内力分析步骤如下。

① 在各层横梁与墙体连接处加水平铰支杆，计算在水平荷载（风荷载）下无侧移时的支杆反力 R_i，并求得相应的内力图［图7-23(b)］。

② 把已求出的支杆反力 R_i 乘以相应的空间性能影响系数 η（按表 7 - 4 采用），并将其反向作用在节点上，求得这种情况下的内力图 [图 7 - 23(c)]。

③ 将上述两种情况下的内力图叠加即得最后内力。

3. 砌体结构构件的承载力计算

砌体结构中的构件有受压构件、受拉构件、受弯构件等，其承载力的计算原理与方法应符合第 3 章所讲述的结构极限状态法的规定。

1）受压构件

（1）影响截面承载力的主要因素。

砌体结构中的受压构件多是墙、柱，采用砖块、砌块与砂浆等材料，截面形状一般是正方形、矩形与 T 形。根据试验研究表明，影响其截面承载力的因素除截面形状、材料强度、施工水平等之外，主要还是截面偏心距 e 与高厚比 β。

截面的偏心距 e，可以由截面上承受的弯矩设计值与轴力设计值的比，即 $e = M/N$ 确定。根据偏心距的大小，砌体受压构件分为轴心受压构件与偏心受压构件。一般情况下，砌体结构墙、柱不宜采用偏心受压，若偏心距过大时，可能使构件产生水平裂缝，使构件承载力明显降低，结构既不安全也不经济合理。因此，现行《砌体结构设计规范》（GB 50003—2011）规定：轴向力偏心距应符合 $e \leqslant 0.6y$（y 为截面重心到轴向力所在偏心方向截面边缘的距离，如图 7 - 24 所示）要求，若设计中超过该限值，则应采取适当措施予以减小，如调整构件截面尺寸、选用配筋砌体等。

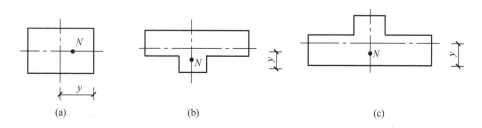

图 7 - 24 截面上 y 的取值

高厚比 β，是用来反映砌体受压构件的长细程度。当 $\beta \leqslant 3$ 时，称为矮墙、短柱；当 $\beta > 3$ 时，称为高墙、长柱。其大小可由下式求得。

对于矩形截面 $$\beta = \gamma_\beta \frac{H_0}{h} \qquad (7 - 3a)$$

对于 T 形或十字形截面 $$\beta = \gamma_\beta \frac{H_0}{h_T} \qquad (7 - 3b)$$

式中：H_0 ——砌体墙、柱的计算高度，可按表 7 - 7 取值；

　　　h ——矩形截面竖向力偏心方向的边长，当轴心受压时，为构件截面的短边；

　　　h_T ——T 形截面的折算高度，可近似取 $h_T = 3.5i$（i 为截面的回转半径）；

　　　γ_β ——高厚比修正系数，按表 7 - 8 取用。

表 7 - 7　受压构件的计算高度 H_0

房屋类别			柱		带壁柱墙或周边拉结的墙		
			排架方向	垂直排架方向	$s>2H$	$2H \geqslant s > H$	$s \leqslant H$
有吊车的单层房屋	变截面柱上段	弹性方案	$2.5H_u$	$1.25H_u$	$2.5H_u$		
		刚性、刚弹性方案	$2.0H_u$	$1.25H_u$	$2.0H_u$		
	变截面柱下段		$1.0H_l$	$0.8H_l$	$1.0H_l$		
无吊车的单层和多层房屋	单跨	弹性方案	$1.5H$	$1.0H$	$1.5H$		
		刚弹性方案	$1.2H$	$1.0H$	$1.2H$		
	多跨	弹性方案	$1.25H$	$1.0H$	$1.25H$		
		刚弹性方案	$1.10H$	$1.0H$	$1.10H$		
	刚性方案		$1.0H$	$1.0H$	$1.0H$	$0.4s+0.2H$	$0.6s$

注：1. 表中 H_u 为变截面柱的上段高度，H_l 为变截面柱的下段高度。

2. H 为构件高度，在房屋底层，取楼板顶面到构件下端支点的距离。下端支点的位置可取在基础顶面；当埋置较深且有刚性地坪时，可取室外地面下 500mm 处；在房屋其他层，为楼板或其他水平支点间的距离；对于无壁柱的山墙，可取层高加山墙尖高度的 1/2，对于带壁柱的山墙可取壁柱处的山墙高度。

3. 对上端为自由端的构件，取 $H_0 = 2H$。

4. s 为房屋横墙间距。

5. 独立砖柱，当无柱间支撑时，柱在垂直排架方向的 H_0 应按表中数据乘以 1.25 后采用。

6. 自承重墙的计算高度应根据周边支承或拉接条件确定。

表 7 - 8　高厚比修正系数 γ_β

砌体材料类别	γ_β
烧结普通砖、烧结多孔砖	1.0
混凝土及轻骨料混凝土砌块	1.1
蒸压灰砂砖、蒸压粉煤灰砖、细料石、半细料石	1.2
粗细料石、毛石	1.5

（2）计算公式。

在试验研究与理论分析的基础上，无筋砌体轴心与偏心受压构件的承载力计算公式为：

$$N \leqslant \varphi f A \qquad (7-4)$$

式中：N ——轴向力设计值（kN）；

　　　f ——砌体抗压强度设计值，部分砌体抗压强度设计值可按表 7 - 2、表 7 - 3 采用，其他部分可依据现行《砌体结构设计规范》（GB 50003—2011）的规定执行；

　　　A ——截面面积，对各类砌体均按毛截面计算；

φ——高厚比 β、轴向力的偏心距 e 对受压构件承载力的影响系数。

当 $\beta \leqslant 3$ 时，
$$\varphi = \frac{1}{1 + 12\left(\dfrac{e}{h}\right)^2} \qquad (7-5a)$$

当 $\beta > 3$ 时，
$$\varphi = \frac{1}{1 + 12\left[\dfrac{e}{h} + \sqrt{\dfrac{1}{12}\left(\dfrac{1}{\varphi_0} - 1\right)}\right]^2} \qquad (7-5b)$$

$$\varphi_0 = \frac{1}{1 + \alpha\beta^2} \qquad (7-5c)$$

式中：φ_0——轴心受压稳定系数，当 $\beta \leqslant 3$ 时，取 $\varphi_0 = 1.0$；

$\qquad \alpha$——与砂浆强度等级有关的系数，当砂浆强度等级不小于 M5.0 时，$\alpha = 0.0015$；当砂浆强度等级为 M2.5 时，$\alpha = 0.0020$；当砂浆强度等级为 0 时，$\alpha = 0.0090$。

由式（7-5）可以看出，当砌体构件为轴心受压（即 $e = 0$）时，$\varphi_0 = \varphi$。

对于矩形截面构件，当轴向力偏心方向的截面边长大于另一方向的截面边长时，除了按偏心受压计算外，还应对较小边长方向按轴心受压进行验算。

【案例 7-1】 已知某受压砖柱，承受轴向压力设计值为 $N = 150\text{kN}$，截面尺寸为 $b \times h = 490\text{mm} \times 620\text{mm}$，沿截面长边方向的弯矩设计值 $M = 8.5\text{kN} \cdot \text{m}$，柱的计算高度 $H_0 = 5.9\text{m}$，采用 MU10 的烧结普通砖，M5.0 的混合砂浆，结构安全等级为二级，施工质量控制等级为 B 级。试验算该柱的承载力是否满足要求。

案例分析： 基于已知条件，查表 7-2 得，MU10 烧结普通砖与 M5.0 混合砂浆砌筑的砖砌体抗压强度设计值 $f = 1.50\text{N/mm}^2$，砖柱的截面面积 $A = 0.49 \times 0.62 = 0.304(\text{m}^2) > 0.3\text{m}^2$，对砌体的抗压强度设计值不需要调整。偏心距 $e = \dfrac{M}{N} = 56.67\text{mm}$。

（1）计算高厚比 β。

$\gamma_\beta = 1.0$，则 $\beta = \gamma_\beta \dfrac{H_0}{h} = 1.0 \times \dfrac{5.9}{0.62} = 9.52 > 3$，长柱。

（2）确定承载力影响系数 φ。

$e = \dfrac{M}{N} = 56.67\text{mm}$，则由

$$\varphi = \frac{1}{1 + 12\left[\dfrac{e}{h} + \sqrt{\dfrac{1}{12}\left(\dfrac{1}{\varphi_0} - 1\right)}\right]^2} \text{ 与 } \varphi_0 = \frac{1}{1 + \alpha\beta^2}，可得 \varphi = 0.68$$

（3）承载力验算。

由式（7-4），可得该柱的抗力

$\qquad N_R = \varphi f A = 0.68 \times 1.5 \times 0.304 \times 10^6 = 310.1(\text{kN}) > 150\text{kN}$

（4）短边轴心承压验算（$e = 0$）。

$\beta = \gamma_\beta \dfrac{H_0}{h} = 1.0 \times \dfrac{5.9}{0.49} = 12.04$，由 $\varphi_0 = \dfrac{1}{1 + \alpha\beta^2}$（$\alpha = 0.0015$），可得

$$\varphi_0 = \frac{1}{1 + \alpha\beta^2} = \frac{1}{1 + 0.0015 \times 12.04^2} = 0.821，则$$

$$N_R' = \varphi_0 fA = 0.82 \times 1.5 \times 0.304 \times 10^6 = 374.56(\text{kN}) > 150\text{kN}$$

该柱满足设计要求。

2）砌体局部受压

在砌体结构房屋的墙体中，经常遇到压力仅作用在砌体部分面积上的局部受压状态，如屋架端部的砌体支承处、梁端支承处的砌体，这些情况的共同特点是砌体支承着比自身强度高的上层构件，上层构件的总压力通过局部受压面积传递给本层构件。

当砌体受到局部压力时，压力总要沿着一定的扩散线分布到砌体构件较大截面或者全截面上。这时按较大截面或全截面受压进行构件承载力计算能满足要求，但实际上，在局部承压面下的砌体处也有可能出现被压碎的裂缝，这就是砌体局部抗压强度不足造成的破坏现象。因此，设计砌体受压构件时，除按整个构件进行承载力计算外，还要验算局部承压面的承载力。

砌体的局部受压可分为均匀局部受压与非均匀局部受压两种。

试验表明，砖砌体局部受压的破坏形态有三种（图7-25）。第一种是因竖向裂缝的发展而破坏；第二种是劈裂破坏，这种破坏的特点是，在局部压力作用下产生的竖向裂缝少而集中，且初裂荷载与破坏荷载很接近；第三种是与垫板接触的砌体局部破坏，比如墙梁的墙高与跨度之比较大，砌体强度较低时，有可能产生梁支承附近砌体被压碎的现象。这三种破坏形式都是在砌体结构设计中要避免的。

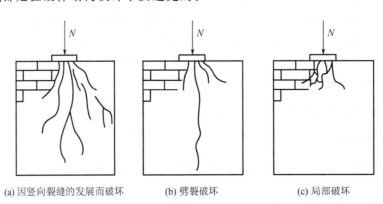

(a) 因竖向裂缝的发展而破坏　　(b) 劈裂破坏　　(c) 局部破坏

图 7 - 25　砌体局部受压破坏形式

（1）砌体局部均匀受压计算公式。

$$N_l \leqslant \gamma fA_l \tag{7-6a}$$

$$\gamma = 1 + 0.35\sqrt{\frac{A_0}{A_l} - 1} \tag{7-6b}$$

式中：N_l——局部受压面积上的轴向力设计值；

　　A_l——局部受压面积；

　　γ——砌体局部抗压强度提高系数；

　　A_0——影响砌体局部抗压强度的计算面积，可按图7-26所示的规定采用。

（2）砌体局部非均匀受压计算公式。

梁端支承处的砌体，其压应力是不均匀分布的（图7-27）。当梁支承在砌体上时，由于梁的弯曲使梁末端有脱离砌体的趋势，这就使梁端伸入砌体的长度与实际支承的梁端长度是

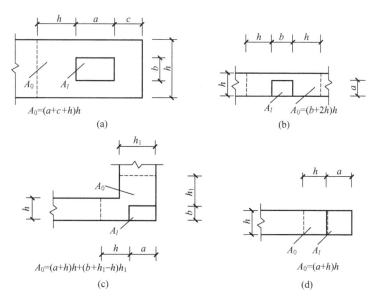

图 7 - 26　影响局部抗压强度的计算面积 A_0

不等的。为了使理论计算与实际相吻合，我们把梁端底面没有离开砌体的长度称为有效支承长度 a_0，其小于梁端伸入砌体的长度 a。梁端底面的有效支承长度 a_0 可按照下式计算：

$$a = 10 \sqrt{\frac{h_c}{f}} \qquad (7-7a)$$

式中：h_c ——梁的截面高度（mm）；

f ——砌体的抗压强度设计值（MPa）。

梁端支撑处砌体局部受压的承载力计算公式为：

$$\psi N_0 + N_l \leqslant \eta \gamma f A_l \qquad (7-7b)$$

式中：A_l ——局部受压面积，按 $A_l = a_0 b$ 计算，b 为
梁宽；

N_0 ——局部受压面积内上部荷载产生的轴向
力设计值，$N_0 = \sigma_0 A_l$；

σ_0 ——上部平均压应力设计值；

N_l ——梁端支承压力设计值；

η ——梁端底面应力图形的完整系数，一般
可取 0.7，对于过梁和墙梁取 1.0；

ψ ——上部荷载的折减系数，$\psi = 1.5 - 0.5 A_0/A_l$，当 $A_0/A_l \geqslant 3$ 时，取 $\psi = 0$。

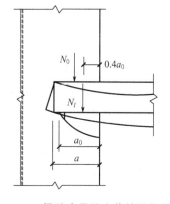

图 7 - 27　梁端支承处砌体的局部受压

（3）梁端下设有垫块的砌体局部受压计算。

在实际工程中，由于其他条件的限值，当梁端下局部受压承载力不足时，可在梁端下设置刚性垫块或柔性垫梁的方法，增大局部承压面积，使梁端压应力比较均匀地传递到垫块下的砌体截面上，从而改善砌体的受力状态。通常在梁端下设置预制或现浇混凝土刚性垫块，是较为有效的方法（图 7 - 28）。

在梁端下设置刚性垫块，梁端的有效支承长度 a_0 应按下式确定，其中，垫块上 N_l 作

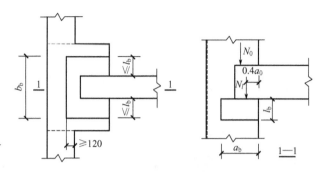

图 7 - 28　壁柱上设有垫块时梁端局部受压

用点的位置可取 $0.4\,a_0$。

$$a_0 = \delta_1 \sqrt{\frac{h_c}{f}} \qquad\qquad (7-8a)$$

式中：δ_1 ——刚性垫块的影响系数，可按照表 7-9 采用。

表 7 - 9　系数 δ_1 的取值

δ_1/f	0	0.2	0.4	0.6	0.8
δ_1	5.4	5.7	6.0	6.9	7.8

现行《砌体结构设计规范》（GB 50003—2011）规定：刚性垫块下的砌体局部受压承载力应按下式计算：

$$N_0 + N_l \leqslant \varphi\gamma_1 f A_b \qquad\qquad (7-8b)$$

式中：N_0 ——垫块面积 A_b 内上部荷载产生的轴向力设计值，$N_0 = \sigma_0 A_b$；

A_b ——垫块面积，$A_b = a_b b_b$，a_b、b_b 分别为垫块伸入墙内的长度与垫块宽度；

φ ——垫块上 N_0 及 N_l 合力的影响系数，应按式（7-5a）计算；

γ_1 ——垫块外砌体面积的有利影响系数，取 $\gamma_1 = 0.8\gamma$，但不小于 1.0；γ 为砌体局部抗压强度提高系数，按式（7-6b）计算，计算时应以 A_b 代替 A_l。

另外，刚性垫块的构造应符合下列规定：

① 刚性垫块的高度不宜小于 180mm，自梁边算起的垫块挑出长度不应大于垫块高度 t_b；

② 在带壁柱墙的壁柱内设置刚性垫块时，其计算面积应取壁柱范围内的面积，而不应计算翼缘部分，壁柱上垫块伸入翼墙内的长度不应小于 120mm；

③ 当现浇垫块与梁端整体浇筑时，垫块可在梁高范围内设置。

3）轴心受弯、受拉等其他构件

（1）受弯构件。

对于受弯构件的受弯承载力，其计算公式为：

$$M \leqslant f_{tm} W \qquad\qquad (7-9)$$

式中：M ——弯矩设计值；

f_{tm} ——砌体弯曲抗拉强度设计值，可参见《砌体结构设计规范》（GB 50003—2011）；

W ——截面抵抗矩，矩形截面的 $W = \dfrac{1}{6}bh^2$（b、h 分别为高度、宽度）。

对于受弯构件的受剪承载力，其计算公式为：

$$V \leqslant f_v bz \tag{7-10}$$

式中：V ——剪力设计值；

f_v ——砌体抗剪强度设计值，可参见《砌体结构设计规范》（GB 50003—2011）；

b ——截面宽度；

z ——内力臂，按 $z = I/S$ 计算（其中，I 为截面惯性矩；S 为截面面积矩；当截面为矩形时，$z = 2h/3$，h 为截面高度）。

（2）轴心受拉构件。

$$N_t \leqslant f_t A \tag{7-11}$$

式中：N_t ——轴心拉力设计值；

f_t ——砌体轴心抗拉强度设计值，可参见《砌体结构设计规范》（GB 50003—2011）。

（3）受剪构件。

如图 7-29 所示为一拱支座的受力情况，对于此类既受到竖向压力，又受到水平剪力作用的砌体受剪承载力构件，《砌体结构设计规范》（GB 50003—2011）规定：沿通缝或沿阶梯形截面破坏时，受剪构件的承载力可按下式计算：

$$V \leqslant (f_v + \alpha\mu\sigma_0)A \tag{7-12}$$

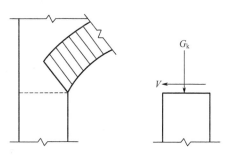

图 7-29　拱支座截面受力示意图

式中：σ_0 ——恒荷载设计标准值产生的水平截面平均压应力；

V ——截面剪力设计值；

A ——水平截面面积，当有孔洞时取净截面面积；

α ——修正系数（当 $\gamma_G = 1.2$ 时，砖砌体取 0.6，混凝土砌块砌体取 0.64；当 $\gamma_G = 1.35$ 时，砖砌体取 0.64，混凝土砌块砌体取 0.66）；

μ ——剪压复合受力影响系数（当永久荷载分项系数 $\gamma_G = 1.2$ 时，$\mu = 0.26 - 0.082\sigma_0/f$；当永久荷载分项系数 $\gamma_G = 1.35$ 时，$\mu = 0.23 - 0.065\sigma_0/f$）（$\alpha\mu$ 的值可查表 7-10）；

f ——砌体抗压强度设计值；

σ_0/f ——轴压比，且不大于 0.8。

表 7-10　当 $\gamma_G = 1.2$ 与 $\gamma_G = 1.35$ 时的 $\alpha\mu$ 值

γ_G	σ_0/f	0.1	0.2	0.3	0.4	0.5	0.6	0.7	0.8
1.2	砖砌体	0.15	0.15	0.14	0.14	0.13	0.13	0.12	0.12
	砌块砌体	0.16	0.16	0.15	0.15	0.14	0.13	0.13	0.12
1.35	砖砌体	0.14	0.14	0.13	0.13	0.13	0.12	0.12	0.11
	砌块砌体	0.15	0.14	0.14	0.13	0.13	0.13	0.12	0.12

4. 砌体结构的构造要求

砌体结构体系，除了应满足结构的承载力计算外，还应满足相应的构造要求。关于砌体结构的构造要求，这里仅讨论墙、柱高厚比验算及圈梁、构造柱设置的问题，其他一般性构造要求与抗震设防措施，可按现行《砌体结构设计规范》（GB 50003—2011）、《建筑抗震设计规范》（GB 50011—2010）等规定执行。

1）墙、柱高厚比的验算

现行《砌体结构设计规范》（GB 50003—2011）规定，墙、柱的高厚比应符合下列条件：

$$\beta = \frac{H_0}{h} \leqslant \mu_1 \mu_2 [\beta] \tag{7-13a}$$

$$\mu_2 = 1 - 0.4 \frac{b_s}{s} \tag{7-13b}$$

式中：H_0——墙、柱的计算高度，按表7-7采用。

h——墙厚或矩形柱与H_0对应的边长。

μ_1——自承重墙允许高厚比的修正系数，可按下列规定取值：当墙体厚度$h=$ 240mm时，取$\mu_1 = 1.2$；当墙体厚度$h = 90$mm时，取$\mu_1 = 1.5$；当90mm< $h < 240$mm时，μ_1可用插入法计算。对于承重墙而言，$\mu_1 = 1.0$。

μ_2——有门窗洞口墙允许高厚比的修正系数，按式(7-13b)计算。当计算结果小于0.7时，应取0.7，当洞口高度不大于墙高的1/5时，可取为1.0。

s——相邻窗间墙之间、壁柱之间、构造柱之间的距离，如图7-30所示。

b_s——在宽度s范围内的门窗洞口宽度。

$[\beta]$——墙、柱的允许高厚比，其与墙柱的承载力计算无关，主要取决于砂浆强度等级、墙上是否开洞及洞口尺寸、是否承重及支承条件及施工质量，其值大小主要是根据房屋中墙柱的稳定性与实践性经验确定的，可按表7-11中的规定采用。

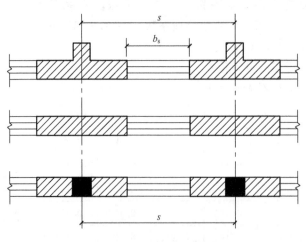

图7-30 门窗洞口示意图

表 7-11　墙、柱的允许高厚比 [β]

砌体类型	砂浆强度等级	墙	柱
无筋砌体	M2.5	22	15
	M5.0 或 Mb5.0、Ms5.0	24	16
	≥M7.5 或 Mb7.5、Ms7.5	26	17
配筋砌块砌体	—	30	21

注：1. 毛石墙、柱的允许高厚比应降低 20%。
　　2. 组合砖砌体构件的允许高厚比可提高 20%，但不得大于 28。
　　3. 验算施工阶段砂浆尚未结硬的新砌体时，允许高厚比：墙取 14，柱取 11。

在验算墙柱的高厚比时，应注意以下几个问题。

（1）当与墙连接的相邻两墙的距离 $s \leqslant \mu_1\mu_2[\beta]h$ 时，墙的高度可不受式（7-13a）的限制。

（2）变截面柱的高厚比可按上、下截面分别计算，其高度按表 7-7 采用，验算上柱的高厚比时，其允许高厚比按表 7-11 的数值乘以 1.3 后采用。

（3）对于带壁柱的墙体，需要分别进行整片墙与壁柱间墙的高厚比验算（图 7-31）。

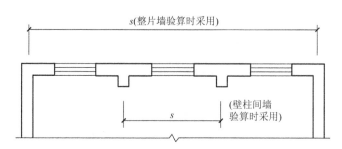

图 7-31　带壁柱墙验算示意图

对于整片墙的高厚比验算，按照式（7-13a）执行，由于该墙为 T 形截面，所以需要把式中的 h 变为 T 形截面的折算高度 h_t，$h_t = 3.5i$，$i = \sqrt{I/A}$，其中 I 为带壁柱墙截面的惯性柱，A 为其面积。

对于壁柱间墙的高厚比验算，按式（7-13a）进行验算，计算 H_0 时，不论房屋静力计算属于何种计算方案，一律按刚性方案考虑，且 s 取壁柱间距离。

（4）带构造柱墙高厚比验算，也需要分别进行整片墙与壁柱间墙的高厚比验算。

对于整片墙高厚比验算，采用下式计算：

$$\beta = \frac{H_0}{h} \leqslant \mu_1\mu_2\mu_c[\beta] \tag{7-14a}$$

$$\mu_c = 1 + \gamma\frac{b_c}{l} \tag{7-14b}$$

式中：μ_c——带构造柱墙允许高厚比的提高系数；

　　　γ——材料系数（对细料石、半细料石砌体，取 0；对混凝土砌块、粗料石、毛料石及毛石砌体，取 1.0；其他砌体，取 1.5）；

　　　l——构造柱间距，此时 s 取相邻构造柱间距；

b_c——构造柱沿墙长方向的宽度（图 7-32）（当 $\dfrac{b_c}{l} > 0.25$ 时，取 $\dfrac{b_c}{l} = 0.25$；当 $\dfrac{b_c}{l} > 0.05$，取 $\dfrac{b_c}{l} = 0$）。

对于构造柱间墙的高厚比验算，同壁柱间墙的高厚比验算。

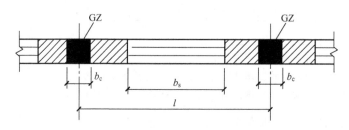

图 7-32　带构造柱墙验算示意图

【案例 7-2】　某三层砌体结构教学楼平面，如图 7-33 所示。该楼采用现浇钢筋混凝土楼盖，外纵、横墙厚 370mm，内纵、横墙厚 240mm，隔墙厚 120mm，底层墙高 4.8m（至基础顶面），层高 3.5m，砂浆强度等级均采用 M2.5，门宽 1000mm，纵墙窗宽 1800mm。试对该结构墙体的高厚比进行验算，判断其是否满足结构稳定性及其空间刚度的要求。

案例分析： 多层砌体结构的墙、柱高厚比验算是砌体结构设计的基本要求，其计算步骤基本上分为以下几步。

① 房屋的静力计算方案确定，并根据静力计算方案可获得墙体的计算高度 H_0。

② 承重墙与非承重墙的确定，计算出自承重墙允许高厚比的修正系数值 μ_1。

③ 有门窗洞口墙的允许高厚比的修正系数值 μ_2 的计算。

④ 墙、柱的高厚比验算。对无壁柱、有壁柱及有构造柱墙体，分别采用相应的公式进行验算。

本案例为多层砌体结构，根据所给的已知条件，对各墙体高厚比的验算过程及结果如下。

（1）纵墙高厚比验算。

① 外纵墙。

根据结构图可知，最不利外纵墙为③～⑤轴，该墙厚 $h = 370$mm，墙高 $H = 4.8$m，其最大横墙间距 $s = 12$m，依据表 7-5，$s = 12$m < 32m，属于刚性方案。因此，由表 7-11 得允许高厚比 $[\beta] = 22$，再由表 7-7，$s = 12$m $> 2H = 9.6$m，可得墙体计算高度 $H_0 = 1.0H = 4.8$ m。

该楼盖为整体现浇楼盖，可知该纵墙上的楼板为单向板，即纵墙属于承重墙，则 $\mu_1 = 1.0$。

因为外纵墙的洞口长度 $b_s = 4 \times 1800 = 7200$（mm），由式（7-13b）得

$$\mu_2 = 1 - 0.4\frac{b_s}{s} = 1 - 0.4 \times \frac{7200}{12000} = 0.76 > 0.7$$

所以，外墙的高厚比

$$\beta = \frac{H_0}{h} = \frac{4800}{370} = 12.97 \leqslant \mu_1\mu_2[\beta] = 1.0 \times 0.76 \times 22 = 16.72 \text{（满足要求）。}$$

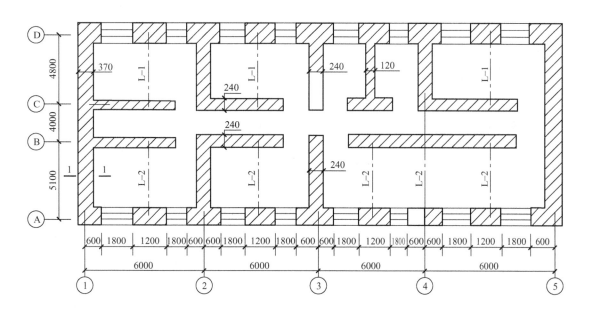

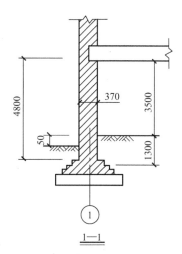

图 7-33　案例 7-2 附图

② 内纵墙。

墙厚 $h=240\text{mm}$，$\mu_1=1.0$，$\mu_2=1-0.4\dfrac{b_s}{s}=1-0.4\times\dfrac{2\times1000}{12000}=0.93$

$\beta=\dfrac{H_0}{h}=\dfrac{4800}{240}=20\leqslant\mu_1\mu_2[\beta]=1.0\times0.93\times22=20.46$（基本满足要求）。

（2）横墙高厚比验算。

① 外横墙。

根据结构图可知，最不利外横墙为⑤轴墙体，该墙墙厚 $h=370\text{mm}$，墙高 $H=4.8\text{m}$，其最大横墙间距 $s=13.9\text{m}$，依据表 7-5，$s=13.9\text{m}<32\text{m}$，属于刚性方案。因此，由表 7-11 得允许高厚比 $[\beta]=22$，再由表 7-7，$s=13.9\text{m}>2H=9.6\text{m}$，可得墙体计算高度 $H_0=1.0H=4.8\text{m}$。

外横墙属于自承重墙，可有内插法求得 $\mu_1=0.94$。

又因为外横墙无门窗洞口，$b_s = 0$，则 $\mu_2 = 1.0 > 0.7$。

所以，外横墙的高厚比

$$\beta = \frac{H_0}{h} = \frac{4800}{370} = 12.97 \leqslant \mu_1 \mu_2 [\beta] = 0.94 \times 1 \times 22 = 20.68 \text{（满足要求）。}$$

② 内横墙。

内横墙墙厚 $h = 240\text{mm}$，墙高 $H = 4.8\text{m}$，其最大横墙间距 $s = 5.1\text{m}$，依据表 7-5，$s = 5.1\text{m} < 32\text{m}$，属于刚性方案。因此，由表 7-11 得，允许高厚比 $[\beta] = 22$，再由表 7-7，$H < s = 5.1\text{m} < 2H = 9.6\text{m}$，可得墙体计算高度 $H_0 = 0.4s + 0.2H = 0.4 \times 5.1 + 0.2 \times 4.8 = 3(\text{m})$。

内横墙属于自承重墙，$\mu_1 = 1.2$；内横墙无门窗洞口，$\mu_2 = 1.0 > 0.7$，则内横墙的高厚比：

$$\beta = \frac{H_0}{h} = \frac{3000}{240} = 20 \leqslant \mu_1 \mu_2 [\beta] = 1.2 \times 1 \times 22 = 26.4 \text{（满足要求）。}$$

（3）隔墙高厚比验算。

隔墙厚 $h = 120\text{mm}$。一般情况下，隔墙上端砌筑时，一般用斜置立砖顶紧梁底，可按不动铰支承考虑，因隔墙两侧与纵墙无搭接，若按两侧无拉结考虑，可取大值 $H_0 = H = 3.5\text{m}$，其最大横墙间距 $s = 4.56\text{m}$，属于刚性方案，$[\beta] = 22$。

隔墙无门窗洞口，$\mu_2 = 1.0 > 0.7$，隔墙属于自承重墙，则

$$\mu_1 = 1.2 - \frac{240 - 120}{240 - 90} \times (1.5 - 1.2) = 1.44$$

内横墙的高厚比

$$\beta = \frac{H_0}{h} = \frac{3500}{120} = 29.17 \leqslant \mu_1 \mu_2 [\beta] = 1.44 \times 1 \times 22 = 31.68 \text{（满足要求）。}$$

综上所述，该结构墙体均满足在施工阶段、使用阶段结构的稳定性及其空间刚度的要求。

2）圈梁的设置与构造要求

【参考图文】

圈梁是在房屋的檐口、楼层或基础顶面标高处沿墙体水平方向设置的封闭状钢筋混凝土连续构件。圈梁的作用是可以增强砌体房屋的整体刚度，防止由于地基不均匀沉降，或较大振动荷载等对房屋引起的不利影响，也是砌体房屋抗震的有效措施。

（1）圈梁的设置。

根据地基情况、房屋类型、层数及所受的振动荷载等条件，目前《砌体结构设计规范》（GB 50003—2011）对圈梁的布置作出了相应的规定。

对于厂房、仓库、食堂等空旷单层房屋应按下列规定设置圈梁。

① 砖砌体结构房屋，檐口标高为 5～8m 时，应在檐口标高处设置圈梁一道；檐口标高大于 8m 时，应增加设置数量。

② 砌块及料石砌体结构房屋，檐口标高为 4～5m 时，应在檐口标高处设置圈梁一道；檐口标高大于 5m 时，应增加设置数量。

③ 对有吊车或较大振动设备的单层工业房屋，当未采取有效的隔振措施时，除在檐口或窗顶标高处设置现浇混凝土圈梁外，尚应增加设置数量。

对于住宅、办公楼等多层砌体结构民用房屋，且层数为 3～4 层时，应在底层和檐口标

高处各设置一道圈梁。当层数超过 4 层时，除应在底层和檐口标高处各设置一道圈梁外，至少应在所有纵、横墙上隔层设置。多层砌体工业房屋，应每层设置现浇混凝土圈梁。设置墙梁的多层砌体结构房屋，应在托梁、墙梁顶面和檐口标高处设置现浇钢筋混凝土圈梁。

当多层砌体结构房屋采用现浇混凝土楼（屋）盖且层数超过 5 层时，除应在檐口标高处设置一道圈梁外，可隔层设置圈梁，并应与楼（屋）面板一起现浇，未设置圈梁的楼面板嵌入墙内的长度不应小于 120mm，并沿墙长配置不少于 2 根直径为 10mm 的纵向钢筋。

（2）圈梁的构造要求。

① 圈梁宜连续地设在同一水平面上，并形成封闭状（图 7-34）。当圈梁被门窗洞口截断时，应在洞口上部增设相同截面的附加圈梁。附加圈梁与圈梁的搭接长度不应小于其中到中垂直间距的 2 倍，且不得小于 1m。

② 纵横墙交接处的圈梁应可靠连接（图 7-35）。刚弹性与弹性方案房屋，圈梁应与屋架、大梁等构件可靠连接。

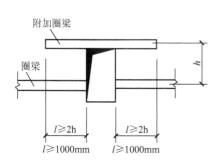

图 7-34 圈梁的搭接

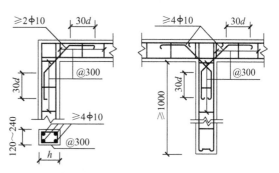

图 7-35 纵横墙交接处圈梁的连接构造

③ 混凝土圈梁的宽度宜与墙厚相同，当墙厚不小于 240mm 时，其宽度不宜小于墙厚的 2/3。圈梁高度不应小于 120mm。纵向钢筋数量不应少于 4 根，直径不应小于 10mm，绑扎接头的搭接长度按受拉钢筋考虑，箍筋间距不应大于 300mm。

④ 圈梁兼作过梁时，过梁部分的钢筋应按计算面积另行增配。

3）构造柱的布置与构造要求

构造柱是一种与砌筑墙体浇筑在一起的现浇钢筋混凝土柱。各层的构造柱在竖向上下贯通，在横向与钢筋混凝土圈梁连系在一起，将墙体箍住，提高了墙体的抗剪强度、延性与房屋结构的整体性。构造柱设置在结构连接且构造较薄弱、易产生应力集中的部位。施工时，必须先砌筑墙体，后浇筑构造柱。钢筋混凝土构造柱的一般做法如图 7-36 所示。

（1）构造柱的布置。

各类砖砌体房屋的现浇钢筋混凝土构造柱，其设置除了符合《建筑抗震设计规范》（GB 50011—2010）的有关规定与表 7-12 的要求外，还应符合以下规定。

① 外廊式与单面走廊式的房屋，应根据房屋增加一层的层数，按表 7-12 的要求设置构造柱，且单面走廊两侧的纵墙均应按外墙处理。

② 横墙较少的房屋，应根据房屋增加一层的层数，按表 7-12 的要求设置构造柱。当横墙较少的房屋为外廊式或单面走廊式时，应按①项要求设置构造柱；但 6 度不超过四层、7 度不超过三层和 8 度不超过二层时应按增加二层的层数对待。

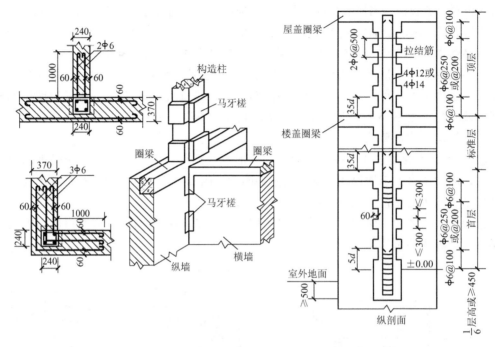

图 7 - 36 钢筋混凝土构造柱的基本构造

③ 各层横墙很少的房屋，应按增加二层的层数设置构造柱。

④ 采用蒸压灰砂普通砖和蒸压粉煤灰普通砖的砌体房屋，当砌体的抗剪强度仅达到普通黏土砖砌体的 70％时（普通砂浆砌筑），应根据增加一层的层数按①～③款要求设置构造柱；但 6 度不超过四层、7 度不超过三层和 8 度不超过二层时应按增加二层的层数对待。

⑤ 有错层的多层房屋，在错层部位应设置墙，其与其他墙交接处应设置构造柱；在错层部位的错层楼板位置应设置现浇钢筋混凝土圈梁；当房屋层数不低于四层时，底部 1/4 楼层处错层部位墙中部的构造柱间距不宜大于 2m。

表 7 - 12　砖砌体房屋构造柱设置要求

房 屋 层 数				设 置 部 位	
6 度	7 度	8 度	9 度		
四、五	三、四	二、三		楼、电梯间四角，楼梯斜梯段上下端对应的墙体处； 外墙四角和对应转角； 错层部位横墙与外纵墙交接处； 大房间内外墙交接处； 较大洞口两侧	隔 12m 或单元横墙与外纵墙交接处； 楼梯间对应的另一侧内横墙与外纵墙交接处
六	五	四	二		隔开间横墙（轴线）与外墙交接处； 山墙与内纵墙交接处
七	≥六	≥五	≥三		内墙（轴线）与外墙交接处； 内墙的局部较小墙垛处； 内纵墙与横墙（轴线）交接处

注：较大洞口，内墙指不小于 2.1m 的洞口；外墙在内外墙交接处已设置构造柱时允许适当放宽，但洞侧墙体应加强。

（2）构造柱的构造要求。

多层砖砌体房屋的构造柱应符合下列构造规定。

① 构造柱的最小截面可为 180mm×240mm（墙厚为 190mm 时为 180mm×190mm）；构造柱纵向钢筋宜采用 4φ12，箍筋直径可采用 6mm，间距不宜大于 250mm，且在柱上、下端适当加密；当 6、7 度超过六层、8 度超过五层和 9 度时，构造柱纵向钢筋宜采用 4φ14，箍筋间距不应大于 200mm；房屋四角的构造柱应适当加大截面及配筋。

② 构造柱与墙连接处应砌成马牙槎，沿墙高每隔 500mm 设 2φ6 水平钢筋与 φ4 分布短筋平面内点焊组成的拉结网片或 φ4 点焊钢筋网片，每边伸入墙内不宜小于 1m。6、7 度时底部 1/3 楼层，8 度时底部 1/2 楼层，9 度时全部楼层，上述拉结钢筋网片应沿墙体水平通长设置。

③ 构造柱与圈梁连接处，构造柱的纵筋应在圈梁纵筋内侧穿过，以保证构造柱纵筋上下贯通。

④ 构造柱可不单独设置基础，但应伸入室外地面下 500mm，或与埋深小于 500mm 的基础圈梁相连。

⑤ 房屋高度和层数接近《建筑抗震设计规范》（GB 50011—2010）规定的限值时，横墙内的构造柱间距不宜大于层高的两倍；下部 1/3 楼层的构造柱间距适当减小；当外纵墙开间大于 3.9m 时，应另设加强措施。内纵墙的构造柱间距不宜大于 4.2m。

习　题

1. 常用的砌体有哪几种？常用的砌体材料有哪些？其适用范围是什么？

2. 砌体结构中块材与砂浆的作用是什么？

3. 砌体构件受压承载力计算中，系数 φ 表示什么意义？如何确定？

4. 什么是高厚比？砌体房屋限制高厚比的目的是什么？简述带壁柱墙体高厚比的计算要点。

5. 简述圈梁与构造柱的设置方法。

6. 某偏心受压柱，截面尺寸为 490mm×620mm，柱的计算高度 $H = H_0 = 4.8m$，采用强度等级为 MU10 的蒸压灰砂砖及 M5.0 的混合砂浆砌筑，柱底承受轴向压力设计值为 $N = 200kN$，弯矩设计值 $M = 30kN \cdot m$（沿长边方向），结构的安全等级为二级，施工质量控制等级为 B 级。试验算该柱底截面是否安全。

7. 某单层单跨无吊车的仓库，柱间距离为 4m，中间开宽为 1.8m 的窗，仓库长 40m，屋架下弦标高为 5m，壁柱为 370mm×490mm，墙厚为 240mm，房屋静力计算方案为刚弹性方案。试验算带壁柱墙的高厚比。

【参考答案】

第**8**章
钢结构设计

教学目标

本章主要讲述钢结构的用材及其种类，钢结构的设计与计算方法，钢结构的连接形式及其承载力计算。通过本章的学习，应达到以下目标：

(1) 掌握型钢、连接材料的类型及其基本性能指标；

(2) 掌握钢结构构件的设计原理与计算方法；

(3) 熟悉钢结构的焊接、螺栓连接等连接形式。

教学要求

知识要点	能力要求	相关知识
(1) 型钢、连接材料的类型及其基本性能指标 (2) 钢结构构件的设计原理与计算方法	(1) 掌握型钢、连接材料的类型及其基本性能指标 (2) 掌握钢结构构件的强度、抗剪与稳定性的设计与验算	钢结构设计规范
焊接、螺栓连接、铆接等连接形式	(1) 熟悉焊接的种类、焊缝强度设计及构造要求 (2) 熟悉普通螺栓、高强螺栓的抗力设计及构造要求	钢结构设计规范
钢结构的防火与防腐	了解钢结构的防火与防腐基本措施	防火与防腐的材料

 引例

世界第一高楼——迪拜塔

迪拜塔，又称迪拜大厦或比斯迪拜塔，始建于 2004 年，当地时间 2010 年 1 月 4 日竣工，是目前世界第一高楼与人工构造物。塔高 828m，楼层总数 162 层，造价 15 亿美元。后来，迪拜酋长穆罕默德·本·拉希德·阿勒马克图姆在揭开被称为"世界第一高楼"的"迪拜塔"纪念碑上的帷幕时，将其更名为哈利法塔。

【参考图文】

钢结构是一种主要结构形式，目前主要用于工业建筑、公共建筑等。钢结构设计的基本原理与混凝土结构一样，其设计内容主要是材料的确定、构件承载力的设计、构件连接方式的选取及其承载力的设计。由于钢结构存在不耐高温、易锈蚀与易产生疲劳破坏三大隐患，还应注意防火与防腐的设计。

8.1 钢结构用材

钢结构用材主要是钢材与连接材料。钢材主要为热轧成型的钢板、型钢，以及冷弯成型的薄壁型钢，钢结构的连接材料包括用于手工电弧焊连接的焊条和自动焊或半自动焊的焊丝、用于螺栓连接的普通螺栓和高强度螺栓及铆钉连接的铆钉。

1. 钢材的种类与规格

1）钢板

钢板有薄钢板（厚度为 0.35～4mm）、厚钢板（厚度为 4.5～60mm）与扁钢（厚度为4～60mm，宽度为 30～200mm）等，用"—宽×厚×长"或"—宽×厚"表示，单位为 mm，如— 450×8×3100，— 450×8。

2）型钢

常用轧制型钢有角钢、工字钢、槽钢、H 型钢、T 型钢、钢管等，如图 8 - 1 所示。

（1）角钢。角钢有等边角钢与不等边角钢两类 [图 8 - 1(a)、 (b)]。等边角钢以"L 肢宽×肢厚"表示，不等边角钢以"L 长肢宽×短肢宽×肢厚"表示，单位为 mm，如∟63×5，L 100×80×8。

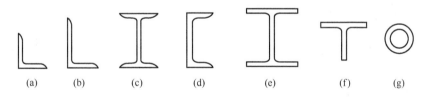

| (a) | (b) | (c) | (d) | (e) | (f) | (g) |

图 8 - 1 轧制型钢截面

（2）工字钢。工字钢截面有普通工字钢与轻型工字钢两种 [图 8 - 1(c)]。普通工字钢用"I 截面高度的厘米数"表示，高度 20mm 以上的工字钢，同一高度有三种腹板厚度，分别记为 a、b、c。其中 a 类腹板最薄、翼缘最窄，b 类腹板较厚、翼缘较宽，c 类腹板最厚、翼缘最宽，如 I32a、I32c。同样高度的轻型工字钢的翼缘要比普通工字钢的翼缘宽而薄，腹板也薄，轻型工字钢可用符号"Q"表示，如 QI32a。

（3）槽钢。槽钢截面分普通槽钢与轻型槽钢两种 [图 8 - 1(d)]，分别以"[或 Q [截面高度厘米数"表示，如 [20a、Q [20b 等。

（4）H 型钢和 T 型钢。H 型钢截面可分为宽翼缘（HW）、中翼缘（HM）、窄翼缘（HN）三类 [图 8 - 1(e)]。H 型钢用"高度×宽度×腹板厚度×翼缘厚度"表示，单位为 mm，如 HW340×250×9×14。各种 H 型钢均可剖分为 T 型钢 [图 8 - 1(f)]，代号分别为 TW、TM 与 TN。T 型钢也用"高度×宽度×腹板厚度×翼缘厚度"表示，单位为 mm，如 TW170×250×9×14。

（5）钢管。钢管截面有热轧无缝钢管与焊接钢管两种［图 8-1(g)］，用"ϕ 外径×壁厚"来表示，单位为 mm，如 $\phi400×6$。

3）冷弯薄壁型钢

其采用薄钢板冷轧制成，截面形状不一，常见的截面形状如图 8-2 所示，壁厚一般为 1.5～5mm。对于承重结构受力构件的壁厚不宜小于 2mm。

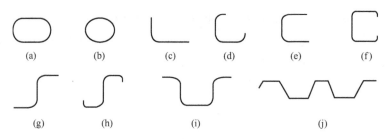

图 8-2　薄壁型钢截面

另外，压型钢板是冷弯薄壁型钢的另一种形式，如图 8-2(j) 所示，它是用厚度为 0.4～1.6mm 的钢板、镀锌钢板或彩色涂层钢板经冷轧成的波形板。

2. 钢材的技术性能及影响因素

钢材的技术性能一般指钢材的力学性能、工艺性能和为满足某些结构需要而具有的特殊性能。关于钢材的力学性能指标（如屈服点、抗拉强度、伸长率指标）、机械性能指标（冲击韧性）、钢材的工艺性能指标（冷弯性能、焊接性能），这些内容在前面的章节中已经介绍过，这里主要说明钢材的 Z 向性能和疲劳性能。

1）钢材的 Z 向性能

钢材的 Z 向性能又称层状撕裂现象。钢板在顺轧制方向的性能比与其垂直方向（横向）的性能要好，厚度方向更差一些。这种现象在厚钢板中问题更为突出。如图 8-3（a）、（b）所示，在外力作用下，其连接节点处容易出现钢板的层状撕裂。

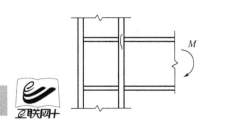

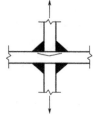

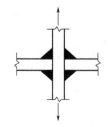

(a) 容易引起层状撕裂的节点连接　(b) 容易引起层状撕裂的节点连接　(c) 改善后的节点连接

图 8-3　钢材的层状撕裂

当采用大于 40mm 厚的钢板时，应符合现行《厚度方向性能钢板》（GB/T 5313—2010）规范规定的相应等级要求。

钢板的 Z 向性能可以用厚度方向拉力试验的断面收缩率来评定。

$$\psi_{Z} = \frac{A_0 - A_1}{A_0} \times 100\% \qquad (8-1)$$

式中：ψ_Z ——断面收缩率；

A_0 ——试件原横截面面积；

A_1 ——试件拉断时断口处的横截面面积。

2) 钢材的疲劳性能

不耐高温、易腐蚀、易疲劳是制约钢结构安全性能的三大隐患，因此，在结构设计中，关注钢结构构件的疲劳性能指标十分重要。所谓钢材的疲劳，是指钢构件承受连续反复的变化荷载时，随着时间增长，微小裂纹不断扩展，截面不断减小，直至最后达到临界尺寸时发生突然断裂的现象。当破坏发生时，构件截面上的应力低于材料的抗拉强度，有的甚至低于屈服强度。试验证明，疲劳破坏属脆性破坏，危险性大。

《钢结构设计规范》（GB 50017—2003）规定：对于直接承受动力荷载重复作用的钢结构构件及其连接，当应力变化的循环次数 $n \geqslant 5 \times 10^4$ 时，应进行疲劳计算。

3) 钢材技术性能的影响因素

影响钢材技术性能指标的主要因素有材料的化学成分、温度、冶炼、冷加工与时效硬化、应力集中等。在前面的章节中，已经介绍过材料的化学成分、温度、冶炼、冷加工与时效硬化，这里说明一下应力集中的影响问题。

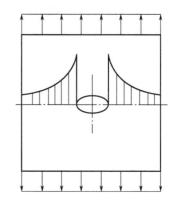

在实际工程中，钢构件因为连接、组装等原因需要开设孔洞或改变截面，这也是不可避免的。当构件受到拉力、压力时，截面上的应力分布不再均匀，在孔洞与截面突然改变处将产生高峰应力，这种现象称为应力集中（图 8-4）。试验表明，应力集中与截面的外形特征有密切关系，孔洞边缘越不圆滑，越尖锐，截面改变越突然，应力集中现象越严重，此时尖角处的应力状态会导致构件发生危险的脆性破坏。因此，在设计中，应尽

图 8-4 孔洞边的应力集中现象

量避免截面的突然变化，或采用圆滑的形状，或逐渐改变截面的方法，以使应力集中现象趋向平缓。

3. 钢结构选材的要求

现行《钢结构设计规范》（GB 50017—2003）规定：为了保证承重结构的承载能力与防止在一定条件下出现脆性破坏，应根据结构的重要性、荷载特征、结构形式、应力状态、连接方法、钢材厚度、工作环境等因素综合考虑，选用合适的钢材牌号与材性。

【标准规范】

（1）普通钢结构的受力构件不宜采用厚度小于 5mm 的钢板，壁厚小于 3mm 的钢管，截面小于 L 45×4 或 L 56×36×4 的角钢。

（2）钢材的强度设计值应根据钢材厚度或直径，按表 8-1 采用。但当计算下列情况的钢结构构件或连接时，钢材的强度设计值应乘以相应的折减系数。

表 8-1 钢材的强度设计值　　　　　　　　　　　　　　　单位：N/mm²

钢　材		抗拉、抗弯与抗压 f	抗剪 f_v	断面承压（刨平顶紧）f_{ce}
牌号	厚度或直径/mm			
Q235 钢	≤16	215	125	325
	>16~40	205	120	
	>40~60	200	115	
	>60~100	190	110	
Q345 钢	≤16	310	180	400
	>16~35	295	170	
	>35~50	265	155	
	>50~100	250	145	
Q390 钢	≤16	350	205	415
	>16~35	325	190	
	>35~50	315	180	
	>50~100	295	170	
Q420 钢	≤16	280	220	440
	>16~35	360	210	
	>35~50	340	195	
	>50~100	325	185	

注：表中厚度是指计算点的钢材厚度，对轴心受拉与轴心受压构件是指截面中较厚板件的厚度。

对于单面连接的单角钢，按轴心受力计算强度与连接时，强度设计值应乘以系数 0.85。按轴心受压计算稳定性时，等边角钢乘以系数 $0.6+0.0015\lambda$，但不大于 1.0；短边相连的不等边角钢乘以系数 $0.5+0.0025\lambda$，但不大于 1.0；长边相连的不等边角钢乘以系数 0.70。其中，λ 为长细比，对中间无联系的单角钢压杆，应按最小回转半径计算，当 $\lambda<20$ 时，取 $\lambda=20$。

对于无垫板的单面施焊对接焊缝应乘以系数 0.85，施工条件较差的高空安装焊缝与铆钉连接应乘以系数 0.90，沉头和半沉头铆钉连接应乘以系数 0.80。

当上述几种情况同时存在时，其折减系数应连乘。

(3) 需要验算疲劳的结构，所用钢材应依据结构所处环境条件，分别具有常温、0℃、-20℃、-40℃ 冲击韧性的合格保证（具体钢种的不同要求应查阅相关规范）。

下列情况的承重结构与构件不应采用 Q235 沸腾钢。

① 对于焊接结构：直接承受动力荷载或振动荷载且需要验算疲劳的结构；工作温度低于 -20℃ 时的直接承受动力荷载或振动荷载，但可不验算疲劳的结构，以及承受静力荷载的受弯及受拉的重要承重结构；工作温度等于或低于 -30℃ 的所有承重结构。

② 对于非焊接结构：工作温度不大于 -20℃ 的直接承受动力荷载且需要验算疲劳的结构。

（4）有抗震设防的钢结构用材，钢材的强屈比不应小于 1.2，伸长率应大于 20%，钢材应有良好的可焊性与合格的冲击韧性。

4. 连接材料

1）焊条及焊丝

手工焊接采用的焊条应符合《非合金钢及细晶粒钢焊条》（GB/T 5117—2012）或《热强钢焊条》（GB/T 5118—2012）的规定。选择的焊条型号应与主体金属力学性能相适应。对直接承受动力荷载或振动荷载且需要验算疲劳强度的结构，宜采用低氢型焊条。

【标准规范】

自动焊接或半自动焊接采用的焊丝及相应的焊剂应与主体金属力学性能相适应，并应符合现行国家标准的规定。当为手工焊接时，Q235 钢采用 E43 焊条，Q345 钢采用 E50 焊条，Q390 钢和 Q420 钢均采用 E55 焊条。

2）螺栓

普通螺栓应符合《六角头螺栓 C 级》（GB/T 5780—2016）和《六角头螺栓》（GB/T 5782—2016）的规定。高强螺栓应符合《钢结构用高强度大六角头螺栓》（GB/T 1228—2006）、《钢结构用高强度大六角螺母》（GB/T 1229—2006）、《钢结构用高强度垫圈》（GB/T 1230—2006）、《钢结构用高强度大六角头螺栓、大六角螺母、垫圈技术条件》（GB/T 1231—2006）或《钢结构用扭剪型高强螺栓连接副》（GB/T 3632—2008）的规定。

【标准规范】

8.2 钢结构的设计与计算

1. 钢结构的计算方法

依据现行《建筑结构可靠度设计统一标准》（GB 50068—2001）的要求，钢结构的计算公式与其他结构形式一样，采用以概率理论为基础的极限状态设计方法，并以应力形式表达的分项系数设计表达式。但是，对于钢结构的疲劳计算，因各影响因素有待进一步研究，目前依然采用传统的容许应力设计法。

【参考图文】

钢结构构件的设计表达式如下。

（1）承载能力极限状态。

$$\gamma_0 \left(\sum_{j=1}^{n} \gamma_{G_j} \sigma_{G_{jk}} + \gamma_{Q_1} \gamma \sigma_{Q_{1k}} + \sum_{i=2}^{n} \gamma_{Q_i} \psi_{ci} \sigma_{Q_{ik}} \right) \leqslant f \tag{8-2a}$$

$$f = \frac{f_y}{\gamma_R} \tag{8-2b}$$

式中：γ_0——结构重要性系数；

γ_{G_j}——永久荷载分项系数；

$\sigma_{G_{jk}}$ ——永久荷载标准值产生的应力值；

γ_{Q_1} ——第一个可变荷载分项系数；

γ ——考虑设计使用年限的调整系数；

$\sigma_{Q_{1k}}$ ——第一个可变荷载标准值产生的应力值；

γ_{Q_i} ——第 i 个可变荷载分项系数；

ψ_{c_i} ——第 i 个可变荷载组合值系数；

$\sigma_{Q_{ik}}$ ——第 i 个可变荷载标准值产生的应力值；

f_y ——钢材强度值；

f ——钢结构构件与连接强度设计值；

γ_R ——抗力分项系数（对于 Q235，取 $\gamma_R = 1.087$；对于 Q345、Q390、Q420，取 $\gamma_R = 1.111$）。

（2）正常使用极限状态。

$$\nu \leqslant [\nu] \tag{8-2c}$$

式中：ν ——荷载标准值产生的最大变形值；

$[\nu]$ ——规范规定的结构或构件容许变形值。

2. 钢结构的基本构件类型及其计算

钢结构的基本构件主要有轴心受力构件（轴心受压与轴心受拉）、受弯构件、偏心受力构件（压弯构件与拉弯构件）等。

1）轴心受力构件

轴心受力构件是在钢结构中应用比较广泛的，如桁架、塔架、网架、网壳等杆件体系（图 8-5）。这类结构通常假定其节点为铰接连接，当无节间荷载作用时，构件只承受轴向力（轴心受拉或轴心受压）的作用。由于轴心受力构件是由薄壁型钢组成的，容易在受力状态下丧失稳定，所以需要对结构构件的强度、刚度、整体稳定与局部稳定进行验算。

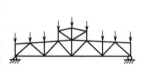

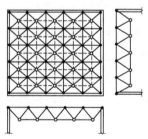

(a) 桁架　　　　　　　　　(b) 塔架　　　　　　　　　(c) 网架

图 8-5　轴心受力构件在工程中的应用

【参考图文】

（1）轴心受力构件的类型。

轴心受力构件的常用截面形式可分为实腹式与格构式两大类。一般受力较小时用实腹式截面，当构件受力较大时，采用格构式截面。

　　实腹式构件制作简单，与其他构件连接也较方便，其常用截面如图 8-6 所示。如图 8-6(a)所示为单个型钢截面，如圆钢、钢管、角钢、槽钢、工字钢、H 型钢、T 型钢，常用于普通的轴心受力构件，其中 T 型钢也用于桁架结构中的弦杆；如图 8-6(b)所示为型钢与钢板组成的组合截面，常用于普通的轴心受力构件；如图 8-6(c) 所示为双角钢组成的截面，常用于桁架结构中的弦杆与腹杆；如图 8-6(d) 所示为冷弯薄壁型钢截面，常用于轻型钢结构。

图 8-6　常用的实腹式构件截面形式

　　格构式构件一般由两个或多个型钢肢件组成，肢件采用角钢缀条或缀板连成整体（图 8-7）。格构式构件常用于受压力较大的构件中，以使两主轴方向等稳定性，刚度大，用料省。

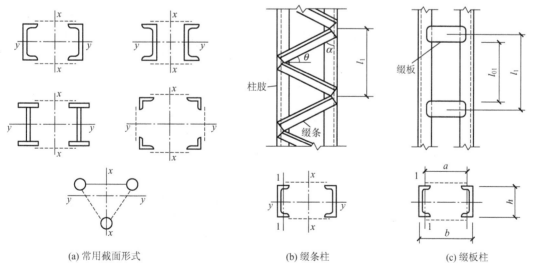

(a) 常用截面形式　　　　(b) 缀条柱　　　　(c) 缀板柱

图 8-7　格构式构件的常用截面形式与缀材布置

　　(2) 构件的计算长度。

　　确定桁架弦杆与单系腹杆（用节点板与弦杆连接）的长细比时，其计算长度 l_0 可按表 8-2 取用。

表 8 - 2　桁架弦杆与单系腹杆的计算长度 l_0

项　次	弯曲方向	弦　杆	腹　杆	
			支座斜杆与竖杆	其他腹杆
1	在桁架平面内	l	l	$0.8\,l$
2	在桁架平面外	l_1	l	l
3	斜平面	—	l	$0.9\,l$

注：1. l 为构件的几何长度（节点中心间距离）；l_1 为桁架弦杆侧向支承点之间的距离。

　　2. 斜平面是指与桁架平面斜交的平面，适用于构件截面两主轴均不在桁架平面内的单角钢腹杆与双角钢十字形截面腹杆。

　　3. 无节点板的腹杆计算长度在任意平面内均取其等于几何长度（钢管结构除外）。

当桁架弦杆侧向支承点之间的距离为节间长度的 2 倍且两节间的弦杆轴心压力不相同时（图 8 - 8），则该弦杆在桁架平面外的计算长度，可按下式确定（但不应小于 $0.5\,l_1$）：

$$l_0 = l_1\left(0.75 + 0.25\,\frac{N_2}{N_1}\right) \tag{8-3}$$

式中：N_1——较大的压力，计算时取正值；

　　　N_2——较小的压力或拉力，计算时压力取正值，拉力取负值。

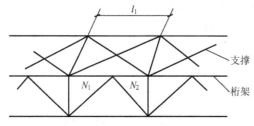

图 8 - 8　弦杆轴心压力在侧向支承点间有变化的桁架示意图

对于桁架再分式腹杆体系的受压主斜杆，以及 K 形腹杆体系的竖杆等，在桁架平面外的计算长度也可按式(8 - 3)确定，但受拉主斜杆长度仍取 l_1；在桁架平面内的计算长度则取节点中心间距离（图 8 - 9）。

（3）轴心受力构件的强度与刚度计算。

对于轴心受力杆件（除高强度螺栓摩擦型连接处外）的强度，其计算公式为：

$$\sigma = \frac{N}{A_n} \leqslant f \tag{8-4}$$

式中：N——构件的轴心拉力或压力设计值；

　　　f——钢材的抗拉或抗压强度设计值；

　　　A_n——构件的净截面面积，按毛截面扣除孔洞面积计算。

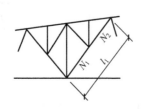
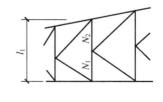

图 8 - 9　再分式腹杆体系与 K 形腹杆体系

对于摩擦型高强度螺栓摩擦型连接处的强度计算为：

$$\sigma = \left(1 - 0.5\,\frac{n_1}{n}\right)\frac{N}{A_n} \leqslant f \tag{8-5a}$$

$$\sigma = \frac{N}{A} \leqslant f \tag{8-5b}$$

式中：n ——在节点或拼接处，构件一端连接的高强度螺栓数目；

　　　n_1 ——计算截面（最外列螺栓处）上的高强度螺栓数目；

　　　A ——构件的毛截面面积。

对于构件的刚度，其计算公式为：

$$\lambda = \frac{l_0}{i} \leqslant [\lambda] \tag{8-6}$$

式中：λ ——构件的最大长细比；

　　　l_0 ——构件的计算长度；

　　　i ——截面的回转半径，$i = \sqrt{I/A}$（I 为毛截面的惯性矩，A 为毛截面面积）；

　　　$[\lambda]$ ——构件的容许长细比，见表 8-3 与表 8-4。

表 8-3　受压构件的容许长细比

项　次	构件名称	容许长细比
1	柱、桁架与天窗架中的构件	150
	柱的缀条、吊车梁或吊车桁架以下的柱间支撑	
2	支撑（吊车梁或吊车桁架以下的柱间支撑除外）	200
	用以减少受压构件长细比的杆件	

注：1. 桁架（包括空间桁架）的受压腹杆，当其内力不大于承载能力的 50% 时，容许长细比值可取 200。

　　2. 计算单角钢受压构件的长细比时，应采用角钢的最小回转半径；但计算交叉杆件平面外的长细比时，应采用与角钢肢边平行轴的回转半径。

　　3. 跨度不小于 60m 的桁架，其受压弦杆与端压杆的长细比宜取 100，其他受压腹杆可取 150（承受静力荷载或间接承受动力荷载）或 120（直接承受动力荷载）。

　　4. 由容许长细比控制截面的杆件，在计算其长细比时，可不考虑扭转效应。

表 8-4　受拉构件的容许长细比

项次	构件名称	承受静力荷载或间接承受动力荷载的结构		直接承受动力荷载的结构
		一般建筑结构	有重级工作制吊车的厂房	
1	桁架的杆件	350	250	250
2	吊车梁或吊车桁架以下的柱间支撑	300	200	
3	其他拉杆、支撑、系杆等（张紧的圆钢除外）	400	350	

注：1. 承受静力荷载的结构中，可仅计算受拉构件在竖向平面内的长细比。

　　2. 在直接或间接承受动力荷载的结构中，计算单角钢受拉构件的长细比时，应采用角钢的最小回转半径；但在计算交叉杆件平面外的长细比时，应采用与角钢肢边平行轴的回转半径。

　　3. 中、重级工作制吊车桁架下弦杆的长细比不宜超过 200。

　　4. 受拉构件在永久荷载与风荷载组合作用下受压时，其长细比不宜超过 250。

　　5. 跨度不小于 60m 的桁架，其受拉弦杆与腹杆的长细比不宜超过 300（承受静力荷载或间接承受动力荷载）或 250（直接承受动力荷载）。

（4）轴心受压构件的整体稳定性计算。

在轴心压力作用下，轴心受压构件往往会发生失稳现象，造成构件的破坏。试验表明，常见的轴心压杆失稳时有三种可能的屈曲形式，即弯曲屈曲、扭转屈曲、弯扭屈曲（图 8 - 10）。由于钢结构中采用钢板厚度 $t > 4mm$ 的开口或封闭式截面，抗扭刚度较大，设计中一般仅考虑弯曲屈曲失稳形式。

轴心受压构件的整体稳定计算公式为：

$$\frac{N}{\varphi A} \leqslant f \tag{8-7}$$

式中：φ——轴心受压构件的整体稳定系数，其可根据构件的长细比、钢材的屈服强度与截面分类，可按现行《钢结构设计规范》（GB 50017—2003）中的规定取值，且取截面两主轴稳定系数中的较小值。

（5）轴心受压构件的局部稳定性计算。

工程实践中，轴心受压构件不仅会发生整体性失稳现象，而且也会出现局部丧失稳定性的事件，如图 8 - 11 所示。为了防范该种现象的发生，现行《钢结构设计规范》（GB 50017—2003）规定：轴心受压构件必须满足局部稳定的要求，并采用限制板件宽厚比的方法来控制。

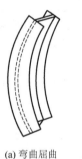 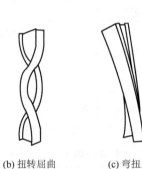
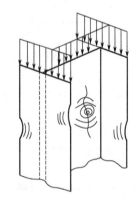

(a) 弯曲屈曲　(b) 扭转屈曲　(c) 弯扭屈曲

图 8 - 10　轴心压杆失稳的形式　　　　图 8 - 11　轴心受压的局部失稳

不同形状截面的宽厚比限值及局部稳定计算公式如下。

对于 T 形、工字形截面（图 8 - 12）：

翼缘：

$$\frac{b}{t}\left(\text{或} \frac{b_1}{t}\right) \leqslant (10 + 0.1\lambda)\sqrt{\frac{235}{f_y}} \tag{8-8a}$$

$$\frac{b_1}{t_1} \leqslant (15 + 0.2\lambda)\sqrt{\frac{235}{f_y}} \tag{8-8b}$$

腹板：

$$\frac{h_0}{t_w} \leqslant (25 + 0.5\lambda)\sqrt{\frac{235}{f_y}} \tag{8-8c}$$

式中：λ——构件两个方向长细比的较大值，当 $\lambda < 30$ 时，取 $\lambda = 30$；当 $\lambda > 100$ 时，取 $\lambda = 100$。

对于封闭形截面 [图 8 - 13(a)]：

$$\frac{b_0}{t}\left(\text{或} \frac{h_c}{t_w}\right) \leqslant 40\sqrt{\frac{235}{f_y}} \tag{8-8d}$$

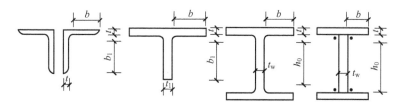

图 8 - 12 T 形、工字形截面及板件尺寸

式中：b_0——箱形截面受压构件的计算宽度。

对于圆形截面 [图 8 - 13(b)]：

$$\frac{d}{t} \leqslant 100 \left(\frac{235}{f_y} \right) \tag{8-8e}$$

式中：d——环形截面的外缘直径。

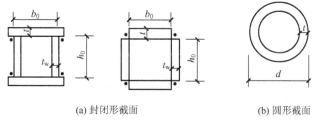

(a) 封闭形截面   (b) 圆形截面

图 8 - 13 截面及板件尺寸

2）受弯构件

如钢筋混凝土受弯构件一样，钢结构的受弯构件也是用以承受竖向荷载的构件，包括实腹式受弯构件（如梁）与格构式受弯构件（如桁架），如图 8 - 14 所示。实腹式受弯构件按材料与制作方法不同可分为型钢梁与组合梁。型钢梁通常采用热轧工字钢与槽钢，荷载与跨度较小时也可采用冷弯薄壁型钢，其加工简单、成本较低，但受到截面尺寸的限制，一般用于小型受弯构件 [图 8 - 14(a)、(b)、(c)]；组合梁由钢板、型钢用焊缝或铆钉或螺栓连接而成，其截面组织较灵活，可用于荷载与跨度较大、采用型钢梁不能满足受力要求的情况 [图 8 - 14(d)、(e)、(f)]。

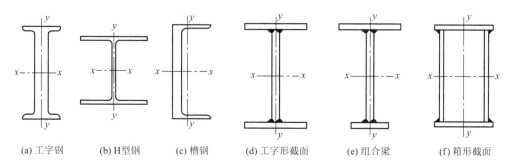

(a) 工字钢   (b) H型钢   (c) 槽钢   (d) 工字形截面   (e) 组合梁   (f) 箱形截面

图 8 - 14 受弯构件的截面形式

在工程中，受弯构件也可按照弯曲变形特点，分为仅在一个主平面内受弯的单向弯曲梁与在两个主平面内受弯的双向弯曲梁（也称斜弯曲梁，如屋面檩条与吊车梁等）。工程中大多数受弯构件是单向弯曲梁。

（1）受弯构件的强度计算。

① 受弯构件的强度可按下列公式计算：

$$\frac{M_x}{\gamma_x W_{nx}} + \frac{M_y}{\gamma_y W_{ny}} \leqslant f \qquad (8-9)$$

式中：M_x、M_y——绕 x 轴与 y 轴的弯矩设计值，对单向受弯，非弯曲方向的弯矩值为 0；

W_{nx}、W_{ny}——对 x 轴与 y 轴的净截面抵抗矩；

γ_x、γ_y——截面塑性发展系数，按表 8-5 取值（当受压翼缘的自由外伸宽度与其厚度比 $13\sqrt{235/f_y} \leqslant \frac{b}{t} \leqslant 15\sqrt{235/f_y}$ 时，取 $\gamma = 1.0$；对于需要疲劳计算的构件，宜取 $\gamma_x = \gamma_y = 1.0$）；

f_y——钢材的抗弯强度设计值。

表 8-5　常用截面形式的塑性发展系数

项次	截面形式	γ_x	γ_y
1			1.2
2		1.05	1.05
3		$\gamma_{x1}=1.05$ $\gamma_{x2}=1.2$	1.2
4			1.05
5		1.2	1.2
6		1.15	1.15
7		1.0	1.05
8			1.0

② 受弯构件的抗剪强度可按下列公式计算：

$$\tau = \frac{VS}{It_w} \leqslant f_v \qquad (8-10)$$

式中：V ——计算截面沿腹板平面作用的剪力设计值；

$\quad S$ ——计算剪应力处以上毛截面对中性轴的面积矩；

$\quad I$ ——毛截面惯性矩；

$\quad t_w$ ——腹板的厚度；

$\quad f_v$ ——钢材的抗剪强度设计值。

③ 受弯构件的局部压应力计算。

工程中，如果梁的翼缘需要承受较大的固定集中荷载（包括支座）而又未设支承加劲肋或受有移动的集中荷载（如起重机轮压）作用时，应计算腹板计算高度边缘的局部承压强度（图 8-15）。局部承压强度可按下式计算：

$$\sigma_c = \frac{\psi F}{t_w l_z} \leqslant f \qquad (8-11)$$

式中：F ——集中荷载，对动力荷载应乘以动力系数；

$\quad \psi$ ——集中荷载增大系数，对重级工作制起重机轮压，$\psi = 1.35$，对其他 $\psi = 1.0$；

$\quad l_z$ ——集中荷载在腹板计算高度处的假定分布长度（对跨中集中荷载，$l_z = a + 5h_y + 2h_R$；对梁端支座反力，$l_z = a + 2.5h_y + 2a_1$）；

$\quad a$ ——集中荷载沿跨度方向的支承长度，对起重机轮压，无资料时可取 50mm；

$\quad h_y$ ——自梁顶至腹板计算高度处的距离；

$\quad h_R$ ——轨道高度，梁顶无轨道时，取 $h_R = 0$；

$\quad a_1$ ——梁端至支座板外边缘的距离，取值不得大于 $2.5h_y$。

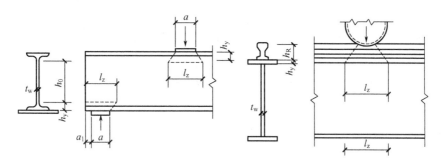

图 8-15　局部压应力

当计算不能满足时，对承受固定集中荷载处或支座处，可通过设置横向加劲肋予以加强，也可修改截面尺寸；但当承受移动集中荷载时，则只能修改截面尺寸。

④ 复杂应力作用下的强度计算。

在组合梁腹板的计算高度边缘处，如果同时承受较大的正应力、剪应力或局部压应力时，需按下式验算该处的折算应力：

$$\sqrt{\sigma^2 + \sigma_c^2 + \sigma\sigma_c + 3\tau} \leqslant \beta_1 f \qquad (8-12)$$

式中：σ、σ_c、τ——腹板计算高度处同一点的弯曲正应力、剪应力与局部压应力，$\sigma = (M_x/M_{nx}) \times \left(\dfrac{h_0}{h}\right)$，以拉应力为正，压应力为负；

$\quad\quad\quad\beta_1$——局部承压强度设计值增大系数（当 σ 与 σ_c 同号或 $\sigma_c = 0$ 时，$\beta_1 = 1.1$；当 σ 与 σ_c 异号时，$\beta_1 = 1.2$）。

（2）受弯构件的刚度计算。

为了不影响结构的正常使用，《钢结构设计规范》（GB 50017—2003）规定：在荷载标准值的作用下，受弯构件的刚度应满足下式要求：

$$\nu \leqslant [\nu] \tag{8-13}$$

式中：ν——由荷载标准值（不考虑动力系数）产生的最大挠度；

$\quad\quad[\nu]$——构件的容许挠度，按照表 8-6 取值。

表 8-6 受弯构件（梁）的容许挠度

项次	构 件 类 别	挠度容许值	
		$[\nu_T]$	$[\nu_Q]$
1	吊车梁与吊车桁架（按自重与起重量最大的一台吊车计算挠度）：		
	（1）手动吊车与单梁吊车（含悬挂吊车）	$l/500$	
	（2）轻级工作制桥式吊车	$l/800$	
	（3）中级工作制桥式吊车	$l/1000$	
	（4）重级工作制桥式吊车	$l/1200$	
2	手动或电动葫芦的轨道梁	$l/400$	
3	有重轨（重量不小于 38kg/m）轨道的工作平台梁	$l/600$	
	有轻轨（重量不大于 24kg/m）轨道的工作平台梁	$l/400$	
4	楼（屋）盖或桁架，工作平台梁（第 3 项除外）与平台板：		
	（1）主梁或桁架（包括设有悬挂起重设备的梁与桁架）	$l/400$	$l/500$
	（2）抹灰顶棚的次梁	$l/250$	$l/350$
	（3）除（1）、（2）款外的其他梁（包括楼梯梁）	$l/250$	$l/300$
	（4）屋盖檩条		
	支承无积灰的瓦楞铁与石棉瓦屋面者	$l/150$	
	支承压型金属板、有积灰的瓦楞铁与石棉瓦屋面者	$l/200$	
	支承其他屋面材料者	$l/200$	
	（5）平台板	$l/150$	

注：1. l 为受弯构件的跨度（对悬臂梁与伸臂梁为悬伸长度的 2 倍）。

2. $[\nu_T]$ 为永久荷载与可变荷载标准值产生的挠度（如有起拱应减去拱度）的容许值；$[\nu_Q]$ 为可变荷载标准值产生的挠度的容许值。

（3）受弯构件的稳定性计算。

现行《钢结构设计规范》（GB 50017—2003）规定，当符合下列情况之一时，梁的整体稳定可以得到保证，不必验算。

① 有铺板（各种钢筋混凝土板与钢板）密铺在梁的受压翼缘上并与其牢固连接，能阻止梁受压翼缘的侧向位移时。

② H 型钢或等截面工字形简支梁受压翼缘的自由长度 l_1 与其宽度 b_t 之比不超过表 8 - 7 所规定的数值时。

表 8 - 7　H 型钢或等截面工字形简支梁不需计算整体稳定性的最大 l_1/b_t 值

钢号	跨中无侧向支承点的梁		跨中受压翼缘有侧向支承点的梁，不论荷载作用于何处
	荷载作用在上翼缘	荷载作用在下翼缘	
Q235	13.0	20.0	16.0
Q345	10.5	16.5	13.0
Q390	10.0	15.5	12.5
Q420	9.5	15.0	12.0

注：其他型号的梁不需计算整体稳定性的最大 l_1/b_t 值，应取 Q235 钢的数值乘以 $\sqrt{235/f_y}$。

如果梁不满足上述条件，则应验算梁的整体稳定性。对于在最大刚度平面内的单向弯曲梁，其验算公式为：

$$\frac{M_x}{\varphi_b W_x} \leqslant f \qquad (8-14a)$$

对于在两个平面内受弯的工字形截面构件，可按照下式验算：

$$\frac{M_x}{\varphi_b W_x} + \frac{M_y}{\gamma_y W_y} \leqslant f \qquad (8-14b)$$

式中：λ_i——梁对弱轴的长细比，$\lambda_i = \dfrac{l_1}{i_y}$［其中，$l_1$ 为受压翼缘绕弱轴弯曲时侧向支承点间的距离（梁的支座处应视为有侧向支承），i_y 为梁截面对弱轴的回转半径］；

φ_b——梁的整体稳定系数。

对于工字形截面（含 H 型钢），当 $\lambda_y \leqslant 120\sqrt{235/f_y}$ 时，梁的整体稳定系数可按下式近似计算：

$$\varphi_b = 1.07 - \frac{\lambda_y^2}{44000} \cdot \frac{f_y}{235} \qquad (8-15)$$

若按式(8-15)计算所得到的值仍大于 1.0 时，则取 $\varphi_b = 1.0$。

（4）受弯构件的局部稳定性计算。

在考虑受弯构件整体稳定性时，还应考虑其受压翼缘与腹板的局部稳定性问题。对于型钢截面梁，腹板与翼缘的局部稳定已经得到保证，不必验算。对于组合截面的构件，其局部稳定可按下列要求验算。

受压翼缘的局部稳定应满足下式：

$$\frac{b}{t} \leqslant 13\sqrt{\frac{235}{f_y}} \qquad (8-16a)$$

当计算梁抗弯强度取 $\gamma_x = 1.0$ 时，$\dfrac{b}{t}$ 可放宽至 $15\sqrt{\dfrac{235}{f_y}}$。

箱形梁翼缘板在两腹板间的部分宽厚比应满足下式：

$$\frac{b_0}{t} \leqslant 40\sqrt{\frac{235}{f_y}} \tag{8-16b}$$

腹板的局部稳定，可以通过腹板高厚比与设置加劲肋的方法来控制。当腹板的高厚比 $\dfrac{h_0}{t_w} \leqslant 80\sqrt{\dfrac{235}{f_y}}$ 时可不进行验算，否则应按现行《钢结构设计规范》（GB 50017—2003）要求配置加劲肋，即当 $\dfrac{h_0}{t_w} > 80\sqrt{\dfrac{235}{f_y}}$ 时，应配置横向加劲肋；当 $\dfrac{h_0}{t_w} > 170\sqrt{\dfrac{235}{f_y}}$（受压翼缘扭转受到约束）或 $\dfrac{h_0}{t_w} > 150\sqrt{\dfrac{235}{f_y}}$（受压翼缘扭转未受到约束）时，或按照计算需要，在弯曲应力较大的受压区增加配置纵向加劲肋，局部压应力很大的梁，尚应在受压区设短加劲肋。但在任何情况下，腹板的高厚比 $\dfrac{h_0}{t_w}$ 均不应超过 250。

3）拉弯与压弯构件

（1）拉弯构件。

拉弯构件是指同时承受轴向拉力与弯矩的构件。在桁架中，承受节间荷载的杆件常存在拉弯构件。当拉力较大而弯矩较小时，拉弯构件采用的截面形式与轴心受拉构件的相同；当拉力较小而弯矩较大时，应采用在弯矩作用平面内截面高度较大的截面形式。

通常情况下，拉弯构件只进行强度与刚度的计算，但当拉力较小而弯矩很大时尚应按受弯构件的要求对拉弯构件进行整体稳定性与局部稳定性计算。

在主平面内承受弯矩作用，且承受静力荷载或间接承受动力荷载时，拉弯构件的强度可按下式进行计算：

$$\frac{N}{A_n} \pm \frac{M_x}{\gamma_x W_{nx}} \pm \frac{M_y}{\gamma_y W_{ny}} \leqslant f \tag{8-17a}$$

当弯矩作用在主平面内，且直接承受动力荷载时，构件的强度仍按式（8-17a）计算，但截面塑性发展系数 $\gamma_x = \gamma_y = 1.0$。

对于拉弯构件的刚度应按式（8-17b）计算。

$$\lambda \leqslant [\lambda] \tag{8-17b}$$

（2）压弯构件。

压弯构件是指同时承受轴向压力与弯矩的构件。在桁架中，承受节间荷载的杆件也常存在压弯构件。当压力较大而弯矩较小时，压弯构件采用的截面形式与轴心受压构件的相同；当压力较小而弯矩较大时，应采用在弯矩作用平面内截面高度较大的截面形式。

压弯构件也需要进行强度、刚度、整体稳定与局部稳定计算。其强度计算同拉弯构件一样；刚度计算与轴心受压构件相同，容许长细比也相同；其整体稳定也应进行弯矩作用平面内的稳定性计算与弯矩作用平面外的稳定性计算；压弯构件的局部稳定包括翼缘板的局部稳定与腹板的局部稳定。

翼缘板的局部稳定可按下式计算：

$$\frac{b}{t} \leqslant 15 \sqrt{\frac{235}{f_y}} \tag{8-18a}$$

式中：b——受压翼缘自由外伸宽度，对焊接结构取腹板边至翼缘板（肢）边缘的距离，对轧制构件取内圆弧起点至翼缘板（肢）边缘的距离；

t——受压翼缘厚度。

腹板的局部稳定（工字形截面）应符合下列要求。

当 $0 \leqslant a_0 \leqslant 1.6$ 时

$$\frac{h_0}{t} \leqslant (16a_0 + 0.5\lambda + 25) \sqrt{\frac{235}{f_y}} \tag{8-18b}$$

当 $1.6 < a_0 \leqslant 2.0$ 时

$$\frac{h_0}{t} \leqslant (48a_0 + 0.5\lambda - 26.2) \sqrt{\frac{235}{f_y}} \tag{8-18c}$$

式中：λ ——构件在弯矩作用平面内的长细比（当 $\lambda < 30$ 时，取 $\lambda = 30$；当 $\lambda > 100$ 时，取 $\lambda = 100$）；

a_0 ——应力系数，$a_0 = \dfrac{\sigma_{\max} - \sigma_{\min}}{\sigma_{\max}}$（其中，$\sigma_{\max}$ 为腹板计算高度边缘的最大压应力，计算时不考虑构件的稳定系数，$\sigma_{\min}$ 为腹板计算高度另一边缘相应的应力，压应力取正值，拉应力取负值）。

8.3 钢结构的连接

钢结构的连接包括两部分内容，一部分是钢构件的加工制作，另一部分是结构体系之间各构件的安装组合。前者可以在工厂或施工现场采用钢板、型钢等钢材，按照设计要求进行加工制作，完成结构所需的基本构件，如梁、柱、桁架等；后者一般在施工现场按照一定的程序与工程部位，将基本构件连接为一个结构体系，如厂房、桥梁、体育馆等。无论是基本钢构件自身的连接还是构件之间的连接，连接部位都应具备足够的刚度、强度与延性，以满足结构的传力与使用要求。

现代钢结构建筑中，钢结构的连接方法通常有焊缝连接、铆钉连接与螺栓连接三种形式（图 8-16）。铆钉连接需要在钢构件上开孔，用加热的铆钉进行铆合，也可以用常温的铆钉铆合但需要较大的铆合力，其连接稳定、传力可靠、韧性与塑性较好、质量易于检查，适用于承受动力荷载、荷载较大和跨度较大的结构，如桥梁结构。但是铆钉连接费工费料、噪声与劳动强度大，其已渐渐地被焊缝连接与螺栓连接所替代。另外，在薄壁钢结构中，也经常采用射钉与自攻螺钉连接。

这里主要介绍焊缝连接与螺栓连接两种形式，其他内容可以参看现行《钢结构设计规范》（GB 50017—2003）。

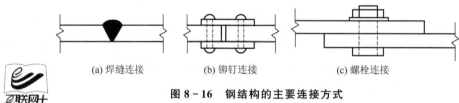

图 8-16　钢结构的主要连接方式

8.3.1　焊缝连接

1. 焊缝连接的类型

焊缝连接是通过加热将连接处的钢材熔化而融合在一起的连接方式。焊缝连接构造简单、省钢省工，而且能实现自动化操作，一般不需拼接材料。除少数直接承受动力荷载结构的某些连接不宜采用焊接外，其他以及任何形状的结构都可用焊缝接。焊接已经广泛用于工业与民用建筑钢结构，是现代钢结构最主要的连接方式。

焊缝连接的形式多样，通常从构件的相对位置、构造与施焊位置等进行分类。

（1）按构件连接的相对位置划分，焊缝连接有对接、搭接、T形连接、角接等形式（图 8-17）。

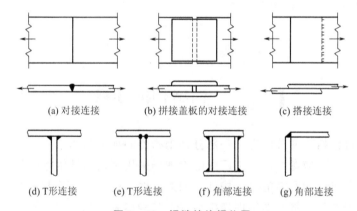

图 8-17　焊缝的施焊位置

（2）按构造划分，焊缝连接可分为对接焊缝与角焊缝两种形式。对接焊缝按其受力方向分为正对接焊缝与斜对接焊缝；角焊缝也可再分为正面角焊缝、斜焊缝与侧面角焊缝（图 8-18）。

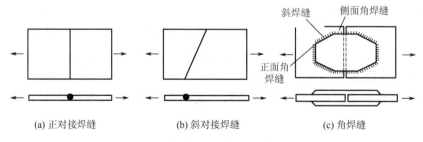

图 8-18　焊缝形式

（3）按施焊位置划分，焊缝可分为平焊、立焊、横焊与仰焊等形式(图 8-19)。

平焊的施焊工作方便，质量易于保证。立焊与横焊的质量及生产效率比平焊差一些。仰焊的操作条件最差，焊缝质量也不易保证。焊缝的施焊位置由连接构造决定，设计时应尽量采用便于平焊的焊接构造，避免采用仰焊焊缝。

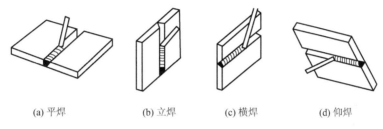

(a) 平焊　　　　(b) 立焊　　　(c) 横焊　　　(d) 仰焊

图 8-19　焊缝的施焊位置

2. 焊缝的常用代号

【标准规范】

由于焊缝的形式多样，便于工程施工图的绘制与识图，现行《焊缝符号表示法》（GB/T 324—2008）给予了相应的规定：每种焊缝形式可由其特定的焊缝代号表达，焊缝代号由引出线、图形符号与辅助符号三部分组成。引出线由箭头线与基准线（实线与虚线）组成。箭头指到图形上的相应焊缝处，基准线的上面与下面用来标注图形符号与焊缝尺寸。当引出线的箭头指向焊缝所在的一面时，应将图形符号与焊缝尺寸等标注的基准线在上面；当箭头指向对应焊缝所在的另一面时，则应将图形符号与焊缝尺寸标注在基准线的下面。必要时，可在基准线的末端加一尾部作为其他说明之用。图形符号表示焊缝的基本形式，如用△表示角焊缝，用∨表示 V 形坡口的对接焊缝等。辅助符号表示焊缝的辅助要求，如用▶表示现场安装焊缝等。一些常用焊缝代号见表 8-8。

表 8-8　部分焊缝代号

焊缝类型	角　焊　缝				对接焊缝	塞焊缝	三面焊缝
	单面焊	双面焊	安装焊缝	相同焊缝			
形式							
标注方法							

如果焊缝分布比较复杂或用上述标注方法不能表达清楚，可在标注焊缝代号的同时，再于图形上加上栅线表示（图 8-20）。

(a) 正面焊缝　　　　　　(b) 背面焊缝　　　　　　(c) 安装焊缝

图 8 - 20　用栅线表示焊缝

3. 焊缝的构造要求

1) 对接焊缝的构造要求

对接焊缝的坡口形式 I 形、单边 V 形、V 形、U 形、K 形与 X 形等，如图 8 - 21 所示（图中 c 为焊缝厚度，p 为焊缝长度）。其坡口形式与焊件厚度有关。当焊件厚度很小（手工焊为 6mm，埋弧焊为 10mm）时，可用直边缝。对于一般厚度的焊件可采用具有斜坡口的单边 V 形或 V 形焊缝。对于较厚的焊件（$t > 20mm$），则采用 U 形、K 形与 X 形坡口。对于 V 形缝与 U 形缝需对焊缝根部进行补焊。

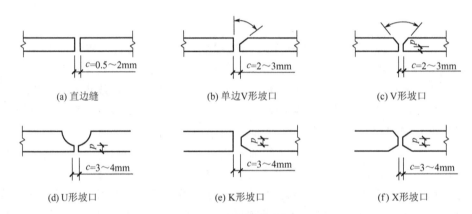

(a) 直边缝　　　　　　　(b) 单边V形坡口　　　　　　(c) V形坡口

(d) U形坡口　　　　　　(e) K形坡口　　　　　　(f) X形坡口

图 8 - 21　对接焊缝坡口形式

对接焊缝的拼接处，当焊件的宽度不同或厚度相差 4mm 以上时，应分别在宽度方向或厚度方向从一侧或两侧做成坡度不大于 1：2.5 的斜坡图，以使截面过渡放缓，减少应力集中（图 8 - 22）。

焊缝的起灭弧处，要设置引弧板与引出板，焊后再将它割除。对受静力荷载的结构设置引弧（出）板有困难时，允许不设引弧（出）板，但焊缝计算长度 l_w 等于实际长度减 $2t$（t 为较薄焊件厚度）（图 8 - 23）。

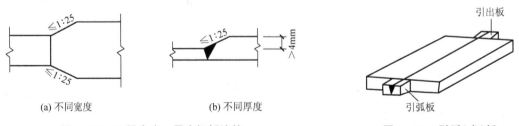

(a) 不同宽度　　　　　　(b) 不同厚度　　　　　　引出板　引弧板

图 8 - 22　不同宽度、厚度钢板连接　　　　　　**图 8 - 23　引弧(出)板**

2) 角焊缝的构造要求

角焊缝是最常见的焊缝，焊接时不需加工坡口，施焊比较方便，但相对于对接焊缝，其传力线曲折，有明显的应力集现象。角焊缝的剖面形式有直角形（图 8‑24）与斜角形（图 8‑25），直角形有凸形角、平形角与凹形角等几种。一般情况下采用凸形焊缝，但在端焊缝中它会使传力线弯折，应力集中严重，因此，在直接承受动力荷载的结构中的端焊缝宜用平形（长边顺内力方向），也可采用凹形。

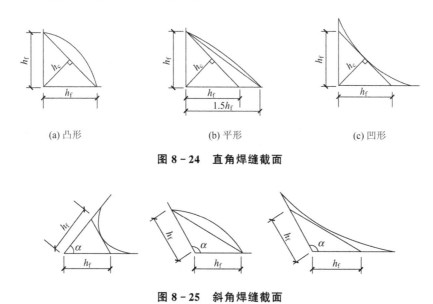

(a) 凸形　　　　　　　　(b) 平形　　　　　　　　(c) 凹形

图 8‑24　直角焊缝截面

图 8‑25　斜角焊缝截面

角焊缝的主要尺寸是焊脚尺寸 h_f 与焊缝计算长度 l_w，考虑起弧与灭弧的影响，取 $l_w = 2h_f$。

角焊缝的焊脚尺寸 h_f，应与焊件的厚度相适应，不宜过大或过小。焊脚尺寸过小，难以保证焊缝的最小承载能力与防止焊缝因冷却过快而产生的裂纹；焊脚尺寸 h_f 太大，难以避免焊缝冷却收缩而产生的较大的焊接变形，且热影响区扩大，容易产生脆裂，较薄焊件易烧穿。因此，《钢结构设计规范》（GB 50017—2003）规定了角焊缝的最小与最大焊脚尺寸。

（1）角焊缝的最大焊脚尺寸。对于焊条电弧焊，$h_f \geqslant 1.5\sqrt{t}$（$t$ 为较厚焊件厚度）；对于埋弧自动焊，$h_f \geqslant 1.5\sqrt{t}-1$；对于 T 形连接的单面角焊缝，$h_f \geqslant 1.5\sqrt{t}-1$；当焊件厚度不大于 4mm 时，$h_f$ 取焊件的厚度值。

（2）角焊缝的最大焊脚尺寸。T 形连接角焊缝，$h_f \leqslant 1.2t$（t 为较薄焊件厚度）；在板边缘的角焊缝，当板厚 $t \leqslant 6$mm 时，$h_f \leqslant t$；当板厚 $t > 6$mm 时，$h_f \leqslant t-(1\sim2)$mm。

同样，角焊缝的长度 l_w 不宜过小也不宜过大。长度过小会使杆件局部加热严重，且起弧与弧坑相距太近，加上一些可能产生的缺陷，使焊缝不够可靠；长度过大，侧面角焊缝的应力沿长度分布不均匀，焊缝越长其差别也越大，太长时焊缝两端应力可能已经达到极限强度而破坏，此时焊缝中部还未充分发挥其承载力。这种应力分布的不均匀性，对承受动力荷载的结构尤其不利。所以，侧面角焊缝与正面角焊缝的计算长度 $l_w \geqslant 8h_f$ 或 40mm，且侧面角焊缝 $l_w \leqslant 60h_f$。但是，若内力沿侧面角焊缝全长分布时，l_w 不受此限制。

3）焊缝的强度设计值

焊缝的强度设计值可按表 8‑9 取用。《钢结构工程施工质量验收规范》（GB 50205—

2001）规定，焊缝依其质量检查标准分为三级。三级焊缝只要求检查焊缝实际尺寸是否符合设计要求以及有无看得见的裂纹、咬边等缺陷。对有较大拉应力的对接焊缝以及直接承受动力荷载的较重要的对接焊缝，宜采用二级焊缝；对抵抗动力与疲劳性能有较高要求的部位可采用一级焊缝。对一级或二级焊缝，在外观检查的基础上应再做无损检验。钢结构一般采用三级焊缝。

表 8-9　焊缝的强度设计值　　　　　　　　　　　单位：N/mm²

焊接方法与焊条型号	构件钢材			对接焊缝			角焊缝
	牌号	厚度或直径/mm	抗压 f_c^w	焊缝质量为下列等级时，抗拉 f_t^w		抗剪 f_v^w	抗拉、抗压与抗剪 f_f^w
				一级、二级	三级		
自动焊、半自动焊与 E43 型焊条的手工焊	Q235 钢	≤16	215	215	185	125	160
		>16～40	205	205	175	120	
		>40～60	200	200	170	115	
		>60～100	190	190	160	110	
	Q345 钢	≤16	310	310	265	180	200
		>16～35	295	295	250	170	
		>35～50	265	265	225	155	
		>50～100	250	250	210	145	
自动焊、半自动焊与 E55 型焊条的手工焊	Q390 钢	≤16	350	350	300	205	220
		>16～35	325	325	285	190	
		>35～50	315	315	270	180	
		>50～100	295	295	250	170	
	Q420 钢	≤16	280	280	320	220	220
		>16～35	360	360	305	210	
		>35～50	340	340	290	195	
		>50～100	325	325	275	185	

注：1. 自动焊与半自动焊所采用的焊丝与焊剂，应保证其熔敷金属的力学性能不低于《埋弧焊用碳钢焊丝和焊剂》（GB/T 5293—1999）与《低合金钢埋弧焊用焊剂》（GB/T 12470—2003）中相关的规定。

【标准规范】

2. 焊缝质量等级应符合《钢结构工程施工质量验收规范》（GB 50205—2001）的规定。其中厚度小于 8mm 钢材的对接焊缝，不应采用超声波探伤确定焊缝质量等级。

3. 对接焊缝在受压区的抗弯强度设计值取 f_c^w，在受拉区的抗弯强度设计值取 f_t^w。

4. 表中厚度是指计算点的钢材厚度，对轴心受拉与轴心受压构件是指截面中较厚板件的厚度。

5. 对无垫板的单面施焊对接焊缝的连接计算，上表规定的强度设计值应乘以折减系数 0.85。

4. 焊缝的计算

1) 轴心受力的对接焊缝的强度计算

轴心受力的对接焊缝（图 8-26）的强度计算公式如下：

$$\sigma = \frac{N}{l_w t} \leqslant f_t^w \text{ 或 } f_c^w \tag{8-19}$$

式中：N——轴心拉力或压力；

l_w——焊缝的计算长度，当未采用引弧板时，取实际长度减 $2t$；

t——对接焊缝中焊件的较小厚度，在 T 形接头中为腹板厚度；

f_t^w、f_c^w——对接焊缝的抗拉、抗压强度设计值，见表 8-9。

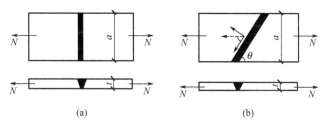

图 8-26 轴心力作用下对接焊缝连接

若承受轴心力的钢板用斜焊缝对接，焊缝与作用力间的夹角 θ 符合 $\tan\theta \leqslant 1.5$ 时，其强度可不计算。

在对接接头与 T 形接头中，承受弯矩、剪力共同作用的对接焊缝或对接与角接组合焊缝中，其正应力与剪应力应分别进行计算。但在同时受有较大正应力与剪应力处，应按式(8-20)计算折算应力。

$$\sqrt{\sigma^2 + 3\tau^2} \leqslant 1.1 f_t^w \tag{8-20}$$

2) 直角角焊缝的强度计算

角焊缝以传递剪力为主，根据不同的受力形式，按照作用力与焊缝长度方向间的关系，采用不同的公式进行强度计算。

(1) 在通过焊缝形心的拉力、压力或剪力作用下，正面角焊缝（作用力垂直于焊缝长度方向）的计算公式为：

$$\sigma_f = \frac{N}{l_w h_c} \leqslant \beta_f f_f^w \tag{8-21}$$

式中：σ_f——按焊缝有效截面（$l_w h_c$）计算，垂直于焊缝长度方向的应力；

N——轴心拉力或压力；

h_c——角焊缝的计算厚度，直角角焊缝等于 $0.7 h_f$（h_f 为焊脚尺寸）；

l_w——角焊缝的计算长度，每条焊缝取其实际长度减去 $2h_f$；

f_f^w——角焊缝强度设计值；

β_f——正面角焊缝的强度设计值增大系数（对承受静力荷载与间接承受动力荷载的结构，$\beta_f = 1.22$；对直接承受动力荷载的结构，$\beta_f = 1.0$）。

(2) 侧面角焊缝（作用力平行于焊缝长度方向）的计算公式为：

$$\tau_f = \frac{N}{l_w h_c} \leqslant f_f^w \tag{8-22}$$

式中：τ_f——按焊缝有效截面计算的沿焊缝长度方向的剪应力；

其他符号含义同前。

（3）在各种应力综合作用，σ_f 与 τ_f 共同作用处角焊缝的计算公式：

$$\sqrt{\left(\frac{\sigma_f}{\beta_f}\right)^2 + \tau^2} \leqslant f_f^w \tag{8-23}$$

8.3.2 螺栓连接

1. 螺栓连接的类型

螺栓连接分普通螺栓连接与高强度螺栓连接（图 8-27）。

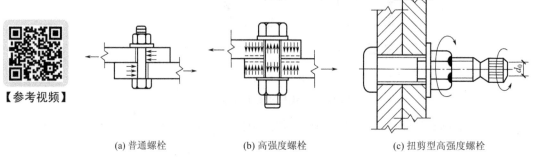

（a）普通螺栓　　　　　　（b）高强度螺栓　　　　　　（c）扭剪型高强度螺栓

图 8-27　螺栓连接

普通螺栓分 A、B、C 三级，A 级与 B 级为精制螺栓，C 级为粗制螺栓。C 级螺栓材料性能等级为 4.6 级与 4.8 级，A 级与 B 级的材料性能等级为 5.6 级与 8.8 级。其中，数字的个位代表抗拉强度 $100N/mm^2$ 的倍数，小数代表屈服强度与抗压强度的比值。例如 8.8 级螺栓，表示其抗拉强度不小于 $800N/mm^2$，屈强比为 0.8。

C 级螺栓装卸便利，不需特殊设备，但螺杆与钢板孔壁不够紧密，螺栓不宜受剪；A、B 级螺栓的栓杆与栓孔的加工都有严格要求，受力性能较 C 级螺栓好，但要求高，制作与安装复杂，费用较高，目前已很少采用。C 级螺栓一般用于沿螺栓杆轴心受拉的连接中，以及次要结构的抗剪连接或安装时的临时固定。

高强度螺栓有 8.8 与 10.9 两级，主要采用 45 号钢、40B 钢、20MnTiB 钢等材质。高强度螺栓按照传力特点分为摩擦型与承压型两类。摩擦型高强度螺栓连接依靠被连接件间的摩擦阻力传力，剪力等于摩擦力时，即为设计极限荷载。承压型高强度螺栓连接的传力特征是剪力超过摩擦力时，构件间发生相互滑动，螺栓杆身与孔壁接触，由摩擦力与杆身的剪切、承压共同传力。当构件间产生较大的塑性变形或接近破坏时，荷载主要由杆身承担。承压型高强度螺栓连接的承载力比摩擦型要高得多，但变形较大，不适用于承受动力荷载的连接。摩擦型高强度螺栓孔径比螺栓公称直径大 1.5~2.0mm，承压型高强度螺栓相应大 1.0~1.5mm。

高强度螺栓的形状、连接构造与普通螺栓基本相同。两者的主要区别是：普通螺栓连接依靠杆身承压与抗剪来传递剪力 [图 8-27(a)]，而高强度螺栓连接是首先给螺栓施加很大的预拉力（通过扭紧螺母实现），使被连接件接触面之间产生挤压力，在垂直于螺杆方向有很大摩擦力，依靠这种摩擦力来传递连接剪力 [图 8-27(b)]。

与焊缝连接相比，螺栓连接的优点是安装方便，特别适用于工地安装连接，也便于拆卸，适用于需要装拆结构的连接与临时性连接。螺栓连接的缺点是需要在板件上开孔，并在拼装时对孔，增加了制造工作量，此外，螺栓孔还会使构件截面削弱，且被连接的板件需要相互搭接或另加角钢或拼接板等连接件，造成钢材的浪费。

2. 常用螺栓及孔洞图例

在钢结构施工图上，需要将螺栓及其孔眼的施工要求用图形表示清楚，以免引起混淆。螺栓及其孔眼图例见表 8-10。

表 8-10　螺栓及其孔眼图例

名称	永久螺栓	高强度螺栓	安装螺栓	圆形螺栓孔	长圆形螺栓孔
图例	◇	◆	◈	⊕ ϕ	▬ ϕ b

3. 螺栓连接的构造要求

1）螺栓布列间距不宜过大或过小

螺栓在构件上的排列通常有并列与错列两种形式，在布列时，各螺栓之间的距离应当适宜。若螺栓间距过小，会使螺栓周围应力相互影响，也会使构件截面削弱过多，降低承载力，不便于施工安装操作；若间距过大，则会使连接件间不能紧密贴合，在受压时容易发生鼓曲现象，且一旦潮气侵入缝隙，还会使钢材生锈。

螺栓布置的最大、最小容许间距应符合表 8-11 的要求。除此之外，还应满足下列构造要求。

表 8-11　螺栓的最大、最小容许间距

名称	位置与方向			最大容许距离 （取两者的较小值）	最小容许距离
中心间距	外排（垂直内力方向或顺内力方向）			$8d_0$ 或 $12t$	3d_0
	中间排	垂直内力方向		$16d_0$ 或 $24t$	
		顺内力方向	构件受压力	$12d_0$ 或 $18t$	
			构件受拉力	$16d_0$ 或 $24t$	
	沿对角线方向			—	
中心至构件边缘距离	顺内力方向			4d_0 或 $8t$	$2d_0$
	垂直内力方向	剪切边或手工气割			1.5d_0
		轧制边、自动气割或锯割边	高强度螺栓		
			其他螺栓或铆钉		1.2d_0

注：1. d_0 为螺栓或铆钉的孔径，t 为外层较薄板件的厚度。

2. 钢板边缘与钢构件（如角钢、槽钢等）相连的螺栓或铆钉的最大间距，可以按照中间排的数值采用。

（1）每一杆件在节点上以及拼接接头的一端，永久性的螺栓数不宜少于两个。对于组合构件的缀条，其端部连接可采用一个螺栓。

（2）C级螺栓宜用于沿其杆轴方向受拉的连接，但是在承受静力荷载或间接承受动力荷载的结构中的次要连接，在承受静力荷载的可拆卸结构的连接，以及临时固定构件用的安装连接，也可采用C级螺栓受剪。

（3）对于直接承受动力荷载的普通螺栓受拉连接应采用双螺母或其他防止螺母松动的有效措施。如采用弹簧垫圈，或将螺母与螺杆焊死等方法。

2）螺栓连接的强度设计值

螺栓连接的强度设计值，可以按照表8-12的值采用。

表 8-12　螺栓连接的强度设计值

螺栓的性能等级、锚栓与构件钢材的牌号		普通螺栓						锚栓	承压型连接高强螺栓		
		C级螺栓			A级、B级螺栓						
		抗拉 f_t^b	抗剪 f_v^b	承压 f_c^b	抗拉 f_t^b	抗剪 f_v^b	承压 f_c^b	抗拉 f_t^a	抗拉 f_t^b	抗剪 f_v^b	承压 f_c^b
普通螺栓	4.6级、4.8级	170	140								
	5.6级				210	190					
	8.8级				400	320					
锚栓	Q235钢							140			
	Q345钢							180			
承压型连接高强螺栓	8.8级								400	250	
	10.9级								500	310	
构件	Q235钢			305			405				470
	Q345钢			385			510				590
	Q390钢			400			530				615
	Q420钢			425			560				655

4. 普通螺栓连接的计算

1）抗剪承载力计算

试验研究表明，抗剪螺栓连接可能的破坏形式有螺栓杆剪断、孔壁压坏、钢板被拉断、板端被剪断与螺栓杆弯曲（图8-28）。板端被剪断、螺栓杆弯曲可以通过构造要求来保证，即通过限制端距 $e \geqslant 2d_0$（d_0 为螺栓孔径）来避免板端被剪断，通过限制板叠厚度不大 $5d$（d 为螺栓杆直径）来避免螺栓杆弯曲。螺栓杆剪断、孔壁压坏、钢板被拉断需要通过计算来保证连接的安全，钢板被拉断属于构件的强度计算。因此，抗剪螺栓连接的计算只考虑螺栓杆剪断、孔壁压坏两种破坏形式。

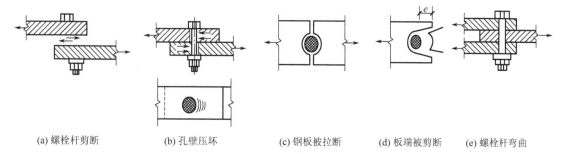

(a) 螺栓杆剪断　　　(b) 孔壁压坏　　　(c) 钢板被拉断　　　(d) 板端被剪断　　(e) 螺栓杆弯曲

图 8 - 28　抗剪螺栓的破坏形式

在普通螺栓抗剪连接中，每个普通螺栓的承载力设计值 N_{min} 应取受剪与承压承载力设计值中的较小者，其计算公式如下。

抗剪承载力设计值：

$$N_v^b = n_v \frac{\pi d^2}{4} f_v^b \qquad (8-24a)$$

承压承载力设计值：

$$N_c^b = d \sum t \cdot f_c^b \qquad (8-24b)$$

式中：n_v ——受剪面数目，单剪 $n_v = 1$，双剪 $n_v = 2$；

$\quad d$ ——螺栓杆直径；

$\quad \sum t$ ——在不同受力方向中一个受力方向承压构件总厚度的较小值；

$\quad f_v^b$、f_c^b ——分别为螺栓抗剪与承压强度设计值；

$\quad N_v^b$、N_c^b ——分别为一个普通螺栓的受剪、承压承载力设计值。

2）抗拉承载力计算

在普通螺栓杆轴方向受拉的连接中，单个普通螺栓的承载力设计值为：

$$N_t^b = \frac{\pi d_c^2}{4} f_t^b \qquad (8-25a)$$

式中：d_c ——螺栓在螺纹处的有效直径，可按表 8 - 13 采用；

$\quad N_t^b$ ——一个普通螺栓的受拉承载力设计值。

表 8 - 13　螺栓螺纹处有效截面面积

公称直径/mm	12	16	18	20	22	24	27	30
$\frac{\pi d_c^2}{4}$/mm²	84	157	192	245	303	363	459	561

3）同时承受剪力与杆轴方向拉力时的普通螺栓计算

该种状态下普通螺栓的剪拉承载力可按照下式计算：

$$\sqrt{\left(\frac{N_v}{N_v^b}\right)^2 + \left(\frac{N_t}{N_t^b}\right)^2} \leqslant 1 \qquad (8-25b)$$

$$N_v \leqslant N_c^b \qquad (8-25c)$$

式中：N_v、N_t ——分别为某个普通螺栓所承受的剪力与拉力。

4）螺栓群在弯矩作用下的计算

在弯矩作用下的螺栓群（图 8 - 29），其剪力一般通过螺栓连接件下的承托板来传递；

弯矩通过螺栓群承受,此时中和轴在最下排螺栓处,螺栓 N_i 的拉力应符合下式的计算要求(最上排螺栓的受力最不利):

$$N_i = \frac{My_i}{m \sum y_i^2} \leqslant N_t^b \tag{8-26}$$

式中:m —— 螺栓排列的纵向列数;

$\quad\quad y_i$ —— 各螺栓到螺栓群中和轴的距离。

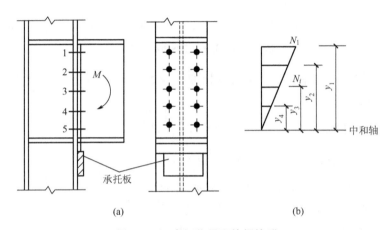

(a)　　　　　　　　　　　　　(b)

图 8-29　弯矩作用下的螺栓群

此外,螺栓群偏心受剪、螺栓群偏心受拉(包括小偏心受拉、大偏心受拉)、螺栓群受剪力与拉力的共同作用,以及高强度螺栓抗剪连接的具体计算,参看现行《钢结构设计规范》(GB 50017—2003)的规定。

8.3.3　钢结构构件的连接构造

钢结构构件间的连接,按传力与变形情况可分为铰接、刚接与介于二者之间的半刚接三种基本类型。半刚接在设计中采用较少,这里仅介绍铰接与刚接的构造要求。

1. 主梁与次梁的连接

一般情况下,次梁与主梁的连接方式主要有铰接与刚接两种,通常采用铰接,但对于连续梁与多高层框架梁,一般运用刚接的形式进行计算。

1)次梁与主梁的铰接

次梁与主梁铰接从构造上可分为两类:一类是叠接,即将次梁直接放在主梁上,并用焊缝或螺栓连接[图 8-30(a)];另一类是主梁与次梁的侧向连接[图 8-30(b)]。

由于侧向连接可以减小梁格的结构高度,并增加梁格刚度,实际工程中应用较多。

2)次梁与主梁的刚接

次梁与主梁的刚接,是指将相邻次梁连接成支承于主梁上的连续梁。为了承受次梁端部的弯矩,在次梁上翼缘处设置连接盖板,盖板与次梁上翼缘用焊缝连接,次梁下翼缘与支托顶板处也采用焊缝连接(图 8-31)。

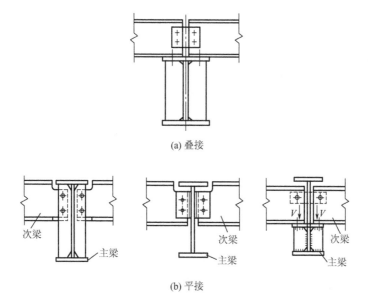

(a) 叠接

(b) 平接

图 8-30 次梁与主梁的铰接

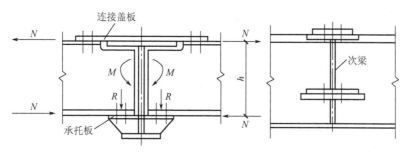

图 8-31 次梁与主梁的刚接

2. 梁与柱的连接

梁与柱的连接也有两种形式，即铰接与刚接。

1) 梁与柱的铰接

梁与柱铰接的两种构造形式是：一种是将梁直接放在柱顶上（图 8-32）；另一种是将梁与柱的侧向连接（图 8-33）。

如图 8-32 所示为梁支承于柱顶的铰接构造，梁的反力通过柱的顶板传给柱，顶板一般取 16～20mm 厚，与柱焊接；梁与顶板用普通螺栓连接。在图 8-32(a) 中，梁支承于加劲肋对准柱的翼缘，相邻梁之间留 10～20mm 的空隙，以便安装时有调节余地；最后用夹板与构造螺栓相连。这种连接形式传力明确、构造简单，但当两相邻梁反力不等时会引起柱的偏心。

在图 8-32(b)、(c) 中，梁的反力通过突缘加劲肋作用于柱轴线附近，使两相邻梁反力不等，柱仍接近轴心受压。突缘加劲肋底部应刨平顶紧于柱顶板，在柱顶板下应设置加劲肋，相邻梁间应留 10～20mm 的空隙，以便于安装时调节，最后嵌入合适的垫板并用螺栓相连。

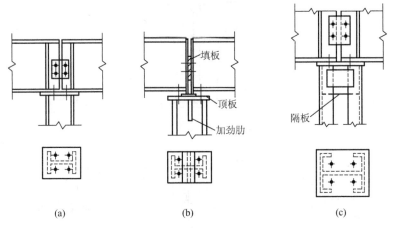

图 8-32　梁置于柱顶（铰接）

如图 8-33 所示为梁与柱侧向连接，常用于多层框架中。图 8-33（a）适用于梁反力较小的情况，梁直接放置在柱的牛腿上，用普通螺栓相连，梁与柱侧间留有空隙，用角钢与构造螺栓相连。图 8-33（b）的做法适用于梁反力较大的情况，梁的反力由端加劲肋传给支托，支托采用板或加劲后的角钢与柱侧用焊缝相连，梁与柱侧仍留有空隙，安装后用垫板与螺栓相连。

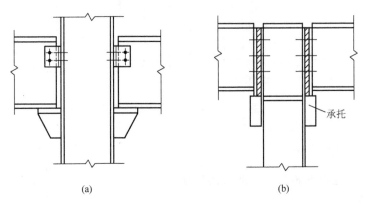

图 8-33　梁与柱侧向连接（铰接）

2）梁与柱的刚接

刚接的构造要求是不仅传递反力而且能有效地传递弯矩。如图 8-34 所示为梁与柱刚接的一种构造形式，梁端弯矩由焊于柱翼缘的上下水平连接板传递，梁端剪力由连接于梁腹板的垂直肋板传递。为保证柱腹板不至于压坏或局部失稳，防止柱翼缘板受拉发生局部弯曲，通常都在柱上设置水平加劲肋。

3. 柱脚

柱脚的作用是把柱下端固定并将其内力传给基础。由于混凝土的强度远低于钢材的强度，所以必须将柱的底部放大，以增加其与基础顶部的接触面积。

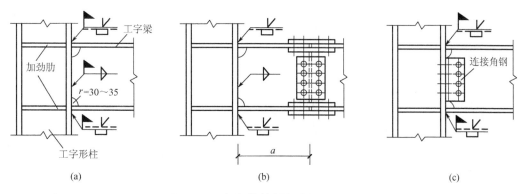

图 8-34　梁与柱的侧向连接（刚接）

1) 铰接柱脚

铰接柱脚的主要作用是传递轴心压力，因此，一般轴心受压柱脚都做成铰接。当柱轴压力较小时，柱通过焊缝将压力传给底板，由底板再传给基础 [图 8-35(a)]。当柱轴压力较大时，为增加底板的刚度又不使底板太厚，以及减小柱端与底板间连接焊缝的长度，通常采用如图 8-35(b)、(c)、(d) 的构造形式，在柱端与底板间增设一些中间传力零件，如靴梁、隔板与肋板等。如图 8-35(b) 所示为加肋板的柱脚，此时底板宜做成正方形；如图 8-35(c) 所示为加隔板的柱脚，底板常做成长方形。如图 8-35(d) 所示为格构式轴心受压柱的柱脚。柱脚通常采用埋设于基础的锚栓来固定。铰接柱脚一般沿轴线设置 2～4 个紧固于底板上的锚栓，锚栓直径为 20～30mm，底板孔径应比锚栓直径大 1～1.5 倍，待柱就位并调整到设计位置后，再用垫板套住锚栓并与底板焊牢。

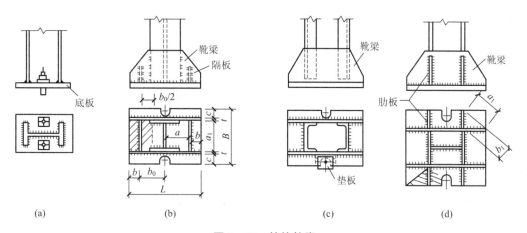

图 8-35　铰接柱脚

2) 刚接柱脚

刚接柱脚一般多用于框架柱（压弯柱）。刚接柱脚的特点是既能传递轴力、剪力，又能传递弯矩。剪力主要由底板与基础顶面间的摩擦传递。在弯矩作用下，若底板范围内产生拉力，则由锚栓承受，故锚栓须经过计算确定。锚栓不宜固定在底板上，而应采用如图 8-36 所示的构造，在靴梁两侧焊接两块间距较小的肋板，锚栓固定在肋板上面的水平板上。为方便安装，锚栓不宜穿过底板。

如图 8-36(a) 所示为整体式柱脚，用于实腹柱与肢件间距较小的格构柱。当肢件间距较大时，为节省钢材，可采用分离式柱脚 [图 8-36(b)]。

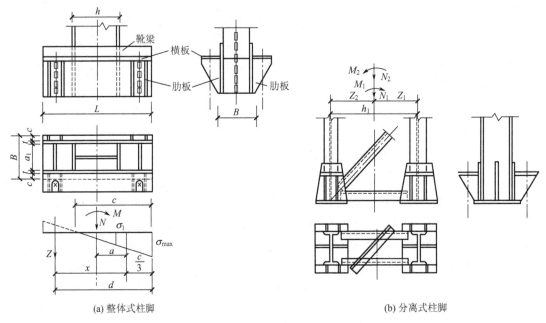

(a) 整体式柱脚　　　　　　　　　　　　　(b) 分离式柱脚

图 8-36　刚接柱脚

另外，还有一种插入式柱脚形式，其是直接将钢柱插入混凝土杯口基础内，用二次浇筑混凝土的方法将其固定。这种方式已在工程中应用，效果较好。

8.4 钢结构的防腐与防火

钢结构的涂装包括防腐涂装与防火涂装。

1. 防腐涂装

钢结构在常温大气环境中使用，钢材受大气中水分、氧气与其他污染物的作用而被腐蚀。大气的相对湿度与污染物的含量是影响钢材腐蚀程度的重要因素。常温下，当相对湿度达到 60% 甚至 70% 以上时，钢材的腐蚀会明显加快。根据钢铁腐蚀的电化学原理，为防止电解质溶液在金属表面沉降与凝结，防止各种腐蚀性介质的污染等，通常在钢结构表面涂刷防腐涂料形成防护层。

防腐涂料一般由不挥发组分与挥发组分（稀释剂）两部分组成。涂刷在钢结构表面后，挥发组分逐渐挥发，留下不挥发组分干结成膜。涂料产品中，不同类别的品种，各有其特定的优缺点。在涂装设计时，必须根据不同的品种，合理地选择适当的涂料品种。

在涂装前必须对钢材表面进行处理，除去油脂、灰尘与化学药品等污染物并进行除锈。清除污染物可采用的方法包括：有机溶剂清洗法、化学除油法、电化学除油法、乳化除油法与超声波除油法等。清除铁锈可采用的方法包括：手工除锈法、动力工具除锈法、喷射或抛射除锈法与酸洗除锈法等。

2. 防火涂装

未加防火保护的钢结构在火灾温度的作用下，只需十几分钟，自身温度就可达540℃，这时钢材的机械力学性能会迅速下阵，达到600℃时，其强度几乎为零。未加防火保护的钢结构构件的耐火极限为 0.25h，无法满足《建筑设计防火规范》【标准规范】（GB 50016—2006）、《高层民用建筑设计防火规范》（GB 50045—2014）与《石油化工企业设计防火规范》（GB50160—2008）等的耐火极限要求，因此必须对钢结构进行防火保护。防火保护的方法为喷涂防火涂料。

防火涂料的防火原理为：①涂层对钢材起屏蔽作用，隔离火焰，使钢构件不至于直接暴露在火焰或高温中；②涂层吸热后，部分物质分解出水蒸气或其他不燃气体，起到消耗热量、降低火焰温度与燃烧速度、稀释氧气的作用；③涂层本身多孔轻质或受热膨胀后形成碳化泡沫层，热导率均在 0.233W/(m·K) 以下，阻止热量迅速向钢材传递，推迟钢材受热温升到极限温度的时间。

钢结构防火涂料按所用黏结剂的不同分为有机与无机两大类。按涂层厚度分为薄涂型与厚涂型。

防火涂料必须根据有关规范对钢结构耐火极限的要求，并根据标准耐火试验数据设计规定的涂层厚度。

习　题

1. 建筑工程上钢材的种类主要包括哪些？QI32a 代表什么？
2. 钢材的 Z 向性能是指什么？其评价指标是什么？
3. 单面连接单角钢按轴心受力计算强度和连接时，如何确定其强度设计值？
4. 钢结构的连接方法有哪些？
5. 对接焊缝和角焊缝按受力方向可分为哪几种形式？焊缝按其施焊位置可分为哪几类？
6. 普通螺栓和高强度螺栓的主要区别是什么？摩擦型高强度螺栓的抗剪承载力是怎样确定的？
7. 次梁与主梁的连接构造形式有哪些？梁与柱的连接构造形式有哪些？
8. 柱与基础的连接构造形式有哪些？
9. 简述钢结构防腐与防火的基本措施。

第 **9** 章

地基与基础设计

 引例

地基沉降引起的思考

俗话说：万丈高楼平地起。地基基础的质量状况直接关系到整个建筑物的安危。地基沉降是造成工程事故、影响建筑物正常使用的主要原因，地基土的质量也是引发工程事故的因素之一。例如，加拿大的特朗斯康谷仓，由于地基强度破坏发生整体滑动，就是建筑物因基础破坏而导致工程事故的典型例子。这样，在进行地基与基础设计时就需要了解如下问题：

（1）地基沉降对建筑物的影响有哪些？

（2）产生地基沉降的原因是什么？

（3）特殊土地基产生的工程事故及其原因是什么？

工程结构中，基础是上部结构与地基的连接部位（图 9 - 1）。基础设计内容包括地基计算与基础设计两部分，因此，基础设计通常又称之为地基基础设计。

《高层建筑混凝土结构技术规程》（JGJ 3—2010）涉及地基与基础设计的内容，但仅对高层建筑的基础设计给出了一般规定，可供参考；《建筑地基基础设计规范》（GB 50007—2011）详细地介绍了地基与基础设计的方法与构造要求，包括基本规定、地基计算、各类基础设计、基坑工程设计、检验与监测方法等，并明确规定，地基基础的设计使用年限不应小于建筑结构的设计使用年限。

本章以《建筑地基基础设计规范》（GB 50007—2011）为主要依据，介绍常见的几种基础设计方法。

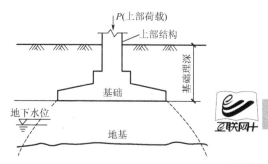

图 9 - 1　主体、地基与基础的关系示意图

【标准规范】

9.1　地基基础设计的基本规定

1. 建筑结构地基基础设计的等级划分

根据地基复杂程度、建筑物规模与功能特征，以及由于地基问题可能造成的建筑物破坏或影响正常使用的程度，《建筑地基基础设计规范》（GB 50007—2011）将地基基础设计分为三个等级，设计时应根据具体情况，按表 9 - 1 选用。

表 9 - 1　地基基础设计等级

设计等级	建筑与地基类型
甲级	重要的工业与民用建筑物； 30 层以上的高层建筑； 体型复杂，层数相差超过 10 层的高低层连成一体的建筑物； 大面积的多层地下建筑物（如地下车库、商场、运动场等）； 对地基变形有特殊要求的建筑物； 复杂地质条件下的坡上建筑物（包括高边坡）； 对原有工程影响较大的新建建筑物； 场地与地基条件复杂的一般建筑物； 位于复杂地质条件及软土地区的二层及二层以上地下室的基坑工程； 开挖深度大于 15m 的基坑工程； 周边环境条件复杂、环境保护要求高的基坑工程
乙级	除甲级、丙级以外的工业与民用建筑物以及基坑工程
丙级	场地与地基条件简单、荷载分布均匀的七层及七层以下的民用建筑及一般工业建筑，次要的轻型建筑物； 非软土地区且场地地质条件简单、基坑两边环境条件简单、环境保护要求不高且开挖深度小于 5.0m 的基坑工程

2. 建筑结构地基设计的基本要求

地基计算包括承载力计算、变形验算与稳定性验算。这三项内容可根据建筑物地基基础设计等级及长期荷载作用下地基变形对上部结构的影响程度，在具体设计中选用。

（1）所有建筑物的地基计算均应进行承载力计算并满足有关规定。

（2）设计等级为甲级、乙级的建筑物，以及设计等级为丙级的建筑物有下列情况之一时应做变形验算，但对设计为丙级的建筑物且符合表 9-2 要求的地基工程，可不做变形验算：

① 地基承载力特征值小于 130kPa，且体型复杂的建筑；

② 在基础上及其附近有地面堆载或相邻基础荷载差异较大，可能引起地基产生过大的不均匀沉降时；

③ 软弱地基上的建筑物存在偏心荷载时；

④ 相邻建筑距离近，可能发生倾斜时；

⑤ 地基内有厚度较大或厚薄不均的填土，其自重固结未完成时。

（3）经常受水平荷载作用的高层建筑、高耸结构与挡土墙等，以及建造在斜坡上或边坡附近的建筑物与构筑物，还有基坑工程，应进行其稳定性验算。

另外，若建筑地下室或地下构筑物存在上浮问题时，尚应进行抗浮验算。

表 9-2　可不做地基变形验算的设计等级为丙级的建筑物范围

地基主要受力层情况	地基承载力特征值 f_{ak}/kPa		$80 \leqslant f_{ak}$ <100	$100 \leqslant f_{ak}$ <130	$130 \leqslant f_{ak}$ <160	$160 \leqslant f_{ak}$ <200	$200 \leqslant f_{ak}$ <300
	各土层坡度/(%)		$\leqslant 5$	$\leqslant 10$	$\leqslant 10$	$\leqslant 10$	$\leqslant 10$
建筑类型	砌体承重结构、框架结构（层数）		$\leqslant 5$	$\leqslant 5$	$\leqslant 6$	$\leqslant 6$	$\leqslant 7$
	单层排架结构（6m柱距） 单跨	吊车额定起重量/t	10～15	15～20	20～30	30～50	50～100
		厂房跨度/m	$\leqslant 18$	$\leqslant 24$	$\leqslant 30$	$\leqslant 30$	$\leqslant 30$
	多跨	吊车额定起重量/t	5～10	10～15	15～20	20～30	30～75
		厂房跨度/m	$\leqslant 18$	$\leqslant 24$	$\leqslant 30$	$\leqslant 30$	$\leqslant 30$
	烟囱	高度/m	$\leqslant 40$	$\leqslant 50$	$\leqslant 75$		$\leqslant 100$
	水塔	高度/m	$\leqslant 20$	$\leqslant 30$	$\leqslant 30$		$\leqslant 30$
		容积/m³	50～100	100～200	200～300	300～500	500～1000

3. 建筑结构地基设计的荷载规定

用于地基基础设计的荷载是上部结构设计的结果，相应地，地基基础设计的荷载与上部结构设计的荷载效应组合及取值应该是一致的。可是，地基基础设计与上部结构设计在概念与设计方法上存在差异，在设计原则上也不统一。当前为了有效地进行地基基础设计，《建筑地基基础设计规范》（GB 50007—2011）规定：地基基础设计时，所采用的荷载效应与相应的抗力限值应按下列规定执行。

1) 各种荷载效应的组合值计算公式

(1) 正常使用极限状态下，标准组合的荷载效应值 S_k 为：

$$S_k = S_{G_k} + S_{Q_{1k}} + \psi_{c_2} S_{Q_{2k}} + \cdots + \psi_{c_i} S_{Q_{ik}} \tag{9-1}$$

式中：S_{G_k} ——按永久荷载标准值 G_k 计算的荷载效应值；

$S_{Q_{ik}}$ ——按可变荷载标准值 Q_{ik} 计算的荷载效应值；

ψ_{c_i} ——可变荷载 Q_i 的组合值系数，按现行《建筑结构荷载规范》（GB 50009—2012）的规定取值。

(2) 正常使用极限状态下，准永久组合的荷载效应值 S_k 为：

$$S_k = S_{G_k} + \psi_{q_1} S_{Q_{1k}} + \psi_{q_2} S_{Q_{2k}} + \cdots + \psi_{q_i} S_{Q_{ik}} \tag{9-2}$$

式中：ψ_{q_i} ——准永久值系数，按现行《建筑结构荷载规范》（GB 50009—2012）的规定取值。

(3) 承载能力极限状态下，由可变作用控制的基本组合的荷载效应设计值 S_d 为：

$$S_d = \gamma_G S_{G_k} + \gamma_{Q_1} S_{Q_{1k}} + \gamma_{Q_2} \psi_{c_2} S_{Q_{2k}} + \cdots + \gamma_{Q_i} \psi_{c_i} S_{Q_{ik}} \tag{9-3}$$

式中：γ_G ——永久荷载的分项系数，按现行《建筑结构荷载规范》（GB 50009—2012）的规定取值；

γ_{Q_i} ——第 i 个可变荷载的分项系数，按现行《建筑结构荷载规范》（GB 50009—2012）的规定取值。

(4) 对于由永久荷载效应控制的基本组合，也可采用简化规则，荷载效应基本组合的设计值 S_d 按下式确定：

$$S_d = 1.35 S_k \tag{9-4}$$

式中：S_k ——荷载效应的标准组合值。

2) 不同设计内容所采用的荷载组合规定

(1) 按地基承载力确定基础底面积及埋深或按单柱承载力确定桩数时，传至基础或承台底面上的荷载效应应按正常使用极限状态下荷载效应的标准组合。相应的抗力应采用地基承载力特征值或单柱承载力特征值。

(2) 计算地基变形时，传至基础底面上的荷载效应应按正常使用极限状态下荷载效应的准永久组合，不应计入风荷载与地震作用。相应的限值应为地基变形允许值。

(3) 计算挡土墙土压力、地基或斜坡稳定及滑坡推力时，荷载效应应按承载能力极限状态下荷载效应的基本组合，但其荷载分项系数均为 1.0。

(4) 在确定基础或桩台高度、支挡结构截面、计算基础或支挡结构内力、确定配筋与验算材料强度时，上部结构传来的荷载效应组合与相应的基底反力，应按承载能力极限状态下荷载效应的基本组合，采用相应的荷载分项系数；当需要验算基础裂缝宽度时，应按正常使用极限状态荷载效应的标准组合。

(5) 基础设计安全等级、结构设计使用年限、结构重要性系数应按有关规范采用，但结构重要性系数 $\gamma_0 \geqslant 1.0$。

9.2 地基基础设计的计算方法

1. 基础埋置深度的确定

基础埋置深度简称埋深，一般是指室外设计地面至基础底面的垂直距离。选择基础埋置深度，也就是选择合适的地基持力层，以满足地基承载力、变形与稳定性的要求。基础埋置深度的大小对于建筑物的安全与正常使用、施工的难易程度与工程造价影响很大，合理确定基础埋置深度是一个十分重要的问题。

《建筑地基基础设计规范》（GB 50007—2011）建议，基础的埋置深度，可以综合考虑以下条件进行确定。

1）建筑物的用途与类型

对有地下室、设备基础与地下设施的建筑，其基础的埋置深度应根据建筑物的地下结构标高进行选定。对于无筋扩展基础，若基础底面积确定后，依据刚性角构造要求规定的最小高度，可以确定基础的埋深。

2）作用在地基上的荷载大小与性质

某一深度的土层，对荷载小的基础可能是很好的持力层，而对荷载大的基础就可能不宜作为持力层了。承受动荷载的基础，就不宜选择饱和疏松的粉细砂作为持力层。在抗震设防区，天然地基上的箱形与筏形基础的埋置深度不宜小于建筑物高度的1/15，桩箱或桩筏基础的埋置深度（不计桩长）不宜小于建筑物高度的1/18。

3）工程地质与水文地质条件

一般当上层土的承载力与变形能力满足要求时，就应选择上层土作为持力层。一般尽量将基础埋置于地下水位以上，如必须放在地下水位以下时，则应在施工时采取降水或排水措施。

4）相邻建筑物与构筑物的基础埋深

基础埋置深度一般不宜小于0.5m（对于岩石地基，则可不受此限）。当存在相邻建筑物与或构筑物时，新建建筑物的基础埋深最好不大于原有建筑物的基础埋深。当必须深于原有建筑物基础时，两基础之间应保持一定的距离，一般取相邻两基础底面高差的1～2倍。如这些要求难以满足时，则应采取适当的施工措施保证相邻建筑物的安全。当基础附近有管道或坑道等地下设施时，基础的埋深一般要低于地下设施的底面。

5）地基土冻胀与融陷的影响

对于埋置于冻胀土中的地基，其基础埋深 d_{min} 可按式（9-5）确定：

$$d_{min} = z_d - h_{max} \qquad (9-5)$$

式中：z_d——场地冻结深度；

h_{max}——基础底面下允许冻土层的最大厚度。

z_d 与 h_{max} 可按照《建筑地基基础设计规范》（GB 50007—2011）的有关规定确定。对于冻胀、强冻胀与特强冻胀地基上的建筑物，均应采取防冻措施。

2. 地基承载力的确定

1）地基承载力特征值的确定

通常情况下，地基承载力特征值 f_a 由勘察单位提供的勘察报告给出。结构设计人员可基于地质勘察报告的意图，结合结构设计特点，若有必要，也可以对勘察报告提出设计建议，并对勘察报告的内容与深度进行复核，最终做出是否满足设计需要的正确判断。

目前，地基承载力特征值的确定方法主要有按土的抗剪强度指标计算的理论公式法、现场载荷试验法与原位测试经验公式法等。《建筑地基基础设计规范》（GB 50007—2011）规定：地基承载力特征值可由载荷试验或其他原位测试、公式计算，并结合工程经验综合确定。

（1）规范推荐的理论公式法。

对于轴心荷载作用（偏心距 $e \le 0.033$ 倍基础底面宽度）的基础，根据土的抗剪强度指标，地基承载力特征值可按式（9-6a）计算，并应满足变形要求：

$$f_a = M_b \gamma b + M_d \gamma_m d + M_c c_k \qquad (9-6a)$$

式中：　　 f_a——由土的抗剪强度指标确定的地基承载力特征值（kPa）；

M_b、M_d、M_c——承载力系数，可按照《建筑地基基础设计规范》（GB 50007—2011）中表 5.2.5 的数据确定；

b——基础底面宽度，大于 6m 时按 6m 取值，对于砂土小于 3m 时按 3m 取值；

c_k——基底下一倍短边宽度的深度范围内土的黏聚力标准值（kPa）；

d——基础埋置深度，一般自室外地面标高算起。在填方整平地区，可自填土地面标高算起，但填土在上部结构施工后完成时，应从天然地面标高算起。对于地下室，如采用箱形基础或筏基时，基础埋置深度应自室外地面标高算起；当采用独立基础或条形基础时，应从室内地面标高算起。

（2）现场载荷试验法。

这是一种直接原位测试法，在现场通过一定尺寸的载荷板对扰动较少的地基土体直接施荷，所测得的成果一般能反映相当于 1～2 倍载荷板宽度的深度以内土体的平均性质。

通过载荷试验，可得到荷载 Q 与时间 t 对应的沉降 s，进而绘制出 Q-s 曲线，即可以确定地基承载力特征值。对同一土层，应选择三个以上的试验点，如所得的实测值的极差不超过平均值的 30%，则取该平均值作为地基承载力特征值。

（3）原位测试经验公式法。

一般是指动力触探，国际上广泛应用的是标准贯入试验，由标准贯入锤击数或动力触探锤击数确定地基承载力。原位测试经验公式法是间接原位测试法，是通过大量原位试验与载荷试验的比对，经回归分析并结合经验间接地确定地基承载力。

2）地基承载力特征值 f_a 的深度修正

当基础宽度大于 3m 或埋置深度大于 0.5m 时，从载荷试验或其他原位试验、经验值等方法确定的地基承载力特征值，尚应按式（9-6b）进行修正。

$$f_a = f_{ak} + \eta_b \gamma (b-3) + \eta_d \gamma_m (d-0.5) \qquad (9-6b)$$

式中：f_a——修正后的地基承载力特征值（kPa）；

f_{ak}——地基承载力特征值（kPa）；

η_b、η_d——基础宽度与埋深的承载力修正系数，具体数值见表 9 - 3；

γ——基础底面以下土的重度（kN/m³），地下水位以下取浮重度；

γ_m——基础底面以上土的加权平均重度（kN/m³），地下水位以下取浮重度；

其他符号意义同式(9 - 6a)。

表 9 - 3 承载力修正系数

土 的 类 别		η_b	η_d
淤泥与淤泥质土		0	1.0
人工填土，e 或 $I_L \geqslant 0.85$ 的黏性土		0	1.0
红黏土	含水比 $\alpha_W > 0.8$	0	1.2
	含水比 $\alpha_W \leqslant 0.8$	0.15	1.4
大面积压实填土	压实系数大于 0.95、黏粒含量 $\rho_c \geqslant 10\%$ 的粉土	0	1.5
	最大干密度大于 2100kg/m³ 的级配砂石	0	2.0
粉土	黏粒含量 $\rho_c \geqslant 10\%$ 的粉土	0.3	1.5
	黏粒含量 $\rho_c < 10\%$ 的粉土	0.5	2.0
e 或 $I_L < 0.85$ 的黏性土		0.3	1.6
粉砂、细砂（不包括很湿与饱和时的稍密状态）		2.0	3.0
中砂、粗砂、砾砂与碎石土		3.0	4.4

注：1. 强风化与全风化的岩石，可参照所风化成的相应土类取值，其他状态下的岩石不修正。

2. 地基承载力特征值按深层平板载荷试验确定时，取 $\eta_d = 0$。

3. 含水比是指天然含水量与液限的比值。

4. 大面积压实填土是指填土范围大于两倍基础宽度的填土。

3）基础底面的压力计算

地基承载力是指在保证地基强度与稳定性的条件下，建筑物不产生超过允许沉降量的地基承受荷载的能力。

（1）基础底面的压力应符合下列规定（图 9 - 2）。

① 当轴心荷载作用时，有

$$p_k \leqslant f_a \tag{9 - 7a}$$

式中：p_k——相应于作用的标准组合时，基础底面处的平均压力值（kPa）；

f_a——修正后的地基承载力特征值（kPa）。

② 当偏心荷载作用时，在满足式(9 - 7a) 的前提下，还应符合式(9 - 7b) 的要求。

$$p_{k,max} \leqslant 1.2 f_a \tag{9 - 7b}$$

式中：$p_{k,max}$——相应于作用的标准组合时，基础底面边缘的最大压力值（kPa）。

（2）在满足上述条件的情况下，基础底面的压力 p_k 可按下列公式进行确定。

① 当基础底面在轴心荷载作用下时 ［图 9 - 2(a)］，有

$$p_k = \frac{F_k + G_k}{A} \tag{9-7c}$$

式中：F_k——相应于作用的标准组合时，上部结构传至基础顶面的竖向力值（kN）；

　　　G_k——基础自重与基础上的土重（kN）；

　　　A——基础底面面积（m²）。

②　当基础底面在偏心荷载作用下时［图 9-2(b)］，有

$$p_{k,max} = \frac{F_k + G_k}{A} + \frac{M_k}{W} \tag{9-7d}$$

$$p_{k,min} = \frac{F_k + G_k}{A} - \frac{M_k}{W} \tag{9-7e}$$

式中：M_k——相应于作用的标准组合时，作用于基础底面的力矩值（kN·m）；

　　　W——基础底面的抵抗矩（m³）；

　　$p_{k,min}$——相应于作用的标准组合时，基础底面边缘的最小压力值（kPa）。

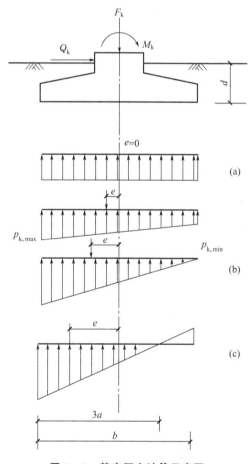

图 9-2　基底压力计算示意图

③　当基础底面形状为矩形且偏心 $e \geqslant b/6$ 时［图 9-2(c)］，$p_{k,max}$ 可按照下式计算：

$$p_{k,max} = \frac{2(F_k + G_k)}{3la} \tag{9-7f}$$

式中：l ——垂直于力作用方向的基础底面边长（m）；

　　　a ——合力作用点至基础底面最大压力边缘的距离（m）。

3. 地基软弱下卧层承载力验算

当地基受力层范围内存在软弱下卧层（承载力显著低于持力层的高压缩性土层）时，此层可能因强度不足而破坏，按持力层土的承载力计算得出基础底面的尺寸后，尚须对软弱下卧层进行验算。要求作用在软弱下卧层顶面处的附加应力与自重应力之和不超过其承载力设计值，即：

$$p_z + p_{cz} \leqslant f_{az} \qquad\qquad (9-8)$$

式中：p_z ——相应于作用的标准组合时，软弱下卧层顶面处的附加压力值（kPa）[对于条形基

　　　　础，$p_z = \dfrac{b(p_k - p_c)}{b + 2z\tan\theta}$；对于矩形基础，$p_z = \dfrac{lb(p_k - p_c)}{(b + 2z\tan\theta)(l + z\tan\theta)}$]；

　　　p_{cz} ——软弱下卧层顶面处土的自重压力值（kPa）；

　　　f_{az} ——软弱下卧层顶面处经深度修正后的地基承载力特征值（kPa）；

　　　b ——基础底边宽度（m）；

　　　l ——矩形基础底边的长度（m）；

　　　p_c ——地基底面处的自重压力值（kPa）；

　　　z ——基础底面至软弱下卧层顶面的距离（m）；

　　　θ ——地基压力扩散线与垂直线的夹角（°），可按表 9-4 采用。

表 9-4　地基压力扩散角

E_{s1}/E_{s2}	z/b	
	0.25	0.50
3	6°	23°
5	10°	25°
10	20°	30°

注：1. E_{s1} 为上层土压缩模量；E_{s2} 为下层土压缩模量。

　　2. $\dfrac{z}{b} < 0.25$ 时，取 $\theta = 0$，必要时，宜由试验确定；$\dfrac{z}{b} > 0.5$ 时，θ 值不变。

对于沉降已经稳定的建筑或经过预压的地基，可以适当地提高地基承载力。

4. 地基变形验算

根据地基承载力选定了基础底面尺寸，就基本上保证了建筑物在防止地基剪切破坏方面具有足够的安全度。但是，在荷载作用下，地基的变形总是要发生，故还需保证地基变形控制在允许范围内，以保证上部结构不因地基变形过大而丧失其使用功能。

根据各类建筑物的结构特点、整体刚度和使用要求的不同，地基变形的特征可分为沉降量、沉降差、倾斜、局部倾斜。每一个具体建筑物的破坏或正常使用，都是由变形特征指标控制的。对于砌体承重结构应由局部倾斜值控制，对于框架结构与单层排架结构应由相邻柱基的沉降差控制，对于多层或高层建筑与高耸结构应由倾斜值控制，必要时尚应控

制平均沉降量。

设计时要满足地基变形计算值不大于地基变形允许值的条件。在计算地基的变形值时，地基内的应力分布，可采用各向同性均质线性变形体理论。地基的最终沉降量可按式（9-9）计算。

$$S = \psi_s \cdot S' = \psi_s \cdot \sum_{i=1}^{n} \frac{p_0}{E_{si}}(z_i \bar{a}_i - z_{i-1} \bar{a}_{i-1}) \qquad (9-9)$$

式中：S——地基最终沉降量（mm）；

　　　S'——按分层总和法计算出的地基沉降量（mm）；

　　　ψ_s——沉降计算经验系数，根据地区沉降观测资料及经验确定，无地区经验时可采用表 9-5 的数值；

　　　n——地基沉降计算深度 z_n 范围内所划分的土层数；

　　　p_0——对应于荷载标准值时的基础底面处的附加压力（kPa）；

　　　E_{si}——基础底面下第 i 层土的压缩模量（MPa），按实际应力范围取值；

　　　z_{i-1}——基础底面至第 i 层土、第 $i+1$ 层土底面的距离（m）；

$\bar{a}_i$、$\bar{a}_{i-1}$——基础底面计算点至第 i 层土、第 $i+1$ 层土底面范围内平均附加应力系数，可按《建筑地基基础设计规范》（GB 50007—2011）附录 K 采用。

表 9-5　沉降计算经验系数 ψ_s

基底附加应力	$\bar{E}_s$/MPa				
	2.5	4.0	7.0	15.0	20.0
$p_0 \geqslant 0.75 f_{ak}$	1.4	1.3	1.0	0.4	0.2
$p_0 \leqslant 0.75 f_{ak}$	1.1	1.0	0.7	0.4	0.2

注：$\bar{E}_s$ 为变形计算深度范围内压缩模量的当量值。

地基变形计算深度 z_n，应符合下式要求：

$$\Delta s_n' \leqslant 0.025 \sum_{i=1}^{n} \Delta s_i' \qquad (9-10)$$

式中：$\Delta s_i'$——在计算深度范围内，第 i 层土的计算沉降值；

　　　$\Delta s_n'$——由计算深度向上取厚度为 Δz 的土层计算沉降值，Δz 值按表 9-6 确定。

表 9-6　Δz 值

b/m	$b \leqslant 2$	$2 < b \leqslant 4$	$4 < b \leqslant 8$	$8 < b$
Δz/m	0.3	0.6	0.8	1.0

当无相邻荷载影响且基础宽度在 1～30m 范围内时，基础中点的地基沉降计算深度也可按下列简化公式计算：

$$z_n = b(2.5 - 0.4 \ln b) \qquad (9-11)$$

式中：b——基础宽度。

当计算深度在土层分界面附近时，如下层土较硬，可取土层分界面的深度为计算深度；如下层土较软，则应继续计算；在计算深度范围内有基岩时，z_n 则取基岩表面深度。

在地基变形计算时，当建筑物基础埋置较深时，需要考虑开挖基坑地基土的回弹。独立基础一般埋深较浅，可不考虑开挖基坑地基土的回弹。

5. 地基稳定性验算

在水平荷载与竖向荷载的共同作用下，基础可能与深层土层一起发生整体滑动破坏。这种地基破坏通常采用圆弧滑动面法进行计算，要求最危险的滑动面上诸力对滑动中心所产生的抗滑力矩 M_R 与滑动力矩 M_S 符合下式要求：

$$M_R/M_S \geqslant 1.2 \tag{9-12}$$

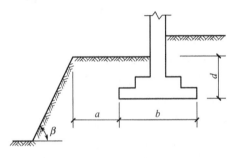

图 9-3 基础底面外边缘线至坡顶的水平距离示意图

位于稳定土坡坡顶的建筑（图 9-3），当垂直于坡顶边缘线的基础底面边长不大于 3m 时，其基础底面外边缘线至坡顶的水平距离 a 不小于 2.5m，且符合式（9-13）要求，则土坡坡面附近由基础引起的附加压力不影响土坡稳定性。

$$a \geqslant \xi b - d/\tan\beta \tag{9-13}$$

式中：β ——土坡坡角（°）；

d ——基础埋深（m）；

ξ ——系数，条形基础取 3.5，矩形基础取 2.5。

当式（9-13）的要求不能满足时，可以根据基底平均压力按圆弧滑动面法进行土体稳定性验算，以确定基础埋深与基础底面外边缘线至坡顶的水平距离。

9.3 无筋扩展基础设计

1. 无筋扩展基础的类型

无筋扩展基础也称刚性基础，通常有砖、混凝土、灰土、毛石等材料组成的墙下条形基础或柱下独立基础，这类基础的抗拉强度与抗剪强度较低，一般适用于多层民用建筑与轻型厂房。

目前，无筋扩展基础有砖基础、素混凝土基础、毛石基础、灰土与三合土基础，其中，砖基础与素混凝土基础的使用比较广泛。

1）砖基础

砖基础通常沿墙的两边或柱的四边，按两皮砖高（120mm）外挑 1/4 砖宽（60mm），向下逐级放大而形成，有等高式与不等高式之分（图 9-4）。基于砖砌体刚性角的限制，当基础埋置较深时，宜做成不等高台阶的放脚。为了使基础与地基接触良好，通常在这类基础的底面以下铺设 20mm 厚的砂垫层、100mm 厚的碎石

【参考视频】

垫层或碎砖三合土垫层。目前较为流行的做法是与灰土基础或三合土基础等组成复合基础。由于砖基础施工方便，造价低，在一般砖混结构房屋的墙、柱基础中广泛采用。

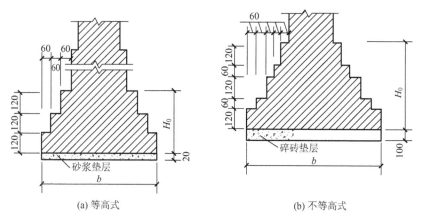

(a) 等高式   (b) 不等高式

图 9-4　砖基础形式

2）素混凝土基础

混凝土基础外形一般为锥形或台阶形（图 9-5）。混凝土强度等级通常采 C15，基底宽度不大于 1100mm。该类基础比较适用于地下水位较高、土质条件较差、埋置深度不大的浅基础。

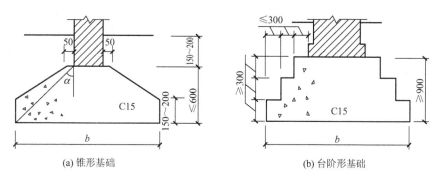

(a) 锥形基础   (b) 台阶形基础

图 9-5　素混凝土基础形式

2. 无筋扩展基础高度的确定

由于该类基础的抗拉强度与抗剪强度较低，在确定其高度时必须控制基础内的拉应力与剪应力。通常采用控制材料强度等级与台阶宽高比的方法来确定，不需要进行内力分析与截面强度计算。

《建筑地基基础设计规范》（GB 50007—2011）规定：无筋扩展基础的每个台阶的宽高比（图 9-6）都不得超过表 9-7 中所列出的允许值。按照基础宽高比的要求，设计时，一般可先选择适当的基础埋深与基础底面尺寸，设基底宽度为 b，基础高度就可以由下式确定：

$$H_0 \geqslant \frac{b - b_0}{2\tan\alpha} \tag{9-14}$$

式中：b——基底宽度（m）；

b_0——基础顶面的墙体宽度或柱脚宽度（m）；

H_0——基础高度（m）；

$\tan\alpha$——基础台阶宽高比（$b_2 : H_0$），其允许值按表 9-7 选用；

b_2——基础台阶宽（m）。

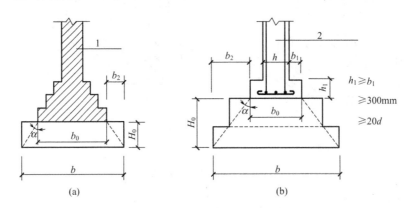

图 9-6　无筋扩展基础构造示意图

d—柱中纵向钢筋直径；1—承重墙；2—钢筋混凝土柱

由于受基础台阶宽高比的限制，无筋扩展基础的高度一般都较大，但不应大于基础埋深，否则，应加大基础埋深或选择刚性角（即 α）较大的基础类型（如混凝土基础），如仍不满足，则可采用钢筋混凝土基础。

表 9-7　部分无筋扩展基础台阶宽高比的允许值

基础材料	质量要求	台阶宽高比的允许值		
		$p_k \leqslant 100$	$100 < p_k \leqslant 200$	$200 < p_k \leqslant 300$
砖基础	砖不低于 MU10、砂浆不低于 M5	1：1.50	1：1.50	1：1.50
混凝土基础	C15 混凝土	1：1.00	1：1.00	1：1.25
灰土基础	体积比 3：7 或 2：8 的灰土，其最小干密度：粉土 1550kg/m³；粉质黏土 1500 kg/m³；黏土 1450 kg/m³	1：1.25	1：1.50	—
三合土基础	体积比 1：2：4～1：3：6（石灰：砂：骨料）每层约虚铺 220mm，夯至 150mm	1：1.50	1：1.20	—

注：1. p_k 为作用的标准组合时基础底面处的平均压力值（kPa）。

　　2. 当基础由不同材料叠合组成时，应对接触部分做抗压验算。

　　3. 当混凝土基础单侧扩展范围内基础底面处的平均压力值超过 300kPa 时，尚应进行抗剪验算；对基底反力集中于立柱附近的岩石地基，应进行局部受压承载力验算。

对于无筋扩展基础的钢筋混凝土柱，其柱脚高度 $h_1 \geqslant b_1$［图 9-6(b)］，并不应小于 300mm 且不小于 $20d$。当柱纵向钢筋在柱脚内的竖向锚固长度不满足锚固时，可沿水平方向弯折，弯折后的水平锚固长度不应小于 $10d$ 也不应大于 $20d$。这里，d 为柱中的纵向受力钢筋的最大直径。

【案例 9-1】 某五层砖混结构住宅楼，上部结构传至基础顶面上的轴心压力荷载效应标准组合值 $F_k = 220\text{kN/m}$（正常使用极限状态下），室内地坪±0.000 高于室外地面 0.45m，基底标高为 −1.60m，墙厚为 360mm。地基为粉土，土质良好，修正后的地基承载力特征值 $f_a = 250\text{kPa}$。试确定基础底宽与砖放脚的台阶数，并绘出基础剖面图。

案例分析：基于已知条件，该工程的条形砖基础设计基本步骤如下。

(1) 确定基础埋深 d。

由室外地面标高起算，$d = 1.60 − 0.45 = 1.15\text{(m)}$

(2) 拟定条形基础底的宽度。

由式(9-7c) 可得：

$$b \geqslant \frac{F_k}{f_a - \gamma_G d} = \frac{220}{250 - 20 \times (1.15 + 1.6)/2} = 0.99\text{(m)}$$

取 $b = 1.0\text{m}$，可求出基础底面的压力 p_k，即

$$p_k = \frac{F_k + G_k}{b} = \frac{220 + 20 \times 1.0 \times (1.15 + 1.6)/2}{1.0} = 247.5\text{(kPa)} < f_a$$

(3) 基础做法。

根据构造要求，基础底面垫层选用 C10 素混凝土，高度 $H_0 = 100\text{mm}$；基础用 MU10 烧结普通砖砌筑，高度为 360mm，二一间隔收砌法（不等高式），每级台阶外挑宽度 60mm，如图 9-7 所示。

(4) 验算宽高比。

① 砖基础验算。

由表 9-7 查得砖基础台阶宽高比允许值为 1:1.5；上部砖墙宽度为 $b_0 = 360\text{mm}$，4 级台阶高度分别为 60mm、120mm、60mm、120mm，均能满足宽高比的要求。

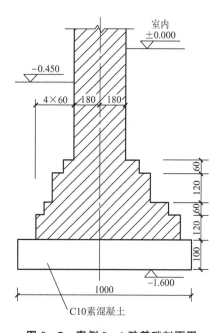

图 9-7　案例 9-1 砖基础剖面图

则砖基础底部宽度 b' 可取为

$$b' = b_0 + 2 \times 4 \times 60 = 840\text{(mm)}$$

② 混凝土垫层验算。

由表 9-7 查得混凝土垫层宽高比允许值为 1:1.25，$b' = 840\text{mm}$，$b = 1.0\text{m}$，$H_0 = 100\text{mm}$，可求出垫层台阶的宽度 b_0' 为

$$b_0' = \frac{b - b'}{2} = \frac{1000 - 840}{2} = 80\text{(mm)}$$

由此，则混凝土垫层宽高比 $\dfrac{b_0'}{H_0} = 80/100 \leqslant \dfrac{1}{1.25} = 0.8$（满足要求）。

该砖混结构住宅楼基础剖面图如图 9-7 所示。

9.4 钢筋混凝土扩展基础的设计

1. 钢筋混凝土扩展基础的类型

钢筋混凝土扩展基础常简称为扩展基础，是指钢筋混凝土扩展基础与柱下钢筋混凝土独立基础。这类基础的抗弯与抗剪性能良好，可在竖向荷载较大、地基承载力不高以及承受水平力与力矩荷载等情况下使用。与无筋基础相比，其基础高度较小，因此更适宜在基础埋置深度较小时使用。

1）墙下钢筋混凝土条形基础

墙下钢筋混凝土条形基础的构造如图 9-8 所示。一般情况下可采用无肋的墙基础 [图 9-8(a)]，如地基不均匀，为了增强基础的整体性和抗弯能力，可以采用有肋的墙基础 [图 9-8(b)]，肋部配置足够的纵向钢筋与箍筋，以承受由不均匀沉降引起的弯曲应力。

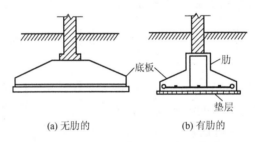

(a) 无肋的   (b) 有肋的

图 9-8   墙下钢筋混凝土条形基础

2）柱下钢筋混凝土独立基础

【参考视频】

柱下钢筋混凝土独立基础的构造如图 9-9 所示。现浇的独立基础可做成锥形或阶梯形，预制柱则采用杯口基础。杯口基础常用于装配式单层工业厂房。砖基础、毛石基础与钢筋混凝土基础，通常在基坑底面铺设强度等级不低于 C10 的混凝土垫层，其厚度一般为 100mm。垫层的作用在于保护坑底土体不被人为扰动与雨水浸泡，同时可改善基础的施工条件。

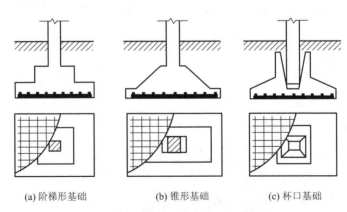

(a) 阶梯形基础   (b) 锥形基础   (c) 杯口基础

图 9-9   柱下钢筋混凝土扩展基础

2. 扩展基础的一般构造要求

（1）锥形基础的边缘高度不宜小于200mm，且两个方向的坡度不宜大于1：3；阶梯形基础的每阶高度，宜为300～500mm。

（2）垫层的厚度不宜小于70mm，垫层混凝土的强度等级不宜低于C10。

（3）基础的混凝土强度等级不应低于C20。

（4）当柱下钢筋混凝土独立基础的边长与墙下钢筋混凝土条形基础的宽度不小于2.5m时，底板受力钢筋的长度可取边长或宽度的0.9倍，并宜交错布置（图9-10）。

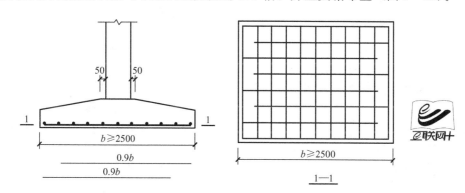

图 9-10 柱下独立基础底板受力钢筋布置

（5）扩展基础受力钢筋的最小配筋率不应小于0.15%，底板受力钢筋的最小直径不应小于10mm，间距不应大于200mm，也不应小于100mm。墙下钢筋混凝土条形基础纵向分布钢筋的直径不应小于8mm；间距不应大于300mm；每延米分布钢筋的面积不应小于受力钢筋面积的15%。当有垫层时钢筋保护层的厚度不应小于40mm；无垫层时不应小于70mm。

（6）钢筋混凝土条形基础底板在T形及十字形交接处，底板横向受力钢筋仅沿一个主要受力方向通长布置，另一个方向的横向受力钢筋可布置到主要受力方向底板宽度的1/4处，在拐角处底板横向受力钢筋应沿两个方向布置（图9-11）。

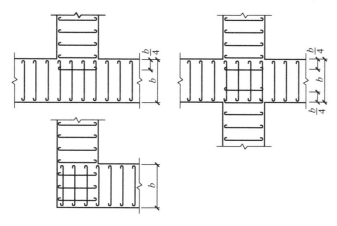

图 9-11 柱下独立基础底板受力钢筋布置

3. 墙下钢筋混凝土条形基础设计

墙下钢筋混凝土条形基础的截面设计包括确定基础高度与基础底板配筋两方面。在内力计算时，通常沿墙长度方向取 1m 作为计算单元。

1) 在轴心荷载作用下

(1) 基础内力计算。

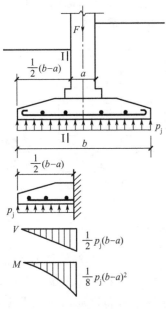

图 9 - 12 墙下条形基础的内力分析

当墙体为砖墙且大放脚不大于 1/4 砖长时，基础最大内力设计值在墙边截面（图 9 - 12）处。该截面处的弯矩 M 与剪力 V 为：

$$M = \frac{1}{8} p_j (b-a)^2 \tag{9-15a}$$

$$V = \frac{1}{2} p_j (b-a) \tag{9-15b}$$

式中：V ——基础底板最大剪力设计值（kN/m）；

M ——基础底板最大弯矩设计值（kN·m）；

a ——砖墙厚度（mm）；

b ——基础宽度（mm）；

p_j ——相应于荷载效应基本组合时的地基净反力值（kN/mm^2），$p_j = F/b$，这里 F 是相应于荷载效应基本组合时上部结构传至基础顶面的竖向力设计值（kN/m）。

(2) 基础高度。

基础内不配箍筋与弯起筋，则基础的有效高度 h_0 由混凝土的受剪承载力公式确定：

$$V \leqslant 0.7 \beta_{hs} f_t h_0 B \tag{9-16}$$

式中：B ——基础长度方向的计算单元，一般取 1000mm；

f_t ——混凝土轴心抗拉强度设计值（kPa）；

β_{hs} ——受剪切承载力截面高度影响系数，由 $\beta_{hs} = (800/h_0)^{1/4}$ 计算，当 $\beta_{hs} < 800$mm 时，取 800mm；当 $\beta_{hs} > 2000$mm 时，取 2000mm。

(3) 基础底板配筋。

基础每米长的受力钢筋截面面积按下式计算：

$$A_s = \frac{M}{0.9 f_y h_0} \tag{9-17}$$

式中：A_s ——基础每延米长基础底板受力钢筋截面面积（mm^2/m）；

f_y ——钢筋抗拉强度设计值（N/mm^2）；

h_0 ——基础有效高度（m）；

0.9——截面内力臂的近似值。

2) 在偏心荷载作用下

在偏心荷载作用下，当地基净反力偏心距 $e_0 \left(= \dfrac{M}{F} \right) < \dfrac{b}{6}$ 时，基底净反力呈梯形分布

（图 9-13），则基础边缘处的最大净反力设计值为：

$$p_{j,\max} = \frac{F}{b} + \frac{6M}{b^2} \qquad (9-18a)$$

$$p_{j,\min} = \frac{F}{b} - \frac{6M}{b^2} \qquad (9-18b)$$

式中：M——相应于荷载效应基本组合时作用于基础底面的力矩值。

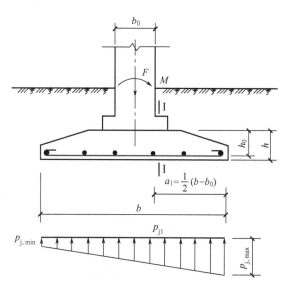

图 9-13 偏心荷载作用下条形基础内力分析

在悬臂支座处 I—I 截面的地基净反力 p_{j1} 可由下式计算：

$$p_{j1} = p_{j,\min} + \frac{b-a_1}{b}(p_{j,\max} - p_{j,\min}) \qquad (9-19)$$

对于基础高度确定与底板配筋计算，仍按式（9-16）与式（9-17）计算，但两式中的最大剪力设计值与最大弯矩设计值应取悬臂支座处 I—I 截面的剪力与弯矩，可按下列公式计算：

$$M = \frac{1}{6}(2p_{j,\max} + p_{j1})a_1^2 \qquad (9-20a)$$

$$V = \frac{1}{2}(p_{j,\max} + p_{j1})a_1 \qquad (9-20b)$$

4. 柱下钢筋混凝土独立基础的设计

1）构造要求

柱下钢筋混凝土独立基础的构造要求，除了应符合扩展基础的一般构造要求外，尚应满足以下规定。

（1）阶梯形基础每阶高度一般为 300～500mm，当基础高度不小于 600mm 而小于 900mm 时，阶梯形基础分二级；当基础高度不小于 900mm 时，阶梯形基础则分三级。当采用锥形基础时，其边缘高度不宜小于 200mm，顶部每边应沿柱边放出 50mm。

（2）柱下钢筋混凝土独立基础的受力钢筋应双向配置。现浇柱的纵向钢筋可通过插筋锚入基础中，插筋的数量、直径及钢筋种类应与柱内纵向钢筋相同。插筋与柱的纵向受力钢筋的连接方法，应按现行《混凝土结构设计规范》（GB 50010—2010）的规定执行。插入基础的钢筋，上下至少应有两道箍筋固定。插筋的下端宜做成直钩放在基础底板钢筋网上。当符合下列条件之一时，可仅将四角的插筋伸至底板钢筋网上，其余插筋伸入基础的长度按锚固长度确定（图 9-14）：

① 柱为轴心受压或小偏心受压，基础高度不小于 1200mm；

② 柱为大偏心受压，基础高度不小于 1400mm。

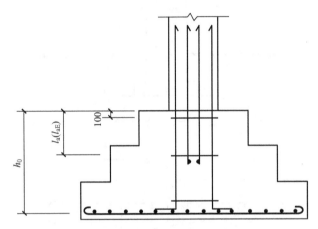

图 9-14 现浇柱的基础中插筋构造示意图

杯口基础的构造要求，可按《建筑地基基础设计规范》（GB 50007—2011）的规定执行。

2）基础设计

（1）基础高度。

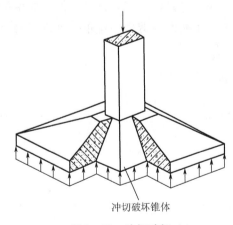

冲切破坏锥体

图 9-15 冲切破坏

在柱传来的荷载作用下，如果沿柱周边（或阶梯高度变化处）的基础高度（或阶梯高度）不足，就会产生冲切破坏，形成 45°斜裂面的角锥体（图 9-15）。为保证基础不发生冲切破坏，必须要有足够的高度，使锥体以外的地基净反力所产生的冲切力小于冲切面处混凝土的抗冲切能力。所以，基础高度由混凝土冲切承载力确定。对矩形截面柱的矩形基础，柱与基础交接处、基础变阶处的抗冲切破坏条件应满足下列公式的要求。

$$F_l \leqslant 0.7\beta_{hp}f_t a_m h_0 \quad (9-21a)$$
$$a_m = (a_t + a_b)/2 \quad (9-21b)$$
$$F_l = p_j A_l \quad (9-21c)$$

式中：β_{hp} ——受冲切承载力截面高度影响系数（当 $h \leqslant 800$mm 时，取 1.0；当 $h \geqslant 2000$mm 时，取 0.9；其间按线性内插法取用）；

f_t ——混凝土轴心抗拉强度设计值（kPa）；

h_0 —— 基础冲切破坏锥体的有效高度（m）；

a_m —— 冲切破坏锥体计算长度（m）；

a_t —— 冲切破坏锥体最不利一侧斜截面的上边长（m）（当计算柱与基础交接处的受冲切承载力时，取柱宽；当计算基础变阶处的受冲切承载力时，取上阶宽）；

a_b —— 冲切破坏锥体最不利一侧斜截面在基础底面积范围内的下边长（m）[当冲切破坏锥体的底面落在基础底面以内，如图 9 - 16(a)、(b) 所示，计算柱与基础交接处的受冲切承载力时，取柱宽加两倍基础有效高度；当计算基础变阶处的受冲切承载力时，取上阶宽加两倍该处的基础有效高度]；

p_j —— 扣除基础自重及其上土重后相应于荷载效应基本组合时的地基土单位面积净反力（kPa），对偏心受压基础可取基础边缘处最大地基土单位面积净反力；

A_l —— 冲切验算时取用的部分基底面积（m²），如图 9 - 16(a)、(b) 中的阴影面积 $ABCDEF$，或图 9 - 16(c) 中的阴影面积 $ABCD$；

F_l —— 相应于荷载效应基本组合时作用在 A_l 上的地基土净反力设计值（kPa）。

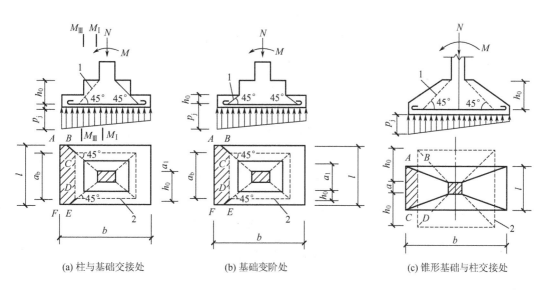

(a) 柱与基础交接处　　　　(b) 基础变阶处　　　　(c) 锥形基础与柱交接处

图 9 - 16　计算阶梯基础的受冲切承载力截面位置

1—冲切破坏锥体最不利一侧的斜截面；2—冲切破坏锥体的底面线

（2）基础底板的配筋。

基础底板的配筋，应按抗弯强度计算确定。在轴心荷载或单向偏心荷载作用下，底板受弯可按简化方法计算，即：对于矩形基础，当台阶的宽高比不大于 2.5 与偏心距不大于 1/6 基础宽度时，任意截面的弯矩（图 9 - 17）可按下列公式计算：

$$M_I = \frac{1}{12} a_I^2 \left[(2l + a') \left(p_{max} + p - \frac{2G}{A} \right) + (p_{max} - p)l \right] \tag{9-22a}$$

$$M_{II} = \frac{1}{48} (l - a')^2 (2b + b') \left(p_{max} + p - \frac{2G}{A} \right) \tag{9-22b}$$

式中：M_{I}、M_{II}——任意截面Ⅰ—Ⅰ、Ⅱ—Ⅱ处相应于荷载效应基本组合时的弯矩设计值（kN·m）；

a_{I}——任意截面Ⅰ—Ⅰ至基底边缘最大反力处的距离（m）；

l、b——基础底面的边长（m）；

$p_{\max}$、$p_{\min}$——相应于荷载效应基本组合时的基底边缘最大与最小地基反力设计值（kPa）；

p——相应于荷载效应基本组合时在任意截面Ⅰ—Ⅰ处基础底面地基反力设计值（kPa）；

G——考虑荷载分项系数的基础自重及其上的土自重（kN）；当组合值由永久荷载控制时，作用分项系数取 1.35。

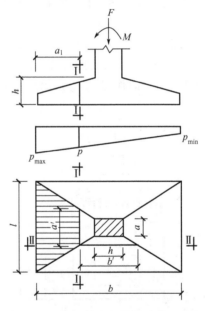

图 9-17　矩形基础底板的计算示意图

值得注意的是，式（9-22）中的 $p_{\max}$、$p_{\min}$ 与 p 均为地基反力，而不是地基净反力。当计算出弯矩 M_{I}、M_{II} 后，再按前式（9-17）即可计算出基础底板的配筋。

【标准规范】

对于阶梯形基础，如图 9-16 所示，长边方向，柱与基础交接处的弯矩为 M_{I}，其对应的配筋为 $A_{s\text{I}}$；基础变阶处的弯矩为 M_{III}，其对应的配筋为 $A_{s\text{III}}$，所以应取 $A_{s\text{I}}$ 与 $A_{s\text{III}}$ 的较大者进行配筋，才能确保安全。同理，短边方向也应按上述规定进行配筋。

习　题

1. 地基、基础与上部结构相互作用的概念是指什么？

2. 什么是基础埋置深度？确定基础埋置深度应考虑哪些因素？

3. 什么是地基反力和地基净反力？

4. 柱下钢筋混凝土独立基础的插筋有哪些构造要求？其基础高度如何确定？

5. 无筋扩展基础的特点是什么？砖基础的构造有哪些要求？

6. 柱下钢筋混凝土阶梯形独立基础的底板配筋如何确定？

7. 某砖墙基础，上部传来的竖向力值 $F_k = 100\text{kN/m}$，基础埋深 $d = 1.0\text{m}$，修正后的地基承载力特征值 $f_a = 120\text{kPa}$。基础采用 M5.0 水泥砂浆砌筑。要求基础顶面至少低于室外地面 0.2m。砖基础的剖面如图 9-18 所示。试确定该基础的尺寸 b、H_0。

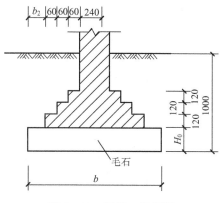

图 9-18 习题 7 的附图

8. 某住宅楼为砖墙承重，底层墙厚 370mm，作用在基础顶面上的荷载 $F = 235\text{kN/m}$，基础埋深 $d = 1.0\text{m}$（图 9-19）。已知条形基础宽度 $b = 2.0\text{m}$，基础混凝土采用 C20，钢筋采用 HPB300 级钢筋。试计算：（1）该条形基础的底板厚度是否满足；（2）确定基础底板配筋。

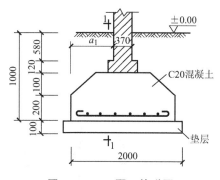

图 9-19 习题 8 的附图

【参考答案】

附表 等截面等跨连续梁在常用荷载作用下的内力系数

均布荷载

$$M = K_1 g l^2 + K_2 q l^2 \qquad V = K_3 g l + K_4 q l$$

集中荷载

$$M = K_1 G l + K_2 Q l \qquad V = K_3 G + K_4 Q$$

式中： g、q——单位长度上的均布恒荷载、活荷载（g、q 在表中均用 q 表示）；

G、Q——集中恒荷载、活荷载（G、Q 在表中均用 P 表示）；

K_1、K_2、K_3、K_4——内力系数，由表中相应栏内查得。

(1) 两跨梁

序号	荷载简图	跨内最大弯矩		支座弯矩	横向剪力			
		M_1	M_2	M_B	V_A	$V_{B左}$	$V_{B右}$	V_C
1		0.070	0.070	−0.125	0.375	−0.625	0.625	−0.375
2		0.096	−0.025	−0.063	0.437	−0.563	0.063	0.063
3		0.156	0.156	−0.188	0.312	−0.688	0.688	−0.312
4		0.203	−0.047	−0.094	0.406	−0.594	0.094	0.094
5		0.222	0.222	−0.333	0.667	−1.334	1.334	−0.667
6		0.278	−0.056	−0.167	0.833	−1.167	0.167	0.167

326

（2）三跨梁

序号	荷载简图	跨内最大弯矩		支座弯矩		横向剪力					
		M_1	M_2	M_B	M_C	V_A	$V_{B左}$	$V_{B右}$	$V_{C左}$	$V_{C右}$	V_D
1		0.080	0.025	−0.100	−0.100	0.400	−0.600	0.500	−0.500	0.600	−0.400
2		0.101	−0.050	−0.050	−0.050	0.450	−0.550	0.000	0.000	0.550	−0.450
3		−0.025	0.075	−0.050	−0.050	−0.050	−0.050	0.050	−0.050	0.050	0.050
4		0.073	0.054	−0.117	−0.033	0.383	−0.617	0.583	−0.417	0.033	0.033
5		0.094	—	−0.067	−0.017	0.433	−0.567	0.083	0.083	−0.017	−0.017
6		0.175	0.100	−0.150	−0.150	0.350	−0.650	0.500	−0.500	0.650	−0.350
7		0.213	−0.075	−0.075	0.075	0.425	−0.575	0.000	0.000	0.575	−0.425
8		−0.038	0.175	−0.075	−0.075	−0.075	−0.075	0.500	−0.500	0.075	0.075
9		0.162	0.137	−0.175	−0.050	0.325	−0.675	0.625	−0.375	0.050	0.050
10		0.200	—	−0.100	0.025	0.400	−0.600	0.125	0.125	−0.025	−0.025
11		0.244	0.067	−0.267	−0.267	0.733	−1.267	1.000	−1.000	1.267	−0.733
12		0.289	−0.133	−0.133	−0.133	0.866	−1.134	0.000	0.000	1.134	−0.866
13		−0.044	0.200	−0.133	−0.133	−0.133	−0.133	1.000	−1.000	0.133	0.133
14		0.229	0.170	−0.311	−0.089	0.689	−1.311	1.222	−0.778	0.089	0.089
15		0.274	—	−0.178	0.044	0.822	−1.178	0.222	0.222	−0.044	−0.044

（3）四跨梁

序号	荷载简图	跨内最大弯矩				支座弯矩			横向剪力							
		M_1	M_2	M_3	M_4	M_B	M_C	M_D	V_A	$V_{B左}$	$V_{B右}$	$V_{C左}$	$V_{C右}$	$V_{D左}$	$V_{D右}$	V_E
1		0.077	−0.036	0.036	0.077	−0.107	−0.071	−0.107	0.393	−0.607	0.536	−0.464	0.464	−0.536	0.607	−0.393
2		0.100	0.045	0.081	−0.023	−0.054	−0.036	−0.054	0.446	−0.554	0.018	0.018	0.482	−0.518	0.054	0.054
3		0.072	0.061	0.056	0.098	−0.121	−0.018	−0.058	0.380	−0.620	0.603	−0.397	−0.040	−0.040	0.558	−0.442
4		—	0.056	—	—	−0.036	−0.107	−0.036	−0.036	−0.036	0.429	−0.571	0.571	−0.429	0.036	0.036
5		0.094	—	0.056	—	−0.067	0.018	−0.004	0.433	−0.567	0.085	0.085	−0.022	−0.022	0.004	0.004
6		—	0.071	—	—	−0.049	−0.054	0.013	−0.049	−0.049	0.496	−0.504	0.067	0.067	−0.013	−0.013
7		0.169	0.116	0.116	−0.169	−0.161	−0.107	−0.161	0.339	−0.661	0.553	−0.446	0.446	−0.554	0.661	−0.339
8		0.210	0.067	0.183	−0.040	−0.080	−0.054	−0.080	0.420	−0.580	0.027	0.027	0.473	0.527	0.080	0.080
9		0.159	0.146	—	0.206	−0.181	−0.027	−0.087	0.319	−0.681	0.654	−0.346	−0.060	−0.060	0.587	−0.413

（续）

序号	荷载简图	跨内最大弯矩				支座弯矩			横向剪力							
		M_1	M_2	M_3	M_4	M_B	M_C	M_D	V_A	$V_{B左}$	$V_{B右}$	$V_{C左}$	$V_{C右}$	$V_{D左}$	$V_{D右}$	V_E
10		—	0.142	0.142	—	−0.054	−0.161	−0.054	−0.054	−0.054	0.393	−0.607	0.607	−0.393	0.054	0.054
11		0.202	—	—	—	−0.100	0.027	−0.007	0.400	−0.600	0.127	0.127	−0.033	−0.033	0.007	0.007
12		—	0.173	—	—	−0.074	−0.080	0.020	−0.074	−0.074	0.493	−0.507	0.100	0.100	−0.020	−0.020
13		0.238	0.111	0.111	0.238	−0.286	−0.191	−0.286	0.714	−1.286	1.095	−0.905	1.905	−0.095	1.286	−0.714
14		0.286	−0.111	0.222	−0.048	−0.143	−0.095	−0.143	0.875	−1.143	0.048	0.048	0.952	1.048	0.143	0.143
15		0.226	0.194		0.282	−0.321	−0.048	−0.155	0.679	−1.321	1.274	−0.726	−0.107	−0.107	1.155	−0.845
16		—	0.175	0.175	—	−0.095	−0.286	−0.095	−0.095	−0.095	0.810	−1.190	0.190	−0.810	0.095	0.095
17		0.274	—	—	—	−0.178	0.048	−0.012	0.822	−1.178	0.226	0.226	−0.060	−0.060	0.012	0.012
18		—	0.198	—	—	−0.131	−0.143	−0.036	−0.131	−0.131	0.988	−1.012	0.178	0.178	−0.036	−0.036

（4）五跨梁

序号	荷载简图	跨内最大弯矩			支座弯矩				横向剪力									
		M_1	M_2	M_3	M_B	M_C	M_D	M_E	V_A	$V_{B左}$	$V_{B右}$	$V_{C左}$	$V_{C右}$	$V_{D左}$	$V_{D右}$	$V_{E左}$	$V_{E右}$	V_F
1		0.0781	0.0331	0.0462	−0.105	−0.079	−0.079	−0.105	0.394	−0.606	0.526	−0.474	0.500	−0.500	0.474	−0.526	0.606	−0.394
2		0.1000	−0.0461	0.0855	−0.053	−0.040	−0.040	−0.053	0.447	−0.553	0.013	0.013	0.500	−0.500	−0.013	−0.013	0.553	−0.447
3		−0.263	0.0787	−0.0395	−0.053	−0.040	−0.040	−0.053	−0.053	−0.053	0.0513	−0.487	0.000	0.000	0.487	−0.513	0.053	0.053
4		0.073	0.059	—	−0.119	−0.022	−0.044	−0.051	0.380	−0.620	0.598	−0.402	−0.023	−0.023	0.493	−0.507	0.052	0.052
5		—	0.055	0.064	−0.035	−0.111	−0.020	−0.057	−0.035	−0.035	0.424	−0.576	0.591	−0.049	−0.037	−0.037	0.557	−0.443
6		0.094	—	—	−0.067	0.018	−0.005	0.001	0.433	−0.567	0.085	0.085	−0.023	−0.023	0.006	0.006	−0.001	−0.001
7		—	0.074	—	−0.049	−0.054	0.014	−0.004	−0.049	−0.049	0.495	−0.505	0.068	0.068	−0.018	0.018	0.004	0.004
8		—	—	0.072	0.013	−0.053	−0.053	0.013	0.013	0.013	−0.066	−0.066	0.500	−0.500	0.066	0.066	−0.013	−0.013
9		0.171	0.112	0.132	−0.158	−0.118	−0.118	−0.158	0.342	−0.658	0.540	−0.460	0.500	−0.500	0.460	−0.540	0.658	−0.342
10		0.211	−0.069	0.191	−0.079	−0.059	−0.059	−0.079	0.421	−0.579	0.020	0.020	0.500	−0.500	−0.020	−0.020	0.579	−0.421
11		0.039	0.181	−0.059	−0.079	−0.059	−0.059	−0.079	−0.079	−0.079	0.520	−0.480	0.000	0.000	0.480	−0.520	0.079	0.079

（续）

序号	荷载简图	跨内最大弯矩 M_1	M_2	M_3	支座弯矩 M_B	M_C	M_D	M_E	横向剪力 V_A	$V_{B左}$	$V_{B右}$	$V_{C左}$	$V_{C右}$	$V_{D左}$	$V_{D右}$	$V_{E左}$	$V_{E右}$	V_F
12		0.160	0.144	—	−0.179	−0.032	−0.066	−0.077	0.321	−0.679	0.647	−0.353	−0.034	−0.034	0.489	−0.511	0.077	0.077
13		—	0.140	0.151	−0.052	−0.167	−0.031	−0.086	−0.052	−0.052	0.385	−0.615	0.637	−0.363	−0.056	−0.056	0.586	−0.414
14		0.200	—	—	−0.100	0.027	−0.007	0.002	0.400	−0.600	0.127	0.127	−0.034	−0.034	0.009	0.009	−0.002	−0.002
15		—	0.173	—	−0.073	−0.081	0.022	−0.005	−0.073	−0.073	0.493	−0.507	0.102	0.102	−0.027	−0.027	0.005	0.005
16		0.240	—	0.171	0.020	−0.079	−0.079	0.020	0.020	0.020	−0.099	−0.099	0.500	−0.500	0.099	0.099	−0.020	−0.020
17		0.287	−0.117	0.122	−0.281	−0.211	−0.211	−0.281	0.719	−1.281	1.070	−0.930	1.000	−1.000	0.930	−1.070	1.281	−0.719
18		—	0.216	0.228	−0.140	−0.105	−0.105	−0.140	0.860	−1.140	0.035	0.035	1.000	−1.000	−0.035	−0.035	1.140	−0.860
19		−0.047	0.189	−0.105	−0.140	−0.105	−0.105	−0.140	−0.140	−0.140	1.035	−0.965	0.000	0.000	0.965	−1.035	0.140	0.140
20		0.227	0.172	0.198	−0.319	−0.057	−0.118	−0.137	0.681	−1.319	1.262	−0.738	−0.061	−0.061	0.981	−1.019	0.137	0.137
21		—	—	—	−0.093	−0.297	−0.054	−0.153	−0.093	−0.093	0.796	−1.204	1.243	−0.757	−0.099	−0.099	1.153	−0.847
22		0.274	—	—	−0.179	0.048	−0.013	0.003	0.821	−1.179	0.227	0.227	−0.061	−0.061	0.016	0.016	−0.003	−0.003
23		—	—	—	−0.131	−0.144	0.038	−0.010	−0.131	−0.131	0.987	−1.013	0.182	0.182	−0.048	−0.048	0.010	0.010
24		—	0.198	0.193	0.035	−0.140	−0.140	0.035	0.035	0.035	−0.175	−0.175	1.000	−1.000	0.175	0.175	−0.035	−0.035

参 考 文 献

[1] 中华人民共和国国家标准. 建筑结构可靠度设计统一标准（GB 50068—2001）[S]. 北京：中国建筑工业出版社，2001.

[2] 中华人民共和国国家标准. 建筑结构荷载规范（GB 50009—2012）[S]. 北京：中国建筑工业出版社，2012.

[3] 中华人民共和国国家标准. 混凝土结构设计规范（GB 50010—2010）[S]. 北京：中国建筑工业出版社，2011.

[4] 中华人民共和国国家标准. 建筑抗震设计规范（GB 50011—2010）[S]. 北京：中国建筑工业出版社，2010.

[5] 中华人民共和国国家标准. 砌体结构设计规范（GB 50003—2011）[S]. 北京：中国建筑工业出版社，2012.

[6] 中华人民共和国国家标准. 建筑地基基础设计规范（GB 50007—2011）[S]. 北京：中国建筑工业出版社，2012.

[7] 中华人民共和国国家标准. 钢结构设计规范（GB 50017—2003）[S]. 北京：中国计划出版社，2003.

[8] 中华人民共和国国家标准. 钢结构高强度螺栓连接技术规程（JGJ 82—2011）[S]. 北京：中国建筑工业出版社，2011.

[9] 王新武，金恩平. 建筑结构 [M]. 大连：大连理工大学出版社，2009.

[10] 马景善，金恩平. 工程实用力学 [M]. 北京：北京大学出版社，2010.

[11] 孙敦本，吴能森. 工程结构 [M]. 北京：人民交通出版社，2013.

[12] 郭继武. 建筑结构 [M]. 北京：中国建筑工业出版社，2012.

[13] 朱彦鹏. 混凝土结构设计原理 [M]. 重庆：重庆大学出版社，2002.

[14] 黄音，兰定筠，孙继得. 建筑结构 [M]. 北京：中国建筑工业出版社，2014.

[15] 张季超. 建筑结构 [M]. 北京：高等教育出版社，2010.

[16] 熊丹安，杨冬梅. 建筑结构 [M]. 广州：华南理工大学出版社，2014.

北京大学出版社土木建筑系列教材(已出版)

序号	书名	主编	定价	序号	书名	主编	定价
1	工程项目管理	董良峰　张瑞敏	43.00	50	工程财务管理	张学英	38.00
2	建筑设备(第2版)	刘源全　张国军	46.00	51	土木工程施工	石海均　马哲	40.00
3	土木工程测量(第2版)	陈久强　刘文生	40.00	52	土木工程制图(第2版)	张会平	45.00
4	土木工程材料(第2版)	柯国军	45.00	53	土木工程制图习题集(第2版)	张会平	28.00
5	土木工程计算机绘图	袁果　张渝生	28.00	54	土木工程材料(第2版)	王春阳	50.00
6	工程地质(第2版)	何培玲　张婷	26.00	55	结构抗震设计(第2版)	祝英杰	37.00
7	建设工程监理概论(第3版)	巩天真　张泽平	40.00	56	土木工程专业英语	霍俊芳　姜丽云	35.00
8	工程经济学(第2版)	冯为民　付晓灵	42.00	57	混凝土结构设计原理(第2版)	邵永健	52.00
9	工程项目管理(第2版)	仲景冰　王红兵	45.00	58	土木工程计量与计价	王翠琴　李春燕	35.00
10	工程造价管理	车春鹏　杜春艳	24.00	59	房地产开发与管理	刘薇	38.00
11	工程招标投标管理(第2版)	刘昌明	30.00	60	土力学	高向阳	32.00
12	工程合同管理	方俊　胡向真	23.00	61	建筑表现技法	冯柯	42.00
13	建筑工程施工组织与管理(第2版)	余群舟　宋会莲	31.00	62	工程招标投标与合同管理(第2版)	吴芳　冯宁	43.00
14	建设法规(第2版)	肖铭　潘安平	32.00	63	工程施工组织	周国恩	28.00
15	建设项目评估	王华	35.00	64	建筑力学	邹建奇	34.00
16	工程量清单的编制与投标报价	刘富勤　陈德方	25.00	65	土力学学习指导与考题精解	高向阳	26.00
17	土木工程概预算与投标报价(第2版)	刘薇　叶良	37.00	66	建筑概论	钱坤	28.00
18	室内装饰工程预算	陈祖建	30.00	67	岩石力学	高玮	35.00
19	力学与结构	徐吉恩　唐小弟	42.00	68	交通工程学	李杰　王富	39.00
20	理论力学(第2版)	张俊彦　赵荣国	40.00	69	房地产策划	王直民	42.00
21	材料力学	金康宁　谢群丹	27.00	70	中国传统建筑构造	李合群	35.00
22	结构力学简明教程	张系斌	20.00	71	房地产开发	石海均　王宏	34.00
23	流体力学(第2版)	章宝华	25.00	72	室内设计原理	冯柯	28.00
24	弹性力学	薛强	22.00	73	建筑结构优化及应用	朱杰江	30.00
25	工程力学(第2版)	罗迎社　喻小明	39.00	74	高层与大跨建筑结构施工	王绍君	45.00
26	土力学(第2版)	肖仁成　俞晓	25.00	75	工程造价管理	周国恩	42.00
27	基础工程	王协群　章宝华	32.00	76	土建工程制图(第2版)	张黎骅	38.00
28	有限单元法(第2版)	丁科　殷水平	30.00	77	土建工程制图习题集(第2版)	张黎骅	34.00
29	土木工程施工	邓寿昌　李晓目	42.00	78	材料力学	章宝华	36.00
30	房屋建筑学(第3版)	聂洪达	56.00	79	土力学教程(第2版)	孟祥波	34.00
31	混凝土结构设计原理	许成祥　何培玲	28.00	80	土力学	曹卫平	34.00
32	混凝土结构设计	彭刚　蔡江勇	28.00	81	土木工程项目管理	郑文新	41.00
33	钢结构设计原理	石建军　姜袁	32.00	82	工程力学	王明斌　庞永平	37.00
34	结构抗震设计	马成松　苏原	25.00	83	建筑工程造价	郑文新	39.00
35	高层建筑施工	张厚先　陈德方	32.00	84	土力学(中英双语)	郎煜华	38.00
36	高层建筑结构设计	张仲先　王海波	23.00	85	土木建筑CAD实用教程	王文达	30.00
37	工程事故分析与工程安全(第2版)	谢征勋　罗章	38.00	86	工程管理概论	郑文新　李献涛	26.00
38	砌体结构(第2版)	何培玲　尹维新	26.00	87	景观设计	陈玲玲	49.00
39	荷载与结构设计方法(第2版)	许成祥　何培玲	30.00	88	色彩景观基础教程	阮正仪	42.00
40	工程结构检测	周详　刘益虹	20.00	89	工程力学	杨云芳	42.00
41	土木工程课程设计指南	许明　孟苗超	25.00	90	工程设计软件应用	孙香红	39.00
42	桥梁工程(第2版)	周先雁　王解军	37.00	91	城市轨道交通工程建设风险与保险	吴宏建　刘宽亮	75.00
43	房屋建筑学(上：民用建筑)(第2版)	钱坤　王若竹　吴歌	40.00	92	混凝土结构设计原理	熊丹安	32.00
44	房屋建筑学(下：工业建筑)(第2版)	钱坤　吴歌	36.00	93	城市详细规划原理与设计方法	姜云	36.00
45	工程管理专业英语	王竹芳	24.00	94	工程经济学	都沁军	42.00
46	建筑结构CAD教程	崔钦淑	36.00	95	结构力学	边亚东	42.00
47	建设工程招标投标与合同管理实务(第2版)	崔东红	49.00	96	房地产估价	沈良峰	45.00
48	工程地质(第2版)	倪宏革　周建波	30.00	97	土木工程结构试验	叶成杰	39.00
49	工程经济学	张厚钧	36.00	98	土木工程概论	邓友生	34.00

序号	书名	主编	定价	序号	书名	主编	定价
99	工程项目管理	邓铁军　杨亚频	48.00	137	建筑工程施工	叶　良	55.00
100	误差理论与测量平差基础	胡圣武　肖本林	37.00	138	建筑学导论	裴　鞠　常　悦	32.00
101	房地产估价理论与实务	李　龙	36.00	139	工程项目管理	王　华	42.00
102	混凝土结构设计	熊丹安	37.00	140	园林工程计量与计价	温日琨　舒美英	45.00
103	钢结构设计原理	胡习兵	30.00	141	城市与区域规划实用模型	郭志恭	45.00
104	钢结构设计	胡习兵　张再华	42.00	142	特殊土地基处理	刘起霞	50.00
105	土木工程材料	赵志曼	39.00	143	建筑节能概论	余晓平	34.00
106	工程项目投资控制	曲　娜　陈顺良	32.00	144	中国文物建筑保护及修复工程学	郭志恭	45.00
107	建设项目评估	黄明知　尚华艳	38.00	145	建筑电气	李　云	45.00
108	结构力学实用教程	常伏德	47.00	146	建筑美学	邓友生	36.00
109	道路勘测设计	刘文生	43.00	147	空调工程	战乃岩　王建辉	45.00
110	大跨桥梁	王解军　周先雁	30.00	148	建筑构造	宿晓萍　隋艳娥	36.00
111	工程爆破	段宝福	42.00	149	城市与区域认知实习教程	邹　君	30.00
112	地基处理	刘起霞	45.00	150	幼儿园建筑设计	龚兆先	37.00
113	水分析化学	宋吉娜	42.00	151	房屋建筑学	董海荣	47.00
114	基础工程	曹　云	43.00	152	园林与环境景观设计	董　智　曾　伟	46.00
115	建筑结构抗震分析与设计	裴星洙	35.00	153	中外建筑史	吴　薇	36.00
116	建筑工程安全管理与技术	高向阳	40.00	154	建筑构造原理与设计(下册)	梁晓慧　陈玲玲	38.00
117	土木工程施工与管理	李华锋　徐　芸	65.00	155	建筑结构	苏明会　赵　亮	50.00
118	土木工程试验	王吉民	34.00	156	工程经济与项目管理	都沁军	45.00
119	土质学与土力学	刘红军	36.00	157	土力学试验	孟云梅	32.00
120	建筑工程施工组织与概预算	钟吉湘	52.00	158	土力学	杨雪强	40.00
121	房地产测量	魏德宏	28.00	159	建筑美术教程	陈希平	45.00
122	土力学	贾彩虹	38.00	160	市政工程计量与计价	赵志曼　张建平	38.00
123	交通工程基础	王富	24.00	161	建设工程合同管理	余群舟	36.00
124	房屋建筑学	宿晓萍　隋艳娥	43.00	162	土木工程基础英语教程	陈平　王凤池	32.00
125	建筑工程计量与计价	张叶田	50.00	163	土木工程专业毕业设计指导	高向阳	40.00
126	工程力学	杨民献	50.00	164	土木工程CAD	王玉岚	42.00
127	建筑工程管理专业英语	杨云会	36.00	165	外国建筑简史	吴　薇	38.00
128	土木工程地质	陈文昭	32.00	166	工程量清单的编制与投标报价(第2版)	刘富勤　陈友华　宋会莲	34.00
129	暖通空调节能运行	余晓平	30.00	167	土木工程施工	陈泽世　凌平平	58.00
130	土工试验原理与操作	高向阳	25.00	168	特种结构	孙　克	30.00
131	理论力学	欧阳辉	48.00	169	结构力学	何春保	45.00
132	土木工程材料习题与学习指导	鄢朝勇	35.00	170	建筑抗震与高层结构设计	周锡武　朴福顺	36.00
133	建筑构造原理与设计(上册)	陈玲玲	34.00	171	建设法规	刘红霞　柳立生	36.00
134	城市生态与城市环境保护	梁彦兰　阎　利	36.00	172	道路勘测与设计	凌平平　余婵娟	42.00
135	房地产法规	潘安平		173	工程结构	金恩平	49.00
136	水泵与水泵站	张　伟　周书葵	35.00				

　　如您需要更多教学资源如电子课件、电子样章、习题答案等，请登录北京大学出版社第六事业部官网 www.pup6.cn 搜索下载。

　　如您需要浏览更多专业教材，请扫下面的二维码，关注北京大学出版社第六事业部官方微信（微信号：pup6book），随时查询专业教材、浏览教材目录、内容简介等信息，并可在线申请纸质样书用于教学。

　　感谢您使用我们的教材，欢迎您随时与我们联系，我们将及时做好全方位的服务。联系方式：010-62750667，donglu2004@163.com，pup_6@163.com，lihu80@163.com，欢迎来电来信。客户服务 QQ 号：1292552107，欢迎随时咨询。